省级精品课程培育项目教材

解析几何教程

ANALYTIC GEOMETRY TUTORIAL

主编　蔡国梁　苗宝军　史雪荣

江苏大学出版社
JIANGSU UNIVERSITY PRESS
镇　江

内 容 提 要

本教程根据国家教育部提出的“高等教育面向21世纪教学内容和课程教学改革计划”的精神，参考和汲取了现行解析几何教材的优点，结合数十年的教学经验和体会，以及国家省市和学校教改项目的实践成果编写而成. 本教程具有以下特点：① 论述详细，举例丰富，符合高等教育大众化背景下对学生的基本要求. ② 内容全面，可塑性强，适应不同层次的教学要求. ③ 注意与中学平面解析几何的衔接. ④ 结合多年解析几何教学改革经验与成果. ⑤ 注重理论性与应用性相结合. ⑥ 拓宽学生视野，培养综合素质. ⑦ 考虑多媒体等现代化的教学要求.

本教程内容包括空间直角坐标系、向量代数、空间平面与直线、空间曲面和曲线、一般二次曲线理论、空间直角坐标变换和点变换、一般二次曲面理论等. 每章附有应用示例、数学史话、内容小结等，配有习题和自我测验题. 书末附有行列式和矩阵知识，以及习题和自我测验题参考答案.

本教程可作为高等学校数学类各专业方向的解析几何教材，也可作为相关专业的教学参考书.

图书在版编目(CIP)数据

解析几何教程/蔡国梁，苗宝军，史雪荣主编. —镇江：江苏大学出版社，2012.8(2018.3重印)
ISBN 978-7-81130-359-9

Ⅰ. ①解… Ⅱ. ①蔡… ②苗… ③史… Ⅲ. ①解析几何—高等学校—教材 Ⅳ. ①O182

中国版本图书馆CIP数据核字(2012)第194600号

解析几何教程
JIEXI JIHE JIAOCHENG

主　　编/蔡国梁　苗宝军　史雪荣
责任编辑/张小琴　吴昌兴
出版发行/江苏大学出版社
地　　址/江苏省镇江市梦溪园巷30号(邮编：212003)
电　　话/0511-84446464(传真)
网　　址/http://press.ujs.edu.cn
排　　版/镇江文苑制版印刷有限责任公司
印　　刷/虎彩印艺股份有限公司
开　　本/710 mm×1 000 mm　1/16
印　　张/16.75
字　　数/356千字
版　　次/2012年8月第1版　2018年3月第4次印刷
书　　号/ISBN 978-7-81130-359-9
定　　价/35.00元

前　言

解析几何、数学分析和高等代数是高等学校数学专业的三大主要基础课程，被称为数学专业学生的看家本领.解析几何是古典数学与近代数学的里程碑，是常量数学与变量数学的分水岭，被恩格斯赞誉为“数学中的转折点”.

为了适应新形势下解析几何课程的要求，编者根据国家教育部提出的“高等教育面向21世纪教学内容和课程教学改革计划”的精神，参考和汲取了现行解析几何教材的优点，结合数十年的教学经验和体会，以及主持和参加国家、省、市和学校教改项目的实践成果，编写出版了本教程.

本教程具有以下特点：① 论述详细，举例丰富，符合高等教育大众化背景下对学生的基本要求.② 内容全面，可塑性强，适应不同层次的教学要求.教程的前3章是基本内容，后3章是选学内容，不同层次高等学校的不同专业可根据具体情况选讲其中一部分或全部内容.打“*”的章节，教师可根据情况选讲或由学生自学，灵活进行处理.③ 重视与中学平面解析几何的衔接.如空间和平面坐标系、空间和平面向量、空间和平面几何图形等，适时进行比较分析，既起到温故知新的作用，又使得学生在原有基础上得以提高，培养学生的空间想象能力和逻辑思维能力.④ 结合多年解析几何教学改革的实践与成果.编者将多年从事教学工作积累的丰富教学经验，主持和参加多项国家、省、市和学校教改课题取得的可喜实践经验和研究成果，融入到本教程的编写中.⑤ 注意理论性与应用性相结合.数学来自于实践而又高于实践，其生命在于实践.本教程通过应用示例等多种形式，把理论知识和实际应用紧密结合，力求达到举一反三、增加学生知识、提高学习兴趣的目的，以培养学生运用所学知识解决实际问题的意识和能力.⑥ 拓宽学生视野，培养综合素质.利用阅读材料数学史话等，使学生了解一些数学发展史，培养学生的综合素质，适应新形势下对学生宽口径综合性的要求.⑦ 顺应多媒体等现代化的教学要求.与教程配套的有相应的电子教材和多媒体电子教学课件，进一步还有网络教学课件，为使用本教程的教师运用多媒体等现代化手段教学奠定了坚实的基础，为学生利用计算机网络等现代化学习工具创造了有利条件，以顺应高等教育现代化教学的发展趋势.

本教程由蔡国梁、苗宝军、史雪荣主编. 江苏大学蔡国梁教授编写第 1、第 4 章，许昌学院苗宝军副教授编写第 2、第 5 章，盐城师范学院史雪荣副教授编写第 3、第 6 章，全书由蔡国梁教授统稿. 本教程的编写工作得到了各编写学校的大力支持，江苏大学出版社编辑为本教程的出版倾注了大量的心血，付出了辛勤劳动，谨此表示衷心的感谢！在教程的编写过程中，参考和借鉴了很多现行解析几何教材和有关的教学改革文献，特表示敬意和感谢！

由于编者水平有限，本教程中难免会有不足之处，欢迎广大教师、学生、同行和专家批评指正.

编　者

2012 年 6 月

目　录

1 空间直角坐标与向量代数

解析几何最基本的思想是用代数的方法来研究几何问题，最基本的方法是坐标法，最基本的工具是向量. 通过在几何空间中建立坐标系，使得点与坐标 1-1 对应，在几何与代数之间架起桥梁，把它们沟通起来，由此几何问题就可以转化为代数问题，这就是坐标法的基本思想. 17 世纪初，法国数学家笛卡尔(Descartes)和费马(Fermat)利用这种思想研究几何图形，创立了解析几何. 从此变数被引进了数学，成为数学发展中的转折点，为微积分的创立奠定了基础. 本章首先建立空间直角坐标系，然后引入向量的概念，并讨论向量的运算及其规律.

向量代数不仅是研究空间解析几何的重要工具，同时也是力学、物理学和其他工程技术中解决问题的有力工具.

1.1 空间直角坐标

1.1.1 平面直角坐标系的回顾

在平面解析几何中，为了用代数的方法研究平面上的几何问题，建立了二维(平面)直角坐标系.

在平面上，作两条互相垂直且相交于点 O 的数轴 Ox 和 Oy，它们都具有相同的长度单位. 它们的交点 O 称为坐标原点，这两条数轴分别称为 x 轴(横轴)和 y 轴(纵轴)，统称为坐标轴. 这样的两条坐标轴就组成了一个平面直角坐标系，记作 $O\text{-}xy$(如图 1-1 所示).

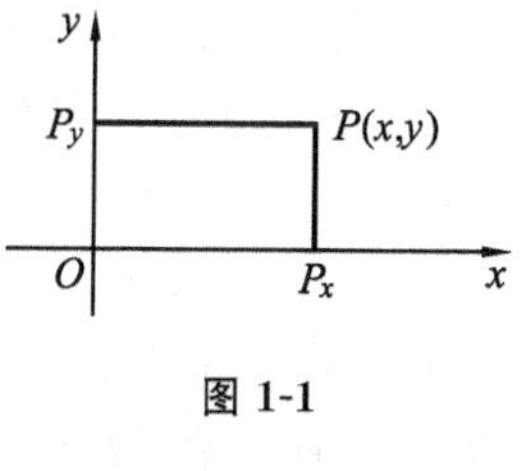

图 1-1

平面直角坐标系是由两两垂直、相交于一点而且带有单位长度的两条有向直线构成.

设 P 是平面上任意一点，过 P 作 x 轴、y 轴的垂线，分别交两轴于点 P_x 和 P_y，这两点在 x 轴、y 轴上的坐标分别为 x，y. 于是，点 P 就唯一确定了一个有序实数组 (x,y)，称有序数组 (x,y) 为点 P 的坐标，记作 $P(x,y)$. 这样，就建立了平面上点与坐标的 1-1 对应关系.

1.1.2 空间直角坐标系

为了用代数方法研究空间图形，首先必须建立空间直角坐标系，空间直角坐标系是平面直角坐标系的自然拓广.

在空间中，作三条互相垂直且相交于点 O 的数轴 Ox，Oy 和 Oz，且都具有相同的长度单位. 它们的交点 O 称为坐标原点，这三条数轴分别称为 x 轴（横轴），y 轴（纵轴）与 z 轴（竖轴），统称为坐标轴（如图 1-2 所示）. 三个轴的正向按右手螺旋法则确定，即以右手握住 z 轴，当右手四指从 x 轴正向以 $\frac{\pi}{2}$ 角度转向 y 轴正向时，右手大拇指的指向就是 z 轴的正向（如图 1-3 所示）. 这样的三条坐标轴就组成了一个右手笛卡尔空间直角坐标系，记作 $O\text{-}xyz$.

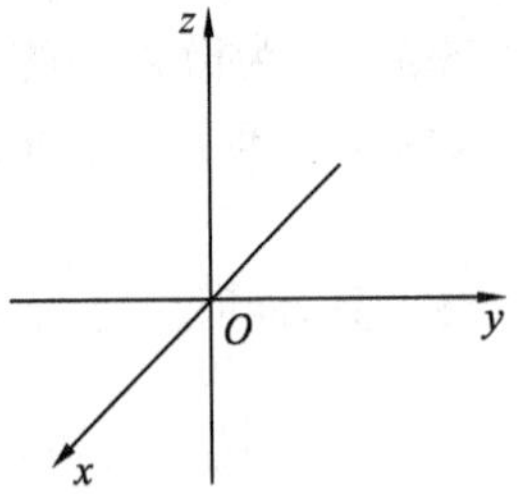

图 1-2

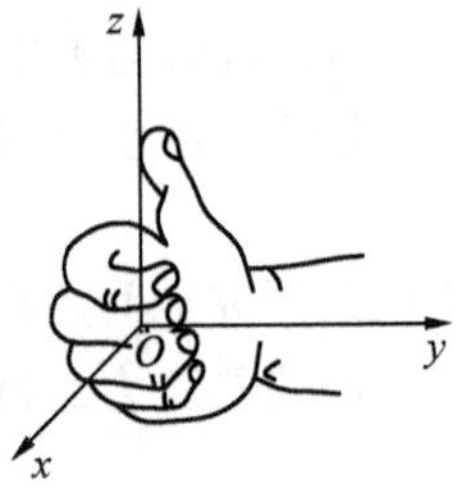

图 1-3

定义 在空间中，由两两垂直、相交于一点而且带有单位长度的三条有向直线构成**空间直角坐标系**，记作 $O\text{-}xyz$.

在空间直角坐标系中，任意两个坐标轴所确定的平面称为坐标平面. 显然，空间直角坐标系中有三个坐标平面，分别称为 xOy 面，yOz 面和 zOx 面，简称 xy 面，yz 面和 zx 面. 这三个坐标平面把空间分成八个部分，每一部分称为一个卦限. 这八个卦限分别用罗马字母Ⅰ，Ⅱ，Ⅲ，Ⅳ，Ⅴ，Ⅵ，Ⅶ，Ⅷ表示（如图 1-4 所示）. 并规定Ⅰ，Ⅱ，Ⅲ，Ⅳ卦限在 xy 面上方，含有 x 轴、y 轴、z 轴正半轴的卦限称为第Ⅰ卦限，其余依逆时针方向确定；Ⅴ，Ⅵ，Ⅶ，Ⅷ卦限

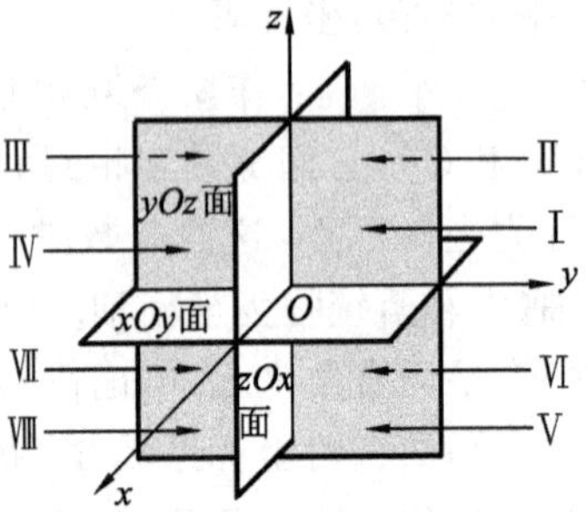

图 1-4

在 xy 面下方，与前面的四个卦限依次对应.

空间直角坐标系的作图通常有两种基本方法：正等测法和斜二测法. 正等测法三个坐标轴的夹角均为$\frac{2\pi}{3}$，各轴单位长度相等；斜二测法如图 1-2 所示，y 轴和 z 轴夹角为$\frac{\pi}{2}$，单位长度为 1，x 轴与 y 轴的夹角为$\frac{3\pi}{4}$，单位长度为 $\cos\frac{\pi}{4}\approx 0.714$.

1.1.3 空间点的坐标

建立空间直角坐标系之后，就可以定义空间点的坐标了.

设 P 为空间直角坐标系中的任意一点，过点 P 分别作与 x 轴、y 轴和 z 轴垂直的平面，它们与三个坐标轴的交点分别记作 P_x，P_y，P_z（如图 1-5 所示）. 这三个点在 x 轴、y 轴、z 轴上的坐标分别为 x，y，z，于是，空间的点 P 就唯一确定了一个有序实数组 (x,y,z).

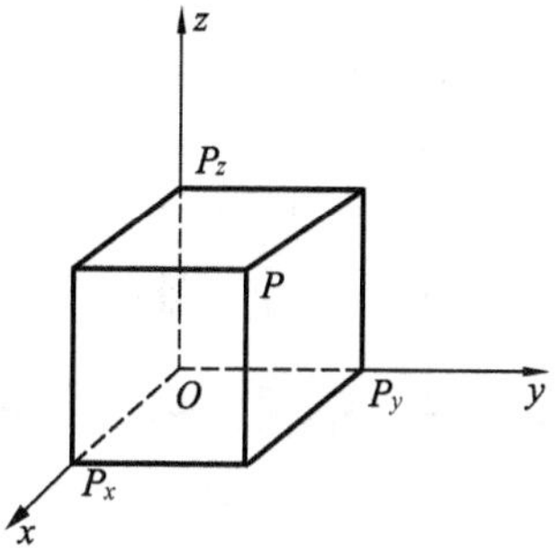

图 1-5

反过来，任给一组有序数组 (x,y,z)，可以先分别在 x 轴、y 轴、z 轴上找到对应的点 P_x，P_y，P_z，然后过此三点分别作 x 轴、y 轴、z 轴的垂面，这三个垂直平面必相交于唯一的一点 P. 这样，通过直角坐标系，就建立了空间的点 P 与一组有序数组 (x,y,z) 之间的 1-1 对应关系. 这组有序实数 (x,y,z) 就称为**空间点 P 的直角坐标**，简称为**点 P 的坐标**，通常记作 $P(x,y,z)$，其中 x，y，z 分别称为点 P 的横坐标、纵坐标和竖坐标.

这样就建立了最基本的空间图形“点”与“数”之间的关系，即给出空间的点 P，就有一个有序数组 (x,y,z) 与之相对应. 例如，原点的坐标为 $O(0,0,0)$，三个坐标轴上正向单位点的坐标分别为 $(1,0,0)$，$(0,1,0)$ 和 $(0,0,1)$. 坐标轴和坐标平面上的点，其坐标也各有一定的特征：坐标轴上的点有两个坐标为零，如 x 轴上点的坐标为 $(x,0,0)$，有 $y=z=0$；坐标平面上的点有一个坐标为零，如 yz 面上点的坐标为 $(0,y,z)$，有 $x=0$. 反之，有两个坐标为零的点一定在坐标轴上，有一个坐标为零的点一定在坐标平面上. 此外，八个卦限中点的坐标的正负号也是各不相同，并有一定规律可循，各卦限中点的坐标的正负号参见表 1-1.

表 1-1

卦限	Ⅰ	Ⅱ	Ⅲ	Ⅳ	Ⅴ	Ⅵ	Ⅶ	Ⅷ
符号	(+,+,+)	(−,+,+)	(−,−,+)	(+,−,+)	(+,+,−)	(−,+,−)	(−,−,−)	(+,−,−)

根据空间点的坐标的定义和八个卦限点的坐标的符号，可以分别得到空间中任一点 $P(x,y,z)$ 关于三个坐标轴、三个坐标平面和原点的对称点的坐标，请读者自行给出答案.

例 1 指出点 $P(2,-1,-3)$ 所在的卦限，并求出它关于 xz 面、y 轴、原点和点 $M(x_0,y_0,z_0)$ 的对称点的坐标.

解 点 $P(2,-1,-3)$ 所在的卦限为第Ⅷ卦限.

它关于 xz 面的对称点的坐标是 $(2,1,-3)$；

关于 y 轴的对称点的坐标是 $(-2,-1,3)$；

关于原点的对称点的坐标是 $(-2,1,3)$；

关于点 M 的对称点的坐标是 $M'(2x_0-2,2y_0+1,2z_0+3)$.

例 2 自点 $N(x_0,y_0,z_0)$ 分别作 xz 面和 y 轴的垂线，求垂足的坐标.

解 自点 N 作 xz 面的垂线，垂足的坐标是 $N'(x_0,0,z_0)$.

自点 N 作 y 轴的垂线，垂足的坐标是 $N''(0,y_0,0)$.

1.1.4 空间两点之间的距离

建立了空间直角坐标系并规定了点的坐标之后，就可以推导出空间中两点间的距离公式.

设 $P_1(x_1,y_1,z_1)$，$P_2(x_2,y_2,z_2)$ 为空间中的两个点，它们之间的距离记作 $d=|P_1P_2|$.

过 P_1，P_2 各作三个分别垂直于三条坐标轴的平面，这六个平面围成一个以 P_1P_2 为对角线的长方体(如图 1-6 所示). 根据勾股定理，容易求得长方体对角线的长度.

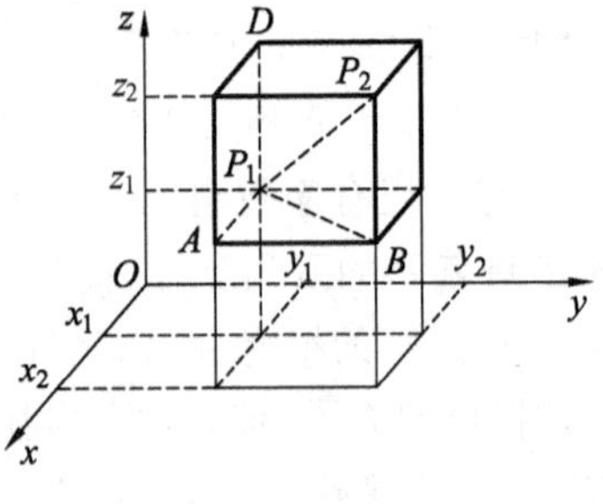

图 1-6

如图 1-6 可知，

$$|P_1A|=|x_2-x_1|,\quad |AB|=|y_2-y_1|,\quad |BP_2|=|z_2-z_1|,$$

在 $\mathrm{Rt}\triangle P_1AB$ 中，

$$|P_1B|^2=|P_1A|^2+|AB|^2,$$

在 $\mathrm{Rt}\triangle P_1BP_2$ 中，

$$|P_1P_2|^2=|P_1B|^2+|BP_2|^2,$$

于是

$$\begin{aligned}d^2&=|P_1P_2|^2=|P_1A|^2+|AB|^2+|BP_2|^2\\&=(x_2-x_1)^2+(y_2-y_1)^2+(z_2-z_1)^2,\end{aligned}$$

所以

$$d=|P_1P_2|=\sqrt{(x_2-x_1)^2+(y_2-y_1)^2+(z_2-z_1)^2}. \tag{1.1-1}$$

这就是**空间中两点间的距离公式**，它是平面上两点间距离公式的推广.

特别地,空间中任一点 $P(x,y,z)$到原点 $O(0,0,0)$的距离为

$$d=|OP|=\sqrt{x^2+y^2+z^2}. \tag{1.1-2}$$

与平面解析几何一样,空间中两点间的距离公式是一个重要公式,被称为空间解析几何的基本公式.它是描述空间动点运动轨迹的重要手段,而且很多空间几何问题的讨论都会涉及它.

例 3 试证以 $A(4,1,9)$,$B(10,-1,6)$,$C(2,4,3)$为顶点的三角形是等腰直角三角形.

证明

$$|AB|^2=(10-4)^2+(-1-1)^2+(6-9)^2=49,$$
$$|AC|^2=(2-4)^2+(4-1)^2+(3-9)^2=49,$$
$$|BC|^2=(2-10)^2+(4+1)^2+(3-6)^2=98.$$

因为 $|AB|^2+|AC|^2=|BC|^2$,且$|AB|=|AC|$,

所以$\triangle ABC$是等腰直角三角形.

例 4 在 y 轴上求到点 $A(-3,2,7)$和 $B(3,1,-7)$等距离的点.

解 因为所求点在 y 轴上,故设该点的坐标为 $P(0,y,0)$,依题意有$|PA|=|PB|$,即

$$(0+3)^2+(y-2)^2+(0-7)^2=(0-3)^2+(y-1)^2+(0+7)^2,$$

化简得

$$-2y+3=0,$$

解之得

$$y=\frac{3}{2}.$$

故所求点为 $P\left(0,\frac{3}{2},0\right)$.

1.2 向量的概念及线性运算

1.2.1 向量的概念

数学来自于实践而又高于实践.在力学、物理学及日常生活中,经常会遇到许多量.除了像温度、时间、长度、面积、体积等只有大小没有方向的量称为数量外,还有一些比较复杂的量,例如力、力矩、位移、速度、加速度等,它们不但有大小,而且还有方向,这种量就是向量.在中学已经学习了平面向量,本节在其基础上介绍空间向量.在学习中要注意空间向量与平面向量的区别与联系.

定义 1 既有大小又有方向的量称为**向量**,或称**矢量**.

用有向线段来表示向量,有向线段的长度表示向量的大小,有向线段的方向

（即从起点 P_1 到终点 P_2 的方向）表示向量的方向，记作$\overrightarrow{P_1P_2}$，这种表示法称为向量的几何表示法（如图1-7所示）. 有时也用粗体字母或一个上面加箭头的字母表示向量，如 $\boldsymbol{a}$，$\boldsymbol{b}$，$\boldsymbol{x}$ 或$\vec{a}$，$\vec{b}$，$\vec{x}$ 等. 大小和方向称为向量的两个要素.

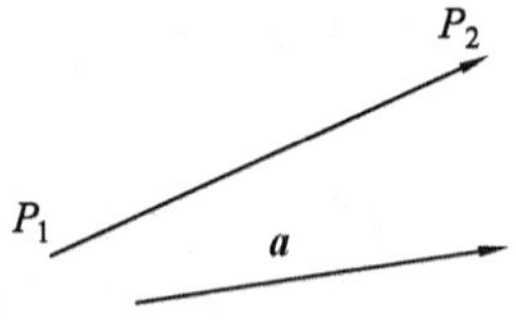

图 1-7

在许多问题中，研究向量时只考虑它的大小和方向，而不考虑它的起点位置，这种向量称为**自由向量**. 也就是说，自由向量可以任意自由平行移动，移动后的向量仍然代表原来的向量. 在自由向量的意义下，相等的向量都看作是同一个向量. 由于自由向量始点的任意性，按照需要可以选取某一点作为所研究的一些向量的公共始点. 在这种场合，就将那些向量归结到共同的始点. 在本书中，如果不是特别指明，所讨论的向量都是指自由向量.

向量的大小也称为**向量的模**，记作$|\overrightarrow{P_1P_2}|$或$|\boldsymbol{a}|$.

模等于 1 的向量称为**单位向量**（或**幺矢**），与 $\boldsymbol{a}$ 具有相同方向的单位向量记作 $\boldsymbol{a}^{\circ}$.

模为零的向量称为**零向量**，记作 $\boldsymbol{0}$，规定零向量的方向是任意的. 相应地，把模不为零的向量称为非零向量.

如果两个向量 $\boldsymbol{a}$ 和 $\boldsymbol{b}$ 的模相等，方向相同，就称这两个向量是**相等向量**，记作 $\boldsymbol{a}=\boldsymbol{b}$. 设 $\boldsymbol{a}$ 为一向量，与 $\boldsymbol{a}$ 的模相等而方向相反的向量称为 $\boldsymbol{a}$ 的**负向量**（或**反向量**），记作$-\boldsymbol{a}$.

两个非零向量如果方向相同或者相反，就称这两个向量平行（或共线），记作$\boldsymbol{a}/\!/\boldsymbol{b}$. 在自由向量的定义下，平行于同一直线的一组向量称为**平行向量**（或**共线向量**）.

平行于同一平面的一组向量称为**共面向量**. 显然，零向量与任何共面的向量组共面；一组共线向量一定是共面向量；三个向量中如果有两个向量共线，这三个向量一定也是共面的.

例 1 如图 1-8 所示，设$\triangle ABC$ 和$\triangle A'B'C'$分别是三棱台 ABC-$A'B'C'$的上、下底面，试在向量$\overrightarrow{AB}$，$\overrightarrow{BC}$，$\overrightarrow{CA}$，$\overrightarrow{A'B'}$，$\overrightarrow{B'C'}$，$\overrightarrow{C'A'}$，$\overrightarrow{AA'}$，$\overrightarrow{BB'}$，$\overrightarrow{CC'}$中找出共线向量和共面向量.

解 共线向量有 3 组：$\overrightarrow{AB}$和$\overrightarrow{A'B'}$；$\overrightarrow{BC}$和$\overrightarrow{B'C'}$；$\overrightarrow{CA}$和$\overrightarrow{C'A'}$.

共面向量有 7 组：$\overrightarrow{AB}$，$\overrightarrow{BC}$，$\overrightarrow{CA}$，$\overrightarrow{A'B'}$，$\overrightarrow{B'C'}$和$\overrightarrow{C'A'}$；$\overrightarrow{AA'}$，$\overrightarrow{CC'}$，$\overrightarrow{CA}$和$\overrightarrow{C'A'}$；$\overrightarrow{AA'}$，$\overrightarrow{BB'}$，$\overrightarrow{AB}$和$\overrightarrow{A'B'}$；$\overrightarrow{BB'}$，$\overrightarrow{CC'}$，$\overrightarrow{BC}$和$\overrightarrow{B'C'}$；$\overrightarrow{CA}$，$\overrightarrow{C'A'}$和$\overrightarrow{BB'}$；$\overrightarrow{BC}$，$\overrightarrow{B'C'}$和$\overrightarrow{AA'}$；$\overrightarrow{AB}$，$\overrightarrow{A'B'}$和$\overrightarrow{CC'}$.

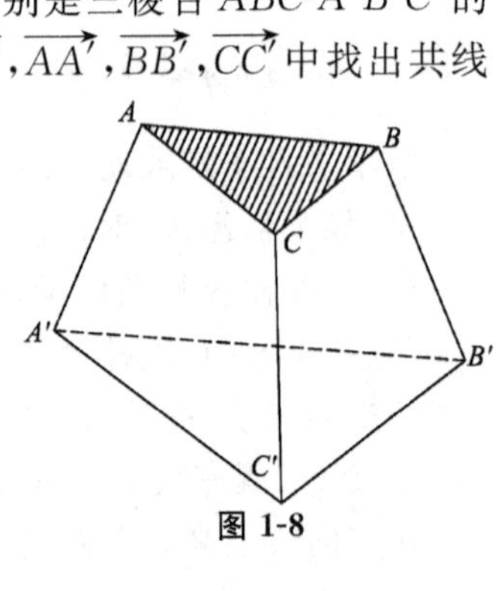

图 1-8

1.2.2 向量的加减法

1) 向量加法的平行四边形法则和三角形法则

定义 2 已知两个向量 $\boldsymbol{a}$ 和 $\boldsymbol{b}$，取定一点 O，作 $\overrightarrow{OA}=\boldsymbol{a}$，$\overrightarrow{OB}=\boldsymbol{b}$，以 $\overrightarrow{OA}$，$\overrightarrow{OB}$ 为邻边作平行四边形 $OACB$（如图 1-9 所示），则对角线向量 $\overrightarrow{OC}=\boldsymbol{c}$ 称为**向量 $\boldsymbol{a}$ 和 $\boldsymbol{b}$ 的和**，记作 $\boldsymbol{c}=\boldsymbol{a}+\boldsymbol{b}$.

这样得到两个向量和的方法称为向量加法的**平行四边形法则**，它源自于力学上求合力的平行四边形法则. 平行四边形法则的核心思想是以两个向量为邻边作平行四边形.

定义 3 已知两个向量 $\boldsymbol{a}$ 和 $\boldsymbol{b}$，取定一点 O，作 $\overrightarrow{OA}=\boldsymbol{a}$，以 $\overrightarrow{OA}$ 的终点 A 为起点作 $\overrightarrow{AC}=\boldsymbol{b}$，连结 OC，得 $\boldsymbol{a}+\boldsymbol{b}=\boldsymbol{c}=\overrightarrow{OC}$（如图 1-10 所示）.

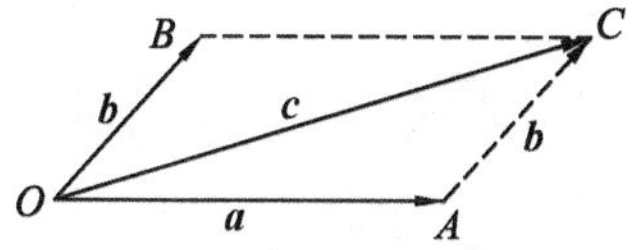

图 1-9

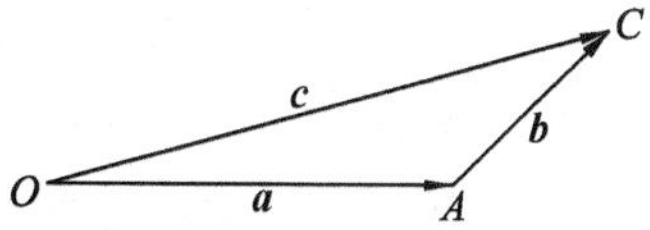

图 1-10

这种方法称为两个向量加法的**三角形法则**，它源自于物理学中求两个位移的合成. 三角形法则的核心思想是以两向量为邻边作三角形.

向量的加法满足下列运算规律：

(1) **交换律**：$\boldsymbol{a}+\boldsymbol{b}=\boldsymbol{b}+\boldsymbol{a}$；

(2) **结合律**：$(\boldsymbol{a}+\boldsymbol{b})+\boldsymbol{c}=\boldsymbol{a}+(\boldsymbol{b}+\boldsymbol{c})$.

事实上，按照向量加法的三角形法则，由图 1-9 可见

$$\boldsymbol{a}+\boldsymbol{b}=\overrightarrow{OA}+\overrightarrow{AC}=\overrightarrow{OC}=\boldsymbol{c}.$$

另一方面，在图 1-9 中，由于 $\overrightarrow{OB}=\overrightarrow{AC}$，$\overrightarrow{OA}=\overrightarrow{BC}$，故

$$\boldsymbol{b}+\boldsymbol{a}=\overrightarrow{OB}+\overrightarrow{BC}=\overrightarrow{OC}=\boldsymbol{c}.$$

从而得交换律成立.

对于结合律，如图 1-11 所示，先作 $\boldsymbol{a}+\boldsymbol{b}$ 再加上 $\boldsymbol{c}$，即得和 $(\boldsymbol{a}+\boldsymbol{b})+\boldsymbol{c}$；如以 $\boldsymbol{a}$ 与 $\boldsymbol{b}+\boldsymbol{c}$ 相加，则得相同的结果，所以结合律成立.

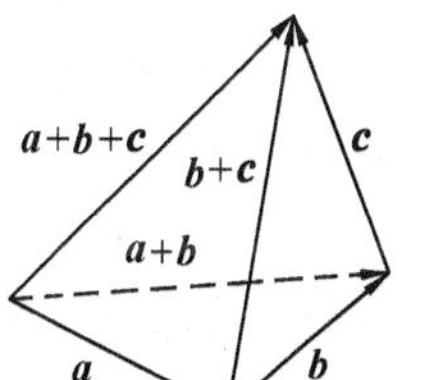

图 1-11

2) 多个向量求和的多边形法则

由于向量的加法满足交换律和结合律，三角形法则可以推广到有限个向量 $\boldsymbol{a}_1$，$\boldsymbol{a}_2$，…，$\boldsymbol{a}_n$ 的和. 从任意点 O 开始，依次引 $\overrightarrow{OA_1}=\boldsymbol{a}_1$，$\overrightarrow{A_1A_2}=\boldsymbol{a}_2$，…，$\overrightarrow{A_{n-1}A_n}=\boldsymbol{a}_n$，得一折线 $OA_1A_2\cdots A_n$（如图 1-12 所示），则向量 $\overrightarrow{OA_n}=\boldsymbol{a}$ 就是 n 个向量的和：

$$\boldsymbol{a}=\boldsymbol{a}_1+\boldsymbol{a}_2+\cdots+\boldsymbol{a}_n.$$

这种求多个向量和的方法称为多个向量求和的**多边形法则**或折线法则.

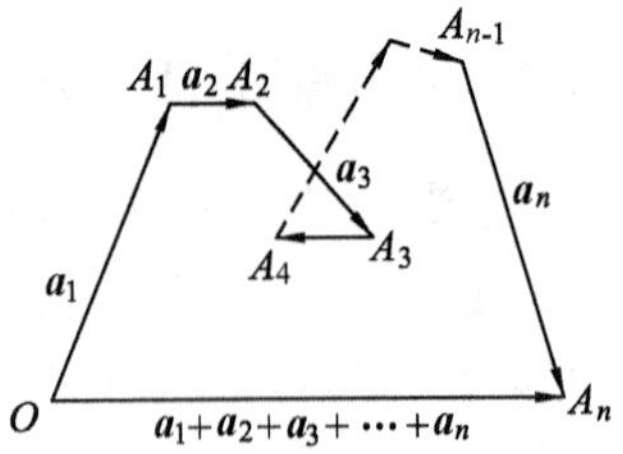

图 1-12

3）向量的减法

利用负向量,可以规定两个**向量的减法**:

若 $\boldsymbol{b}+\boldsymbol{c}=\boldsymbol{a}$,则

$$\boldsymbol{c}=\boldsymbol{a}-\boldsymbol{b}=\boldsymbol{a}+(-\boldsymbol{b}).$$

利用向量的减法定义可以得到下面两个有用的结论:

① 任给向量$\overrightarrow{AB}$及点O(如图 1-13 所示),有

$$\overrightarrow{AB}=\overrightarrow{OB}-\overrightarrow{OA}.$$

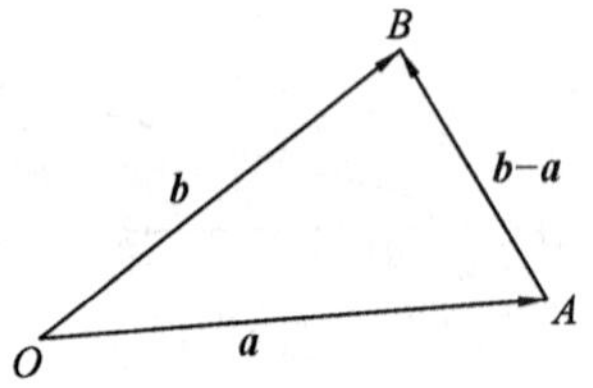

图 1-13

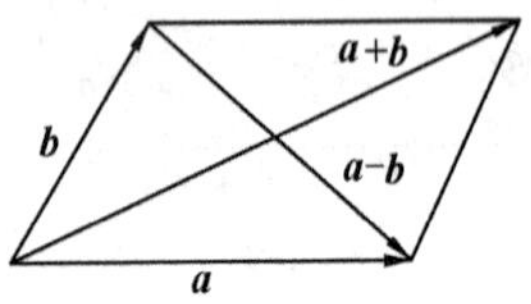

图 1-14

设 P 为空间任一点,当 O 为坐标原点时,称$\overrightarrow{OP}$为点 P 的**向径(或径矢)**. 这个结论给出了一个向量与它的起点和终点的向径之间的关系.

② 若以 $\boldsymbol{a}$, $\boldsymbol{b}$ 为邻边作平行四边形,则 $\boldsymbol{a}+\boldsymbol{b}$ 和 $\boldsymbol{a}-\boldsymbol{b}$ 是该平行四边形的两对角线向量(如图1-14所示).

利用向量的加减法,还可以得到下面两个常用的结论:

① 不共线的三个向量 $\boldsymbol{a},\boldsymbol{b},\boldsymbol{c}$, 首尾顺次连接构成三角形的充要条件是 $\boldsymbol{a}+\boldsymbol{b}+\boldsymbol{c}=\boldsymbol{0}$.

② 三角不等式成立:$|\boldsymbol{a}+\boldsymbol{b}|<|\boldsymbol{a}|+|\boldsymbol{b}|$. 这个不等式还可以推广到有限多个向量的情形:$|\boldsymbol{a}_1+\boldsymbol{a}_2+\cdots+\boldsymbol{a}_n|<|\boldsymbol{a}_1|+|\boldsymbol{a}_2|+\cdots+|\boldsymbol{a}_n|$.

例 2 如图 1-15 所示,在平行六面体$ABCD-A_1B_1C_1D_1$ 中,$\overrightarrow{AB}=\boldsymbol{a}$,$\overrightarrow{AD}=\boldsymbol{b}$,$\overrightarrow{AA_1}=\boldsymbol{c}$, 试用 $\boldsymbol{a},\boldsymbol{b},\boldsymbol{c}$ 来表示对角线向量$\overrightarrow{AC_1}$,$\overrightarrow{A_1C}$.

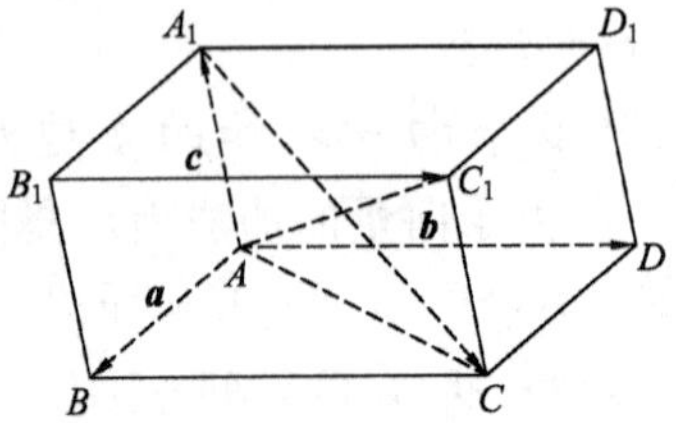

图 1-15

解 (1) $\overrightarrow{AC_1}=\overrightarrow{AB}+\overrightarrow{BC}+\overrightarrow{CC_1}=\overrightarrow{AB}+\overrightarrow{AD}+\overrightarrow{AA_1}=\boldsymbol{a}+\boldsymbol{b}+\boldsymbol{c}$;

(2) $\overrightarrow{A_1C}=\overrightarrow{A_1A}+\overrightarrow{AB}+\overrightarrow{BC}=-\overrightarrow{AA_1}+\overrightarrow{AB}+\overrightarrow{AD}=-\boldsymbol{c}+\boldsymbol{a}+\boldsymbol{b}=\boldsymbol{a}+\boldsymbol{b}-\boldsymbol{c}$,或者$\overrightarrow{A_1C}=\overrightarrow{AC}-$

$\overrightarrow{AA_1}=(\overrightarrow{AB}+\overrightarrow{AD})-\overrightarrow{AA_1}=\boldsymbol{a}+\boldsymbol{b}-\boldsymbol{c}$.

1.2.3 数乘向量

定义 4 设 k 是一个数量，规定向量 $\boldsymbol{a}$ 与数量 k 的乘积 $k\boldsymbol{a}$ 是一个向量. 它的模为 $|k\boldsymbol{a}|=|k||\boldsymbol{a}|$；$k\boldsymbol{a}$ 的方向，当 $k>0$ 时与 $\boldsymbol{a}$ 相同，当 $k<0$ 时与 $\boldsymbol{a}$ 相反，当 $k=0$ 或 $\boldsymbol{a}=\boldsymbol{0}$ 时，$k\boldsymbol{a}=\boldsymbol{0}$.

数乘向量满足下列运算规律：

(1) **结合律**：$\lambda(\mu\boldsymbol{a})=\mu(\lambda\boldsymbol{a})=(\lambda\mu)\boldsymbol{a}$；

由向量与数的乘积的规定可知，向量 $\lambda(\mu\boldsymbol{a})$，$\mu(\lambda\boldsymbol{a})$，$(\lambda\mu)\boldsymbol{a}$ 都是平行的向量，它们的指向也是相同的，并且

$$|\lambda(\mu\boldsymbol{a})|=|\mu(\lambda\boldsymbol{a})|=|(\lambda\mu)\boldsymbol{a}|=|\lambda\mu||\boldsymbol{a}|,$$

所以

$$\lambda(\mu\boldsymbol{a})=\mu(\lambda\boldsymbol{a})=(\lambda\mu)\boldsymbol{a}.$$

(2) **分配律**： $(\lambda+\mu)\boldsymbol{a}=\lambda\boldsymbol{a}+\mu\boldsymbol{a}$；$\lambda(\boldsymbol{a}+\boldsymbol{b})=\lambda\boldsymbol{a}+\lambda\boldsymbol{b}$.

这个规律同样可以利用向量的加法及向量与数的乘积的规定来证明，这里从略.

根据数乘向量的定义可知，$k\boldsymbol{a}$ 是与 $\boldsymbol{a}$ 平行（共线）的向量. 可以得到如下的两个结论：

① (**单位向量公式**)设 $\boldsymbol{a}^\circ$是与 $\boldsymbol{a}$ 同方向的单位向量，则 $\boldsymbol{a}=|\boldsymbol{a}|\boldsymbol{a}^\circ\left(\text{或 } \boldsymbol{a}^\circ=\dfrac{\boldsymbol{a}}{|\boldsymbol{a}|}\right)$.

② (**向量共线条件**)设 $\boldsymbol{a}\neq\boldsymbol{0}$，则 $\boldsymbol{b}/\!/\boldsymbol{a}$ 的充要条件是：存在唯一实数 k，使得 $\boldsymbol{b}=k\boldsymbol{a}$.

证明 条件的充分性是显然的，这里证明条件的必要性.

设 $\boldsymbol{b}/\!/\boldsymbol{a}$. 取 $|k|=\dfrac{|\boldsymbol{b}|}{|\boldsymbol{a}|}$，当 $\boldsymbol{b}$ 与 $\boldsymbol{a}$ 同向时 k 取正值，当 $\boldsymbol{b}$ 与 $\boldsymbol{a}$ 反向时 k 取负值，即有 $\boldsymbol{b}=k\boldsymbol{a}$. 这是因为 $\boldsymbol{b}$ 与 $k\boldsymbol{a}$ 同向，且

$$|k\boldsymbol{a}|=|k||\boldsymbol{a}|=\frac{|\boldsymbol{b}|}{|\boldsymbol{a}|}|\boldsymbol{a}|=|\boldsymbol{b}|.$$

再证实数 k 的唯一性. 设 $\boldsymbol{b}=k\boldsymbol{a}$，又设 $\boldsymbol{b}=\lambda\boldsymbol{a}$，两式相减，得

$$(\lambda-k)\boldsymbol{a}=\boldsymbol{0}\text{，即}|\lambda-k||\boldsymbol{a}|=0.$$

因为 $|\boldsymbol{a}|\neq0$，故 $|\lambda-k|=0$，即 $\lambda=k$. 证毕.

一般来讲，不能用向量去除数或向量，即向量不能作除数（分母或比），像 $\dfrac{6\boldsymbol{a}}{\boldsymbol{b}}$，$\dfrac{2\boldsymbol{a}}{\boldsymbol{c}}$这样的式子是没有意义的. 但是，可以用向量的长度去除数或向量，因为它是一个数.

向量的加减与数乘统称为向量的线性运算，例如：$2\boldsymbol{a}+3\boldsymbol{b}-4\boldsymbol{c}$，$k_1\boldsymbol{a}+k_2\boldsymbol{b}$ 等.

例 3 设 $\boldsymbol{a}=2\boldsymbol{e}_1+3\boldsymbol{e}_2+5\boldsymbol{e}_3$，$\boldsymbol{b}=-\boldsymbol{e}_1-\boldsymbol{e}_3$，$\boldsymbol{c}=4\boldsymbol{e}_2-2\boldsymbol{e}_3$，求 $2\boldsymbol{a}+3\boldsymbol{b}-2\boldsymbol{c}$.

解
$$\begin{aligned}2\boldsymbol{a}+3\boldsymbol{b}-2\boldsymbol{c}&=2(2\boldsymbol{e}_1+3\boldsymbol{e}_2+5\boldsymbol{e}_3)+3(-\boldsymbol{e}_1-\boldsymbol{e}_3)-2(4\boldsymbol{e}_2-2\boldsymbol{e}_3)\\&=\boldsymbol{e}_1-2\boldsymbol{e}_2+11\boldsymbol{e}_3.\end{aligned}$$

例 4 已知 $\boldsymbol{a}=\boldsymbol{e}_1+\boldsymbol{e}_2+2\boldsymbol{e}_3$，$\boldsymbol{b}=-\boldsymbol{e}_1+\boldsymbol{e}_3$，$\boldsymbol{c}=-2\boldsymbol{e}_1-\boldsymbol{e}_2-\boldsymbol{e}_3$，试证 $\boldsymbol{a},\boldsymbol{b},\boldsymbol{c}$ 构成三角形.

证明 因为 $\boldsymbol{b}-\boldsymbol{a}=(-\boldsymbol{e}_1+\boldsymbol{e}_3)-(\boldsymbol{e}_1+\boldsymbol{e}_2+2\boldsymbol{e}_3)=-2\boldsymbol{e}_1-\boldsymbol{e}_2-\boldsymbol{e}_3=\boldsymbol{c}$（或 $\boldsymbol{a}+\boldsymbol{c}=\boldsymbol{b}$）

由向量加减法的三角形法则知 $\boldsymbol{a},\boldsymbol{b},\boldsymbol{c}$ 构成三角形.

例 5 设 M 是平行四边形 $ABCD$ 的对角线的交点，O 是平面 $ABCD$ 外任意一点，试证：
$$\overrightarrow{OA}+\overrightarrow{OB}+\overrightarrow{OC}+\overrightarrow{OD}=4\,\overrightarrow{OM}.$$

证明 如图 1-16 所示，利用向量加法的定义，有
$$\overrightarrow{OM}=\overrightarrow{OA}+\overrightarrow{AM},$$
$$\overrightarrow{OM}=\overrightarrow{OB}+\overrightarrow{BM},$$
$$\overrightarrow{OM}=\overrightarrow{OC}+\overrightarrow{CM},$$
$$\overrightarrow{OM}=\overrightarrow{OD}+\overrightarrow{DM}.$$

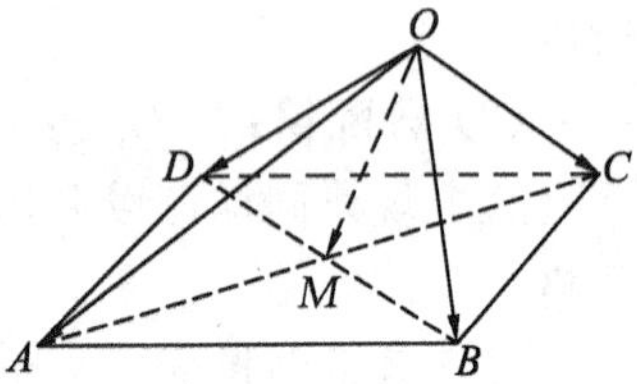

图 1-16

把上面 4 式相加，便得结论成立.

1.2.4 向量的坐标

1) 向量在轴上的射影

给定一轴 l 和向量 $\overrightarrow{AB}$，过点 A,B 分别作轴 l 的垂直平面，平面和轴 l 的交点 A_0,B_0 分别称为点 A 和点 B 在轴 l 上的**射影**（或**垂足**）（如图 1-17 所示），$\overrightarrow{A_0B_0}$ 称为 $\overrightarrow{AB}$ 在轴 l 上的**射影向量**（投影向量）.

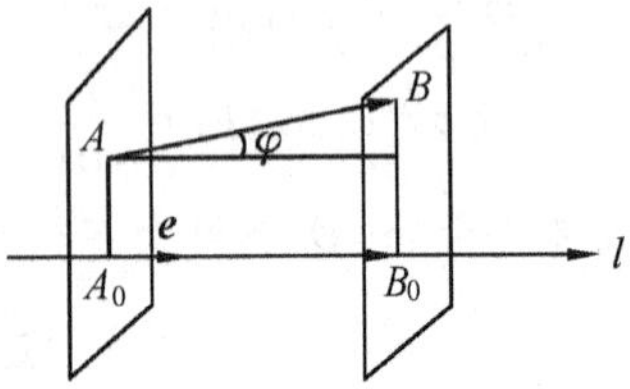

图 1-17

如果在轴 l 上取与轴同向的单位向量 $\boldsymbol{e}$，那么有 $\overrightarrow{A_0B_0}\,/\!/\,\boldsymbol{e}$，且
$$\overrightarrow{A_0B_0}=x\boldsymbol{e},$$
这里的数量 x 称为向量 $\overrightarrow{AB}$ 在轴 l 上的**射影**（或**投影**），记作
$$\mathrm{Prj}_l\,\overrightarrow{AB}=x. \tag{1.2-1}$$

当 $\overrightarrow{A_0B_0}$ 与轴 l 方向一致时，$x>0$；当 $\overrightarrow{A_0B_0}$ 与轴 l 方向相反时，$x<0$.

关于向量在轴上的射影，可以得到下面两个性质：

性质 1 向量 $\overrightarrow{AB}$ 在轴 l 上的射影等于向量的模 $|\overrightarrow{AB}|$ 和向量 $\overrightarrow{AB}$ 与轴 l 正向

夹角 φ 余弦的乘积(如图 1-17 所示),即

$$\mathrm{Prj}_l \overrightarrow{AB}=|\overrightarrow{AB}|\cdot\cos\varphi. \tag{1.2-2}$$

性质 2 向量在轴上的射影保持线性运算不变(如图 1-18 所示),即

$$\mathrm{Prj}_l(\boldsymbol{a}+\boldsymbol{b})=\mathrm{Prj}_l\boldsymbol{a}+\mathrm{Prj}_l\boldsymbol{b},$$
$$\mathrm{Prj}_l(\lambda\boldsymbol{a})=\lambda\cdot\mathrm{Prj}_l\boldsymbol{a}. \tag{1.2-3}$$

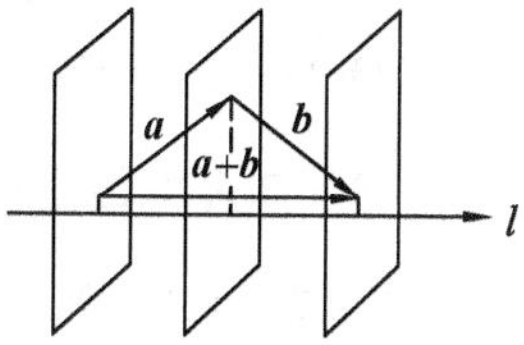

图 1-18

特别地,若向量$\overrightarrow{OA}$的点 O 位于轴 l 上时,只需过点 A 作轴 l 的垂足 A_0 即可.

2) 向量的坐标

在空间直角坐标系 O-xyz 的三个坐标轴上分别取单位向量$\boldsymbol{i},\boldsymbol{j},\boldsymbol{k}$,将向量 $\boldsymbol{a}$ 的起点置于坐标原点 O,设向量 $\boldsymbol{a}$ 的终点为 P,即 $\boldsymbol{a}=\overrightarrow{OP}$.

设点 P 在三个坐标轴上射影(或垂足)分别为 P_x, P_y, P_z,点 P 在 xy 面上的射影(或垂足)为 P_0(如图1-19所示),则有

$$\boldsymbol{a}=\overrightarrow{OP}=\overrightarrow{OP_x}+\overrightarrow{P_xP_0}+\overrightarrow{P_0P}=\overrightarrow{OP_x}+\overrightarrow{OP_y}+\overrightarrow{OP_z}.$$

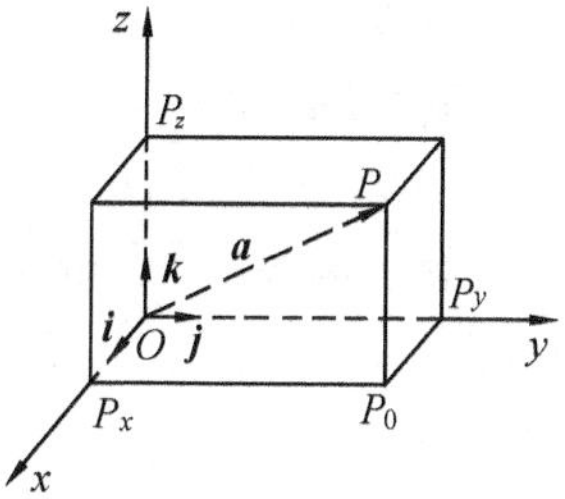

图 1-19

由于$\overrightarrow{OP_x}$与 $\boldsymbol{i}$ 平行,故存在唯一的 x,使$\overrightarrow{OP_x}=x\boldsymbol{i}$,类似可得存在唯一的 y,z,使$\overrightarrow{OP_y}=y\boldsymbol{j}$, $\overrightarrow{OP_z}=z\boldsymbol{k}$,从而

$$\boldsymbol{a}=x\boldsymbol{i}+y\boldsymbol{j}+z\boldsymbol{k},$$

则称有序数组(x,y,z)为向量 $\boldsymbol{a}=\overrightarrow{OP}$的**分量**(或**坐标**),记作

$$\boldsymbol{a}=x\boldsymbol{i}+y\boldsymbol{j}+z\boldsymbol{k}=(x,y,z).$$

根据向量的坐标定义过程不难看出,$\overrightarrow{OP_x}$, $\overrightarrow{OP_y}$和$\overrightarrow{OP_z}$是向量 $\boldsymbol{a}=\overrightarrow{OP}$在三个坐标轴上的射影向量,$x$, y, z 是向量 $\boldsymbol{a}$ 在三个坐标轴上的射影,这就是直角坐标系中向量的三个坐标的几何意义.根据空间点的直角坐标的定义可知,x, y, z 亦同时为空间点 P 的坐标,有 $P(x,y,z)$.这样就建立了空间中的点 P、向量$\overrightarrow{OP}$与坐标(x,y,z)之间的 1-1 对应关系.

显然,空间直角坐标系 O-xyz 也可以由原点 O 和 $\boldsymbol{i},\boldsymbol{j},\boldsymbol{k}$ 所确定,所以也称 O-$\boldsymbol{ijk}$ 为直角坐标系或空间标架,$\boldsymbol{i},\boldsymbol{j},\boldsymbol{k}$ 称为直角坐标系 O-xyz 的**坐标基向量**,它们是一组空间标准正交基.

根据向量坐标的定义,可知三个坐标基向量的坐标分别为 $\boldsymbol{i}=(1,0,0)$, $\boldsymbol{j}=(0,1,0)$, $\boldsymbol{k}=(0,0,1)$.

3) 利用坐标进行向量的线性运算

设 $\boldsymbol{a}=(x_1,y_1,z_1)$, $\boldsymbol{b}=(x_2,y_2,z_2)$,利用向量加法的交换律、结合律,以及

向量与数量乘法的结合律和分配律，可以得到如下运算关系（读者自证）：

(1) $\boldsymbol{a}+\boldsymbol{b}=(x_1+x_2)\boldsymbol{i}+(y_1+y_2)\boldsymbol{j}+(z_1+z_2)\boldsymbol{k}=(x_1+x_2,y_1+y_2,z_1+z_2)$；

(2) $\boldsymbol{a}-\boldsymbol{b}=(x_1-x_2)\boldsymbol{i}+(y_1-y_2)\boldsymbol{j}+(z_1-z_2)\boldsymbol{k}=(x_1-x_2,y_1-y_2,z_1-z_2)$；

(3) $\lambda\boldsymbol{a}=\lambda x_1\boldsymbol{i}+\lambda y_1\boldsymbol{j}+\lambda z_1\boldsymbol{k}=(\lambda x_1,\lambda y_1,\lambda z_1)$；

(4) （**向量共线的条件**）$\boldsymbol{a}/\!/\boldsymbol{b}$ 的充分必要条件是$\frac{x_1}{x_2}=\frac{y_1}{y_2}=\frac{z_1}{z_2}$.

注 在(4)中，当 x_2，y_2，z_2 中有一个为零，如 $x_2=0$ 时，应理解为 $x_1=0$ 且 $\frac{y_1}{y_2}=\frac{z_1}{z_2}$；当 x_2，y_2，z_2 中有两个为零，如 $x_2=y_2=0$，$z_2\neq 0$ 时，应理解为 $x_1=0$ 且 $y_1=0$.

由此可见，对向量进行加减和数乘的线性运算，只需对向量的各个坐标进行相应的数量运算.

例 6 设 $\boldsymbol{a}=(3,5,-1)$，$\boldsymbol{b}=(2,2,3)$，$\boldsymbol{c}=(2,-1,-3)$，求 $2\boldsymbol{a}-3\boldsymbol{b}+4\boldsymbol{c}$.

解 $2\boldsymbol{a}-3\boldsymbol{b}+4\boldsymbol{c}=2(3,5,-1)-3(2,2,3)+4(2,-1,-3)=(8,0,-23)$.

例 7 已知 $P_1(x_1,y_1,z_1)$，$P_2(x_2,y_2,z_2)$，求$\overrightarrow{P_1P_2}$.

解 因为$\overrightarrow{P_1P_2}=\overrightarrow{OP_2}-\overrightarrow{OP_1}$（如图 1-20 所示），且$\overrightarrow{OP_2}=(x_2,y_2,z_2)$，$\overrightarrow{OP_1}=(x_1,y_1,z_1)$，由向量减法得：$\overrightarrow{P_1P_2}=(x_2-x_1,y_2-y_1,z_2-z_1)$.

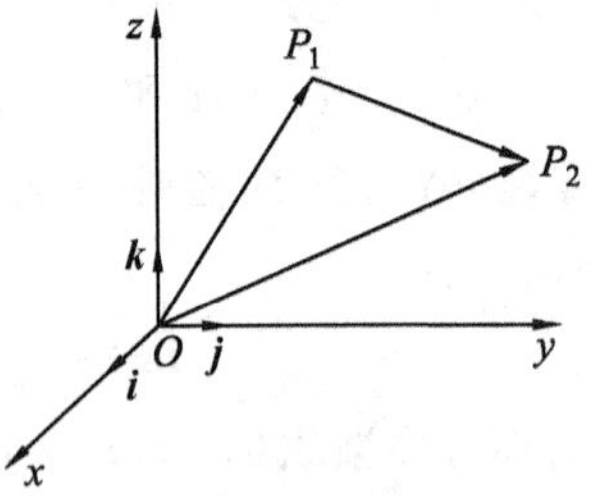

图 1-20

此例说明向量$\overrightarrow{P_1P_2}$的坐标等于终点的坐标减去起点的坐标.

由例 7 知，若 $\boldsymbol{a}=\overrightarrow{P_1P_2}$，则 $\boldsymbol{a}$ 的三个射影分别为 x_2-x_1，y_2-y_1，z_2-z_1，为了方便分别记为：$a_x=x_2-x_1$，$a_y=y_2-y_1$，$a_z=z_2-z_1$，所以 $\boldsymbol{a}$ 又可表示为 $\boldsymbol{a}=(a_x,a_y,a_z)$，$a_x,a_y,a_z$ 称为向量 $\boldsymbol{a}$ 的三个坐标.

例 8 已知三角形 ABC 三个顶点坐标分别为 $A(3,1,2)$，$B(4,-2,-2)$，$C(0,5,1)$，求三边向量$\overrightarrow{AB}$，$\overrightarrow{AC}$，$\overrightarrow{BC}$.

解 由例 7，得

$$\overrightarrow{AB}=(4-3,-2-1,-2-2)=(1,-3,-4).$$

类似可得

$$\overrightarrow{AC}=(-3,4,-1),\ \overrightarrow{BC}=(-4,7,3).$$

4）定比分点公式

已知 $P_1(x_1,y_1,z_1)$，$P_2(x_2,y_2,z_2)$，如果直线 P_1P_2 上的点 P 满足$\overrightarrow{P_1P}=\lambda\overrightarrow{PP_2}(\lambda\neq-1)$，则称点 P 为分 P_1P_2 成定比 λ 的**定比分点**，求分点 P 的坐标 x，y 及 z.

如图 1-21 所示，因为

$$\overrightarrow{P_1P}=\overrightarrow{OP}-\overrightarrow{OP_1},\ \overrightarrow{PP_2}=\overrightarrow{OP_2}-\overrightarrow{OP},$$

所以有

$$\overrightarrow{OP}-\overrightarrow{OP_1}=\lambda(\overrightarrow{OP_2}-\overrightarrow{OP}),$$

解之得

$$\overrightarrow{OP}=\frac{1}{1+\lambda}(\overrightarrow{OP_1}+\lambda\overrightarrow{OP_2}).$$

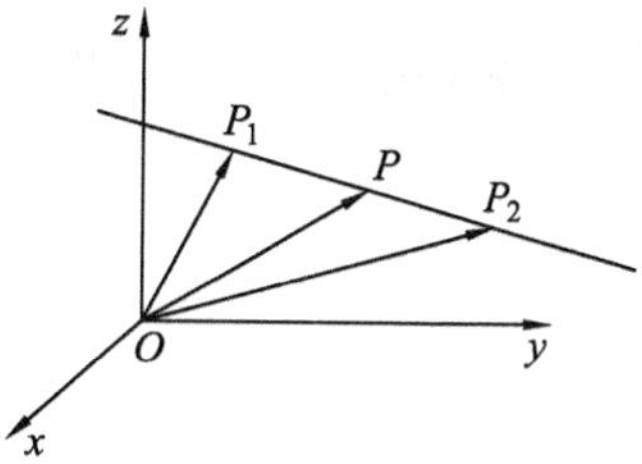

图 1-21

将 P_1,P_2 的坐标代入得

$$\begin{aligned}(x,y,z)&=\frac{1}{1+\lambda}[(x_1,y_1,z_1)+\lambda(x_2,y_2,z_2)]\\&=\frac{1}{1+\lambda}(x_1+\lambda x_2,y_1+\lambda y_2,z_1+\lambda z_2).\end{aligned}$$

从而得点 P 的坐标为

$$x=\frac{x_1+\lambda x_2}{1+\lambda},\ y=\frac{y_1+\lambda y_2}{1+\lambda},\ z=\frac{z_1+\lambda z_2}{1+\lambda}. \tag{1.2-4}$$

此公式称为**空间的定比分点坐标公式**，它与平面上的定比分点坐标公式类似.

特别地，当 $\lambda=1$ 时，P 为 P_1P_2 的中点，由此可得**中点坐标公式**为

$$x=\frac{x_1+x_2}{2},\ y=\frac{y_1+y_2}{2},\ z=\frac{z_1+z_2}{2}. \tag{1.2-5}$$

5）模与方向余弦公式

根据向量的坐标定义，设 $\boldsymbol{r}=(x,y,z)$，则 $|\boldsymbol{r}|=|\overrightarrow{OP}|$ 是长方体的对角线长（如图 1-19 所示），$|x|=|\overrightarrow{OP_x}|$，$|y|=|\overrightarrow{OP_y}|$，$|z|=|\overrightarrow{OP_z}|$，故得

$$|\boldsymbol{r}|^2=|\overrightarrow{OP}|^2=|\overrightarrow{OP_x}|^2+|\overrightarrow{OP_y}|^2+|\overrightarrow{OP_z}|^2=x^2+y^2+z^2,$$

$$|\boldsymbol{r}|=\sqrt{x^2+y^2+z^2}. \tag{1.2-6}$$

若已知向量的坐标，则代入此公式即可求出向量的模.

下面引入两向量的夹角的概念. 设有两个非零向量 $\boldsymbol{a},\boldsymbol{b}$，取空间一点 O，作 $\overrightarrow{OA}=\boldsymbol{a},\overrightarrow{OB}=\boldsymbol{b}$，规定不超过 π 的 $\angle AOB$（设 $\varphi=\angle AOB,0\leqslant\varphi\leqslant\pi$）称为**向量 $\boldsymbol{a}$ 与 $\boldsymbol{b}$ 的夹角**，记作 $\angle(\boldsymbol{a},\boldsymbol{b})$ 或 $\angle(\boldsymbol{b},\boldsymbol{a})$，即 $\angle(\boldsymbol{a},\boldsymbol{b})=\varphi$. 如果向量 $\boldsymbol{a}$ 与 $\boldsymbol{b}$ 中有一个是零向量，规定它们的夹角可以在 0 与 π 之间任意取值.

类似地，可以规定向量与空间中一个坐标轴的夹角或空间两坐标轴的夹角，不再赘述.

一个向量 $\boldsymbol{a}$ 与三个坐标轴的夹角 α，β，γ 称为 $\boldsymbol{a}$ 的**方向角**；方向角的余弦值 $\cos\alpha$，$\cos\beta$，$\cos\gamma$ 称为 $\boldsymbol{a}$ 的**方向余弦**.

由向量坐标的定义可知，若 $\boldsymbol{a}=(x,y,z)$，则

$$x=|\boldsymbol{a}|\cos\alpha,\ y=|\boldsymbol{a}|\cos\beta,\ z=|\boldsymbol{a}|\cos\gamma.$$

再由公式(1.2-6)得 $\boldsymbol{a}$ 的方向余弦公式

$$\begin{cases}\cos\alpha=\dfrac{x}{|\boldsymbol{a}|}=\dfrac{x}{\sqrt{x^2+y^2+z^2}},\\ \cos\beta=\dfrac{y}{|\boldsymbol{a}|}=\dfrac{y}{\sqrt{x^2+y^2+z^2}},\\ \cos\gamma=\dfrac{z}{|\boldsymbol{a}|}=\dfrac{z}{\sqrt{x^2+y^2+z^2}}.\end{cases}\tag{1.2-7}$$

由方向余弦公式不难得到

(1) $\cos^2\alpha+\cos^2\beta+\cos^2\gamma=1$; (1.2-8)

(2) $\boldsymbol{a}^\circ=\dfrac{\boldsymbol{a}}{|\boldsymbol{a}|}=\dfrac{1}{\sqrt{x^2+y^2+z^2}}(x,\ y,\ z)=(\cos\alpha,\ \cos\beta,\ \cos\gamma)$. (1.2-9)

例 9 设 $\boldsymbol{a}=(1,-1,-2)$,求 $\boldsymbol{a}$ 的模,同向单位向量 $\boldsymbol{a}^\circ$ 及方向余弦.

解 (1) $|\boldsymbol{a}|=\sqrt{1^2+(-1)^2+(-2)^2}=\sqrt{6}$;

(2) $\boldsymbol{a}^\circ=\dfrac{\boldsymbol{a}}{|\boldsymbol{a}|}=\dfrac{1}{\sqrt{6}}(1,-1,-2)=\left(\dfrac{\sqrt{6}}{6},-\dfrac{\sqrt{6}}{6},-\dfrac{\sqrt{6}}{3}\right)$;

(3) 由(2)知 $\cos\alpha=\dfrac{\sqrt{6}}{6}$, $\cos\beta=-\dfrac{\sqrt{6}}{6}$, $\cos\gamma=-\dfrac{\sqrt{6}}{3}$.

例 10 三个力 $\boldsymbol{F}_1=(1,2,3)$, $\boldsymbol{F}_2=(-2,3,-4)$, $\boldsymbol{F}_3=(3,-4,5)$同时作用于一点,求合力 $\boldsymbol{F}$ 的大小及方向余弦.

解 $\boldsymbol{F}=\boldsymbol{F}_1+\boldsymbol{F}_2+\boldsymbol{F}_3=(1,2,3)+(-2,3,-4)+(3,-4,5)=(2,1,4)$.

合力 $\boldsymbol{F}$ 的大小:$|\boldsymbol{F}|=\sqrt{4+1+16}=\sqrt{21}$,

$$\boldsymbol{F}^\circ=\frac{1}{\sqrt{21}}(2,1,4)=\left(\frac{2\sqrt{21}}{21},\frac{\sqrt{21}}{21},\frac{4\sqrt{21}}{21}\right).$$

方向余弦 $\cos\alpha=\dfrac{2\sqrt{21}}{21}$, $\cos\beta=\dfrac{\sqrt{21}}{21}$, $\cos\gamma=\dfrac{4\sqrt{21}}{21}$.

1.3 向量的乘积运算

与数量的乘积不同的是,向量的乘积运算有向量的内积、向量的外积、三个向量的混合积等多种形式.在学习中要注意它们与数量乘积运算的区别与联系,以及向量的几种乘积运算之间的关系.

1.3.1 向量的内积

1) 向量内积的定义

在物理学中，一个物体在常力 $\boldsymbol{F}$ 作用下沿直线移动的位移为 $\boldsymbol{S}$，则力 $\boldsymbol{F}$ 所做的功为

$$W=|\boldsymbol{F}||\boldsymbol{S}|\cos\theta,$$

其中 θ 为 $\boldsymbol{F}$ 与 $\boldsymbol{S}$ 的夹角(如图 1-22 所示). 这里的功 W 是由向量 $\boldsymbol{F}$ 和 $\boldsymbol{S}$ 按上式确定的一个数量. 在实际问题中，有时也会遇到这样的情况.

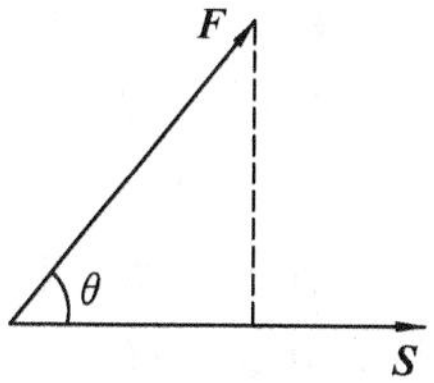

图 1-22

定义 1 两个向量 $\boldsymbol{a}$ 和 $\boldsymbol{b}$ 的模与它们夹角余弦的乘积称为**向量 $\boldsymbol{a}$ 和 $\boldsymbol{b}$ 的内积**(也称数量积、点积、数积等)，记作 $\boldsymbol{a}\cdot\boldsymbol{b}$ 或 $\boldsymbol{ab}$，即

$$\boldsymbol{a}\cdot\boldsymbol{b}=|\boldsymbol{a}||\boldsymbol{b}|\cos\theta,\ \theta=\angle(\boldsymbol{a},\boldsymbol{b}). \tag{1.3-1}$$

向量的内积是一个数量.

2) 向量内积的性质

由内积的定义可以得到以下结论：

(1) (**内积的几何意义**) $\boldsymbol{a}\cdot\boldsymbol{b}=|\boldsymbol{a}|\mathrm{Prj}_{\boldsymbol{a}}\boldsymbol{b}=|\boldsymbol{b}|\mathrm{Prj}_{\boldsymbol{b}}\boldsymbol{a}$，特别地，若 $\boldsymbol{e}$ 为单位向量，则 $\boldsymbol{a}\cdot\boldsymbol{e}=\mathrm{Prj}_{\boldsymbol{e}}\boldsymbol{a}$；

(2) (**模长公式**) $\boldsymbol{a}\cdot\boldsymbol{a}=\boldsymbol{a}^2=|\boldsymbol{a}|^2$；

因为夹角 $\theta=0$，所以

$$\boldsymbol{a}\cdot\boldsymbol{a}=|\boldsymbol{a}|^2\cos 0=|\boldsymbol{a}|^2.$$

(3) (**向量垂直的条件**) 两个非零向量 $\boldsymbol{a},\boldsymbol{b}$ 相互垂直的充要条件是 $\boldsymbol{a}\cdot\boldsymbol{b}=0$.

如果 $\boldsymbol{a}\cdot\boldsymbol{b}=0$，由于 $|\boldsymbol{a}|\neq 0$，$|\boldsymbol{b}|\neq 0$，所以 $\cos\theta=0$，从而 $\theta=\frac{\pi}{2}$，即 $\boldsymbol{a}\perp\boldsymbol{b}$；反之，如果 $\boldsymbol{a}\perp\boldsymbol{b}$，那么 $\theta=\frac{\pi}{2}$，$\cos\theta=0$，于是有 $\boldsymbol{a}\cdot\boldsymbol{b}=|\boldsymbol{a}||\boldsymbol{b}|\cos\theta=0$.

由此推出 $\boldsymbol{i}\cdot\boldsymbol{j}=\boldsymbol{j}\cdot\boldsymbol{k}=\boldsymbol{k}\cdot\boldsymbol{i}=0$，$\boldsymbol{i}\cdot\boldsymbol{i}=\boldsymbol{j}\cdot\boldsymbol{j}=\boldsymbol{k}\cdot\boldsymbol{k}=1$.

两个向量的内积满足下列运算规律：

(1) **交换律**：$\boldsymbol{a}\cdot\boldsymbol{b}=\boldsymbol{b}\cdot\boldsymbol{a}$.

根据定义有

$$\boldsymbol{a}\cdot\boldsymbol{b}=|\boldsymbol{a}||\boldsymbol{b}|\cos\angle(\boldsymbol{a},\boldsymbol{b}),\ \boldsymbol{b}\cdot\boldsymbol{a}=|\boldsymbol{b}||\boldsymbol{a}|\cos\angle(\boldsymbol{b},\boldsymbol{a}),$$

而
$$|\boldsymbol{a}||\boldsymbol{b}|=|\boldsymbol{b}||\boldsymbol{a}|,\text{且}\cos\angle(\boldsymbol{a},\boldsymbol{b})=\cos\angle(\boldsymbol{b},\boldsymbol{a}),$$

所以
$$\boldsymbol{a}\cdot\boldsymbol{b}=\boldsymbol{b}\cdot\boldsymbol{a}.$$

(2) **分配律**：$(\boldsymbol{a}+\boldsymbol{b})\cdot\boldsymbol{c}=\boldsymbol{a}\cdot\boldsymbol{c}+\boldsymbol{b}\cdot\boldsymbol{c}$.

当 $\boldsymbol{c}=\mathbf{0}$ 时，上式显然成立；当 $\boldsymbol{c}\neq\mathbf{0}$时，有

$$(\boldsymbol{a}+\boldsymbol{b})\cdot\boldsymbol{c}=|\boldsymbol{c}|\ \mathrm{Prj}_{\boldsymbol{c}}(\boldsymbol{a}+\boldsymbol{b}),$$

由射影性质，可知

$$\mathrm{Prj}_{\boldsymbol{c}}(\boldsymbol{a}+\boldsymbol{b})=\mathrm{Prj}_{\boldsymbol{c}}\boldsymbol{a}+\mathrm{Prj}_{\boldsymbol{c}}\boldsymbol{b},$$

所以

$$(\boldsymbol{a}+\boldsymbol{b})\cdot\boldsymbol{c}=|\boldsymbol{c}|\mathrm{Prj}_{\boldsymbol{c}}(\boldsymbol{a}+\boldsymbol{b})=|\boldsymbol{c}|\mathrm{Prj}_{\boldsymbol{c}}\boldsymbol{a}+|\boldsymbol{c}|\mathrm{Prj}_{\boldsymbol{c}}\boldsymbol{b}=\boldsymbol{a}\cdot\boldsymbol{c}+\boldsymbol{b}\cdot\boldsymbol{c}.$$

(3) **数乘结合律**：$(\lambda\boldsymbol{a})\cdot\boldsymbol{b}=\boldsymbol{a}\cdot(\lambda\boldsymbol{b})=\lambda(\boldsymbol{a}\cdot\boldsymbol{b})$.

当 $\boldsymbol{b}=\mathbf{0}$ 时，上式显然成立；当 $\boldsymbol{b}\neq\mathbf{0}$时，按射影性质，可得

$$(\lambda\boldsymbol{a})\cdot\boldsymbol{b}=|\boldsymbol{b}|\ \mathrm{Prj}_{\boldsymbol{b}}(\lambda\boldsymbol{a})=|\boldsymbol{b}|\lambda\ \mathrm{Prj}_{\boldsymbol{b}}\boldsymbol{a}=\lambda|\boldsymbol{b}|\ \mathrm{Prj}_{\boldsymbol{b}}\boldsymbol{a}=\lambda(\boldsymbol{a}\cdot\boldsymbol{b}).$$

根据向量内积的运算规律，可以得出如下结论：向量的内积运算，可以像代数多项式一样展开.

注 向量的内积**不满足消去律**，即 $\boldsymbol{a}\cdot\boldsymbol{b}=\boldsymbol{a}\cdot\boldsymbol{c}$，$\boldsymbol{a}\neq\mathbf{0}$ 不能得出 $\boldsymbol{b}=\boldsymbol{c}$. 特别地，$\boldsymbol{a}\cdot\boldsymbol{b}=0$ 不能得出 $\boldsymbol{a}=\mathbf{0}$或 $\boldsymbol{b}=\mathbf{0}$.

此外，向量的内积**不存在结合律**，即 $\boldsymbol{a}\cdot\boldsymbol{b}\cdot\boldsymbol{c}$ 无意义.

例 1 (1) $(\boldsymbol{a}+\boldsymbol{b})\cdot(\boldsymbol{a}-\boldsymbol{b})=\boldsymbol{a}\cdot\boldsymbol{a}-\boldsymbol{a}\cdot\boldsymbol{b}+\boldsymbol{a}\cdot\boldsymbol{b}-\boldsymbol{b}\cdot\boldsymbol{b}=\boldsymbol{a}^2-\boldsymbol{b}^2$；

(2) $(\boldsymbol{a}+\boldsymbol{b})^2=(\boldsymbol{a}+\boldsymbol{b})\cdot(\boldsymbol{a}+\boldsymbol{b})=\boldsymbol{a}^2+2\boldsymbol{a}\cdot\boldsymbol{b}+\boldsymbol{b}^2$；

(3) $(2\boldsymbol{a}+\boldsymbol{b}-\boldsymbol{c})\cdot(3\boldsymbol{a}-2\boldsymbol{b}+2\boldsymbol{c})=6\boldsymbol{a}^2-4\boldsymbol{a}\cdot\boldsymbol{b}+4\boldsymbol{a}\cdot\boldsymbol{c}+3\boldsymbol{a}\cdot\boldsymbol{b}-2\boldsymbol{b}^2+2\boldsymbol{b}\cdot\boldsymbol{c}-3\boldsymbol{c}\cdot\boldsymbol{a}+2\boldsymbol{c}\cdot\boldsymbol{b}-2\boldsymbol{c}^2=6\boldsymbol{a}^2-2\boldsymbol{b}^2-2\boldsymbol{c}^2-\boldsymbol{a}\cdot\boldsymbol{b}+\boldsymbol{a}\cdot\boldsymbol{c}+4\boldsymbol{b}\cdot\boldsymbol{c}$.

3) 向量内积的坐标运算

下面在空间直角坐标系中，推导两个向量内积的坐标表示式. 设

$$\boldsymbol{a}=(a_x,a_y,a_z)=a_x\boldsymbol{i}+a_y\boldsymbol{j}+a_z\boldsymbol{k},\ \boldsymbol{b}=(b_x,b_y,b_z)=b_x\boldsymbol{i}+b_y\boldsymbol{j}+b_z\boldsymbol{k},$$

根据内积的运算规律可得

$$\begin{aligned}\boldsymbol{a}\cdot\boldsymbol{b}&=(a_x\boldsymbol{i}+a_y\boldsymbol{j}+a_z\boldsymbol{k})\cdot(b_x\boldsymbol{i}+b_y\boldsymbol{j}+b_z\boldsymbol{k})\\&=a_xb_x\boldsymbol{i}^2+a_xb_y\boldsymbol{i}\cdot\boldsymbol{j}+a_xb_z\boldsymbol{i}\cdot\boldsymbol{k}+a_yb_x\boldsymbol{i}\cdot\boldsymbol{j}+a_yb_y\boldsymbol{j}^2\\&\quad+a_yb_z\boldsymbol{j}\cdot\boldsymbol{k}+a_zb_x\boldsymbol{i}\cdot\boldsymbol{k}+a_zb_y\boldsymbol{j}\cdot\boldsymbol{k}+a_zb_z\boldsymbol{k}^2\\&=a_xb_x+a_yb_y+a_zb_z.\end{aligned}\tag{1.3-2}$$

这就是两个向量的内积的坐标表示式，即**两个向量的内积等于它们对应坐标乘积之和.**

根据内积的定义 $\boldsymbol{a}\cdot\boldsymbol{b}=|\boldsymbol{a}||\boldsymbol{b}|\cos\theta$，可以给出两个非零向量的夹角公式

$$\cos\theta=\frac{\boldsymbol{a}\cdot\boldsymbol{b}}{|\boldsymbol{a}||\boldsymbol{b}|}=\frac{a_xb_x+a_yb_y+a_zb_z}{\sqrt{a_x^2+a_y^2+a_z^2}\sqrt{b_x^2+b_y^2+b_z^2}}.\tag{1.3-3}$$

由此公式可以看出，两个向量垂直 $\boldsymbol{a}\perp\boldsymbol{b}$ 的充要条件是

$$a_xb_x+a_yb_y+a_zb_z=0.\tag{1.3-4}$$

4）向量内积的基本应用

由上面的讨论可知，向量的内积有以下三个方面的基本应用：

(1) 求长度（模长公式、距离公式）；

(2) 求角度（夹角公式）；

(3) 证明垂直问题（垂直的充要条件）.

例 2 证明平行四边形对角线的平方和等于它各边的平方和.

证明 如图 1-23 所示，在平行四边形 $OACB$ 中，设两边$\overrightarrow{OA}=\boldsymbol{a}$，$\overrightarrow{OB}=\boldsymbol{b}$，对角线$\overrightarrow{OC}=\boldsymbol{m}$，$\overrightarrow{BA}=\boldsymbol{n}$，则$\boldsymbol{m}=\boldsymbol{a}+\boldsymbol{b}$，$\boldsymbol{n}=\boldsymbol{a}-\boldsymbol{b}$，于是

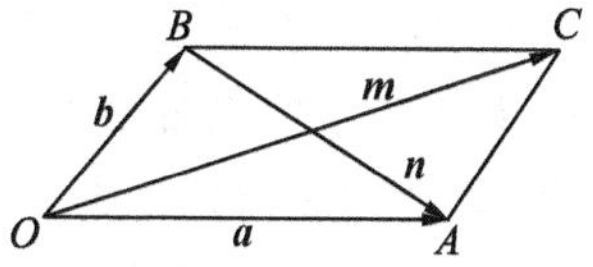

图 1-23

$$\boldsymbol{m}^2=(\boldsymbol{a}+\boldsymbol{b})^2=\boldsymbol{a}^2+2\boldsymbol{a}\cdot\boldsymbol{b}+\boldsymbol{b}^2,$$

$$\boldsymbol{n}^2=(\boldsymbol{a}-\boldsymbol{b})^2=\boldsymbol{a}^2-2\boldsymbol{a}\cdot\boldsymbol{b}+\boldsymbol{b}^2,$$

所以
$$\boldsymbol{m}^2+\boldsymbol{n}^2=2(\boldsymbol{a}^2+\boldsymbol{b}^2),$$
即
$$|\boldsymbol{m}|^2+|\boldsymbol{n}|^2=2(|\boldsymbol{a}|^2+|\boldsymbol{b}|^2).$$

例 3 试确定 λ 的值，使 $\boldsymbol{a}=(\lambda, -3, 2)$ 与 $\boldsymbol{b}=(1, 2, -\lambda)$ 相互垂直.

解 $\boldsymbol{a}\perp\boldsymbol{b}\Rightarrow\boldsymbol{a}\cdot\boldsymbol{b}=\lambda-6-2\lambda=0\Rightarrow\lambda=-6$.

例 4 已知 $A(-1, 2, 3)$，$B(1, 1, 1)$，$C(0, 0, 5)$，求证$\triangle ABC$ 是直角三角形，并求$\angle B$.

证明 如图 1-24 所示，$\overrightarrow{BA}=(-2,1,2)$，$\overrightarrow{BC}=(-1,-1, 4)$，$\overrightarrow{AC}=(1,-2, 2)$.

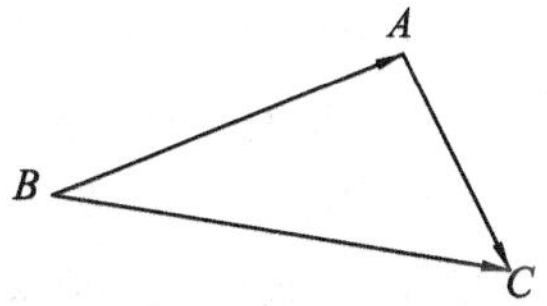

图 1-24

(1) 因为 $\overrightarrow{BA}\cdot\overrightarrow{AC}=-2-2+4=0$，所以 $\overrightarrow{BA}\perp\overrightarrow{AC}$，即$\triangle ABC$ 是直角三角形.

(2) 因为 $\cos\angle B=\dfrac{\overrightarrow{BA}\cdot\overrightarrow{BC}}{|\overrightarrow{BA}||\overrightarrow{BC}|}=\dfrac{2-1+8}{3\sqrt{18}}=\dfrac{1}{\sqrt{2}}$，

所以 $\angle B=\dfrac{\pi}{4}$（注意向量方向及夹角）.

1.3.2 向量的外积

1）向量外积的定义

物理学中，在研究物体转动问题时，不但要考虑物体所受到的力，还要分析这些力所产生的力矩. 设 O 为一根杠杆的支点，如果有一个力 $\boldsymbol{F}$ 作用于这杠杆的点 A 处，$\overrightarrow{OA}=\boldsymbol{r}$（如图 1-25 所示），$\boldsymbol{r}$ 和 $\boldsymbol{F}$ 的夹角为 θ，那么力 $\boldsymbol{F}$ 对支点 O 的力矩是一个向量 $\boldsymbol{m}$，它的模

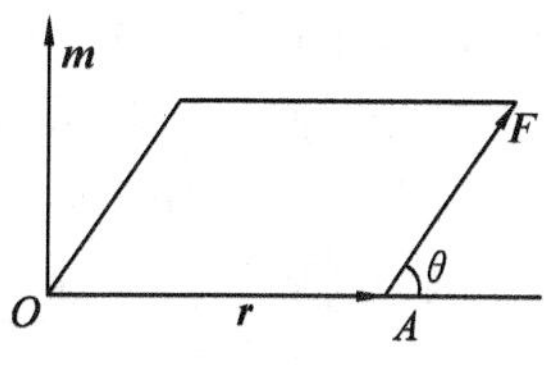

图 1-25

$$|\boldsymbol{m}|=|\boldsymbol{r}||\boldsymbol{F}|\sin\theta,$$

而向量 $\boldsymbol{m}$ 的方向垂直于 $\boldsymbol{r}$ 和 $\boldsymbol{F}$ 确定的平面，而且遵循右手规则，即由 $\overrightarrow{OA}$ 转至 $\overrightarrow{AF}$ 时拇指的指向. 这种由两个已知向量按照上面的规则来确定另一个向量的情况，在其他物理问题中也会遇到. 从而可以抽象出两个向量的外积的概念.

定义 2 **两个向量 $\boldsymbol{a}$ 和 $\boldsymbol{b}$ 的外积**（也称向量积、叉积、矢量积等）是一个向量，记作 $\boldsymbol{a}\times\boldsymbol{b}$.

(1) $\boldsymbol{a}\times\boldsymbol{b}$ 的模：$|\boldsymbol{a}\times\boldsymbol{b}|=|\boldsymbol{a}||\boldsymbol{b}|\sin\theta,\theta=\angle(\boldsymbol{a},\boldsymbol{b})$；

(2) $\boldsymbol{a}\times\boldsymbol{b}$ 的方向：与 $\boldsymbol{a}$，$\boldsymbol{b}$ 都垂直，并且按 $\boldsymbol{a}$，$\boldsymbol{b}$，$\boldsymbol{a}\times\boldsymbol{b}$ 的顺序构成右手系（如图 1-26 所示）.

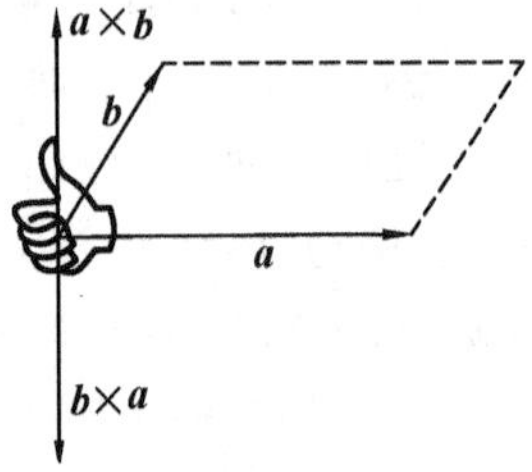

图 1-26

2) 向量外积的性质

由向量的外积定义可得：

(1) $\boldsymbol{a}\times\boldsymbol{a}=\boldsymbol{0}$.

因为夹角 $\theta=0$，所以 $|\boldsymbol{a}\times\boldsymbol{a}|=|\boldsymbol{a}|^2\sin 0=0$.

(2) （**向量共线的条件**）两个非零向量 $\boldsymbol{a}/\!/\boldsymbol{b}$ 的充要条件是 $\boldsymbol{a}\times\boldsymbol{b}=\boldsymbol{0}$.

因为如果 $\boldsymbol{a}\times\boldsymbol{b}=\boldsymbol{0}$，由于 $|\boldsymbol{a}|\neq 0$，$|\boldsymbol{b}|\neq 0$，故必有 $\sin\theta=0$，于是 $\theta=0$ 或 π，即 $\boldsymbol{a}/\!/\boldsymbol{b}$；反之，如果 $\boldsymbol{a}/\!/\boldsymbol{b}$，那么 $\theta=0$ 或 π，于是 $\sin\theta=0$，从而 $|\boldsymbol{a}\times\boldsymbol{b}|=0$，即 $\boldsymbol{a}\times\boldsymbol{b}=\boldsymbol{0}$.

(3) （**外积的几何意义**）向量 $\boldsymbol{a},\boldsymbol{b}$ 的外积 $\boldsymbol{a}\times\boldsymbol{b}$ 的模的几何意义是：$|\boldsymbol{a}\times\boldsymbol{b}|$ 等于以 $\boldsymbol{a},\boldsymbol{b}$ 为边的平行四边形的面积，即 $|\boldsymbol{a}\times\boldsymbol{b}|=S$.

向量的外积满足下列运算规律：

(1) **反交换律**：$\boldsymbol{a}\times\boldsymbol{b}=-\boldsymbol{b}\times\boldsymbol{a}$.

按右手规则从 $\boldsymbol{b}$ 转向 $\boldsymbol{a}$ 得到的方向恰好与按右手规则从 $\boldsymbol{a}$ 转向 $\boldsymbol{b}$ 得到的方向相反，这表明交换律对外积不成立.

(2) **分配律**：$(\boldsymbol{a}+\boldsymbol{b})\times\boldsymbol{c}=\boldsymbol{a}\times\boldsymbol{c}+\boldsymbol{b}\times\boldsymbol{c}$.

(3) **数乘结合律**：$(\lambda\boldsymbol{a})\times\boldsymbol{b}=\boldsymbol{a}\times(\lambda\boldsymbol{b})=\lambda(\boldsymbol{a}\times\boldsymbol{b})$.

特别地，有 $\boldsymbol{i}\times\boldsymbol{i}=\boldsymbol{j}\times\boldsymbol{j}=\boldsymbol{k}\times\boldsymbol{k}=\boldsymbol{0}$，$\boldsymbol{i}\times\boldsymbol{j}=-\boldsymbol{j}\times\boldsymbol{i}=\boldsymbol{k}$，$\boldsymbol{j}\times\boldsymbol{k}=-\boldsymbol{k}\times\boldsymbol{j}=\boldsymbol{i}$，$\boldsymbol{k}\times\boldsymbol{i}=-\boldsymbol{i}\times\boldsymbol{k}=\boldsymbol{j}$.

根据向量外积的运算规律，亦可得到如下结论：向量的外积运算，也可以像代数多项式一样展开，但要注意乘积因子的次序.

注 向量的外积**不满足消去律**，即 $\boldsymbol{a}\times\boldsymbol{b}=\boldsymbol{a}\times\boldsymbol{c},\boldsymbol{a}\neq\boldsymbol{0}$ 推不出 $\boldsymbol{b}=\boldsymbol{c}$. 特别地，$\boldsymbol{a}\times\boldsymbol{b}=\boldsymbol{0}$ 不能得到 $\boldsymbol{a}=\boldsymbol{0}$ 或 $\boldsymbol{b}=\boldsymbol{0}$.

此外，向量的外积**不满足结合律**，即 $(\boldsymbol{a}\times\boldsymbol{b})\times\boldsymbol{c}\neq\boldsymbol{a}\times(\boldsymbol{b}\times\boldsymbol{c})$.

例 5 (1) $(\boldsymbol{a}-\boldsymbol{b})\times(\boldsymbol{a}+\boldsymbol{b})=\boldsymbol{a}\times\boldsymbol{a}+\boldsymbol{a}\times\boldsymbol{b}-\boldsymbol{b}\times\boldsymbol{a}-\boldsymbol{b}\times\boldsymbol{b}=2(\boldsymbol{a}\times\boldsymbol{b})$；

(2)
$$\begin{aligned}(3\boldsymbol{a}+2\boldsymbol{b})\times(\boldsymbol{a}-2\boldsymbol{b}+\boldsymbol{c})&=3\boldsymbol{a}\times\boldsymbol{a}-6\boldsymbol{a}\times\boldsymbol{b}+3\boldsymbol{a}\times\boldsymbol{c}+2\boldsymbol{b}\times\boldsymbol{a}-4\boldsymbol{b}\times\boldsymbol{b}+2\boldsymbol{b}\times\boldsymbol{c}\\&=-8\boldsymbol{a}\times\boldsymbol{b}+3\boldsymbol{a}\times\boldsymbol{c}+2\boldsymbol{b}\times\boldsymbol{c}.\end{aligned}$$

3）向量外积的坐标运算

下面在空间直角坐标系中，推导两个向量外积的坐标表示式. 设

$$\boldsymbol{a}=(a_x,a_y,a_z)=a_x\boldsymbol{i}+a_y\boldsymbol{j}+a_z\boldsymbol{k},\ \boldsymbol{b}=(b_x,b_y,b_z)=b_x\boldsymbol{i}+b_y\boldsymbol{j}+b_z\boldsymbol{k},$$

根据外积的运算规律可得

$$\begin{aligned}\boldsymbol{a}\times\boldsymbol{b}&=(a_x\boldsymbol{i}+a_y\boldsymbol{j}+a_z\boldsymbol{k})\times(b_x\boldsymbol{i}+b_y\boldsymbol{j}+b_z\boldsymbol{k})\\&=a_xb_x\boldsymbol{i}\times\boldsymbol{i}+a_xb_y\boldsymbol{i}\times\boldsymbol{j}+a_xb_z\boldsymbol{i}\times\boldsymbol{k}+a_yb_x\boldsymbol{j}\times\boldsymbol{i}\\&\quad+a_yb_y\boldsymbol{j}\times\boldsymbol{j}+a_yb_z\boldsymbol{j}\times\boldsymbol{k}+a_zb_x\boldsymbol{k}\times\boldsymbol{i}+a_zb_y\boldsymbol{k}\times\boldsymbol{j}+a_zb_z\boldsymbol{k}\times\boldsymbol{k}\\&=(a_yb_z-b_ya_z)\boldsymbol{i}+(b_xa_z-a_xb_z)\boldsymbol{j}+(a_xb_y-b_xa_y)\boldsymbol{k}.\end{aligned}$$

利用三阶行列式（见附录），上式常写成容易记忆的形式

$$\boldsymbol{a}\times\boldsymbol{b}=\begin{vmatrix}\boldsymbol{i}&\boldsymbol{j}&\boldsymbol{k}\\a_x&a_y&a_z\\b_x&b_y&b_z\end{vmatrix}.\tag{1.3-5}$$

4）向量外积的基本应用

由上面的讨论可知，向量的外积有以下三个方面的基本应用：

(1) 求面积（平行四边形面积：$S_{\square}=|\boldsymbol{a}\times\boldsymbol{b}|$，三角形面积：$S_{\triangle}=\dfrac{1}{2}|\overrightarrow{AB}\times\overrightarrow{AC}|$）；

(2) 求垂直向量（已知 $\boldsymbol{a},\boldsymbol{b}$，求与 $\boldsymbol{a},\boldsymbol{b}$ 都垂直的向量：$\boldsymbol{n}=\lambda(\boldsymbol{a}\times\boldsymbol{b})$）；

(3) 证明平行问题（平行条件：$\boldsymbol{a}\parallel\boldsymbol{b}\Leftrightarrow\boldsymbol{a}\times\boldsymbol{b}=\boldsymbol{0}$）.

例 6 已知 $\boldsymbol{a}=(2,2,1)$，$\boldsymbol{b}=(4,5,3)$，求 $\boldsymbol{a}\times\boldsymbol{b}$，$|\boldsymbol{a}\times\boldsymbol{b}|$ 及其同向单位向量 $(\boldsymbol{a}\times\boldsymbol{b})^\circ$.

解 $$\boldsymbol{a}\times\boldsymbol{b}=\begin{vmatrix}\boldsymbol{i}&\boldsymbol{j}&\boldsymbol{k}\\2&2&1\\4&5&3\end{vmatrix}=(2\times3-5\times1)\boldsymbol{i}+(1\times4-2\times3)\boldsymbol{j}+(2\times5-2\times4)\boldsymbol{k}$$

$$=(1,-2,2);$$

$$|\boldsymbol{a}\times\boldsymbol{b}|=\sqrt{1^2+(-2)^2+2^2}=3;$$

$$(\boldsymbol{a}\times\boldsymbol{b})^\circ=\frac{1}{3}(1,-2,2)=\left(\frac{1}{3},-\frac{2}{3},\frac{2}{3}\right).$$

例 7 已知三角形的三个顶点 $A(1,2,3)$，$B(2,-1,5)$，$C(3,2,-5)$，试求：(1) $\triangle ABC$ 的面积；(2) $\triangle ABC$ 中 AB 边上的高.

解 (1) 如图 1-27 所示，$\triangle ABC$ 的面积 $=\dfrac{1}{2}$ $\square ABCD$ 的面积 $=\dfrac{1}{2}|\overrightarrow{AB}\times\overrightarrow{AC}|$.

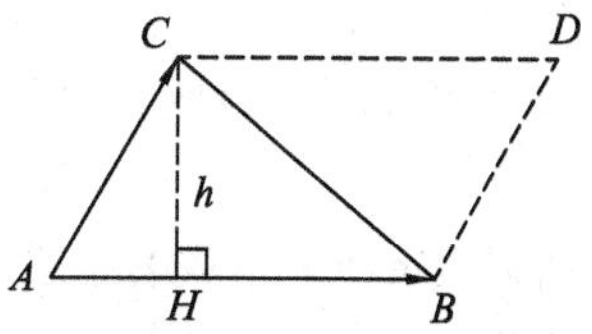

图 1-27

$$\overrightarrow{AB}=(1,-3,2),\ \overrightarrow{AC}=(2,0,-8),$$

$$\overrightarrow{AB}\times\overrightarrow{AC}=\begin{vmatrix} \boldsymbol{i} & \boldsymbol{j} & \boldsymbol{k} \\ 1 & -3 & 2 \\ 2 & 0 & -8 \end{vmatrix}=24\boldsymbol{i}+12\boldsymbol{j}+6\boldsymbol{k},$$

故
$$|\overrightarrow{AB}\times\overrightarrow{AC}|=\sqrt{24^2+12^2+6^2}=6\sqrt{21},$$

所以$\triangle ABC$ 的面积$=\frac{1}{2}|\overrightarrow{AB}\times\overrightarrow{AC}|=3\sqrt{21}$.

(2) 因为$\triangle ABC$ 中 AB 边上的高 CH 即$\square ABCD$ 的 AB 边上的高，所以

$$|\overrightarrow{CH}|=\frac{\square ABCD\text{ 的面积}}{|\overrightarrow{AB}|}=\frac{|\overrightarrow{AB}\times\overrightarrow{AC}|}{|\overrightarrow{AB}|},$$

又因为
$$|\overrightarrow{AB}|=\sqrt{1^2+(-3)^2+2^2}=\sqrt{14},$$

所以
$$|\overrightarrow{CH}|=\frac{6\sqrt{21}}{\sqrt{14}}=3\sqrt{6}.$$

1.3.3 三向量的混合积

两个向量 $\boldsymbol{a}$,$\boldsymbol{b}$ 的外积 $\boldsymbol{a}\times\boldsymbol{b}$ 仍是一个向量，这个向量还可以与第三个向量 $\boldsymbol{c}$ 再作内积或外积. 作内积的结果得到的是一个数量$(\boldsymbol{a}\times\boldsymbol{b})\cdot\boldsymbol{c}$，即本节即将要讨论的三向量的混合积；作外积的结果仍是一个向量$(\boldsymbol{a}\times\boldsymbol{b})\times\boldsymbol{c}$，这就是下一节要讨论的二重外积.

1) 三向量混合积的定义

定义 3 已知空间三向量 $\boldsymbol{a}$,$\boldsymbol{b}$,$\boldsymbol{c}$，如果先作向量 $\boldsymbol{a}$ 和 $\boldsymbol{b}$ 的外积 $\boldsymbol{a}\times\boldsymbol{b}$，再作所得向量与第三向量 $\boldsymbol{c}$ 的内积$(\boldsymbol{a}\times\boldsymbol{b})\cdot\boldsymbol{c}$，这样得到的数量称为三向量 $\boldsymbol{a}$,$\boldsymbol{b}$,$\boldsymbol{c}$ 的**混合积**，记作$(\boldsymbol{a},\boldsymbol{b},\boldsymbol{c})$或$(\boldsymbol{abc})$.

事实上，按外积的定义，$\boldsymbol{a}\times\boldsymbol{b}$ 是一个向量，它的模在数值上等于以向量 $\boldsymbol{a}$ 和 $\boldsymbol{b}$ 为边所作平行四边形的面积，它的方向垂直于这个平行四边形所在的平面；当 $\boldsymbol{a}$,$\boldsymbol{b}$,$\boldsymbol{c}$ 组成右手系时，向量 $\boldsymbol{a}\times\boldsymbol{b}$ 与向量 $\boldsymbol{c}$ 朝着这个平面的同侧(如图 1-28 所示)；当 $\boldsymbol{a}$,$\boldsymbol{b}$,$\boldsymbol{c}$ 组成左手系时，向量 $\boldsymbol{a}\times\boldsymbol{b}$ 与向量 $\boldsymbol{c}$ 朝着这个平面的异侧. 所以，如设 $\boldsymbol{a}\times\boldsymbol{b}$ 与 $\boldsymbol{c}$ 的夹角为 θ，

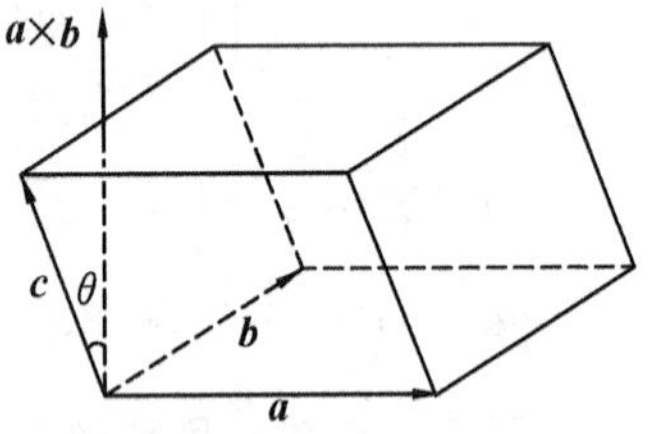

图 1-28

那么当 $\boldsymbol{a}$,$\boldsymbol{b}$,$\boldsymbol{c}$ 组成右手系时，θ 为锐角；当 $\boldsymbol{a}$,$\boldsymbol{b}$,$\boldsymbol{c}$ 组成左手系时，θ 为钝角；由于

$$(\boldsymbol{a},\boldsymbol{b},\boldsymbol{c})=(\boldsymbol{a}\times\boldsymbol{b})\cdot\boldsymbol{c}=|\boldsymbol{a}\times\boldsymbol{b}||\boldsymbol{c}|\cos\theta,$$

所以当 $\boldsymbol{a}$,$\boldsymbol{b}$,$\boldsymbol{c}$ 组成右手系时，$(\boldsymbol{a},\boldsymbol{b},\boldsymbol{c})$的值为正；当 $\boldsymbol{a}$,$\boldsymbol{b}$,$\boldsymbol{c}$ 组成左手系时，$(\boldsymbol{a},\boldsymbol{b},\boldsymbol{c})$的值为负.

2）混合积的性质

由于以向量 $\boldsymbol{a},\boldsymbol{b},\boldsymbol{c}$ 为棱的平行六面体的底面的面积在数值上等于 $|\boldsymbol{a}\times\boldsymbol{b}|$，它的高 h 等于向量 $\boldsymbol{c}$ 在向量 $\boldsymbol{a}\times\boldsymbol{b}$ 上的射影的绝对值，即

$$h=|\mathrm{Prj}_{\boldsymbol{a}\times\boldsymbol{b}}\boldsymbol{c}|=|\boldsymbol{c}|\cos\theta,$$

所以平行六面体的体积

$$V=|\boldsymbol{a}\times\boldsymbol{b}||\boldsymbol{c}||\cos\theta|=|(\boldsymbol{a},\boldsymbol{b},\boldsymbol{c})|.$$

因此，由以上描述可以得到，三向量的混合积具有下述几何意义：

(1)（**几何意义**）不共面的三向量 $\boldsymbol{a},\boldsymbol{b},\boldsymbol{c}$ 的混合积的绝对值等于以 $\boldsymbol{a},\boldsymbol{b},\boldsymbol{c}$ 为棱的平行六面体的体积 V，即

$$|(\boldsymbol{a},\boldsymbol{b},\boldsymbol{c})|=V.$$

且当 $\boldsymbol{a},\boldsymbol{b},\boldsymbol{c}$ 构成右手系时混合积是正数；当 $\boldsymbol{a},\boldsymbol{b},\boldsymbol{c}$ 构成左手系时混合积是负数. 因此，混合积也称有向体积.

(2)（**共面条件**）三向量 $\boldsymbol{a},\boldsymbol{b},\boldsymbol{c}$ 共面的充要条件是 $(\boldsymbol{a},\boldsymbol{b},\boldsymbol{c})=0$. 特别地，$(\boldsymbol{a},\lambda\boldsymbol{a},\boldsymbol{c})=0$，$(\boldsymbol{a},\boldsymbol{a},\boldsymbol{c})=0$.

混合积具有下面的运算性质：

(1) 因子轮换，其值不变：$(\boldsymbol{a},\boldsymbol{b},\boldsymbol{c})=(\boldsymbol{b},\boldsymbol{c},\boldsymbol{a})=(\boldsymbol{c},\boldsymbol{a},\boldsymbol{b})$.

(2) 对调两个，其值变号：$(\boldsymbol{a},\boldsymbol{b},\boldsymbol{c})=-(\boldsymbol{b},\boldsymbol{a},\boldsymbol{c})=-(\boldsymbol{c},\boldsymbol{b},\boldsymbol{a})=-(\boldsymbol{a},\boldsymbol{c},\boldsymbol{b})$.

推论　$(\boldsymbol{a},\boldsymbol{b},\boldsymbol{c})=(\boldsymbol{a}\times\boldsymbol{b})\cdot\boldsymbol{c}=\boldsymbol{a}\cdot(\boldsymbol{b}\times\boldsymbol{c})$.

例 8　三个向量 $\boldsymbol{a},\boldsymbol{b},\boldsymbol{c}$ 满足 $\boldsymbol{a}\times\boldsymbol{b}+\boldsymbol{b}\times\boldsymbol{c}+\boldsymbol{c}\times\boldsymbol{a}=\boldsymbol{0}$，证明 $\boldsymbol{a},\boldsymbol{b},\boldsymbol{c}$ 共面.

证明　等式两端与 $\boldsymbol{a}$ 作内积得

$$(\boldsymbol{a},\boldsymbol{a},\boldsymbol{b})+(\boldsymbol{a},\boldsymbol{b},\boldsymbol{c})+(\boldsymbol{a},\boldsymbol{c},\boldsymbol{a})=0.$$

因为

$$(\boldsymbol{a},\boldsymbol{a},\boldsymbol{b})=0,\ (\boldsymbol{a},\boldsymbol{c},\boldsymbol{a})=0,$$

所以 $(\boldsymbol{a},\boldsymbol{b},\boldsymbol{c})=0$. 故 $\boldsymbol{a},\boldsymbol{b},\boldsymbol{c}$ 共面.

例 9　设 $\boldsymbol{a},\boldsymbol{b},\boldsymbol{c}$ 为三个不共面向量，求 $\boldsymbol{d}$ 关于 $\boldsymbol{a},\boldsymbol{b},\boldsymbol{c}$ 的分解式.

解　因为 $\boldsymbol{a},\boldsymbol{b},\boldsymbol{c}$ 不共面，设 $\boldsymbol{d}=x\boldsymbol{a}+y\boldsymbol{b}+z\boldsymbol{c}$.
下面确定系数 x,y,z 的值，等式两端分别与 $\boldsymbol{b}\times\boldsymbol{c}$ 作内积得

$$(\boldsymbol{d},\boldsymbol{b},\boldsymbol{c})=x(\boldsymbol{a},\boldsymbol{b},\boldsymbol{c})+y(\boldsymbol{b},\boldsymbol{b},\boldsymbol{c})+z(\boldsymbol{c},\boldsymbol{b},\boldsymbol{c}).$$

由于 $\boldsymbol{a},\boldsymbol{b},\boldsymbol{c}$ 不共面，故 $(\boldsymbol{a},\boldsymbol{b},\boldsymbol{c})\neq0$，由上式解得

$$x=\frac{(\boldsymbol{d},\boldsymbol{b},\boldsymbol{c})}{(\boldsymbol{a},\boldsymbol{b},\boldsymbol{c})}.$$

同理可得，$y=\dfrac{(\boldsymbol{a},\boldsymbol{d},\boldsymbol{c})}{(\boldsymbol{a},\boldsymbol{b},\boldsymbol{c})}$，$z=\dfrac{(\boldsymbol{a},\boldsymbol{b},\boldsymbol{d})}{(\boldsymbol{a},\boldsymbol{b},\boldsymbol{c})}$（克莱姆法则）.

3）混合积的坐标运算

下面在空间直角坐标系中，讨论三向量混合积的坐标表示式. 设

$$\boldsymbol{a}=(x_1,y_1,z_1),\ \boldsymbol{b}=(x_2,y_2,z_2),\ \boldsymbol{c}=(x_3,y_3,z_3),$$

则

$$\boldsymbol{a}\times\boldsymbol{b}=\begin{vmatrix}\boldsymbol{i} & \boldsymbol{j} & \boldsymbol{k}\\ x_1 & y_1 & z_1\\ x_2 & y_2 & z_2\end{vmatrix}=\begin{vmatrix}y_1 & z_1\\ y_2 & z_2\end{vmatrix}\boldsymbol{i}+\begin{vmatrix}z_1 & x_1\\ z_2 & x_2\end{vmatrix}\boldsymbol{j}+\begin{vmatrix}x_1 & y_1\\ x_2 & y_2\end{vmatrix}\boldsymbol{k},$$

再根据向量的内积的坐标表示式，得

$$(\boldsymbol{a},\boldsymbol{b},\boldsymbol{c})=(\boldsymbol{a}\times\boldsymbol{b})\cdot\boldsymbol{c}=x_3\begin{vmatrix}y_1 & z_1\\ y_2 & z_2\end{vmatrix}+y_3\begin{vmatrix}z_1 & x_1\\ z_2 & x_2\end{vmatrix}+z_3\begin{vmatrix}x_1 & y_1\\ x_2 & y_2\end{vmatrix}$$

$$=\begin{vmatrix}x_1 & y_1 & z_1\\ x_2 & y_2 & z_2\\ x_3 & y_3 & z_3\end{vmatrix},\tag{1.3-6}$$

即三向量 $\boldsymbol{a},\boldsymbol{b},\boldsymbol{c}$ 的混合积等于这三个向量的坐标组成的三阶行列式的值. 这样，就可以把行列式的有关性质（见附录）相应地推广到混合积中.

4）混合积的应用

由上面的讨论可知，向量的混合积有以下两个方面的基本应用：

(1) 求体积$\left(\text{平行六面体：}V_6=|(\boldsymbol{a},\boldsymbol{b},\boldsymbol{c})|,\text{四面体：}V_4=\dfrac{1}{6}|(\overrightarrow{AB},\overrightarrow{AC},\overrightarrow{AD})|\right)$；

(2) 证明共面问题（$\boldsymbol{a},\boldsymbol{b},\boldsymbol{c}$ 共面$\Leftrightarrow(\boldsymbol{a},\boldsymbol{b},\boldsymbol{c})=0$）.

例 10 求以三向量 $\boldsymbol{a}=(2,-3,1)$，$\boldsymbol{b}=(1,-2,0)$，$\boldsymbol{c}=(1,-1,3)$为棱的平行六面体的体积 V.

解
$$(\boldsymbol{a},\boldsymbol{b},\boldsymbol{c})=\begin{vmatrix}2 & -3 & 1\\ 1 & -2 & 0\\ 1 & -1 & 3\end{vmatrix}=-12+9+1=-2,$$

由混合积的几何意义得：$V=|(\boldsymbol{a},\boldsymbol{b},\boldsymbol{c})|=2$.

例 11 求顶点为 $A(3,1,2),B(0,1,3),C(2,3,-1),D(4,3,2)$的四面体的体积和从点 D 所引的高的长.

解 $\overrightarrow{AB}=(-3,0,1),\overrightarrow{AC}=(-1,2,-3),\overrightarrow{AD}=(1,2,0)$,

$$(\overrightarrow{AB},\overrightarrow{AC},\overrightarrow{AD})=\begin{vmatrix}-3 & 0 & 1\\ -1 & 2 & -3\\ 1 & 2 & 0\end{vmatrix}=-22,$$

$$V_4=\frac{1}{6}|(\overrightarrow{AB},\overrightarrow{AC},\overrightarrow{AD})|=\frac{11}{3}.$$

$$h_D=\frac{|(\overrightarrow{AB},\overrightarrow{AC},\overrightarrow{AD})|}{|\overrightarrow{AB}\times\overrightarrow{AC}|}=\frac{22}{2\sqrt{35}}=\frac{11\sqrt{35}}{35}.$$

*1.3.4 二重外积

1）二重外积的定义

定义 4 给定三个空间向量，先作其中两个向量的外积，再作所得向量与第三个向量的外积，所得的结果仍然是一个向量，这个向量就称为所给三个向量的**二重外积**（也称为二重向量积、二重叉积或二重矢积）.

例如，$(\boldsymbol{a}\times\boldsymbol{b})\times\boldsymbol{c}$ 就是三个向量 $\boldsymbol{a},\boldsymbol{b},\boldsymbol{c}$ 的一个二重外积.

2）二重外积的性质

首先可以确定：$(\boldsymbol{a}\times\boldsymbol{b})\times\boldsymbol{c}$ 是与 $\boldsymbol{a},\boldsymbol{b}$ 共面且垂直于 $\boldsymbol{c}$ 的向量. 根据向量外积的定义，即知 $(\boldsymbol{a}\times\boldsymbol{b})\times\boldsymbol{c}$ 与向量 $\boldsymbol{c}$ 垂直，且与 $\boldsymbol{a}\times\boldsymbol{b}$ 垂直，而 $\boldsymbol{a},\boldsymbol{b}$ 也与 $\boldsymbol{a}\times\boldsymbol{b}$ 垂直，所以 $(\boldsymbol{a}\times\boldsymbol{b})\times\boldsymbol{c}$ 与 $\boldsymbol{a},\boldsymbol{b}$ 共面.

二重外积的上述几何关系可以概括为下面的定理.

定理 对于所给的三个向量 $\boldsymbol{a},\boldsymbol{b},\boldsymbol{c}$，有

$$(\boldsymbol{a}\times\boldsymbol{b})\times\boldsymbol{c}=(\boldsymbol{a}\cdot\boldsymbol{c})\boldsymbol{b}-(\boldsymbol{b}\cdot\boldsymbol{c})\boldsymbol{a}. \tag{1.3-7}$$

证明 如果 $\boldsymbol{a},\boldsymbol{b},\boldsymbol{c}$ 中有一个为零向量，或 $\boldsymbol{a}$ 与 $\boldsymbol{b}$ 共线，或 $\boldsymbol{c}$ 与 $\boldsymbol{a},\boldsymbol{b}$ 都垂直，那么等式(1.3-7)两边都为零向量，定理显然成立.

现在设 $\boldsymbol{a},\boldsymbol{b},\boldsymbol{c}$ 为三个非零向量，且 $\boldsymbol{a}$ 与 $\boldsymbol{b}$ 不共线，为了证明等式(1.3-7)也成立，先证明式(1.3-7)中当 $\boldsymbol{c}=\boldsymbol{a}$ 时成立，即有

$$(\boldsymbol{a}\times\boldsymbol{b})\times\boldsymbol{a}=(\boldsymbol{a}^2)\boldsymbol{b}-(\boldsymbol{a}\cdot\boldsymbol{b})\boldsymbol{a}. \tag{1.3-8}$$

由于 $(\boldsymbol{a}\times\boldsymbol{b})\times\boldsymbol{a},\boldsymbol{a},\boldsymbol{b}$ 共面，而 $\boldsymbol{a}$ 与 $\boldsymbol{b}$ 不共线，从而可设

$$(\boldsymbol{a}\times\boldsymbol{b})\times\boldsymbol{a}=\lambda\boldsymbol{a}+\mu\boldsymbol{b},$$

上式两边先后与 $\boldsymbol{a},\boldsymbol{b}$ 作内积得

$$\lambda(\boldsymbol{a}^2)+\mu(\boldsymbol{a}\cdot\boldsymbol{b})=0,$$
$$\lambda(\boldsymbol{a}\cdot\boldsymbol{b})+\mu(\boldsymbol{b}^2)=(\boldsymbol{a}\times\boldsymbol{b})^2.$$

又因为 $(\boldsymbol{a}\times\boldsymbol{b})^2=\boldsymbol{a}^2\boldsymbol{b}^2\sin^2\angle(\boldsymbol{a},\boldsymbol{b}),(\boldsymbol{a}\cdot\boldsymbol{b})^2=\boldsymbol{a}^2\boldsymbol{b}^2\cos^2\angle(\boldsymbol{a},\boldsymbol{b})$,

所以 $(\boldsymbol{a}\times\boldsymbol{b})^2+(\boldsymbol{a}\cdot\boldsymbol{b})^2=\boldsymbol{a}^2\boldsymbol{b}^2[\sin^2\angle(\boldsymbol{a},\boldsymbol{b})+\cos^2\angle(\boldsymbol{a},\boldsymbol{b})]=\boldsymbol{a}^2\boldsymbol{b}^2$.

由此得 $\lambda=-\boldsymbol{a}\cdot\boldsymbol{b},\ \mu=\boldsymbol{a}^2$,

将 λ,μ 代回 $(\boldsymbol{a}\times\boldsymbol{b})\times\boldsymbol{a}=\lambda\boldsymbol{a}+\mu\boldsymbol{b}$ 即得式(1.3-8).

下面证明式(1.3-7)成立. 因为三向量 $\boldsymbol{a},\boldsymbol{b},\boldsymbol{a}\times\boldsymbol{b}$ 不共面，所以对于空间的任意向量 $\boldsymbol{c}$，总有

$$\boldsymbol{c}=\alpha\boldsymbol{a}+\beta\boldsymbol{b}+\gamma(\boldsymbol{a}\times\boldsymbol{b}),$$

从而

$$\begin{aligned}\boldsymbol{a}\times\boldsymbol{b}\times\boldsymbol{c}&=(\boldsymbol{a}\times\boldsymbol{b})\times[\alpha\boldsymbol{a}+\beta\boldsymbol{b}+\gamma(\boldsymbol{a}\times\boldsymbol{b})]\\&=\alpha[(\boldsymbol{a}\times\boldsymbol{b})\times\boldsymbol{a}]+\beta[(\boldsymbol{a}\times\boldsymbol{b})\times\boldsymbol{b}],\end{aligned}$$

利用式(1.3-8)可得

$$\begin{aligned}(\boldsymbol{a}\times\boldsymbol{b})\times\boldsymbol{c}&=\alpha[(\boldsymbol{a}^2)\boldsymbol{b}-(\boldsymbol{a}\cdot\boldsymbol{b})\boldsymbol{a}]-\beta[(\boldsymbol{b}^2)\boldsymbol{a}-(\boldsymbol{a}\cdot\boldsymbol{b})\boldsymbol{b}]\\&=[\alpha(\boldsymbol{a}^2)+\beta(\boldsymbol{a}\cdot\boldsymbol{b})]\boldsymbol{b}-[\alpha(\boldsymbol{a}\cdot\boldsymbol{b})+\beta(\boldsymbol{b}^2)]\boldsymbol{a}\\&=\{\boldsymbol{a}\cdot[\alpha\boldsymbol{a}+\beta\boldsymbol{b}+\gamma(\boldsymbol{a}\times\boldsymbol{b})]\}\boldsymbol{b}-\{\boldsymbol{b}\cdot[\alpha\boldsymbol{a}+\beta\boldsymbol{b}+\gamma(\boldsymbol{a}\times\boldsymbol{b})]\}\boldsymbol{a}\\&=(\boldsymbol{a}\cdot\boldsymbol{c})\boldsymbol{b}-(\boldsymbol{b}\cdot\boldsymbol{c})\boldsymbol{a}.\end{aligned}$$

即式(1.3-7)成立，定理证毕.

必须指出，在一般情况下

$$(\boldsymbol{a}\times\boldsymbol{b})\times\boldsymbol{c}\neq\boldsymbol{a}\times(\boldsymbol{b}\times\boldsymbol{c}).$$

这是因为

$$\begin{aligned}\boldsymbol{a}\times(\boldsymbol{b}\times\boldsymbol{c})&=-(\boldsymbol{b}\times\boldsymbol{c})\times\boldsymbol{a}=(\boldsymbol{c}\times\boldsymbol{b})\times\boldsymbol{a}\\&=(\boldsymbol{a}\cdot\boldsymbol{c})\boldsymbol{b}-(\boldsymbol{a}\cdot\boldsymbol{b})\boldsymbol{c}.\end{aligned}\tag{1.3-9}$$

比较式(1.3-7)和式(1.3-9)可知，$\boldsymbol{a}\times(\boldsymbol{b}\times\boldsymbol{c})$和$(\boldsymbol{a}\times\boldsymbol{b})\times\boldsymbol{c}$在一般情况下是两个不同的向量，因此二重外积不满足结合律.

但式(1.3-7)和式(1.3-9)有共同的易于记忆的规律：**三向量的二重外积等于中间的向量与其余两向量的内积的乘积减去括号中另一个向量与其余向量的内积的乘积.**

利用式(1.3-7)可以证明**拉格朗日(Lagrange)恒等式**

$$(\boldsymbol{a}\times\boldsymbol{b})\cdot(\boldsymbol{a}'\times\boldsymbol{b}')=\begin{vmatrix}\boldsymbol{a}\cdot\boldsymbol{a}' & \boldsymbol{a}\cdot\boldsymbol{b}'\\ \boldsymbol{b}\cdot\boldsymbol{a}' & \boldsymbol{b}\cdot\boldsymbol{b}'\end{vmatrix}.\tag{1.3-10}$$

由上节中混合积的运算性质的推论$(\boldsymbol{a},\boldsymbol{b},\boldsymbol{c})=(\boldsymbol{a}\times\boldsymbol{b})\cdot\boldsymbol{c}=\boldsymbol{a}\cdot(\boldsymbol{b}\times\boldsymbol{c})$和式(1.3-7)可得

$$\begin{aligned}(\boldsymbol{a}\times\boldsymbol{b})\cdot(\boldsymbol{a}'\times\boldsymbol{b}')&=[(\boldsymbol{a}\times\boldsymbol{b})\times\boldsymbol{a}']\cdot\boldsymbol{b}'\\&=[(\boldsymbol{a}\cdot\boldsymbol{a}')\boldsymbol{b}-(\boldsymbol{b}\cdot\boldsymbol{a}')\boldsymbol{a}]\cdot\boldsymbol{b}'\\&=(\boldsymbol{a}\cdot\boldsymbol{a}')(\boldsymbol{b}\cdot\boldsymbol{b}')-(\boldsymbol{a}\cdot\boldsymbol{b}')(\boldsymbol{b}\cdot\boldsymbol{a}'),\end{aligned}$$

即式(1.3-10)得证.

拉格朗日恒等式的一个特殊情况是

$$(\boldsymbol{a}\times\boldsymbol{b})^2=\boldsymbol{a}^2\boldsymbol{b}^2-(\boldsymbol{a}\cdot\boldsymbol{b})^2.$$

例 12 试证$(\boldsymbol{a}\times\boldsymbol{b})\times\boldsymbol{c}+(\boldsymbol{b}\times\boldsymbol{c})\times\boldsymbol{a}+(\boldsymbol{c}\times\boldsymbol{a})\times\boldsymbol{b}=0$.

证明 因为

$$\begin{aligned}(\boldsymbol{a}\times\boldsymbol{b})\times\boldsymbol{c}&=(\boldsymbol{a}\cdot\boldsymbol{c})\boldsymbol{b}-(\boldsymbol{b}\cdot\boldsymbol{c})\boldsymbol{a},\\(\boldsymbol{b}\times\boldsymbol{c})\times\boldsymbol{a}&=(\boldsymbol{a}\cdot\boldsymbol{b})\boldsymbol{c}-(\boldsymbol{a}\cdot\boldsymbol{c})\boldsymbol{b},\\(\boldsymbol{c}\times\boldsymbol{a})\times\boldsymbol{b}&=(\boldsymbol{b}\cdot\boldsymbol{c})\boldsymbol{a}-(\boldsymbol{a}\cdot\boldsymbol{b})\boldsymbol{c},\end{aligned}$$

三式相加得$(\boldsymbol{a}\times\boldsymbol{b})\times\boldsymbol{c}+(\boldsymbol{b}\times\boldsymbol{c})\times\boldsymbol{a}+(\boldsymbol{c}\times\boldsymbol{a})\times\boldsymbol{b}=0$.

例 13 证明$(\boldsymbol{a}\times\boldsymbol{b})\times(\boldsymbol{a}'\times\boldsymbol{b}')=(\boldsymbol{a},\boldsymbol{b},\boldsymbol{b}')\boldsymbol{a}'-(\boldsymbol{a},\boldsymbol{b},\boldsymbol{a}')\boldsymbol{b}'=(\boldsymbol{a},\boldsymbol{a}',\boldsymbol{b}')\boldsymbol{b}-(\boldsymbol{b},\boldsymbol{a}',\boldsymbol{b}')\boldsymbol{a}$.

证明 设$\boldsymbol{a}\times\boldsymbol{b}=\boldsymbol{d}$，于是

$$\begin{aligned}(\boldsymbol{a}\times\boldsymbol{b})\times(\boldsymbol{a}'\times\boldsymbol{b}')&=\boldsymbol{d}\times(\boldsymbol{a}'\times\boldsymbol{b}')\\&=(\boldsymbol{d}\cdot\boldsymbol{b}')\boldsymbol{a}'-(\boldsymbol{d}\cdot\boldsymbol{a}')\boldsymbol{b}'\\&=[(\boldsymbol{a}\times\boldsymbol{b})\cdot\boldsymbol{b}']\boldsymbol{a}'-[(\boldsymbol{a}\times\boldsymbol{b})\cdot\boldsymbol{a}']\boldsymbol{b}'\\&=(\boldsymbol{a},\boldsymbol{b},\boldsymbol{b}')\boldsymbol{a}'-(\boldsymbol{a},\boldsymbol{b},\boldsymbol{a}')\boldsymbol{b}'.\end{aligned}$$

$$\begin{aligned}(\boldsymbol{a}\times\boldsymbol{b})\times(\boldsymbol{a}'\times\boldsymbol{b}')&=-(\boldsymbol{a}'\times\boldsymbol{b}')\times(\boldsymbol{a}\times\boldsymbol{b})\\&=-[(\boldsymbol{a}',\boldsymbol{b}',\boldsymbol{b})\boldsymbol{a}-(\boldsymbol{a}',\boldsymbol{b}',\boldsymbol{a})\boldsymbol{b}]\\&=(\boldsymbol{a},\boldsymbol{a}',\boldsymbol{b}')\boldsymbol{b}-(\boldsymbol{b},\boldsymbol{a}',\boldsymbol{b}')\boldsymbol{a}.\end{aligned}$$

由此得证.

*1.4 向量的应用示例

研究几何问题，一般来说有三种方法：一是在中学开始阶段学的综合法；二是在中学后阶段所学的坐标法；还有一种方法就是向量法. 从前述已知运用向量的线性运算解决比较简单的初等几何问题，本节将通过一些例题来说明如何用向量解决较复杂的初等几何问题，从中可以看到用向量解决问题是比较便捷的. 另外，向量在物理中也有着广泛的应用，本节也将通过具体的实例来展示向量在解决物理问题中的应用.

首先介绍向量在解决初等几何问题中的应用.

例 1 证明四面体对边中点的连线交于一点，且互相平分.

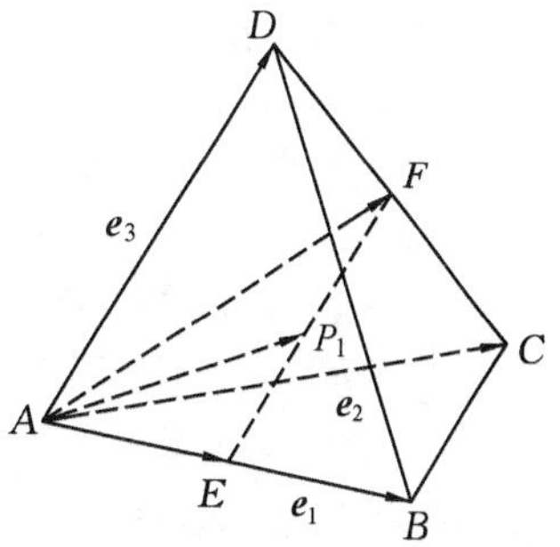

图 1-29

证明 设四面体 $ABCD$ 一组对边 AB，CD 的中点分别为 E，F，连结 EF，它的中点为 P_1（如图 1-29 所示），其余两组对边的中点分别为 P_2，P_3，下面只要证明 P_1，P_2，P_3 三点重合就可以了. 取不共面的三个向量 $\overrightarrow{AB}=\boldsymbol{e}_1$，$\overrightarrow{AC}=\boldsymbol{e}_2$，$\overrightarrow{AD}=\boldsymbol{e}_3$. 先求 $\overrightarrow{AP_1}$ 用 $\boldsymbol{e}_1$，$\boldsymbol{e}_2$，$\boldsymbol{e}_3$ 线性表示的关系式.

连结 AF，因为 AP_1 是 $\triangle AEF$ 的中线，所以有

$$\overrightarrow{AP_1}=\frac{1}{2}(\overrightarrow{AE}+\overrightarrow{AF}),$$

又因为 AF 是 $\triangle ACD$ 的中线，所以又有

$$\overrightarrow{AF}=\frac{1}{2}(\overrightarrow{AC}+\overrightarrow{AD})=\frac{1}{2}(\boldsymbol{e}_2+\boldsymbol{e}_3),$$

而

$$\overrightarrow{AE}=\frac{1}{2}\overrightarrow{AB}=\frac{1}{2}\boldsymbol{e}_1,$$

从而

$$\overrightarrow{AP_1}=\frac{1}{2}\left[\frac{1}{2}\boldsymbol{e}_1+\frac{1}{2}(\boldsymbol{e}_2+\boldsymbol{e}_3)\right]=\frac{1}{4}(\boldsymbol{e}_1+\boldsymbol{e}_2+\boldsymbol{e}_3).$$

同理可得

$$\overrightarrow{AP_i}=\frac{1}{4}(\boldsymbol{e}_1+\boldsymbol{e}_2+\boldsymbol{e}_3),\ i=2,3,$$

所以

$$\overrightarrow{AP_1}=\overrightarrow{AP_2}=\overrightarrow{AP_3}.$$

从而知 P_1，P_2，P_3 三点重合，命题得证.

注 此例是带有定比的共点问题，注意基本向量的选取和证明的思路.

例 2 求证三角形三条高共点，此点称为三角形的垂心.

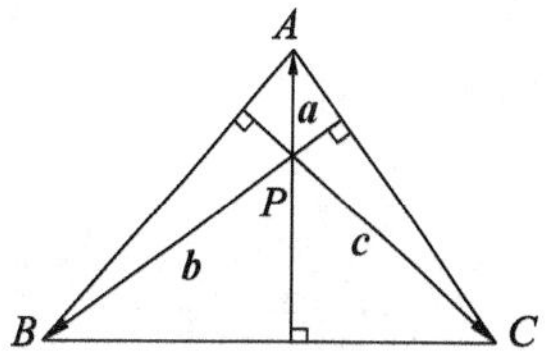

图 1-30

证明 设 $\triangle ABC$ 的 BC，CA 两边上的高交于点 P（如图 1-30所示），再设 $\overrightarrow{PA}=\boldsymbol{a}$，$\overrightarrow{PB}=\boldsymbol{b}$，$\overrightarrow{PC}=\boldsymbol{c}$，那么 $\overrightarrow{AB}=\boldsymbol{b}-\boldsymbol{a}$，$\overrightarrow{BC}=\boldsymbol{c}-\boldsymbol{b}$，$\overrightarrow{CA}=\boldsymbol{a}-\boldsymbol{c}$.

因为 $\overrightarrow{PA}\perp\overrightarrow{BC}$，所以 $\boldsymbol{a}(\boldsymbol{c}-\boldsymbol{b})=0$，即 $\boldsymbol{ac}=\boldsymbol{ab}$. 又因为 $\overrightarrow{PB}\perp\overrightarrow{CA}$，所以 $\boldsymbol{b}(\boldsymbol{a}-\boldsymbol{c})=0$，即 $\boldsymbol{ab}=\boldsymbol{bc}$. 从而得 $\boldsymbol{ac}=\boldsymbol{bc}$，即 $\boldsymbol{c}(\boldsymbol{b}-\boldsymbol{a})=0$，

所以$\overrightarrow{PC}\perp\overrightarrow{AB}$.

这也就证明了点 P 在$\triangle ABC$第三条边 AB 的高上，所以$\triangle ABC$的三条高交于一点 P.

注 此例是不带定比的共点问题，注意基本向量的选取和证明思路.

例 3 已知$\triangle A_1A_2A_3$及不在边上的任意一点 P，设 P_1 是 P 关于 A_1 的对称点，同样，P_2 是 P_1 关于 A_2 的对称点，P_3 是 P_2 关于 A_3 的对称点，P_4 是 P_3 关于 A_1 的对称点，P_5 是 P_4 关于 A_2 的对称点，P_6 是 P_5 关于 A_3 的对称点，求证点 P_6 与点 P 重合.

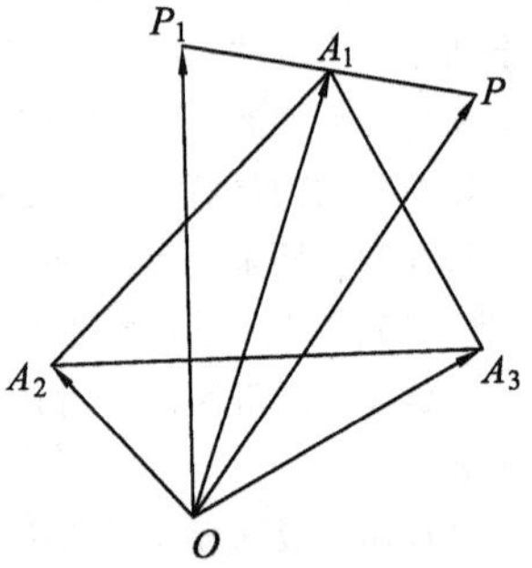

图 1-31

证明 取不在$\triangle A_1A_2A_3$的边上的一点 O 为始点（如图 1-31 所示），则在$\triangle OP_1P$ 中，OA_1 是中线. 因此

$$2\overrightarrow{OA_1}=\overrightarrow{OP}+\overrightarrow{OP_1}，即\overrightarrow{OP_1}=2\overrightarrow{OA_1}-\overrightarrow{OP}.$$

同样地，

$$\overrightarrow{OP_2}=2\overrightarrow{OA_2}-\overrightarrow{OP_1},\ \overrightarrow{OP_3}=2\overrightarrow{OA_3}-\overrightarrow{OP_2},$$
$$\overrightarrow{OP_4}=2\overrightarrow{OA_1}-\overrightarrow{OP_3},\ \overrightarrow{OP_5}=2\overrightarrow{OA_2}-\overrightarrow{OP_4},$$
$$\overrightarrow{OP_6}=2\overrightarrow{OA_3}-\overrightarrow{OP_5},$$

将$\overrightarrow{OP_1}$，$\overrightarrow{OP_3}$，$\overrightarrow{OP_5}$相加得

$$\overrightarrow{OP_1}+\overrightarrow{OP_3}+\overrightarrow{OP_5}=2(\overrightarrow{OA_1}+\overrightarrow{OA_2}+\overrightarrow{OA_3})-(\overrightarrow{OP}+\overrightarrow{OP_2}+\overrightarrow{OP_4}).$$

将$\overrightarrow{OP_2}$，$\overrightarrow{OP_4}$，$\overrightarrow{OP_6}$相加得

$$\overrightarrow{OP_2}+\overrightarrow{OP_4}+\overrightarrow{OP_6}=2(\overrightarrow{OA_1}+\overrightarrow{OA_2}+\overrightarrow{OA_3})-(\overrightarrow{OP_1}+\overrightarrow{OP_3}+\overrightarrow{OP_5}).$$

将相加得到的两式相减，得$\overrightarrow{OP_6}=\overrightarrow{OP}$，即点 P_6 与点 P 重合.

例 4 已知一个平行六面体，取过其中一个顶点的三条棱及对角线，以其中的两条棱及这条对角线为棱，且以已知顶点为公共顶点，作三个平行六面体. 以每个平行六面体过此顶点的对角线为棱，再作一个平行六面体. 求证过公共顶点的对角线必落在已知平行六面体的对角线上，且是原长的 5 倍.

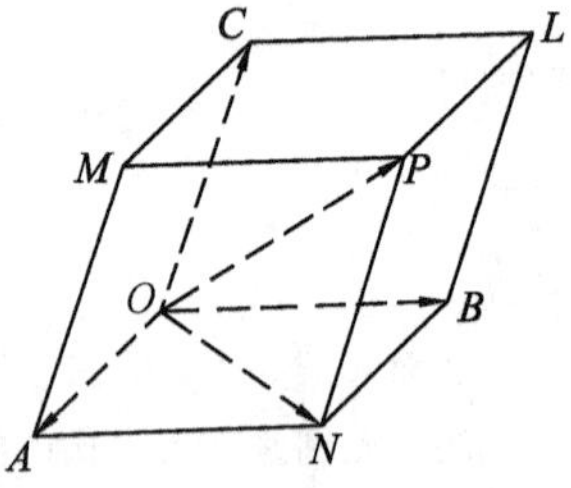

图 1-32

证明 在图 1-32 中分别以 OP，OB，OC；OP，OC，OA；OP，OA，OB 为棱，做三个平行六面体，且它们的对角线是 OU，OV，OW. 再以 OU，OV，OW 为棱，作一个平行六面体，它的对角线是 OQ. 于是由向量的加法法则可知：

$$\overrightarrow{OP}=\overrightarrow{OA}+\overrightarrow{OB}+\overrightarrow{OC},$$
$$\overrightarrow{OU}=\overrightarrow{OP}+\overrightarrow{OB}+\overrightarrow{OC}$$
$$=(\overrightarrow{OA}+\overrightarrow{OB}+\overrightarrow{OC})+\overrightarrow{OB}+\overrightarrow{OC},$$

故

$$\overrightarrow{OU}=\overrightarrow{OA}+2(\overrightarrow{OB}+\overrightarrow{OC}),$$

同理

$$\overrightarrow{OV}=\overrightarrow{OB}+2(\overrightarrow{OC}+\overrightarrow{OA}),$$
$$\overrightarrow{OW}=\overrightarrow{OC}+2(\overrightarrow{OA}+\overrightarrow{OB}).$$

将此三式相加，得

$$\overrightarrow{OQ}=\overrightarrow{OU}+\overrightarrow{OV}+\overrightarrow{OW}=5(\overrightarrow{OA}+\overrightarrow{OB}+\overrightarrow{OC}),$$

所以$\overrightarrow{OQ}=5\,\overrightarrow{OP}$. 由此得证.

例 5　三个不同的点 A,B,C 共线的充要条件是:存在三个都不为零的数 l,m,n,使得

$$l\,\overrightarrow{OA}+m\,\overrightarrow{OB}+n\,\overrightarrow{OC}=\mathbf{0},\ l+m+n=0.$$

证明　三个点 A,B,C 共线的充要条件是$\overrightarrow{AB}$和$\overrightarrow{BC}$共线(如图 1-33 所示). 又由向量共线知

$$\overrightarrow{AB}=k\,\overrightarrow{BC}(k\neq 0),$$

此时 $k\neq -1$,否则$\overrightarrow{AB}+\overrightarrow{BC}=\mathbf{0}$,从而点 A 与点 C 重合,与题设相矛盾. 又上式可以写作$\overrightarrow{OB}-\overrightarrow{OA}=k(\overrightarrow{OC}-\overrightarrow{OB})$,即

$$\overrightarrow{OA}-(1+k)\overrightarrow{OB}+k\,\overrightarrow{OC}=\mathbf{0}.$$

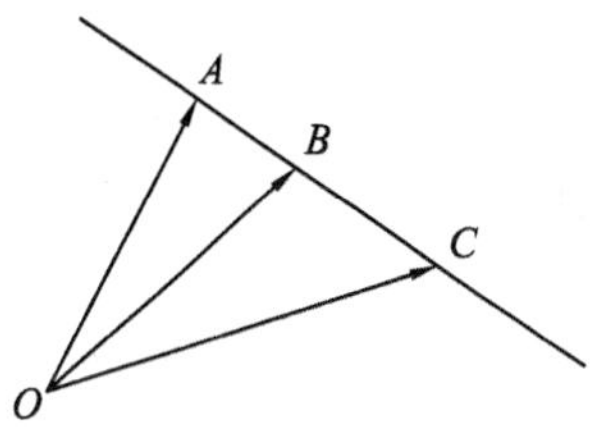

图 1-33

取 $l=1\neq 0,m=-1-k\neq 0,n=k\neq 0$,则 $l+m+n=0$.

反之,若 $l\,\overrightarrow{OA}+m\,\overrightarrow{OB}+n\,\overrightarrow{OC}=\mathbf{0}$, $l+m+n=0$,则有 $l=-(m+n)$,从而得

$$m(\overrightarrow{OB}-\overrightarrow{OA})+n(\overrightarrow{OC}-\overrightarrow{OA})=\mathbf{0},$$

即

$$m\,\overrightarrow{AB}+n\,\overrightarrow{AC}=\mathbf{0}.$$

故$\overrightarrow{AB}/\!/\overrightarrow{AC}$,且有共同的始点 A,也即 A,B,C 三点共线. 证毕.

推论　设三个点 A,B,C 不共线,且满足

$$l\,\overrightarrow{OA}+m\,\overrightarrow{OB}+n\,\overrightarrow{OC}=\mathbf{0},l+m+n=0.$$

则

$$l=m=n=0.$$

例 6(梅尼劳(Menelaus) 定理)　如图 1-34 所示,在$\triangle ABC$ 的三条边 BC,CA,AB 或其延长线上分别取 L,M,N 三点,分比是

$$\lambda=\frac{BL}{LC},\mu=\frac{CM}{MA},\nu=\frac{AN}{NB},$$

则 L,M,N 三点共线的充要条件是:$\lambda\mu\nu=-1$.

证明　(必要条件)由题意有

$$\overrightarrow{OL}=\frac{\overrightarrow{OB}+\lambda\,\overrightarrow{OC}}{1+\lambda},$$

$$\overrightarrow{OM}=\frac{\overrightarrow{OC}+\mu\,\overrightarrow{OA}}{1+\mu},$$

$$\overrightarrow{ON}=\frac{\overrightarrow{OA}+\nu\,\overrightarrow{OB}}{1+\nu}.$$

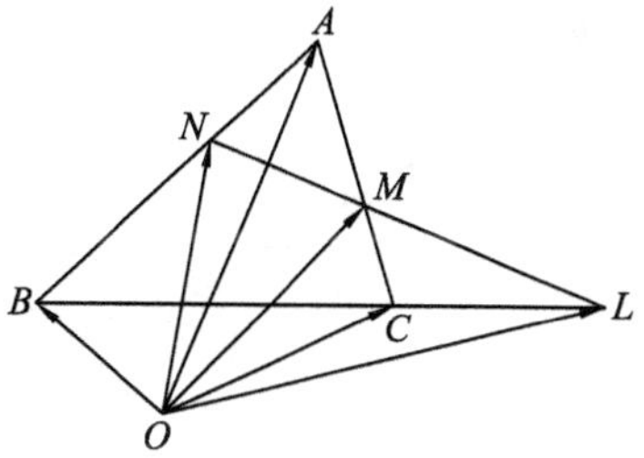

图 1-34

如果 L,M,N 三点共线,则由例 5 知存在三个都不为零的数 l,m,n,使

$$\begin{cases}l\left(\dfrac{\overrightarrow{OB}+\lambda\overrightarrow{OC}}{1+\lambda}\right)+m\left(\dfrac{\overrightarrow{OC}+\mu\overrightarrow{OA}}{1+\mu}\right)+n\left(\dfrac{\overrightarrow{OA}+\nu\overrightarrow{OB}}{1+\nu}\right)=\mathbf{0},\\ l+m+n=0.\end{cases}\tag{1.4-1}$$

即

$$\left(\frac{m\mu}{1+\mu}+\frac{n}{1+\nu}\right)\overrightarrow{OA}+\left(\frac{n\nu}{1+\nu}+\frac{l}{1+\lambda}\right)\overrightarrow{OB}+\left(\frac{l\lambda}{1+\lambda}+\frac{m}{1+\mu}\right)\overrightarrow{OC}=\mathbf{0}.\tag{1.4-2}$$

由例 5 的推论知:

$$\frac{m\mu}{1+\mu}+\frac{n}{1+\nu}=0,\frac{n\nu}{1+\nu}+\frac{l}{1+\lambda}=0,\frac{l\lambda}{1+\lambda}+\frac{m}{1+\mu}=0.\tag{1.4-3}$$

此为 l,m,n 的三元齐次方程组,有非零解,则

$$\begin{vmatrix} 0 & \frac{\mu}{1+\mu} & \frac{1}{1+\nu} \\ \frac{1}{1+\lambda} & 0 & \frac{\nu}{1+\nu} \\ \frac{\lambda}{1+\lambda} & \frac{1}{1+\mu} & 0 \end{vmatrix}=0,$$

展开得

$$\lambda\mu\nu=-1.$$

由(1.4-3)的前两式得

$$\begin{aligned} l:m:n &= \mu\nu(1+\lambda):(1+\mu):[-\mu(1+\nu)] \\ &= (-1+\mu\nu):(1+\mu):[-\mu(1+\nu)], \end{aligned} \tag{1.4-4}$$

且有
$$lmn\neq 0, l+m+n=0.$$

(充分条件)设 $\lambda\mu\nu=-1$ 成立,则(1.4-3)有非零解,且有(1.4-4)和(1.4-2)成立,故 L, M, N 三点共线. 证毕.

向量的概念源于物理中的力或矢量,物理中的力、位移、速度等都是向量,功是向量的数量积,从而使得向量与物理学建立了有机的内在联系,物理中具有力或矢量意义的问题也可以转化为向量问题来解决. 因此,在实际问题中,如何运用向量方法分析和解决物理问题,也是一个值得探讨的课题. 接下来展示向量在物理中的一些应用实例.

例 7 如图 1-35(1)所示,用两条成 120°角的等长的绳子悬挂一个重量是 10 N 的灯具,根据力的平衡理论,每条绳子的拉力 F_1, F_2 与灯具的重力具有什么关系? 每条绳子的拉力是多少?

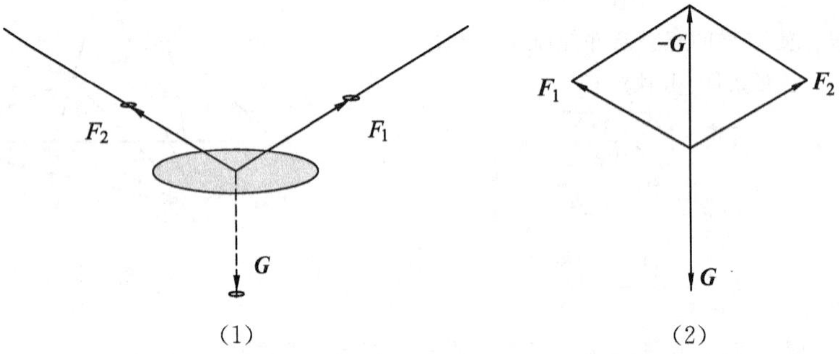

图 1-35

解 根据力的平衡和向量的平行四边形法则画出简单的示意图如图 1-35(2)所示.

拉力 $\boldsymbol{F}_1$, $\boldsymbol{F}_2$ 与灯具的重力 $\boldsymbol{G}$ 的矢量关系为 $\boldsymbol{F}_1+\boldsymbol{F}_2=-\boldsymbol{G}$,转换为数量关系是 $F_1\cos\theta+F_2\cos\theta=G$ 且 $F_1=F_2$,又 $G=10$ N,$\theta=\frac{120^\circ}{2}=60^\circ$,那么得到 $F_1=F_2=10$ N. 即每根绳子上的拉力为 10 N.

例 8 如图 1-36(1)所示,一条河的两岸平行,一艘船从 A 处出发到河对岸,已知船在静水中的速度 $|v_1|=10$ km/h,水流速度 $|v_2|=2$ km/h,如果船垂直向对岸驶去,那么船的实际速度 v 的大小是多少?

解 根据题意画出示意图，如图 1-36(2)所示，则可知$v_2+v=v_1$，又由题知v_1与v_2的夹角$\theta=90°$. 从而有$|v_2|^2+|v_1|^2=|v|^2$，又$|v_1|=10$ km/h，$|v_2|=2$ km/h，故$|v|=\sqrt{|v_1|^2+|v_2|^2}=\sqrt{10^2+2^2}=\sqrt{104}$ km/h，即船的实际速度v的大小为$\sqrt{104}$ km/h.

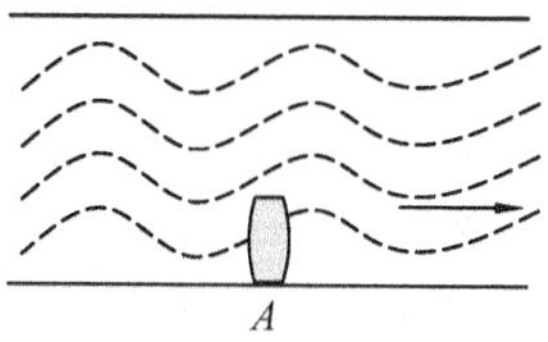

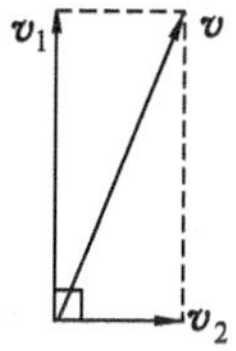

图 1-36

利用向量解决物理问题的基本步骤：① 问题转化，把物理问题转化为数学问题；② 建立模型，建立以向量为载体的数学模型；③ 求解参数，求向量的模、夹角、数量积等；④ 回答问题，把所得的数学结论回归到物理问题.

用向量知识解决物理问题时，要注意数形结合. 一般先要作出向量示意图，必要时可建立直角坐标系，再通过解三角形或坐标运算，求有关量的值.

数学史话 1：数学中的转折点——笛卡尔和解析几何的创立

1）为争取和捍卫理性权利而奋斗的笛卡尔

1647 年深秋的一个夜晚，在巴黎近郊，两辆马车疾驰而过. 马车在教堂的门前停下，身佩利剑的士兵押着一个瘦小的老头儿走进教堂，他就是近代数学奠基人、伟大的哲学家和数学家笛卡尔. 由于他在著作中宣传科学，触犯了神权，因而遭到了当时教会的残酷迫害.

教堂里，烛光照射在圣母玛利亚的塑像上，塑像前是审判席. 被告席上的笛卡尔开始接受天主教会法庭对他的宣判："笛卡尔散布异端邪说，违背教规，亵渎上帝. 为纯洁教义，荡涤谬误，本庭宣判笛卡尔所著之书全为禁书，并由其本人当庭焚毁."笛卡尔想申辩，但士兵立即把他从被告席上拉下来，推到火盆旁，笛卡尔用颤抖的手拿起一本本凝结了他毕生心血的著作，无可奈何地投入火中.

笛卡尔 1596 年生于法国. 8 岁入读一所著名的教会学校，主要课程是神学和教会的哲学，也学数学. 他勤于思考，学习努力，成绩优异. 20 岁时，他在普瓦界大学获法学学位，之后去巴黎当了律师. 出于对数学的兴趣，他独自研究了两年数学. 17 世纪初的欧洲处于教会势力的控制之下，但科学的发展已经开始显示出一些和宗教教义离经背道的倾向. 笛卡尔和其他一些不满法兰西政治状态的青年人一起去荷兰从军体验军旅生活.

说起笛卡尔投身数学，多少有一些偶然性.有一次部队开进荷兰南部的一个城市，笛卡尔在街上散步，看见用当地的佛来米语书写的公开征解的几道数学难题.许多人在此招贴前议论纷纷，他旁边的一位中年人用法语替他翻译了这几道数学难题的内容.第二天，聪明的笛卡尔兴冲冲地把解答交给了那位中年人.中年人看了笛卡尔的解答十分惊讶.巧妙的解题方法，准确无误的计算，充分显露了他的数学才华.原来这位中年人就是当时有名的数学家贝克曼教授.笛卡尔以前读过他的著作，但是一直没有机会认识他.从此，笛卡尔就在贝克曼的指导下开始了对数学的深入研究.所以有人说，贝克曼“把一个业已离开科学的心灵，带回到正确、完美的成功之路”.1621年笛卡尔离开军营遍游欧洲各国，1625年回到巴黎从事科学工作.为综合知识、深入研究，1628年他变卖家产，定居荷兰潜心著述达20年.

几何学曾在古希腊有过较高的发展，欧几里得、阿基米德、阿波罗尼都对圆锥曲线作过深入研究.但古希腊的几何学只是一种静态的几何，它既没有把曲线看成一种动点的轨迹，更没有给出它的一般表示方法.文艺复兴运动以后，哥白尼的日心说得到证实，开普勒发现了行星运动的三大定律，伽利略又证明了炮弹等抛物体的弹道是抛物线，这就使几乎被人们忘记的阿波罗尼曾研究过的圆锥曲线重新引起人们的重视.人们意识到圆锥曲线不仅是依附在圆锥上的静态曲线，而且是与自然界的物体运动有密切联系的曲线.要计算行星运行的椭圆轨道，就要求出炮弹飞行所走过的抛物线，单纯靠几何方法已无能为力.古希腊数学家的几何学已不能给出解决这些问题的有效方法.要想反映这类运动的轨迹及其性质，就必须从观点到方法都要有一个新的变革，建立一种在运动观点上的几何学.

古希腊数学过于重视几何学的研究，却忽视了代数方法.代数方法在东方（中国、印度、阿拉伯）虽有高度发展，但缺少论证几何学的研究.后来，东方高度发展的代数传入欧洲，特别是文艺复兴运动，使得欧洲数学在古希腊几何学和东方代数学的基础上有了巨大的发展.

2）解析几何学的创立

笛卡尔在数学上的杰出贡献就在于将代数和几何巧妙地联系在一起，从而创造了解析几何这门数学学科.

1619年在多瑙河的军营里，笛卡尔用大部分时间思考着他在数学中的新想法：能不能用代数中的计算过程来代替几何中的证明呢？要这样做就必须找到一座能连接（或说融合）几何与代数的桥梁——使几何图形数值化.笛卡尔用两条互相垂直且交于原点的数轴作为基准，将平面上的点的位置确定下来，这就是后人所说的笛卡尔坐标系.笛卡尔坐标系的建立，为用代数方法研究几何架设了桥梁.它使几何中的点 P 与一个有序实数对 (x,y) 构成了1-1对应关系.

坐标系中点的坐标按某种规则连续变化，那么，平面上的曲线就可以用方程来表示.笛卡尔坐标系的建立，把过去并列的两个数学研究对象“形”和“数”统一起来，把几何方法和代数方法统一起来，从而使传统的数学有了一个新的突破.

关于笛卡尔的这一发现，有些史料曾有这样一段记载：由于对科学目的和科学方法的狂热追求，新几何的影子不时萦绕脑际.1619年11月10日这一天，笛卡尔做了一个触发灵感的梦.他梦见一只苍蝇，飞动时划出一条美妙的曲线，然后一个黑点停在有方格的窗纸上，黑点到窗棂的距离确定了它的位置.梦醒后，笛卡尔异常兴奋，理性主义的理性追求竟由此顿悟而生！笛卡尔后来曾说，他的梦像一把打开宝库的钥匙，这把钥匙就是坐标几何，由于教会势力的控制，笛卡尔的坐标几何的思想未能及时公诸于世. 为避免教会的迫害，1637 年，也就是奇妙梦幻的 18 个春秋以后，笛卡尔在荷兰匿名出版了《科学中正确运用推理和寻求真理的方法论》一书. 书中抨击繁琐哲学，倡导科学为人类造福，主张人应该主宰自然. 笛卡尔的哲学思想，反映了 17 世纪法国资产阶级反对封建主义，发展生产，发展科学的历史要求，对当时的科学发展有着决定性的影响.《几何学》是该书的一篇附录. 在这篇附录中笛卡尔介绍了他所创立的解析几何学. 17 世纪以来，数学的巨大发展很大程度上归功于笛卡尔的解析几何学. 作为附录的《几何学》虽是这位伟大哲学家的唯一一篇数学论文，然而它的历史价值却使笛卡尔的名字千古流芳.

1650 年 2 月 11 日笛卡尔在斯德哥尔摩病逝. 由于教会的阻止，仅有几个友人为其送葬，其著作在他死后也被教会列为禁书. 可是，这位对科学作出巨大贡献的学者却受到广大科学家和革命者的敬仰和怀念. 法国大革命之后，笛卡尔的骨灰和遗物被送进法国历史博物馆. 1819 年其骨灰被移入圣日耳曼圣心堂中，墓碑上镌刻着：

笛卡尔，欧洲文艺复兴以来，第一个为争取和捍卫理性权利而奋斗的人.

关于解析几何的产生对数学发展的重要意义，这里可以引用法国著名数学家拉格朗日的一段话："只要代数与几何分道扬镳，它们的进展就缓慢，它们的应用就狭窄，但当这两门科学结合在一起成为伴侣时，他们就互相吸取新鲜的活力，从而以快速的步伐走向完善."

笛卡儿的这一天才创见，更为微积分的创立奠定了基础，从而开拓了变量数学的广阔领域. 伟大的哲人恩格斯，对此做出了高度评价："数学中的转折点是笛卡尔的变数. 有了变数，运动进入了数学；有了变数，辩证法进入了数学；有了变数，微分和积分也就立刻成为必要了，因而它们也就立刻产生了，并且是由牛顿和莱布尼茨大体上完成."

第 1 章小结

本章在建立空间直角坐标系的基础上，通过引进向量及坐标的概念，使得向量与有序实数组(坐标或分量)、点与有序实数组(坐标)建立了 1-1 对应的关系，这样就使得空间的几何结构数量化了. 从而向量的运算也就转化为数的运算，这给我们在计算上带来很大的方便.

1) 空间直角坐标系

建立空间直角坐标系与建立平面直角坐标系的方法是类似的，通过空间中的一点 O 引三条相互垂直的坐标轴，一个空间直角坐标系 $O\text{-}xyz$ 便建立起来了. 有了空间直角坐标系，空间中的点 P 和一组有序实数组(x,y,z)之间的 1-1 对应关系便建立起来了，从而沟通了几何中的点与代数中的数量之间的关系. 利用点的坐标，得到空间解析几何的基本公式——两点间的距离公式

$$|P_1P_2|=\sqrt{(x_2-x_1)^2+(y_2-y_1)^2+(z_2-z_1)^2}.$$

2）向量的概念和运算

向量的几何表示法是用有向线段表示，大小和方向是向量的两个要素，向量的大小称为向量的模，由有向线段的长度表示，方向是指从起点到终点的方向．为了使向量的运算代数化，在空间直角坐标系中给出了向量的代数表示法和向量的坐标

$$\boldsymbol{a}=a_x\boldsymbol{i}+a_y\boldsymbol{j}+a_z\boldsymbol{k}=(a_x,a_y,a_z).$$

利用向量的坐标，可以把向量的各种运算化为坐标运算：

设 $\boldsymbol{a}=a_x\boldsymbol{i}+a_y\boldsymbol{j}+a_z\boldsymbol{k}$，$\boldsymbol{b}=b_x\boldsymbol{i}+b_y\boldsymbol{j}+b_z\boldsymbol{k}$，$\boldsymbol{c}=c_x\boldsymbol{i}+c_y\boldsymbol{j}+c_z\boldsymbol{k}$，则

$$\boldsymbol{a}\pm\boldsymbol{b}=(a_x\pm b_x)\boldsymbol{i}+(a_y\pm b_y)\boldsymbol{j}+(a_z\pm b_z)\boldsymbol{k}=(a_x\pm b_x,a_y\pm b_y,a_z\pm b_z);$$

$$\lambda\boldsymbol{a}=(\lambda a_x)\boldsymbol{i}+(\lambda a_y)\boldsymbol{j}+(\lambda a_z)\boldsymbol{k}=(\lambda a_x,\lambda a_y,\lambda a_z);$$

$$\boldsymbol{a}\cdot\boldsymbol{b}=a_xb_x+a_yb_y+a_zb_z;$$

$$\boldsymbol{a}\times\boldsymbol{b}=\begin{vmatrix}\boldsymbol{i}&\boldsymbol{j}&\boldsymbol{k}\\a_x&a_y&a_z\\b_x&b_y&b_z\end{vmatrix};$$

$$(\boldsymbol{a},\boldsymbol{b},\boldsymbol{c})=\begin{vmatrix}a_x&a_y&a_z\\b_x&b_y&b_z\\c_x&c_y&c_z\end{vmatrix}.$$

同时，还可以将向量的模、两向量平行、两向量垂直和三向量共面等条件用向量的坐标表示：

$$|\boldsymbol{a}|=\sqrt{a_x^2+a_y^2+a_z^2};\quad \boldsymbol{a}^\circ=\frac{\boldsymbol{a}}{|\boldsymbol{a}|}=\frac{1}{\sqrt{a_x^2+a_y^2+a_z^2}}(a_x,a_y,a_z);$$

$$\boldsymbol{a}/\!/\boldsymbol{b}\Leftrightarrow\boldsymbol{b}=\lambda\boldsymbol{a}\Leftrightarrow\boldsymbol{a}\times\boldsymbol{b}=\boldsymbol{0}\Leftrightarrow\frac{a_x}{b_x}=\frac{a_y}{b_y}=\frac{a_z}{b_z};$$

$$\boldsymbol{a}\perp\boldsymbol{b}\Leftrightarrow\boldsymbol{a}\cdot\boldsymbol{b}=0\Leftrightarrow a_xb_x+a_yb_y+a_zb_z=0;$$

$$\cos\angle(\boldsymbol{a},\boldsymbol{b})=\frac{\boldsymbol{a}\cdot\boldsymbol{b}}{|\boldsymbol{a}|\,|\boldsymbol{b}|}=\frac{a_xb_x+a_yb_y+a_zb_z}{\sqrt{a_x^2+a_y^2+a_z^2}\sqrt{b_x^2+b_y^2+b_z^2}};$$

$$\boldsymbol{a},\boldsymbol{b},\boldsymbol{c}\text{ 共面}\Leftrightarrow(\boldsymbol{a},\boldsymbol{b},\boldsymbol{c})=\begin{vmatrix}a_x&a_y&a_z\\b_x&b_y&b_z\\c_x&c_y&c_z\end{vmatrix}=0.$$

在向量的运算中，乘积运算是需要重点掌握的内容，要从概念（定义）、性质、运算律、坐标表示及应用几个方面认真领会、综合比较、熟练掌握．

向量乘积运算的应用：① 在计算方面的应用，利用内积求长度和角度、利用外积求面积和求与两向量都垂直的向量、利用混合积求体积．② 在证明方面的应用，利用内积证垂直、利用外积证平行、利用混合积证共面．

习题 1

1. 指出下列点的坐标具有的特点.

(1) P 在坐标轴上；

(2) P 在坐标平面上；

(3) P 在与 xz 面平行且相距为 3 的平面上；

(4) P 在与 z 轴垂直且距原点为 5 的平面上.

2. 指出下列各点位置的特殊性：$A(3,0,1)$，$B(0,1,2)$，$C(0,0,1)$，$D(0,-2,0)$.

3. 在空间直角坐标系中，指出下列各点在哪个卦限：$A(1,-2,3)$，$B(2,3,-4)$，$C(2,-3,-4)$，$D(-2,-3,1)$.

4. 在空间直角坐标系中，求 $P(2,-3,-1)$，$M(a,b,c)$两点关于：

(1)各坐标平面；

(2)各坐标轴；

(3)原点的对称点的坐标.

5. 试证以 $A(4,3,1)$，$B(7,1,2)$，$C(5,2,3)$为顶点的三角形是一个等腰三角形.

6. 在 yOz 面上，求与三点 $A(3,1,2)$，$B(4,-2,-2)$和 $C(0,5,1)$等距离的点.

7. 已知 $\boldsymbol{a}=\boldsymbol{e}_1+2\boldsymbol{e}_2-\boldsymbol{e}_3$，$\boldsymbol{b}=3\boldsymbol{e}_1-2\boldsymbol{e}_2+2\boldsymbol{e}_3$，求 $\boldsymbol{a}+\boldsymbol{b}$，$\boldsymbol{a}-\boldsymbol{b}$ 和 $3\boldsymbol{a}-2\boldsymbol{b}$.

8. 设$\overrightarrow{AB}=\boldsymbol{a}+5\boldsymbol{b}$，$\overrightarrow{BC}=-2\boldsymbol{a}+8\boldsymbol{b}$，$\overrightarrow{CD}=3(\boldsymbol{a}-\boldsymbol{b})$，证明 A,B,D 三点共线.

9. 向量$\overrightarrow{AB}=(-3,2,1)$，已知点 $A(1,2,-4)$，求点 B 的坐标.

10. 已知两点 $P_1(1,2,3)$，$P_2(-1,0,1)$，用坐标表示式表示向量$\overrightarrow{P_1P_2}$及 $5\overrightarrow{P_1P_2}$.

11. 分别求出向量 $\boldsymbol{a}=\boldsymbol{i}+\boldsymbol{j}+\boldsymbol{k}$，$\boldsymbol{b}=2\boldsymbol{i}-3\boldsymbol{j}+5\boldsymbol{k}$ 及 $\boldsymbol{c}=-2\boldsymbol{i}-\boldsymbol{j}+2\boldsymbol{k}$ 的模与同向单位向量 $\boldsymbol{a}^\circ,\boldsymbol{b}^\circ,\boldsymbol{c}^\circ$，并分别用 $\boldsymbol{a}^\circ,\boldsymbol{b}^\circ,\boldsymbol{c}^\circ$表示向量$\boldsymbol{a},\boldsymbol{b},\boldsymbol{c}$.

12. 已知平行四边形 $ABCD$ 的对角线$\overrightarrow{AC}=\boldsymbol{a}$，$\overrightarrow{BD}=\boldsymbol{b}$，求$\overrightarrow{AB}$，$\overrightarrow{BC}$，$\overrightarrow{CD}$和$\overrightarrow{DA}$.

13. 已知平行四边形 $ABCD$ 的边 BC 和 CD 的中点分别为 K 和 L，且$\overrightarrow{AK}=\boldsymbol{k}$，$\overrightarrow{AL}=\boldsymbol{l}$，求$\overrightarrow{BC}$和$\overrightarrow{CD}$.

14. 设$\overrightarrow{AM}=\overrightarrow{MB}$. 证明：对任意一点 O，$\overrightarrow{OM}=\frac{1}{2}(\overrightarrow{OA}+\overrightarrow{OB})$.

15. 设 M 是三角形 ABC 的重心. 证明：对任意一点 O，$\overrightarrow{OM}=\frac{1}{3}(\overrightarrow{OA}+\overrightarrow{OB}+\overrightarrow{OC})$.

16. 设 M 是平行四边形 $ABCD$ 的对角线交点. 证明：对任意一点 O，有

$$\overrightarrow{OM}=\frac{1}{4}(\overrightarrow{OA}+\overrightarrow{OB}+\overrightarrow{OC}+\overrightarrow{OD}).$$

17. 设 A,B,C,D 是一个四面体的顶点，M,N 分别是边 AB，CD 的中点. 证明

$$\overrightarrow{MN}=\frac{1}{2}(\overrightarrow{AD}+\overrightarrow{BC}).$$

18. 设 AD,BE,CF 是三角形的中线.

(1) 用$\overrightarrow{AB}$，$\overrightarrow{AC}$表示$\overrightarrow{AD}$，$\overrightarrow{BE}$，$\overrightarrow{CF}$；

(2) 求$\overrightarrow{AD}+\overrightarrow{BE}+\overrightarrow{CF}$.

19. 设 $P_1,P_2,\cdots,P_n$ 是以为 O 为中心的圆周上的 n 等分点，证明：

$$\overrightarrow{OP_1}+\overrightarrow{OP_2}+\cdots+\overrightarrow{OP_n}=\mathbf{0}.$$

20. 设 O 是点 A 和点 B 的连线以外的一点. 证明：A,B,C 三点共线必须且只须$\overrightarrow{OC}=\lambda\overrightarrow{OA}+\mu\overrightarrow{OB}$，其中 $\lambda+\mu=1$.

21. 设 O 是不共线的三点 A,B,C 所在平面以外的一点. 证明：四点 A,B,C,D 共面必须且只须$\overrightarrow{OD}=\lambda\overrightarrow{OA}+\mu\overrightarrow{OB}+\nu\overrightarrow{OC}$，其中 $\lambda+\mu+\nu=1$.

22. 已知$\overrightarrow{OA}=\boldsymbol{r}_1$，$\overrightarrow{OB}=\boldsymbol{r}_2$，$\overrightarrow{OC}=\boldsymbol{r}_3$ 是以原点 O 为顶点的平行六面体的三条棱，求此平行六面体过点 O 的对角线与平面 ABC 的交点的定位向量.

23. 设 AL 和 BM 是三角形 ABC 的中线，他们的交点是 O，证明

$$\overrightarrow{OA}=-\frac{2}{3}\overrightarrow{AL},\overrightarrow{BO}=\frac{2}{3}\overrightarrow{BM}.$$

24. 证明：三角形 ABC 的三条中线相交于一点.

25. 设 $\boldsymbol{a}=(5,7,2)$，$\boldsymbol{b}=(3,0,4)$，$\boldsymbol{c}=(-6,1,-1)$. 求

(1) $3\boldsymbol{a}-2\boldsymbol{b}+\boldsymbol{c}$；　　(2) $5\boldsymbol{a}+6\boldsymbol{b}+\boldsymbol{c}$.

26. 给定点 $A(1,2,4)$ 和 $B(0,-1,7)$. 求$\overrightarrow{AB}$的坐标.

27. 已知$\triangle ABC$ 的两边 AB、AC 的向量分别为$\overrightarrow{AB}=(2,6,-4)$，$\overrightarrow{AC}=(4,2,-2)$，试求三角形的三条中线向量$\overrightarrow{AD}$，$\overrightarrow{BE}$与$\overrightarrow{CF}$.

28. 已知线段 AB 被点 $C(2,0,2)$ 和点 $D(5,-2,0)$ 三等分，试求线段两端点 A,B 的坐标.

29. 设 $\boldsymbol{a}=3\boldsymbol{i}-\boldsymbol{j}-2\boldsymbol{k}$，$\boldsymbol{b}=\boldsymbol{i}+2\boldsymbol{j}-\boldsymbol{k}$，求：(1) $\boldsymbol{a}\cdot\boldsymbol{b}$ 及 $\boldsymbol{a}\times\boldsymbol{b}$；(2) $(-2\boldsymbol{a})\cdot 3\boldsymbol{b}$ 及 $\boldsymbol{a}\times 2\boldsymbol{b}$；(3) $\cos\angle(\boldsymbol{a},\boldsymbol{b})$，$\sin\angle(\boldsymbol{a},\boldsymbol{b})$，及 $\tan\angle(\boldsymbol{a},\boldsymbol{b})$.

30. 当 l 取何值时，向量 $\boldsymbol{a}=6\boldsymbol{i}-3\boldsymbol{j}+3\boldsymbol{k}$ 和 $\boldsymbol{b}=4\boldsymbol{i}+l\boldsymbol{j}+2\boldsymbol{k}$ (1) 垂直；(2) 平行.

31. 已知 $\boldsymbol{a}=2\boldsymbol{i}-3\boldsymbol{j}+\boldsymbol{k}$，$\boldsymbol{b}=\boldsymbol{i}-\boldsymbol{j}+3\boldsymbol{k}$，$\boldsymbol{c}=\boldsymbol{i}-2\boldsymbol{j}$，计算：

(1) $(\boldsymbol{a}\cdot\boldsymbol{b})\boldsymbol{c}-(\boldsymbol{b}\cdot\boldsymbol{c})\boldsymbol{b}$；　　(2) $(\boldsymbol{a}+\boldsymbol{b})\times(\boldsymbol{b}+\boldsymbol{c})$；　　(3) $(\boldsymbol{a},\boldsymbol{b},\boldsymbol{c})$.

32. 已知 $\boldsymbol{a}=(2,3,1)$，$\boldsymbol{b}=(5,6,4)$. 试求：

(1) 以 $\boldsymbol{a},\boldsymbol{b}$ 为边的平行四边形的面积；

(2) 以 $\boldsymbol{a},\boldsymbol{b}$ 为边的平行四边形两边上的高.

33. 已知四面体的顶点 $A(0,0,0)$，$B(6,0,6)$，$C(4,3,0)$，$D(2,-1,3)$，求四面体的体积.

34. 证明：

(1) 向量 $\boldsymbol{a}$ 垂直于向量$(\boldsymbol{a}\cdot\boldsymbol{b})\boldsymbol{c}-(\boldsymbol{a}\cdot\boldsymbol{c})\boldsymbol{b}$；

(2) 在平面上如果 $\boldsymbol{m}_1 \not\parallel \boldsymbol{m}_2$，且 $\boldsymbol{a}\cdot\boldsymbol{m}_i=\boldsymbol{b}\cdot\boldsymbol{m}_i\,(i=1,2)$，则有 $\boldsymbol{a}=\boldsymbol{b}$；

(3) $\overrightarrow{AB}\cdot\overrightarrow{CD}+\overrightarrow{BC}\cdot\overrightarrow{AD}+\overrightarrow{CA}\cdot\overrightarrow{BD}=0$.

35. 已知向量 $\boldsymbol{a},\boldsymbol{b}$ 互相垂直，向量 $\boldsymbol{c}$ 与 $\boldsymbol{a},\boldsymbol{b}$ 的夹角都是 $60°$，且 $|\boldsymbol{a}|=1$，$|\boldsymbol{b}|=2$，$|\boldsymbol{c}|=3$. 计算：

(1) $(\boldsymbol{a}+\boldsymbol{b})^2$；　　(2) $(\boldsymbol{a}+\boldsymbol{b})\cdot(\boldsymbol{a}-\boldsymbol{b})$；

(3) $(3\boldsymbol{a}-2\boldsymbol{b})\cdot(\boldsymbol{b}-3\boldsymbol{c})$；　　(4) $(\boldsymbol{a}+2\boldsymbol{b}-\boldsymbol{c})^2$.

36. 计算下列各题.

(1) 已知等边△ABC的边长为1,且$\overrightarrow{BC}=\boldsymbol{a}$,$\overrightarrow{CA}=\boldsymbol{b}$,$\overrightarrow{AB}=\boldsymbol{c}$,求$\boldsymbol{a}\cdot\boldsymbol{b}+\boldsymbol{b}\cdot\boldsymbol{c}+\boldsymbol{c}\cdot\boldsymbol{a}$;

(2) 已知$\boldsymbol{a},\boldsymbol{b},\boldsymbol{c}$两两垂直,且$|\boldsymbol{a}|=1$,$|\boldsymbol{b}|=2$,$|\boldsymbol{c}|=3$,求$\boldsymbol{r}=\boldsymbol{a}+\boldsymbol{b}+\boldsymbol{c}$的长和它与$\boldsymbol{a},\boldsymbol{b},\boldsymbol{c}$的夹角.

(3) 已知$\boldsymbol{a}+3\boldsymbol{b}$与$7\boldsymbol{a}-5\boldsymbol{b}$垂直,且$\boldsymbol{a}-4\boldsymbol{b}$与$7\boldsymbol{a}-2\boldsymbol{b}$垂直,求$\boldsymbol{a},\boldsymbol{b}$的夹角.

(4) 已知$|\boldsymbol{a}|=2$,$|\boldsymbol{b}|=5$,$\angle(\boldsymbol{a},\boldsymbol{b})=\frac{2}{3}\pi$,$\boldsymbol{p}=3\boldsymbol{a}-\boldsymbol{b}$,$\boldsymbol{q}=\lambda\boldsymbol{a}+17\boldsymbol{b}$.问系数$\lambda$取何值时$\boldsymbol{p}$与$\boldsymbol{q}$垂直?

37. 判断下列各组中三个向量$\boldsymbol{a},\boldsymbol{b},\boldsymbol{c}$是否共面?能否将$\boldsymbol{c}$表示成$\boldsymbol{a},\boldsymbol{b}$的线性组合?若能则写出表示式.

(1) $\boldsymbol{a}=(5,2,1)$,$\boldsymbol{b}=(-1,4,2)$,$\boldsymbol{c}=(-1,-1,5)$;

(2) $\boldsymbol{a}=(6,4,2)$,$\boldsymbol{b}=(-9,6,3)$,$\boldsymbol{c}=(-3,6,3)$;

(3) $\boldsymbol{a}=(1,2,-3)$,$\boldsymbol{b}=(-2,-4,6)$,$\boldsymbol{c}=(1,0,5)$.

38. 设点C分线段AB为5∶2,点A的坐标为(3,7,4),点C的坐标为(8,2,3),求点B的坐标.

39. 已知三角形的三个顶点分别为$A(2,5,0)$,$B(11,3,8)$和$C(5,11,12)$,求各边和各中线之长.

40. 求$\boldsymbol{a}\cdot\boldsymbol{b}$的值,已知:

(1) $|\boldsymbol{a}|=8$,$|\boldsymbol{b}|=5$,$\angle(\boldsymbol{a},\boldsymbol{b})=\frac{\pi}{3}$;

(2) $\boldsymbol{a}=(3,5,6)$,$\boldsymbol{b}=(1,-2,3)$.

41. 已知$\boldsymbol{a}=(3,5,7)$,$\boldsymbol{b}=(0,4,3)$,$\boldsymbol{c}=(-1,2,-4)$.求满足以下条件的$\boldsymbol{x}\cdot\boldsymbol{y}$,$|\boldsymbol{x}|$,$|\boldsymbol{y}|$和$\angle(\boldsymbol{x},\boldsymbol{y})$的值:

(1) $\boldsymbol{x}=3\boldsymbol{a}+4\boldsymbol{b}-\boldsymbol{c}$,$\boldsymbol{y}=2\boldsymbol{b}+\boldsymbol{c}$;

(2) $\boldsymbol{x}=4\boldsymbol{a}+3\boldsymbol{b}+2\boldsymbol{c}$,$\boldsymbol{y}=\boldsymbol{a}+2\boldsymbol{b}-\boldsymbol{c}$.

42. 已知$|\boldsymbol{a}|=3$,$|\boldsymbol{b}|=2$,$\angle(\boldsymbol{a},\boldsymbol{b})=\frac{\pi}{6}$,求$3\boldsymbol{a}+2\boldsymbol{b}$与$2\boldsymbol{a}-5\boldsymbol{b}$的内积.

43. 证明下列各对向量互相垂直:

(1) (3,2,1)与(2,-3,0);

(2) $\boldsymbol{a}(\boldsymbol{b}\cdot\boldsymbol{c})-\boldsymbol{b}(\boldsymbol{a}\cdot\boldsymbol{c})$与$\boldsymbol{c}$.

44. 设$OABC$是一个四面体,$|\overrightarrow{OA}|=|\overrightarrow{OB}|=2$,$|\overrightarrow{OC}|=1$,$\angle AOB=\angle AOC=\frac{\pi}{3}$,$\angle BOC=\frac{\pi}{6}$,$L$是$AB$的中点,$M$是△$ABC$的重心,求$|\overrightarrow{OL}|$,$|\overrightarrow{OM}|$和$\angle(\overrightarrow{OL},\overrightarrow{OM})$.

45. CD,CT和CH分别是三角形ABC的中线、角平分线和高,$|\overrightarrow{CA}|=a$,$|\overrightarrow{CB}|=b$,$\angle C=\theta$,求D,T和H分AB的分比.

46. 证明:三角形三条中线的长度的平方和等于三边的长度的平方和的$\frac{3}{4}$.

47. 证明:三角形的三条中垂线相交于一点,且该点到各顶点距离相等,此点称为三角形的外心.

48. 求 $\boldsymbol{a}\times\boldsymbol{b}$ 和以 $\boldsymbol{a},\boldsymbol{b}$ 为边的平行四边形的面积：

(1) $\boldsymbol{a}=(2,3,1),\boldsymbol{b}=(5,6,4)$；

(2) $\boldsymbol{a}=(5,-2,1),\boldsymbol{b}=(4,0,6)$；

(3) $\boldsymbol{a}=(-2,6,4),\boldsymbol{b}=(3,-9,6)$.

49. 已知四面体的三个顶点 $A(2,1,-1),B(3,0,1),C(2,-1,3)$，其体积 $V=5$，又知它的第四个顶点 D 在 y 轴上，求点 D 的坐标.

50. 一个四面体的顶点为 $A(1,2,0),B(-1,3,4),C(-1,-2,-3)$ 和 $D(0,-1,3)$，求它的体积.

51. 证明：如果 $\boldsymbol{a}\times\boldsymbol{b}+\boldsymbol{b}\times\boldsymbol{c}+\boldsymbol{c}\times\boldsymbol{a}=\boldsymbol{0}$，那么 $\boldsymbol{a},\boldsymbol{b},\boldsymbol{c}$ 共面.

52. 给定 $\boldsymbol{a}=(1,0,-1),\boldsymbol{b}=(1,-2,0),\boldsymbol{c}=(-1,2,1)$，求

(1) $\boldsymbol{a}\times\boldsymbol{b},\boldsymbol{b}\times\boldsymbol{a}$；

(2) $(3\boldsymbol{a}+\boldsymbol{b}-\boldsymbol{c})\times(\boldsymbol{a}-\boldsymbol{b}+\boldsymbol{c})$；

(3) $\boldsymbol{a}\times\boldsymbol{b}\cdot\boldsymbol{c},\boldsymbol{a}\cdot\boldsymbol{b}\times\boldsymbol{c}$；

(4) $(\boldsymbol{a}\times\boldsymbol{b})\times\boldsymbol{c},\boldsymbol{a}\times(\boldsymbol{b}\times\boldsymbol{c})$.

53. 证明下列等式：

(1) $\boldsymbol{a}\times\boldsymbol{b}\cdot\boldsymbol{c}\times\boldsymbol{d}=(\boldsymbol{a}\cdot\boldsymbol{b})(\boldsymbol{b}\cdot\boldsymbol{d})-(\boldsymbol{a}\cdot\boldsymbol{d})(\boldsymbol{b}\cdot\boldsymbol{c})$；

(2) $(\boldsymbol{a}\times\boldsymbol{b})\times\boldsymbol{c}+(\boldsymbol{b}\times\boldsymbol{c})\times\boldsymbol{a}+(\boldsymbol{c}\times\boldsymbol{a})\times\boldsymbol{b}=\boldsymbol{0}$.

自我测验题 1

一、填空题(每小题 4 分，共 20 分).

1. 点 $P(-4,2,-6)$ 是第________卦限中的点，它关于 yz 面的对称点是________，关于 z 轴的对称点是________，关于 $M(2,-1,1)$ 的对称点是________.

2. 设 $\boldsymbol{a}=(2,3,5),\boldsymbol{b}=(3,1,0),\boldsymbol{c}=(1,-1,2)$，则 $(2\boldsymbol{a}+2\boldsymbol{b}-\boldsymbol{c})(\boldsymbol{b}+2\boldsymbol{c})=$________，$\boldsymbol{a}\times\boldsymbol{b}=$________，$(\boldsymbol{a}\times\boldsymbol{b})\cdot\boldsymbol{c}=$________，$\tan\angle(\boldsymbol{a},\boldsymbol{b})=$________.

3. 向量的外积的三个基本应用是__________、__________、__________.

4. $\boldsymbol{a}\perp\boldsymbol{b}\Leftrightarrow$________，$\boldsymbol{a},\boldsymbol{b},\boldsymbol{c}$ 共面 $\Leftrightarrow$________.

5. 直角坐标系中向量坐标的几何意义是____________，向量 $\overrightarrow{OP}$ 与点 P 的坐标是________关系.

二、判断题(正确打“√”，错误打“×”，每小题 2 分，共 10 分).

1. 向量的内积和外积都不满足消去律. (　　)

2. 向量的加减、内积和外积运算满足交换律、结合律. (　　)

3. $(\boldsymbol{a}\cdot\boldsymbol{b})^2+(\boldsymbol{a}\times\boldsymbol{b})^2=\boldsymbol{a}^2\boldsymbol{b}^2$. (　　)

4. $(\boldsymbol{a}\cdot\boldsymbol{b})\boldsymbol{c}=\boldsymbol{a}(\boldsymbol{b}\cdot\boldsymbol{c})$. (　　)

5. $(\boldsymbol{a}\times\boldsymbol{b})\times\boldsymbol{c}=\boldsymbol{a}\times(\boldsymbol{b}\times\boldsymbol{c})$. (　　)

三、计算题(每小题 10 分,共 50 分).

1. 讨论 $\boldsymbol{x}$ 和 $\boldsymbol{y}$ 的关系,已知:

(1) $\boldsymbol{x}$ 与 $\boldsymbol{x}\times\boldsymbol{y}$ 共线;

(2) $\boldsymbol{x},\boldsymbol{y},\boldsymbol{x}\times\boldsymbol{y}$ 共面.

2. 已知四边形 $ABCD$ 中,$\overrightarrow{AB}=\boldsymbol{a}-2\boldsymbol{c}$,$\overrightarrow{CD}=5\boldsymbol{a}+6\boldsymbol{b}-8\boldsymbol{c}$,对角线$\overrightarrow{AC}$,$\overrightarrow{BD}$的中点分别为 E,F,求$\overrightarrow{EF}$.

3. 已知 $\boldsymbol{a}=(3,-6,-1)$,$\boldsymbol{b}=(1,4,-5)$,$\boldsymbol{c}=(3,-4,12)$,试求向量 $\boldsymbol{a}+\boldsymbol{b}$ 在轴 $\boldsymbol{c}$ 上的射影.

4. 已知$\triangle ABC$ 的顶点 $A(4,10,137)$,$B(7,9,138)$和 $C(5,5,138)$,求$\triangle ABC$ 的面积,顶点 B 对应的高 h.

5. 已知四面体的顶点 $A(2,3,1)$,$B(4,1,-2)$,$C(6,3,7)$,$D(-5,4,8)$,求四面体体积和从顶点 D 所引的高的长度.

四、证明题(每小题 10 分,共 20 分).

1. 设$\overrightarrow{AB}=\boldsymbol{a}+5\boldsymbol{b}$,$\overrightarrow{BC}=-2\boldsymbol{a}+8\boldsymbol{b}$,$\overrightarrow{CD}=3(\boldsymbol{a}-\boldsymbol{b})$,证明:$A,B,D$ 三点共线.

2. 证明:$\boldsymbol{a},\boldsymbol{b},\boldsymbol{c}$ 不共面必须且只须 $\boldsymbol{a}\times\boldsymbol{b},\boldsymbol{b}\times\boldsymbol{c},\boldsymbol{c}\times\boldsymbol{a}$ 不共面.

2 空间平面与直线

这一章是本课程的主要内容之一. 本章将用向量代数的方法定量地研究空间中最简单而又最基本的图形——空间平面与空间直线,建立它们各种形式的方程,导出空间的点、空间平面与空间直线之间位置关系的解析表达式和它们相应的度量关系,并给出空间平面与空间直线的应用示例,使读者为学习复杂的几何图形打下良好的基础.

2.1 空间平面的方程

确定空间平面的条件很多,如过不共线的三定点;或过一点和一直线垂直等都可以确定一平面. 根据给定的不同条件,就可以建立不同形式的平面方程. 在学习中要注意与平面解析几何的直线方程的区别和联系.

2.1.1 平面的点法式方程、一般式方程和法式方程

确定平面的一种简单方法是利用一个点和一个方向:在空间直角坐标系中,已知平面 π 上的一个定点 $P_0(x_0,y_0,z_0)$ 和一个与平面 π 垂直的方向 $\boldsymbol{n}=(A,B,C)$,则平面 π 唯一确定. 向量 $\boldsymbol{n}$ 称为平面 π 的法向量或法向. 任一个与平面 π 垂直的非零向量都可以作为平面的法向量. 下面求平面 π 的方程.

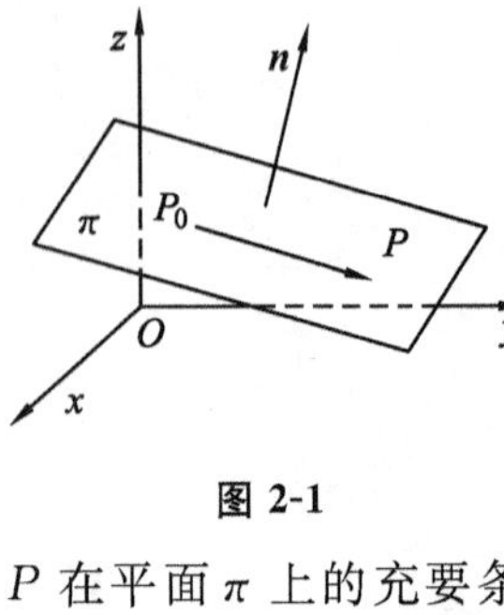

图 2-1

设点 $P(x,y,z)$ 是平面 π 上任一点(如图 2-1 所示),则从 P_0 到 P 的方向垂直于平面 π 的法向量,即点 P 在平面 π 上的充要条件是向量 $\overrightarrow{P_0P}$ 与法向量 $\boldsymbol{n}$ 垂直,即 $\boldsymbol{n}\cdot\overrightarrow{P_0P}=0$,由于 $\boldsymbol{n}=(A,B,C)$,$\overrightarrow{P_0P}=(x-x_0,y-y_0,z-z_0)$,用坐标表示,则有

$$A(x-x_0)+B(y-y_0)+C(z-z_0)=0. \tag{2.1-1}$$

这是一个关于 x, y, z 的(三元)一次方程.显然,平面 π 上任一点的坐标必满足方程(2.1-1),而不在平面 π 上的点,其坐标均不满足方程(2.1-1).故方程(2.1-1)就是由点 P_0 和法向量 $\boldsymbol{n}$ 所确定的平面方程,称为**平面 π 的点法式方程.**

将平面的点法式方程展开整理,并记 $D=-(Ax_0+By_0+Cz_0)$,则方程(2.1-1)化为

$$Ax+By+Cz+D=0. \tag{2.1-2}$$

称方程(2.1-2)为**平面 π 的一般式方程**,它是 x, y, z 的(三元)一次方程.

特别地,若法向量是从原点指向平面的单位向量 $\boldsymbol{n}^\circ$,其坐标为三个方向余弦($\cos\alpha$,$\cos\beta$,$\cos\gamma$),则平面 π 的方程可写成

$$x\cos\alpha+y\cos\beta+z\cos\gamma-p=0. \tag{2.1-3}$$

称方程(2.1-3)为**平面 π 的法式方程**,其中 $p=\boldsymbol{n}^\circ\cdot\overrightarrow{OP_0}=\mathrm{Prj}_{\boldsymbol{n}^\circ}\overrightarrow{OP_0}$,故 $p>0$ 是原点到平面的距离.平面的法式方程是一种特殊的一般式方程,它的特点是:一次项系数的平方和等于1;常数项不大于零,即 $-p\leqslant 0$.

例如:一次方程

$$\frac{\sqrt{2}}{2}y+\frac{\sqrt{2}}{2}z-1=0,$$

是一个法式方程.而方程

$$\frac{\sqrt{2}}{2}x+\frac{\sqrt{2}}{2}y+1=0,$$

与

$$x+2y+z=0,$$

都不是法式方程.

例 1 求过点(2,1,−4),且法向量为 $\boldsymbol{n}=(4,-2,3)$ 的平面方程.

解 根据平面的点法式方程(2.1-1),得所求平面的方程为

$$4(x-2)-2(y-1)+3(z+4)=0,$$

即

$$4x-2y+3z+6=0.$$

例 2 求过点 $P_0(2,3,0)$,且法向量 $\boldsymbol{n}$ 与向量 $\boldsymbol{n}_1=(-2,-3,2)$, $\boldsymbol{n}_2=(-2,3,0)$都垂直的平面方程.

解 先求出平面的法向量 $\boldsymbol{n}$.由于 $\boldsymbol{n}\perp\boldsymbol{n}_1$, $\boldsymbol{n}\perp\boldsymbol{n}_2$,故由向量外积定义知 $\boldsymbol{n}/\!/\boldsymbol{n}_1\times\boldsymbol{n}_2$,所以可取 $\boldsymbol{n}=k\boldsymbol{n}_1\times\boldsymbol{n}_2$,因为

$$\boldsymbol{n}_1\times\boldsymbol{n}_2=\begin{vmatrix}\boldsymbol{i} & \boldsymbol{j} & \boldsymbol{k}\\ -2 & -3 & 2\\ -2 & 3 & 0\end{vmatrix}=-2(3,\ 2,\ 6),$$

取 $\boldsymbol{n}=(3,\ 2,\ 6)$,代入平面的点法式方程(2.1-1),得

$$3(x-2)+2(y-3)+6(z-0)=0,$$

即

$$3x+2y+6z-12=0.$$

现在来讨论平面的一般式方程(2.1-2)的几种特殊情况.一般方程(2.1-2)是变量为 x,y,z 的三元一次方程,其一次项系数 A,B,C 是平面法向量的三个分量(或坐标),且不全为零.如果方程(2.1-2)中的系数 A,B,C 或 D 中有一个或几个等于零,那么对应的平面就具有某种特殊位置.

(1) $D=0$,这时方程(2.1-2)变为 $Ax+By+Cz=0$,显然原点$(0,0,0)$满足方程,所以该平面过原点;反之,若平面过原点,则 $D=0$.

(2) A,B,C 中有一个为零.例如 $C=0$,方程(2.1-2)变为 $Ax+By+D=0$,平面的法向量 $\boldsymbol{n}=(A, B, 0)$垂直于 z 轴,故方程表示一个平行于 z 轴或垂直于 xy 坐标面的平面.特别地,当 $C=D=0$ 时,方程表示过 z 轴的平面.类似地,当 $A=0$ 时,平面平行于 x 轴;当 $B=0$ 时,平面平行于 y 轴.

(3) A,B,C 中有两个为零.例如 $A=B=0$,则方程变为 $Cz+D=0$ 或 $z=-\dfrac{D}{C}$,方程表示既平行于 x 轴又平行于 y 轴,即平行于 xy 面的平面.类似可得:当 $B=C=0$ 或 $A=C=0$ 时平面平行于 yz 面或 xz 面.

特别地,$x=0$,$y=0$,$z=0$ 分别表示三个坐标平面.

例 3 求平行于 z 轴且过点 $P_1(2,-1,1)$与 $P_2(3,-2,1)$的平面方程.

解 因为所求平面平行于 z 轴,故设所求平面方程为

$$Ax+By+D=0.$$

由于平面过点 $P_1(2,-1,1)$和 $P_2(3,-2,1)$,所以有

$$\begin{cases}2A-B+D=0,\\3A-2B+D=0,\end{cases}$$

解之得 $A=B,D=-B$.代入所设方程并除以 B $(B\neq0)$,得所求平面方程为

$$x+y-1=0.$$

例 4 设平面过三坐标轴上 $P_1(a,0,0)$,$P_2(0,b,0)$,$P_3(0,0,c)$三点(其中 $abc\neq0$)(如图 2-2 所示),求平面的方程.

解 设所求平面的方程为

$$Ax+By+Cz+D=0.$$

由于平面过 P_1,P_2,P_3 三点,所以有

$$\begin{cases}aA+D=0,\\bB+D=0,\\cC+D=0,\end{cases}$$

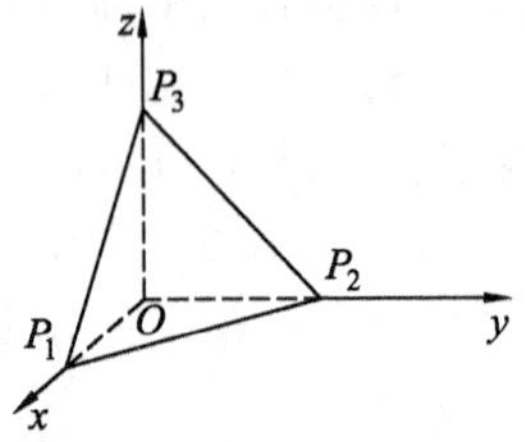

图 2-2

解之得 $$A=-\frac{D}{a},\ B=-\frac{D}{b},\ C=-\frac{D}{c},$$

代入所设方程并除以 D ($D\neq 0$)，得所求平面的方程为

$$\frac{x}{a}+\frac{y}{b}+\frac{z}{c}=1. \tag{2.1-4}$$

方程(2.1-4)称为**平面的截距式方程**，其中 a,b,c 分别称为平面在三坐标轴上的截距.

2.1.2 平面的点位式方程和参数方程

在空间直角坐标系中，给定一点 $P_0(x_0,y_0,z_0)$ 与两个不共线的向量 $\boldsymbol{a}=(a_1,a_2,a_3)$，$\boldsymbol{b}=(b_1,b_2,b_3)$，则通过点 P_0 且与 $\boldsymbol{a},\boldsymbol{b}$ 平行的平面 π 就被唯一确定(如图 2-3 所示). 向量 $\boldsymbol{a},\boldsymbol{b}$ 称为平面 π 的**方位向量**. 任意两个与平面 π 平行的且不共线的向量都可作为平面 π 的方位向量.

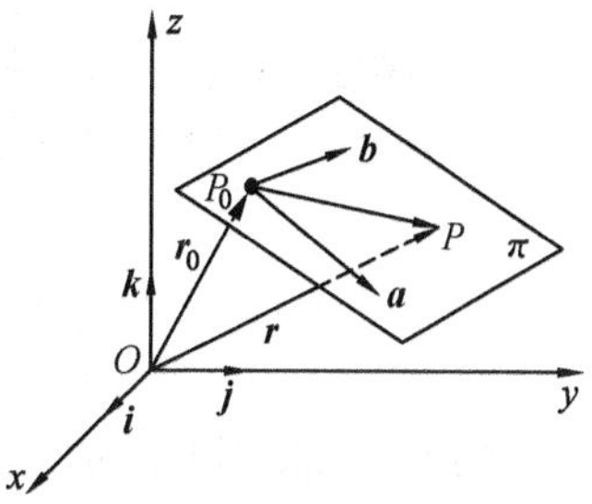

图 2-3

设 $P(x,y,z)$ 为平面 π 上任意一点，则点 P 在平面 π 上的充要条件是向量 $\overrightarrow{P_0P}$ 与向量 $\boldsymbol{a},\boldsymbol{b}$ 共面. 根据三向量共面的混合积条件，可得：

$$(\overrightarrow{P_0P},\boldsymbol{a},\boldsymbol{b})=0,$$

将坐标代入得

$$\begin{vmatrix} x-x_0 & y-y_0 & z-z_0 \\ a_1 & a_2 & a_3 \\ b_1 & b_2 & b_3 \end{vmatrix}=0. \tag{2.1-5}$$

式(2.1-5)称为**平面 π 的点位式方程.**

由于 $\boldsymbol{a},\boldsymbol{b}$ 不共线，这个共面的条件也可以写成：

$$\overrightarrow{P_0P}=u\boldsymbol{a}+v\boldsymbol{b},$$

而 $\overrightarrow{P_0P}=\boldsymbol{r}-\boldsymbol{r}_0$，所以上式可写成：

$$\boldsymbol{r}=\boldsymbol{r}_0+u\boldsymbol{a}+v\boldsymbol{b}. \tag{2.1-6}$$

此方程称为**平面 π 的向量式参数方程**，其中 u,v 为参数. 将坐标代入方程(2.1-6)得：

$$\begin{cases} x=x_0+a_1u+b_1v, \\ y=y_0+a_2u+b_2v, \\ z=z_0+a_3u+b_3v, \end{cases} \tag{2.1-7}$$

此方程称为**平面 π 的坐标式参数方程**，其中 u,v 为参数.

根据向量的外积定义可知，平面的方位向量 $\boldsymbol{a}$，$\boldsymbol{b}$ 与法向量 $\boldsymbol{n}$ 的关系是 $\boldsymbol{n}=k\boldsymbol{a}\times\boldsymbol{b}$.

例 5 求过点 $P_0(1,1,-1)$ 且与 $x-y+z-7=0$，$3x+2y-12z+5=0$ 都垂直的平面的点位式方程、一般式方程和参数式方程.

解 所求平面过点 P_0，且平行于 $\boldsymbol{n}_1=(1,-1,1)$，$\boldsymbol{n}_2=(3,2,-12)$，代入方程(2.1-5)得所求平面的点位式方程为

$$\begin{vmatrix} x-1 & y-1 & z+1 \\ 1 & -1 & 1 \\ 3 & 2 & -12 \end{vmatrix}=0.$$

展开化简整理得 $2x+3y+z-4=0$ 为所求平面的一般式方程.

由方程(2.1-7)得平面的参数式方程为

$$\begin{cases} x=1+u+3v, \\ y=1-u+2v, \\ z=-1+u-12v \end{cases} \quad (\text{其中 } u,\ v \text{ 为参数}).$$

例 6 已知不共线的三点 $P_1(x_1,y_1,z_1)$，$P_2(x_2,y_2,z_2)$，$P_3(x_3,y_3,z_3)$，求通过 P_1，P_2，P_3 三点的平面 π 的方程.

解 取 P_1 为定点，$\overrightarrow{P_1P_2}$ 和 $\overrightarrow{P_1P_3}$ 为平面的方位向量，则由点位式方程(2.1-5)得

$$\begin{vmatrix} x-x_1 & y-y_1 & z-z_1 \\ x_2-x_1 & y_2-y_1 & z_2-z_1 \\ x_3-x_1 & y_3-y_1 & z_3-z_1 \end{vmatrix}=0. \tag{2.1-8}$$

方程 (2.1-8)称为**平面 π 的三点式方程.**

2.1.3 平面方程的互化

平面的各种形式的方程之间的关系是等价关系，也就是说在一定条件下可以互化. 从前面的讨论可知，平面的方程分为两大类，第一类是点法式、一般式、法式和截距式，第二类是点位式、参数式和三点式. 在第一类中，其他三种形式都不难化为一般式，而在第二类中，三种方程间的互化也很容易. 下面主要讨论一般式化为法式和点位式.

1) 化一般式方程为法式方程

在直角坐标系中，若已知平面 π 的一般方程为 $Ax+By+Cz+D=0$，则 $\boldsymbol{n}=(A,B,C)$ 是平面 π 的法向量，$Ax+By+Cz+D=0$ 可写为

$$\boldsymbol{n}\boldsymbol{r}+D=0.$$

与法式方程比较可知，只要将 $\boldsymbol{n}$ 转化为原点指向平面的单位向量 $\boldsymbol{n}^{\circ}$（单位

化),也即以

$$\lambda=\pm\frac{1}{|\boldsymbol{n}|}=\pm\frac{1}{\sqrt{A^2+B^2+C^2}}$$

去乘一般式,就可得法式方程

$$\lambda Ax+\lambda By+\lambda Cz+\lambda D=0.$$

根据法式方程的特征可知:当 $D\neq 0$ 时应使法式方程的常数项为负,$D=0$ 时可任意选取正负号.

以上过程称为**平面方程的法式化**,而将 $\lambda=\pm\frac{1}{\sqrt{A^2+B^2+C^2}}$ 称为**法式化因子**.

例 7 化平面的一般方程 $x+2y-2z+7=0$ 为截距式方程和法式方程,求原点指向平面的单位法向量及其方向余弦,并求原点到平面的距离.

解 该平面的法向量是(1,2,−2),法化因子 $\lambda=-\frac{1}{3}$,由此得平面的法式方程为

$$-\frac{1}{3}x-\frac{2}{3}y+\frac{2}{3}z-\frac{7}{3}=0.$$

将方程两端同除以 $\frac{7}{3}$,得截距式方程

$$\frac{x}{-7}+\frac{y}{-\frac{7}{2}}+\frac{z}{\frac{7}{2}}=1,$$

平面在三个坐标轴上的截距分别为 -7,$-\frac{7}{2}$ 和 $\frac{7}{2}$(请注意,$\frac{x}{7}+\frac{2y}{7}-\frac{2z}{7}=-1$ 不是截距式方程).

原点指向平面的单位法向量为 $\boldsymbol{n}^{\circ}=\left(-\frac{1}{3},-\frac{2}{3},\frac{2}{3}\right)$;它的方向余弦为 $\cos\alpha=-\frac{1}{3}$,$\cos\beta=-\frac{2}{3}$,$\cos\gamma=\frac{2}{3}$;原点 O 到平面的距离 $p=\frac{7}{3}$.

2) 一般式与点位式相互转化

显然,将点位式方程展开整理便得一般式方程.将一般式化为点位式,可先将一般式方程 $Ax+By+Cz+D=0$ 化成参数方程.不妨设 $A\neq 0$,令 $y=u$,$z=v$,得

$$\begin{cases} x=-\frac{D}{A}-\frac{B}{A}u-\frac{C}{A}v, \\ y=u, \\ z=v \end{cases} \quad (u,\ v \text{ 为参数}).$$

则平面过点$\left(-\frac{D}{A},0,0\right)$,且有方位向量:$\left(-\frac{B}{A},1,0\right)$,$\left(-\frac{C}{A},0,1\right)$,所以点位式方程为

$$\begin{vmatrix} x+\frac{D}{A} & y & z \\ -\frac{B}{A} & 1 & 0 \\ -\frac{C}{A} & 0 & 1 \end{vmatrix}=0,$$

即

$$\begin{vmatrix} x+\frac{D}{A} & y & z \\ B & -A & 0 \\ C & 0 & -A \end{vmatrix}=0.$$

也可以由一般式求出平面上的三个点 P_1, P_2, P_3,再由三点式可得点位式.

例 8 化平面方程 $x+2y-z+4=0$ 为点位式方程.

解法 1 先将方程化为参数式,令 $y=u$, $z=v$,得 $x=-2u+v-4$,即平面的参数式为

$$\begin{cases} x=-2u+v-4, \\ y=u, & (u,\ v \text{ 为参数}). \\ z=v \end{cases}$$

平面过点$(-4,0,0)$,且有方位向量$(-2,1,0)$和$(1,0,1)$,所以平面的点位式方程为

$$\begin{vmatrix} x+4 & y & z \\ -2 & 1 & 0 \\ 1 & 0 & 1 \end{vmatrix}=0.$$

解法 2 由方程可知平面过点$(-4,0,0)$,$(0,-2,0)$和$(0,0,4)$,由三点式可得

$$\begin{vmatrix} x+4 & y & z \\ 4 & -2 & 0 \\ 4 & 0 & 4 \end{vmatrix}=0.$$

这与解法 1 得到的点位式方程是等价方程.

在建立平面方程时,除非特别指明,最后都要化为一般式.

2.2 空间直线的方程

根据不同的几何条件,如两点确定一条直线,一点与一个方向确定一条直线

等可以得到不同形式的直线方程,空间直线也可以看成是两个平面的交线.

2.2.1 直线的点向式方程

确定直线的一种简单方法是用一个点和一个方向:在空间给定一点 $P_0(x_0, y_0, z_0)$与一个非零向量$\boldsymbol{v}=(X,Y,Z)$,则过点 P_0 且平行于向量 $\boldsymbol{v}$ 的直线 L 就唯一地被确定. 向量 $\boldsymbol{v}$ 称为**直线 L 的方向向量**. 显然,与直线 L 平行的任一非零向量均可作为直线 L 的方向向量.

下面建立直线 L 的方程.

如图 2-4 所示,设 $P(x,y,z)$ 是直线 L 上任意一点,其对应的向径是$\boldsymbol{r}=(x,y,z)$,而 $P_0(x_0, y_0, z_0)$ 对应的向径是$\boldsymbol{r}_0$,则由$\overrightarrow{P_0P} \parallel \boldsymbol{v}$知,存在 $t\in \mathbf{R}$,使得$\overrightarrow{P_0P}=t\boldsymbol{v}$. 即有

$$\boldsymbol{r}-\boldsymbol{r}_0=t\boldsymbol{v},$$

从而得**直线 L 的点向式向量参数方程**为

$$\boldsymbol{r}=\boldsymbol{r}_0+t\boldsymbol{v}. \tag{2.2-1}$$

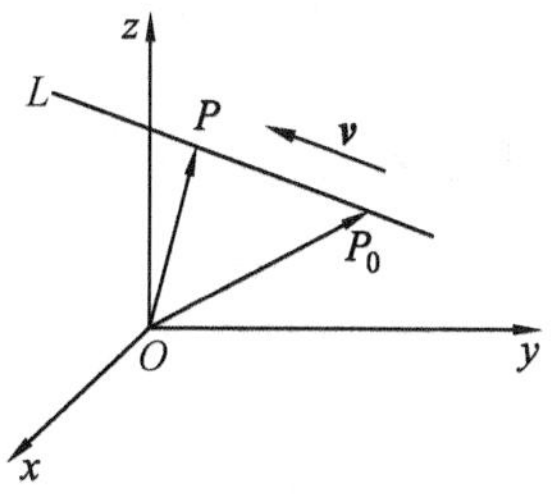

图 2-4

把相关向量的坐标代入上式,得

$$\begin{pmatrix} x \\ y \\ z \end{pmatrix}=\begin{pmatrix} x_0 \\ y_0 \\ z_0 \end{pmatrix}+t\begin{pmatrix} X \\ Y \\ Z \end{pmatrix}.$$

根据向量加法的性质,得**直线 L 的点向式坐标参数方程**为

$$\begin{cases} x=x_0+Xt, \\ y=y_0+Yt, (-\infty<t<+\infty). \\ z=z_0+Zt \end{cases} \tag{2.2-2}$$

消去参数 t,得**直线 L 的点向式对称方程**或**直线 L 的标准方程**为

$$\frac{x-x_0}{X}=\frac{y-y_0}{Y}=\frac{z-z_0}{Z}. \tag{2.2-3}$$

今后如无特别说明,所求得的直线方程的结果都应写成对称式.

注 1° 由直线 L 的对称式方程(2.2-3),即可得点 $P_0(x_0, y_0, z_0)$ 和方向 $\boldsymbol{v}=(X,Y,Z)$;反之,由点 P_0 和方向 $\boldsymbol{v}$ 可写出方程(2.2-3).

2° 在对称式方程(2.2-3)中,"形式分母" X,Y,Z 是方向 $\boldsymbol{v}$ 的三个分量,因此"允许"一个或者两个为 0. 从原来的参数方程(2.2-2)看,某一个分母为 0,应理解为它的分子为 0.

设直线 L 通过空间两点 $P_1(x_1, y_1, z_1)$和 $P_2(x_2, y_2, z_2)$,则取 P_1 为定点,$\overrightarrow{P_1P_2}$为方向向量,就得到**直线的两点式方程**为

$$\frac{x-x_1}{x_2-x_1}=\frac{y-y_1}{y_2-y_1}=\frac{z-z_1}{z_2-z_1}. \tag{2.2-4}$$

根据前面的分析和直线的方程(2.2-1),可得到

$$|t|=\frac{|\boldsymbol{r}-\boldsymbol{r}_0|}{|\boldsymbol{v}|}=\frac{|\overrightarrow{P_0P}|}{|\boldsymbol{v}|}.$$

这个式子清楚地给出了直线的参数方程(2.2-1)或(2.2-2)中参数的几何意义:参数 t 的绝对值等于定点 P_0 到动点 P 之间的距离与方向向量的模的比值,表明线段 P_0P 的长度是方向向量 $\boldsymbol{v}$ 的长度的 $|t|$ 倍.

特别地,若取方向向量为单位向量

$$\boldsymbol{v}^{\circ}=(\cos\alpha,\cos\beta,\cos\gamma),$$

则(2.2-1),(2.2-2)和(2.2-3)就依次变为

$$\boldsymbol{r}=\boldsymbol{r}_0+t\,\boldsymbol{v}^{\circ}, \tag{2.2-5}$$

$$\begin{cases}x=x_0+t\cos\alpha,\\ y=y_0+t\cos\beta,\ (-\infty<t<+\infty)\\ z=z_0+t\cos\gamma\end{cases} \tag{2.2-6}$$

和

$$\frac{x-x_0}{\cos\alpha}=\frac{y-y_0}{\cos\beta}=\frac{z-z_0}{\cos\gamma}. \tag{2.2-7}$$

此时因为 $|\boldsymbol{v}|=1$, t 的绝对值恰好等于直线 L 上两点 P_0 与 P 之间的距离.

直线 L 的方向向量的方向角 α,β,γ 与方向余弦 $\cos\alpha,\cos\beta,\cos\gamma$ 分别称为直线 L 的方向角和方向余弦.

由于任意一个与 $\boldsymbol{v}$ 平行的非零向量 $\boldsymbol{v}'$ 都可作为直线 L 的方向向量,而二者的分量是成比例的,一般称 (X,Y,Z) 为**直线 L 的方向数**,用来表示直线 L 的方向.

例 1 求点 $P_1(1,2,3)$ 与 $P_2(3,2,4)$ 的连线的方程.

解 从点 P_1 到 P_2 的方向是直线的一个方向,它的方向数是(2,0,1).所以直线的点向式标准方程为

$$\frac{x-1}{2}=\frac{y-2}{0}=\frac{z-3}{1}.$$

例 2 求点 $P_1(3,2,17)$ 在平面 $\pi: 3x+4y+12z-52=0$ 上的垂足.

解 设垂足为 $P_0(x_0,y_0,z_0)$.于是,因为 $P_0\neq P_1$,故从 P_0 到 P_1 的方向垂直于平面 π.又因为平面 π 的法向量为(3,4,12),故

$$x_0-3=3t,\ y_0-2=4t,\ z_0-17=12t.$$

点 P_0 在平面 π 上,所以

$$3(3+3t)+4(2+4t)+12(17+12t)-52=0,$$

即

$$169t+169=0,$$

于是 $t=-1$. 将 t 代回，得 $x_0=0, y_0=-2, z_0=5$，因此垂足就是 $(0,-2,5)$.

2.2.2 直线的一般方程

空间直线 L 可看成过此直线的两相交平面 π_1 和 π_2 的交线(如图 2-5 所示). 事实上，若两个相交的平面 π_1 和 π_2 的方程分别为 $A_1x+B_1y+C_1z+D_1=0$ 和 $A_2x+B_2y+C_2z+D_2=0$，那么空间直线 L 上的任何一点的坐标同时满足这两个平面方程，即应满足方程组

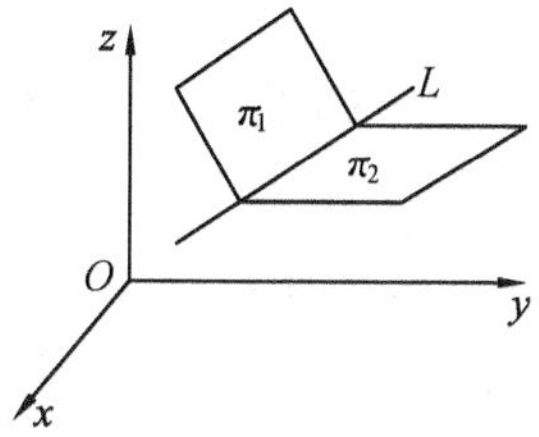

图 2-5

$$\begin{cases} A_1x+B_1y+C_1z+D_1=0, \\ A_2x+B_2y+C_2z+D_2=0. \end{cases} \qquad (2.2\text{-}8)$$

反过来，如果点不在直线 L 上，那么它不可能同时在平面 π_1 和 π_2 上，所以它的坐标不满足方程组(2.2-8). 因此，L 可用方程组(2.2-8)表示，方程组(2.2-8)称为**空间直线 L 的一般方程**.

一般说来，过空间一条直线的平面有无限多个，所以只要在无限多个平面中任选其中的两个，将它们的方程联立起来，就可以得到空间直线的一般方程.

注 直线的方向 $\boldsymbol{v}=(X,Y,Z)$ 与两个平面法向量 $\boldsymbol{n}_1=(A_1,B_1,C_1)$，$\boldsymbol{n}_2=(A_2,B_2,C_2)$ 的关系是 $\boldsymbol{v}\perp\boldsymbol{n}_1$，$\boldsymbol{v}\perp\boldsymbol{n}_2$，从而 $\boldsymbol{v}=\lambda\boldsymbol{n}_1\times\boldsymbol{n}_2$. 而且 $\boldsymbol{n}_1$ 与 $\boldsymbol{n}_2$ 不平行，即 $A_1:B_1:C_1\neq A_2:B_2:C_2$.

例 3 求三个坐标轴的方程.

解 z 轴可以看成 yz 面和 xz 面的交线，其方程为

$$\begin{cases} x=0, \\ y=0. \end{cases}$$

它也可以看成直线 $x+y=0$ 和 $x-y=0$ 的交线，其一般方程亦可表示为 $\begin{cases} x+y=0, \\ x-y=0, \end{cases}$ 显然这两个方程是等价的，他们可以通过恒等变形相互转化.

类似可得 y 轴的方程为

$$\begin{cases} x=0, \\ z=0. \end{cases}$$

x 轴的方程为

$$\begin{cases} y=0, \\ z=0. \end{cases}$$

例 4 在直角坐标系中，求过点 $P_0(0,0,-2)$ 与平面 $\pi: 3x-y+2z-1=0$

平行，且与直线 L_1：$\frac{x-1}{4}=\frac{y-3}{-2}=\frac{z}{1}$ 相交的直线 L 的一般方程.

解 直线 L 在过点 P_0 与 π 平行的平面 π_1 上，可设 π_1 的方程为

$$3x-y+2z+D=0.$$

将 P_0 代入 π_1 的方程中，得 $D=4$，故 π_1 的方程为

$$3x-y+2z+4=0.$$

又直线 L 在过点 P_0 及直线 L_1 的平面 π_2 上，π_2 的方程为

$$\begin{vmatrix} x & y & z+2 \\ 4 & -2 & 1 \\ 1 & 3 & 2 \end{vmatrix}=0,$$

即 $x+y-2z-4=0$. 所以直线 L 的一般方程为

$$\begin{cases} 3x-y+2z+4=0, \\ x+y-2z-4=0. \end{cases}$$

2.2.3 直线的射影式方程

设通过直线 L 分别平行或通过 z 轴，x 轴，y 轴，也就是分别垂直于坐标平面 xy，yz，zx 的三个平面的方程为

$$a_1x+b_1y+c_1=0,$$
$$a_2y+b_2z+c_2=0,$$
$$a_3x+b_3z+c_3=0,$$

则上述平面分别称为直线 L 对坐标平面 xy，yz，zx 的射影平面.

因为直线 L 的一般式方程可由通过 L 的任意两个平面的方程联立组成，因此直线 L 的方程也可由它的三个射影平面的方程中任取两个不同的方程联立组成，例如

$$\begin{cases} a_1x+b_1y+c_1=0, \\ a_2y+b_2z+c_2=0. \end{cases} \tag{2.2-9}$$

这种由直线的两个射影平面的方程联立组成的直线方程称为**直线的射影式方程**.

直线的射影式方程是一般式方程的特殊形式，射影式方程的特点是方程中的变数 x，y，z 缺少其中一个或两个.

例 5 已知直线 L 的标准方程为

$$\frac{x-1}{1}=\frac{y-2}{0}=\frac{z+1}{2},$$

求直线 L 对三个坐标平面的射影平面的方程和射影式方程.

解 由于方程中第二项的形式分母为0，故有 $y-2=0$，它可以看成对 xy 面和 yz 面的射影平面. 由方程的第一式和第三式联立，得 $2(x-1)=z+1$，即 $2x-z-3=0$ 为对 xz 面的射影平面. 故直线 L 的射影式方程为

$$\begin{cases}2x-z-3=0,\\ y=2.\end{cases}$$

2.2.4 直线方程的互化

在研究有关直线的各种不同问题时，根据情况将选取不同的直线方程. 但问题中所给的方程，不一定是所需要的，所以要研究直线方程之间的互化.

直线的方程也可分为两大类，一般式和射影式是一类，参数式、两点式和标准式(对称式)是另一类. 由于射影式方程是特殊的一般式，参数式和两点式与标准式很容易互化，所以下面重点讨论一般式和标准式的互化.

将直线的一般式方程化为点向式标准方程时，一种方法是求出直线与某坐标平面的交点(令其中一个变量为0)，再利用 $\boldsymbol{v}=\boldsymbol{n}_1\times\boldsymbol{n}_2$ 求出方向向量，从而写出标准式方程；也可以求出两个点，从而用两点式写出标准方程. 另一种方法是从一般式方程中分别消去一个变量，得到直线的射影式，再化成点向式标准方程.

直线的标准方程是一个方程组，它本质上包含两个独立的一次方程. 将直线的标准方程化为一般式时，只需将两个等式分别联立，便得两个独立的射影式方程，这实际上就是直线一般式方程的特殊情况.

例 6 将直线的一般方程

$$\begin{cases}x+y+z+1=0,\\ 2x-y+3z+4=0\end{cases}$$

化为标准方程和参数方程.

解 在直线方程中，令 $y=0$，解方程得这条直线上的一点 $(1,0,-2)$.
两平面的法向量为

$$\boldsymbol{n}_1=(1,1,1),\ \boldsymbol{n}_2=(2,-1,3).$$

因为 $\boldsymbol{n}_1\times\boldsymbol{n}_2=(4,-1,-3)$，取其为直线的方向向量，即得直线的标准方程为

$$\frac{x-1}{4}=\frac{y}{-1}=\frac{z+2}{-3}.$$

令 $\frac{x-1}{4}=\frac{y}{-1}=\frac{z+2}{-3}=t$，则得所求的参数方程为

$$\begin{cases}x=1+4t,\\ y=-t,\\ z=-2-3t.\end{cases}$$

例 7 化直线的一般式方程

$$\begin{cases}5x+8y-3z+9=0,\\2x-4y+z-1=0\end{cases}$$

为标准方程.

解法 1 在直线的方程中令 $z=0$,解方程得直线与 xy 面的交点为 $\left(-\frac{7}{9},-\frac{23}{36},0\right)$;同理,令 $x=0$,解方程得直线与 yz 面的交点为 $\left(0,\frac{3}{2},7\right)$. 两点连线的方向为 $\frac{7}{36}(4,11,36)$,故取 $\boldsymbol{v}=(4,11,36)$. 得直线的点向式标准方程为

$$\frac{x}{4}=\frac{y-\frac{3}{2}}{11}=\frac{z-7}{36}.$$

解法 2 在直线的方程中分别消去 y 和 z,得直线的射影式为

$$\begin{cases}x=\dfrac{z-7}{9},\\[2ex]x=\dfrac{4y-6}{11}.\end{cases}$$

从而得直线的点向式标准方程,以下解法如解法 1.

例 8 化直线的标准方程 $\frac{x-1}{2}=\frac{y}{1}=\frac{z-1}{-2}$ 为一般式.

解 直线的标准方程实际上可写为

$$\begin{cases}\dfrac{x-1}{2}=\dfrac{y}{1},\\[2ex]\dfrac{y}{1}=\dfrac{z-1}{-2},\end{cases}$$

即其射影式方程,所以直线的一般方程为

$$\begin{cases}x-2y-1=0,\\2y+z-1=0.\end{cases}$$

2.3 空间点、平面、直线的关系

2.3.1 点与平面的位置关系

1) 点与平面的位置关系

点与平面的位置关系有两种情形,即点在平面上和点不在平面上. 前者的条件是点的坐标满足平面方程. 点不在平面上时,一般要求点到平面的距离,并用离差反映点在平面的哪一侧.

2）点到平面的距离

定义 1 自点 P_0 向平面 π 引垂线，垂足为 P_1（如图 2-6 所示）. 向量 $\overrightarrow{P_1P_0}$ 在平面 π 的单位法向量 $\boldsymbol{n}^\circ$ 上的射影称为 **P_0 与平面 π 之间的离差**，记作

$$\delta = \mathrm{Prj}_{\boldsymbol{n}^\circ}\overrightarrow{P_1P_0} = \overrightarrow{P_1P_0}\cdot\boldsymbol{n}^\circ. \tag{2.3-1}$$

当 $\overrightarrow{P_1P_0}$ 与 $\boldsymbol{n}^\circ$ 同向时，离差 $\delta>0$；当 $\overrightarrow{P_1P_0}$ 与 $\boldsymbol{n}^\circ$ 反向时，离差 $\delta<0$. 当 P_0 在平面上时，离差 $\delta=0$.

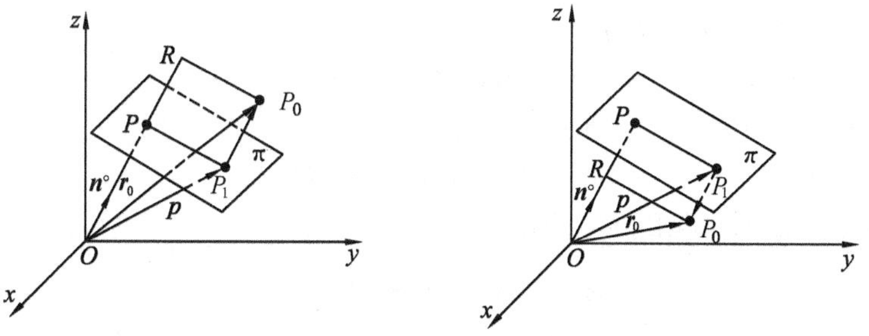

图 2-6

显然，离差的绝对值就是点 P_0 到平面 π 的距离，由此可以推导点到平面的距离公式.

设 $P_0(x_0, y_0, z_0)$ 是平面 $Ax+By+Cz+D=0$ 外一点，求 P_0 到平面的距离 d.

任取平面上一点 $P_1(x_1, y_1, z_1)$，则 $d=|\delta|=|\overrightarrow{P_1P_0}\cdot\boldsymbol{n}^\circ|$，

而 $$\overrightarrow{P_1P_0}=(x_0-x_1, y_0-y_1, z_0-z_1),$$

$$\boldsymbol{n}^\circ=\left(\frac{A}{\sqrt{A^2+B^2+C^2}}, \frac{B}{\sqrt{A^2+B^2+C^2}}, \frac{C}{\sqrt{A^2+B^2+C^2}}\right),$$

所以 $$\overrightarrow{P_1P_0}\cdot\boldsymbol{n}^\circ=\frac{A(x_0-x_1)}{\sqrt{A^2+B^2+C^2}}+\frac{B(y_0-y_1)}{\sqrt{A^2+B^2+C^2}}+\frac{C(z_0-z_1)}{\sqrt{A^2+B^2+C^2}}$$

$$=\frac{Ax_0+By_0+Cz_0-(Ax_1+By_1+Cz_1)}{\sqrt{A^2+B^2+C^2}}.$$

因为点 P_1 在平面 $Ax+By+Cz+D=0$ 上，故 $Ax_1+By_1+Cz_1+D=0$，即 $-(Ax_1+By_1+Cz_1)=D$，所以

$$\overrightarrow{P_1P_0}\cdot\boldsymbol{n}^\circ=\frac{Ax_0+By_0+Cz_0+D}{\sqrt{A^2+B^2+C^2}},$$

从而得点到平面的距离为

$$d=|\overrightarrow{P_1P_0}\cdot\boldsymbol{n}^\circ|=\frac{|Ax_0+By_0+Cz_0+D|}{\sqrt{A^2+B^2+C^2}}. \tag{2.3-2}$$

公式(2.3-2)称为**点到平面的距离公式**. 显然,当点 $P_0(x_0,y_0,z_0)$在平面上时,公式亦成立.

例 1 求点(1,2,−3)到平面 $2x-y+2z+3=0$ 的距离.

解 由点到平面的距离公式(2.3-2),得

$$d=\frac{|2\times1-1\times2+2\times(-3)+3|}{\sqrt{2^2+(-1)+2^2}}=1.$$

3) 平面划分空间问题

设平面 π 的一般方程为

$$Ax+By+Cz+D=0,$$

则空间中任一点 $P(x,y,z)$与平面 π 的离差为

$$\delta=\lambda(Ax+By+Cz+D),$$

式中 λ 为平面 π 的法化因子,由此有

$$Ax+By+Cz+D=\frac{1}{\lambda}\delta. \tag{2.3-3}$$

对于平面 π 同侧的点,δ 的符号相同;对于在平面 π 的异侧的点,δ 有不同的符号,而 λ 一经取定,符号就是固定的. 因此,平面 π:$Ax+By+Cz+D=0$ 把空间划分为两部分,对于平面某一侧的点 $P(x,y,z)$,有 $Ax+By+Cz+D>0$;而对于平面另一侧的点,则有 $Ax+By+Cz+D<0$;对于平面 π 上的点,有 $Ax+By+Cz+D=0$.

例 2 判别点 $M(2,-1,1)$和 $N(1,2,-3)$在由平面 π_1:$3x-y+2z-3=0$ 与 π_2:$x-2y-z+4=0$ 所构成的同一个二面角内,还是分别在相邻二面角内,或是在对顶的二面角内?

解 记 $\delta=(3x-y+2z-3)(x-2y-z+4)$,对于点 $M(2,-1,1)$,有 $\delta=42>0$. 同理,对于点 $N(1,2,-3)$,有 $\delta=-32<0$.

故点 M 和 N 在由平面 π_1 与 π_2 所构成的相邻二面角内.

2.3.2 点与直线的位置关系

1) 点与直线的位置关系

任给一条直线 L 的方程和一点 P_0,则 L 和 P_0 的位置关系只有两种:点在直线上和点不在直线上. 从代数上,这两种情况对应点的坐标满足直线方程和点的坐标不满足直线方程.

2) 点到直线的距离

设空间中有一点 $P_0(x_0,y_0,z_0)$和一条直线

$$L:\frac{x-x_1}{X}=\frac{y-y_1}{Y}=\frac{z-z_1}{Z}.$$

此处 $P_1(x_1,y_1,z_1)$ 是直线 L 上的一点，$\boldsymbol{v}=(X,Y,Z)$ 是 L 的方向向量. 以 $\boldsymbol{v}$ 和 $\overrightarrow{P_1P_0}$ 为邻边作平行四边形，则其面积为 $|\boldsymbol{v}\times\overrightarrow{P_1P_0}|$，点 P_0 到直线 L 的距离 d 就是此平行四边形对应于底 $|\boldsymbol{v}|$ 的高(如图 2-7 所示)，所以

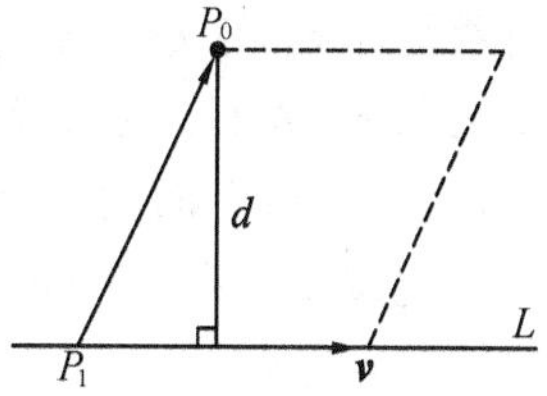

图 2-7

$$d=\frac{|\overrightarrow{P_0P_1}\times\boldsymbol{v}|}{|\boldsymbol{v}|}$$

$$=\frac{\sqrt{\begin{vmatrix} y_1-y_0 & z_1-z_0 \\ Y & Z \end{vmatrix}^2+\begin{vmatrix} z_1-z_0 & x_1-x_0 \\ Z & X \end{vmatrix}^2+\begin{vmatrix} x_1-x_0 & y_1-y_0 \\ X & Y \end{vmatrix}^2}}{\sqrt{X^2+Y^2+Z^2}}. \tag{2.3-4}$$

公式(2.3-4)称为**点到直线的距离公式.**

在实际计算中，记忆上式的第二个等号后面的部分是没有实际意义的，根据公式的前半部分计算即可得.

也可以先求出过点 P_0 且与直线 L 垂直的平面 π，再求出直线 L 与平面 π 的交点 P_0'，由两点间距离公式求出点到直线的距离.

例 3 求点(5,4,2)到直线 $\frac{x+1}{2}=\frac{y-3}{3}=\frac{z-1}{-1}$ 的距离 d.

解 $P_0(5,4,2)$，取 $P_1(-1,3,1)$，$\boldsymbol{v}=(2,3,-1)$，则

$$\overrightarrow{P_1P_0}=(6,1,1),\ |\boldsymbol{v}|=\sqrt{2^2+3^2+(-1)^2}=\sqrt{14},$$

$$\overrightarrow{P_1P_0}\times\boldsymbol{v}=\begin{vmatrix} \boldsymbol{i} & \boldsymbol{j} & \boldsymbol{k} \\ 6 & 1 & 1 \\ 2 & 3 & -1 \end{vmatrix}=(-4,8,16).$$

所以

$$d=\frac{|\overrightarrow{P_0P_1}\times\boldsymbol{v}|}{|\boldsymbol{v}|}=\frac{\sqrt{(-4)^2+8^2+16^2}}{\sqrt{14}}=2\sqrt{6}.$$

2.3.3 两平面的位置关系

1) 两平面的位置关系

空间两平面的相关位置有三种情形，即相交、平行和重合.

设两平面 π_1 与 π_2 的方程分别是

$$\pi_1: A_1x+B_1y+C_1z+D_1=0,$$

$$\pi_2: A_2x+B_2y+C_2z+D_2=0,$$

则两平面 π_1 与 π_2 相交、平行或是重合，就决定于由两方程构成的方程组是有解还是无解，或有无数个解，它们与两平面的法向量 $\boldsymbol{n}_1,\boldsymbol{n}_2$，即方程的系数有密切关系，从而可得下面的定理.

定理 1 关于空间两平面的相关位置，有下面的充要条件

(1) 相交： $$A_1:B_1:C_1\neq A_2:B_2:C_2;\qquad(2.3\text{-}5)$$

(2) 平行： $$\frac{A_1}{A_2}=\frac{B_1}{B_2}=\frac{C_1}{C_2}\neq\frac{D_1}{D_2};\qquad(2.3\text{-}6)$$

(3) 重合： $$\frac{A_1}{A_2}=\frac{B_1}{B_2}=\frac{C_1}{C_2}=\frac{D_1}{D_2}.\qquad(2.3\text{-}7)$$

由于两平面 π_1 与 π_2 的法向量分别为 $\boldsymbol{n}_1=(A_1,B_1,C_1)$，$\boldsymbol{n}_2=(A_2,B_2,C_2)$，当且仅当 $\boldsymbol{n}_1$ 不平行于 $\boldsymbol{n}_2$ 时 π_1 与 π_2 相交，当且仅当 $\boldsymbol{n}_1 /\!/ \boldsymbol{n}_2$ 时 π_1 与 π_2 平行或重合，由此我们同样能得到上面三个条件.

2) **两平面间的夹角**

设两平面的夹角为 θ，规定 θ 为锐角(如图 2-8 所示)，那么显然有：θ 和两平面法向量 $\boldsymbol{n}_1$ 与 $\boldsymbol{n}_2$ 的夹角相等即 $\theta=\angle(\boldsymbol{n}_1,\boldsymbol{n}_2)$，或者与两平面法向量 $\boldsymbol{n}_1$ 与 $\boldsymbol{n}_2$ 的夹角互补，即 $\theta=\pi-\angle(\boldsymbol{n}_1,\boldsymbol{n}_2)$.

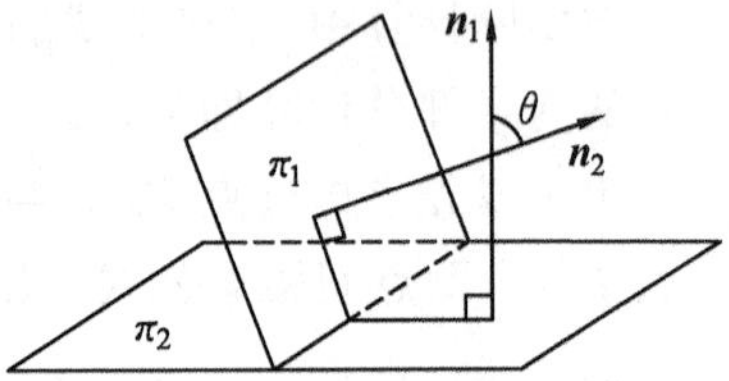

图 2-8

根据两向量的夹角公式可得

$$\cos\theta=|\cos\angle(\boldsymbol{n}_1,\boldsymbol{n}_2)|=\frac{|\boldsymbol{n}_1\cdot\boldsymbol{n}_2|}{|\boldsymbol{n}_1||\boldsymbol{n}_2|}=\frac{|A_1A_2+B_1B_2+C_1C_2|}{\sqrt{A_1^2+B_1^2+C_1^2}\sqrt{A_2^2+B_2^2+C_2^2}}.\qquad(2.3\text{-}8)$$

公式(2.3-8)称为**两平面的夹角公式**.

由(2.3-8)可得，**两平面垂直的充要条件**是

$$A_1A_2+B_1B_2+C_1C_2=0.\qquad(2.3\text{-}9)$$

例 4 求两平面 $\pi_1:2x-3y+6z-12=0$ 和 $\pi_2:x+2y+2z-7=0$ 的夹角.

解 $\boldsymbol{n}_1=(2,-3,6)$，$\boldsymbol{n}_2=(1,2,2)$，代入公式(2.3-8)得

$$\cos\theta=\frac{|2\times1-3\times2+6\times2|}{\sqrt{2^2+(-3)^2+6^2}\sqrt{1^2+2^2+2^2}}=\frac{8}{21},$$

故所求两平面之间的夹角为

$$\theta=\arccos\frac{8}{21}.$$

例 5 一平面过两点 $P_1(1,1,1)$ 和 $P_2(0,1,-1)$ 且垂直于平面 $x+y+z=0$，求此平面的方程.

解 设所求平面的法向量为 $\boldsymbol{n}=(A,B,C)$，由于 $\overrightarrow{P_1P_2}=(-1,0,-2)$ 在所求

平面上，则

$$\overrightarrow{P_1P_2}\perp \boldsymbol{n}，即\overrightarrow{P_1P_2}\cdot \boldsymbol{n}=0.$$

又 $\boldsymbol{n}$ 垂直于平面 $x+y+z=0$ 的法向量 $\boldsymbol{n}_1=(1,1,1)$，故有 $\boldsymbol{n}\cdot\boldsymbol{n}_1=0$.

从而 $$\boldsymbol{n}=\overrightarrow{P_1P_2}\times\boldsymbol{n}_1=(-1,0,-2)\times(1,1,1)=(2,-1,-1),$$

代入平面的点法式，得平面方程为：

$$2(x-1)-(y-1)-(z-1)=0,$$

即 $$2x-y-z=0.$$

例 6 求过点 $A(1,1,-1)$ 且与 $x-y+z-7=0$，$3x+2y-12z+5=0$ 都垂直的平面方程.

解 设所求平面的法向量为 $\boldsymbol{n}=(A,B,C)$，而 $\boldsymbol{n}_1=(1,-1,1)$，$\boldsymbol{n}_2=(3,2,-12)$，由于 $\boldsymbol{n}\perp\boldsymbol{n}_1$，$\boldsymbol{n}\perp\boldsymbol{n}_2$，故 $\boldsymbol{n}/\!/\boldsymbol{n}_1\times\boldsymbol{n}_2$，所以可取 $\boldsymbol{n}=k\,\boldsymbol{n}_1\times\boldsymbol{n}_2$.

因为 $$\boldsymbol{n}_1\times\boldsymbol{n}_2=\begin{vmatrix}\boldsymbol{i} & \boldsymbol{j} & \boldsymbol{k}\\ 1 & -1 & 1\\ 3 & 2 & -12\end{vmatrix}=(10,15,5)=5(2,3,1),$$

则取 $\boldsymbol{n}=(2,3,1)$，代入平面的点法式方程得所求平面方程为

$$2(x-1)+3(y-1)+(z+1)=0,$$

即 $$2x+3y+z-4=0.$$

3) 平面束

作为两平面关系的更广泛情形，下面讨论平面束.

定义 2 通过一条定直线的所有平面的全体，称为一个**有轴平面束**，定直线称为**平面束的轴**. 平行于一个定平面的所有平面的全体，称为一个**平行平面束**.

定理 2 以两相交平面

$$\pi_1: A_1x+B_1y+C_1z+D_1=0,$$
$$\pi_2: A_2x+B_2y+C_2z+D_2=0$$

的交线 L 为轴的**有轴平面束的方程**是

$$\lambda(A_1x+B_1y+C_1z+D_1)+\mu(A_2x+B_2y+C_2z+D_2)=0,\quad(2.3\text{-}10)$$

这里 λ,μ 是不同时为零的任意实数，称为参数.

证明 先证明对于任意一组不同时为零的参数值 λ,μ，方程(2.3-10)表示一个平面.

将方程(2.3-10)改写为

$$(\lambda A_1+\mu A_2)x+(\lambda B_1+\mu B_2)y+(\lambda C_1+\mu C_2)z+(\lambda D_1+\mu D_2)=0,$$

而上式中 x,y,z 的系数不同时为零，否则

$$\lambda A_1+\mu A_2=0,\ \lambda B_1+\mu B_2=0,\ \lambda C_1+\mu C_2=0,$$

设 $\lambda\neq0$，则有

$$\frac{A_1}{A_2}=\frac{B_1}{B_2}=\frac{C_1}{C_2}=-\frac{\mu}{\lambda},$$

而这与题设 π_1,π_2 相交矛盾，所以(2.3-10)是三元一次方程，表示平面.

再证对于任意一组不同时为零的参数值 λ,μ，方程(2.3-10)表示的平面过 π_1 与 π_2 的交线 L.

因为 π_1,π_2 交线 L 上任一点的坐标必满足 π_1 及 π_2 的方程，因而也必满足方程(2.3-10)，从而交线 L 必在方程(2.3-10)所表示的平面上.

最后证明通过交线 L 的任一平面 π，都可以通过选取适当的 λ,μ 值，用方程(2.3-10)表示.

设在平面 π 上任取一点 $P(\alpha,\beta,\gamma)$，P 不在交线 L 上. 因为 P 不在 L 上，所以 $A_1\alpha+B_1\beta+C_1\gamma+D_1$ 与 $A_2\alpha+B_2\beta+C_2\gamma+D_2$ 不能同时为零.

如果 $A_2\alpha+B_2\beta+C_2\gamma+D_2\neq0$，可取

$$\frac{\mu}{\lambda}=-\frac{A_1\alpha+B_1\beta+C_1\gamma+D_1}{A_2\alpha+B_2\beta+C_2\gamma+D_2},$$

将满足这个关系的一组 λ,μ 值代入方程(2.3-10)得

$$(A_2\alpha+B_2\beta+C_2\gamma+D_2)(A_1x+B_1y+C_1z+D_1)-(A_1\alpha+B_1\beta+C_1\gamma+D_1)(A_2x+B_2y+C_2z+D_2)=0,$$

显然这个方程既通过直线 L，又通过 P 点，是平面 π 的方程.

特别地，当 $\pi=\pi_1$ 时，可以选取 $\lambda=1,\mu=0$；当 $\pi=\pi_2$ 时，可以选取 $\lambda=0$，$\mu=1$.

注 为了计算方便，有时也把上述平面束的方程写成

$$(A_1x+B_1y+C_1z+D_1)+\lambda(A_2x+B_2y+C_2z+D_2)=0. \tag{2.3-11}$$

它只含有一个参数 λ，所以计算方便. 但要注意，不管 λ 取何值，方程(2.3-11)都不能表示平面

$$A_2x+B_2y+C_2z+D_2=0,$$

即(2.3-11)决定的平面束比(2.3-10)决定的平面束少了一个平面 π_2.

下面讨论平行平面束，给定平面 π 的方程为

$$Ax+By+Cz+D=0.$$

由于平行于 π 的平面可看成与 π 具有相同的法向量，因而**平行平面束的方程**可写成

$$Ax+By+Cz+\lambda=0, \tag{2.3-12}$$

其中 λ 为参数.

例 7 求过直线 $\begin{cases}2x-y+2z=0,\\x+2y-2z-6=0\end{cases}$ 且与 xy 面垂直的平面.

解 过两平面 $2x-y+2z=0$ 和 $x+2y-2z-6=0$ 的交线的平面方程可看成有轴平面束,设为

$$\lambda(2x-y+2z)+\mu(x+2y-2z-6)=0,$$

即
$$(2\lambda+\mu)x+(-\lambda+2\mu)y+(2\lambda-2\mu)z-6\mu=0.$$

该平面的法向量 $\boldsymbol{n}=(2\lambda+\mu,-\lambda+2\mu,2\lambda-2\mu)$. 由题设该平面与 xy 面垂直,得 $\boldsymbol{n}\cdot\boldsymbol{k}=0$,即 $2\lambda-2\mu=0$,解得 $\lambda=\mu$. 取 $\lambda=1$,则 $\mu=1$.
由此可得所求平面方程为

$$3x+y-6=0.$$

例 8 求与平面 $3x+y-z+4=0$ 平行且在 z 轴上截距等于 -2 的平面方程.

解 设所求平面方程为

$$3x+y-z+\lambda=0,$$

因为该平面在 z 轴上的截距为 -2, 所以该平面通过点 $(0,0,-2)$,由此得

$$2+\lambda=0,$$

所以
$$\lambda=-2,$$

因此所求平面方程为

$$3x+y-z-2=0.$$

2.3.4 空间两直线的相关位置

1) 空间两直线的位置关系

空间两直线的相关位置有异面与共面,共面时又有相交、平行和重合三种情形.

设两条直线的方程为

$$L_i: \frac{x-x_i}{X_i}=\frac{y-y_i}{Y_i}=\frac{z-z_i}{Z_i},\quad i=1,2.$$

直线 L_1 上定点 $P_1(x_1,y_1,z_1)$ 和方向向量 $\boldsymbol{v}_1=(X_1,Y_1,Z_1)$,直线 L_2 上定点 $P_2(x_2,y_2,z_2)$ 和方向向量 $\boldsymbol{v}_2=(X_2,Y_2,Z_2)$. 由图 2-9 容易看出,两直线的相关位置决定于三向量 $\overrightarrow{P_1P_2}$, $\boldsymbol{v}_1$, $\boldsymbol{v}_2$ 的相互关系. 当且仅当这三个向量异面时,两直线异面;当且仅当这三个向量共面时,两直线共面.

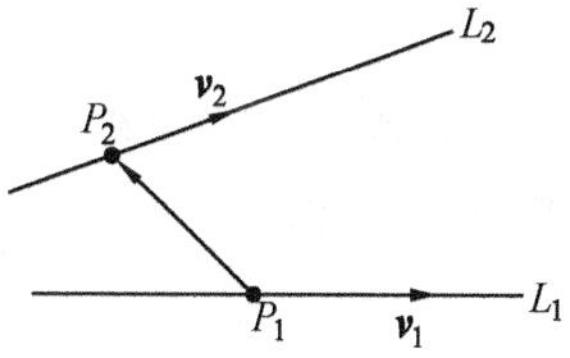

图 2-9

共面时,若 $\boldsymbol{v}_1$, $\boldsymbol{v}_2$ 不平行,则 L_1 与 L_2 相交;若 $\boldsymbol{v}_1 /\!/ \boldsymbol{v}_2$ 但不与 $\overrightarrow{P_1P_2}$ 平行,则 L_1 与 L_2 平行;若 $\boldsymbol{v}_1 /\!/ \boldsymbol{v}_2 /\!/ \overrightarrow{P_1P_2}$,则 L_1 与 L_2 重合. 因此有如下结论.

定理 3 空间两直线 L_1 和 L_2 的相关位置,有下面的充要条件

(1) 异面:

$$\Delta=(\overrightarrow{P_1P_2},\boldsymbol{v}_1,\boldsymbol{v}_2)=\begin{vmatrix} x_2-x_1 & y_2-y_1 & z_2-z_1 \\ X_1 & Y_1 & Z_1 \\ X_2 & Y_2 & Z_2 \end{vmatrix}\neq 0; \tag{2.3-13}$$

(2) 相交： $\Delta=0,\ X_1:Y_1:Z_1\neq X_2:Y_2:Z_2$; (2.3-14)

(3) 平行：$X_1:Y_1:Z_1=X_2:Y_2:Z_2\neq(x_2-x_1):(y_2-y_1):(z_2-z_1)$; (2.3-15)

(4) 重合：$X_1:Y_1:Z_1=X_2:Y_2:Z_2=(x_2-x_1):(y_2-y_1):(z_2-z_1)$. (2.3-16)

例 9 判定直线 $L_1:\dfrac{x}{1}=\dfrac{y}{-1}=\dfrac{z+1}{0}$ 和 $L_2:\dfrac{x-1}{1}=\dfrac{y-1}{1}=\dfrac{z-1}{0}$ 的位置关系.

解 因为直线 L_1 过点 $P_1(0,0,-1)$，方向向量 $\boldsymbol{v}_1=(1,-1,0)$，而直线 L_2 过点 $P_2(1,1,1)$，方向向量 $\boldsymbol{v}_2=(1,1,0)$，从而有

$$(\overrightarrow{P_1P_2},\boldsymbol{v}_1,\boldsymbol{v}_2)=\begin{vmatrix} 1 & 1 & 2 \\ 1 & -1 & 0 \\ 1 & 1 & 0 \end{vmatrix}=4\neq 0.$$

所以 L_1 与 L_2 是两异面直线.

2) 空间两直线的夹角

平行于空间两直线 L_1,L_2 的两向量间的夹角，称为**空间两直线的夹角**，规定 θ 为锐角.

显然，若两直线间的夹角是 θ，则也可认为它们之间的夹角是 $\pi-\theta$. 它们与两直线方向向量 $\boldsymbol{v}_1,\boldsymbol{v}_2$ 之间的关系是 $\theta=\angle(\boldsymbol{v}_1,\boldsymbol{v}_2)$ 或 $\theta=\pi-\angle(\boldsymbol{v}_1,\boldsymbol{v}_2)$. 根据两向量之间的夹角公式可得

$$\cos\theta=\frac{|\boldsymbol{v}_1\cdot\boldsymbol{v}_2|}{|\boldsymbol{v}_1||\boldsymbol{v}_2|}=\frac{|X_1X_2+Y_1Y_2+Z_1Z_2|}{\sqrt{X_1^2+Y_1^2+Z_1^2}\sqrt{X_2^2+Y_2^2+Z_2^2}}. \tag{2.3-17}$$

公式(2.3-17)称为**空间两直线的夹角公式**. 由此得出**两直线 L_1 与 L_2 垂直的充要条件**是

$$\boldsymbol{v}_1\cdot\boldsymbol{v}_2=X_1X_2+Y_1Y_2+Z_1Z_2=0. \tag{2.3-18}$$

例 10 求以下两条直线的夹角

$$L_1:\frac{x-1}{1}=\frac{y}{-4}=\frac{z+3}{1},$$

$$L_2:\begin{cases} x+y+2=0, \\ x+2z=0. \end{cases}$$

解 直线 L_1 的方向向量为 $\boldsymbol{v}_1=(1,-4,1)$，直线 L_2 的方向向量为

$$\boldsymbol{v}_2=\begin{vmatrix} \boldsymbol{i} & \boldsymbol{j} & \boldsymbol{k} \\ 1 & 1 & 0 \\ 1 & 0 & 2 \end{vmatrix}=(2,-2,-1),$$

故
$$\cos\theta=\frac{|1\times 2+(-4)\times(-2)+1\times(-1)|}{\sqrt{1^2+(-4)^2+1^2}\sqrt{2^2+(-2)^2+(-1)^2}}=\frac{\sqrt{2}}{2},$$

则两直线的夹角为 $\theta=\frac{\pi}{4}$.

3）异面直线间的距离与公垂线的方程

空间两直线的点之间的最短距离称为这两条直线之间的距离.

两相交或两重合直线间的距离为零，两平行直线间的距离等于其中一直线上的任意一点到另一直线的距离.

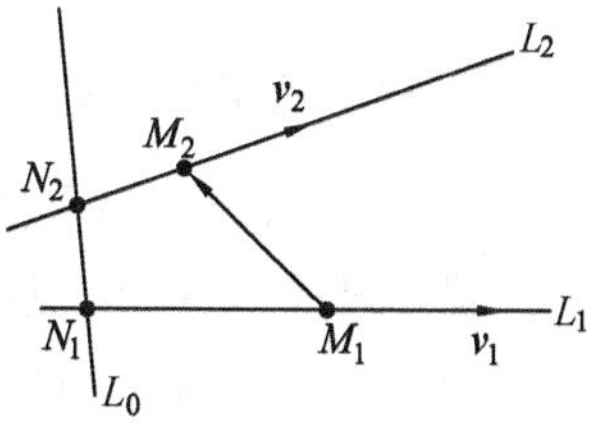

图 2-10

与两条异面直线都垂直相交的直线称为这**两异面直线的公垂线**，**两异面直线间的距离**等于它们的公垂线夹在两异面直线间的线段的长.

设两异面直线 L_1 和 L_2 的方程如前，L_1 和 L_2 与它们的公垂线的交点分别为 N_1 和 N_2(如图 2-10 所示)，则**异面直线** L_1 **和** L_2 **之间的距离**为

$$d=|\overrightarrow{N_1N_2}|=|\mathrm{Prj}_{\boldsymbol{v}_1\times\boldsymbol{v}_2}\overrightarrow{M_1M_2}|=\frac{|\overrightarrow{M_1M_2}\cdot(\boldsymbol{v}_1\times\boldsymbol{v}_2)|}{|\boldsymbol{v}_1\times\boldsymbol{v}_2|}=\frac{|\Delta|}{|\boldsymbol{v}_1\times\boldsymbol{v}_2|},$$

即
$$d=\frac{\left|\begin{vmatrix} x_2-x_1 & y_2-y_1 & z_2-z_1 \\ X_1 & Y_1 & Z_1 \\ X_2 & Y_2 & Z_2 \end{vmatrix}\right|}{\sqrt{\begin{vmatrix} Y_1 & Z_1 \\ Y_2 & Z_2 \end{vmatrix}^2+\begin{vmatrix} Z_1 & X_1 \\ Z_2 & X_2 \end{vmatrix}^2+\begin{vmatrix} X_1 & Y_1 \\ X_2 & Y_2 \end{vmatrix}^2}}. \tag{2.3-19}$$

它的几何意义为：因为 $|\overrightarrow{M_1M_2}\cdot(\boldsymbol{v}_1\times\boldsymbol{v}_2)|$ 为由三向量 $\overrightarrow{M_1M_2}$，$\boldsymbol{v}_1$，$\boldsymbol{v}_2$ 构成的平行六面体的体积，而 $|\boldsymbol{v}_1\times\boldsymbol{v}_2|$ 为由两向量 $\boldsymbol{v}_1$，$\boldsymbol{v}_2$ 构成的平行四边形的面积，也就是上述平行六面体的一个面的面积. 因此，由公式容易知道，两异面直线间的距离 d 恰好为三向量 $\overrightarrow{M_1M_2}$，$\boldsymbol{v}_1$，$\boldsymbol{v}_2$ 构成的平行六面体在两向量 $\boldsymbol{v}_1$，$\boldsymbol{v}_2$ 构成的平行四边形底面上的高.

现在求两异面直线 L_1 和 L_2 的公垂线的方程.

如图 2-10 所示，公垂线 L_0 的方向向量可取作 $\boldsymbol{v}_1\times\boldsymbol{v}_2=(X,Y,Z)$，而公垂线可看作两个平面的交线，这两个平面中一个通过点 M_1，以 $\boldsymbol{v}_1$ 和 $\boldsymbol{v}_1\times\boldsymbol{v}_2$ 为方位向量，即由 L_0 和 L_1 确定的平面；另一个平面通过点 M_2，以 $\boldsymbol{v}_2$ 和 $\boldsymbol{v}_1\times\boldsymbol{v}_2$ 为方位向量，即由

L_0 和 L_2 确定的平面. 由平面的点位式方程可得**公垂线** L_0 **的一般方程**为

$$\begin{cases} \begin{vmatrix} x-x_1 & y-y_1 & z-z_1 \\ X_1 & Y_1 & Z_1 \\ X & Y & Z \end{vmatrix}=0, \\ \begin{vmatrix} x-x_2 & y-y_2 & z-z_2 \\ X_2 & Y_2 & Z_2 \\ X & Y & Z \end{vmatrix}=0. \end{cases} \tag{2.3-20}$$

其中,(X,Y,Z)是向量$\boldsymbol{v}_1\times\boldsymbol{v}_2$ 的坐标,即 L_0 的方向数.

例 11 判定两直线 $L_1:\dfrac{x-3}{2}=\dfrac{y}{1}=\dfrac{z-1}{0}$和 $L_2:\dfrac{x+1}{1}=\dfrac{y+2}{0}=\dfrac{z}{1}$是异面直线,并求公垂线方程及其距离.

解 直线 L_1 上定点 $P_1(3,0,1)$,方位向量 $\boldsymbol{v}_1=(2,1,0)$;直线 L_2 上定点 $P_2(-1,-2,0)$,方位向量 $\boldsymbol{v}_2=(1,0,1)$.

由
$$\Delta=(\overrightarrow{P_1P_2},\boldsymbol{v}_1,\boldsymbol{v}_2)=\begin{vmatrix} -4 & -2 & -1 \\ 2 & 1 & 0 \\ 1 & 0 & 1 \end{vmatrix}=1\neq 0$$

知直线 L_1 与 L_2 为异面直线. 又因为 L_1 与 L_2 的公垂线 L_0 的方向向量可取为

$$\boldsymbol{v}_1\times\boldsymbol{v}_2=(1,-2,-1),$$

所以 L_1 与 L_2 之间的距离为

$$d=\frac{|(\overrightarrow{P_1P_2},\boldsymbol{v}_1,\boldsymbol{v}_2)|}{|\boldsymbol{v}_1\times\boldsymbol{v}_2|}=\frac{1}{\sqrt{6}}=\frac{\sqrt{6}}{6}.$$

根据(2.3-20)得公垂线 L_0 的方程为

$$\begin{cases} \begin{vmatrix} x-3 & y & z-1 \\ 2 & 1 & 0 \\ 1 & -2 & -1 \end{vmatrix}=0, \\ \begin{vmatrix} x+1 & y+1 & z \\ 1 & 0 & 1 \\ 1 & -2 & -1 \end{vmatrix}=0, \end{cases}$$

即
$$\begin{cases} x-2y+5z-8=0, \\ x+y-z+2=0. \end{cases}$$

例 12 求过点 $P_0(1,1,1)$且与两直线 $L_1:\dfrac{x}{1}=\dfrac{y}{2}=\dfrac{z}{3}$,$L_2:\dfrac{x-1}{2}=\dfrac{y-2}{1}=\dfrac{z-3}{4}$都相交的直线的方程.

解 设所求直线的方向向量 $\boldsymbol{v}=(X,Y,Z)$，那么所求直线 L 的方程可写成：

$$\frac{x-1}{X}=\frac{y-1}{Y}=\frac{z-1}{Z}.$$

因为 L 与 L_1，L_2 都相交，而且 L_1 上定点 $P_1(0,0,0)$，方向向量为 $\boldsymbol{v}_1=(1,2,3)$，L_2 上定点 $P_2(1,2,3)$，方向向量为 $\boldsymbol{v}_2=(2,1,4)$. 所以有

$$\Delta_1=(\overrightarrow{P_0P_1},\boldsymbol{v}_1,\boldsymbol{v})=\begin{vmatrix}-1 & -1 & -1\\ 1 & 2 & 3\\ X & Y & Z\end{vmatrix}=0\text{，即 } X-2Y+Z=0,$$

$$\Delta_2=(\overrightarrow{P_0P_2},\boldsymbol{v}_2,\boldsymbol{v})=\begin{vmatrix}0 & 1 & 2\\ 2 & 1 & 4\\ X & Y & Z\end{vmatrix}=0\text{，即 } X+2Y-Z=0,$$

由上两式得

$$\boldsymbol{v}=(1,-2,1)\times(1,2,-1)=2(0,1,2).$$

$\boldsymbol{v}$ 不平行于 $\boldsymbol{v}_1$，$\boldsymbol{v}$ 不平行于 $\boldsymbol{v}_2$，符合相交条件，所以所求直线 L 的方程为

$$\frac{x-1}{0}=\frac{y-1}{1}=\frac{z-1}{2}.$$

2.3.5 直线与平面的相关位置

1）直线与平面的相关位置

直线与平面的相关位置有三种情形：直线与平面相交，直线与平面平行和直线在平面上.

设直线 L 与平面 π 的方程分别为

$$L:\frac{x-x_0}{X}=\frac{y-y_0}{Y}=\frac{z-z_0}{Z},$$

$$\pi:Ax+By+Cz+D=0.$$

将直线方程写成参数式

$$\begin{cases}x=x_0+Xt,\\ y=y_0+Yt,\\ z=z_0+Zt,\end{cases}$$

代入平面方程，整理得

$$(AX+BY+CZ)t=-(Ax_0+By_0+Cz_0+D).$$

当且仅当 $AX+BY+CZ\neq 0$ 时，上式有唯一解

$$t=-\frac{Ax_0+By_0+Cz_0+D}{AX+BY+CZ}.$$

这时直线 L 与平面 π 有唯一公共点；当且仅当 $AX+BY+CZ=0$，Ax_0+

$By_0+Cz_0+D\neq 0$ 时，上式无解，直线 L 与平面 π 没有公共点；当且仅当 $AX+BY+CZ=0, Ax_0+By_0+Cz_0+D=0$ 时，上式有无数多个解，直线 L 在平面 π 上．于是有

定理 4 关于直线 L 与平面 π 的相关位置，有下面的充要条件：

(1) 相交： $$AX+BY+CZ\neq 0;\tag{2.3-21}$$

(2) 平行： $$AX+BY+CZ=0, Ax_0+By_0+Cz_0+D\neq 0;\tag{2.3-22}$$

(3) 直线在平面上： $$AX+BY+CZ=0, Ax_0+By_0+Cz_0+D=0.\tag{2.3-23}$$

几何解释：以上条件就是直线 L 的方向向量 v 与平面 π 的法向量 $\boldsymbol{n}$ 之间关系．① 表示 v 与 $\boldsymbol{n}$ 不垂直，即直线 L 不平行于平面 π；② 表示 v 与 $\boldsymbol{n}$ 垂直，即直线 L 平行于平面 π，且直线 L 上的点 (x_0, y_0, z_0) 不在平面 π 上；③ 表示 v 与 $\boldsymbol{n}$ 垂直，且直线 L 上的点 (x_0, y_0, z_0) 在平面 π 上．

2) 直线与平面的夹角

当直线 L 与平面 π 相交时，可求它们的夹角．

当直线与平面不垂直时，**直线与平面的夹角** φ 是指直线和它在平面上的射影所构成的锐角；垂直时规定 φ 是直角（如图 2-11 所示）．

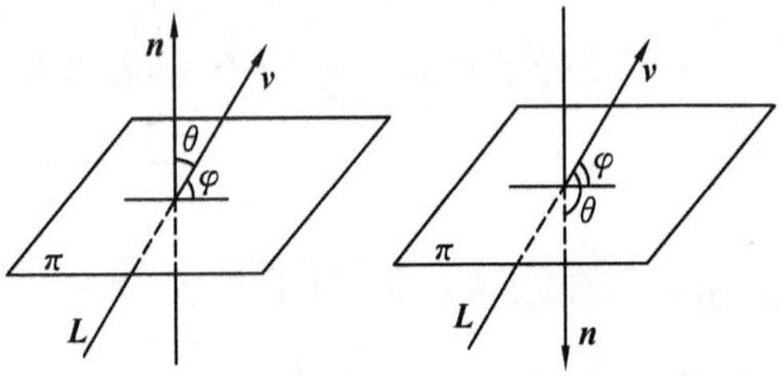

图 2-11

设 $\boldsymbol{v}=(X,Y,Z)$ 是直线 L 的方向向量，$\boldsymbol{n}=(A,B,C)$ 是平面 π 的法向量，若令 $\angle(L,\pi)=\varphi$，$\angle(\boldsymbol{v},\boldsymbol{n})=\theta$，则有

$$\varphi=\frac{\pi}{2}-\theta \text{ 或 } \varphi=\theta-\frac{\pi}{2}\ (\theta \text{ 为钝角}),$$

因而 $$\sin\varphi=|\cos\theta|=\frac{|\boldsymbol{n}\cdot\boldsymbol{v}|}{|\boldsymbol{n}||\boldsymbol{v}|}=\frac{|AX+BY+CZ|}{\sqrt{A^2+B^2+C^2}\sqrt{X^2+Y^2+Z^2}}.\tag{2.3-24}$$

公式(2.3-24)称为**直线与平面的夹角公式**．从这个公式也可直接得到定理 4 中的条件．

显然，**直线 L 垂直于平面 π 的充要条件**是 $\boldsymbol{v}/\!/\boldsymbol{n}$，即

$$\frac{A}{X}=\frac{B}{Y}=\frac{C}{Z}.\tag{2.3-25}$$

注 1° 直线与平面的位置关系是点、直线、平面之间关系的纽带，是求直线和平面方程的基础．

2° 当直线与平面平行时，直线和平面间的距离 d 等于点 P_0 到平面 π 的距离．

3° 当直线与平面垂直时，可取直线的方向向量 $\boldsymbol{v}$ 作为平面法向量 $\boldsymbol{n}$，反之亦然.

4° 直线与平面的夹角公式与平面间、直线间的夹角公式不同，尤其应引起注意.

例 13 设直线 $L:\frac{x-1}{2}=\frac{y}{-1}=\frac{z+1}{2}$，平面 $\pi: x-y+2z=3$，求直线与平面的夹角.

解
$$\boldsymbol{n}=(1,-1,2),\boldsymbol{v}=(2,-1,2),$$
$$\sin\varphi=\frac{|\boldsymbol{n}\cdot\boldsymbol{v}|}{|\boldsymbol{n}||\boldsymbol{v}|}=\frac{|1\times 2+(-1)\times(-1)+2\times 2|}{\sqrt{6}\ \sqrt{9}}=\frac{7\sqrt{6}}{18},$$
所以 $\varphi=\arcsin\frac{7\sqrt{6}}{18}$为所求夹角.

例 14 求空间一点 $P(5,2,-1)$关于平面 $\pi: 2x-y+3z+23=0$ 的对称点的坐标.

解法 1 过 $P(5,2,-1)$作平面 π 的垂线 L 的方程为
$$\frac{x-5}{2}=\frac{y-2}{-1}=\frac{z+1}{3},$$
化为参数式
$$\begin{cases}x=5+2t,\\y=2-t,\\z=-1+3t.\end{cases}$$
将上式代入平面 π 的方程得 $t=-2$，以 $t=-2$ 代入参数式得 L 与 π 的交点坐标为 $Q(1,4,-7)$. 求 $R(x,y,z)$使线段 PR 的中点为 Q，则
$$\frac{x+5}{2}=1,\frac{y+2}{2}=4,\frac{z-1}{2}=-7,$$
解之得，点 P 关于平面 π 的对称点 R 的坐标为$(-3,6,-13)$.

解法 2 设对称点为 $R(x,y,z)$，则有$\overrightarrow{PR}/\!/\boldsymbol{n}$，且$\overrightarrow{PR}$的中点在平面 π 上，即
$$\frac{x-5}{2}=\frac{y-2}{-1}=\frac{z+1}{3},$$
$$2\cdot\frac{x+5}{2}-\frac{y+2}{2}+3\cdot\frac{z-1}{2}+23=0.$$
联立求解，得 $R(-3,6,-13)$.

例 15 平面 π 垂直于平面 $\pi_1: x+y+z-5=0$，并通过从点 $P_0(5,1,-1)$到直线 $L:\frac{x+4}{2}=\frac{y+8}{3}=\frac{z+4}{2}$的垂直相交线，求平面 π 的方程.

解 设平面 π 的法向量 $\boldsymbol{n}=(A,B,C)$，方程为

$$A(x-5)+B(y-1)+C(z+1)=0.$$

因为 $\pi\perp\pi_1$，$\boldsymbol{n}\cdot\boldsymbol{n}_1=0$，所以有 $A+B+C=0$.

过 $P_0(5,1,-1)$ 作直线 L 的垂面 π_2，则 π_2 的方程为

$$2(x-5)+3(y-1)+2(z+1)=0,$$

求出平面 π_2 与直线 L 的交点 $Q(2,1,2)$，所求平面过点 Q，即 $\boldsymbol{n}\cdot\overrightarrow{P_0Q}=0$，得

$$A(2-5)+B(1-1)+C(2+1)=-3A+3C=0,$$

从而 $\boldsymbol{n}=\boldsymbol{n}_1\times\overrightarrow{P_0Q}=3(1,-2,1)$，代入平面 π 的方程得

$$x-2y+z-2=0.$$

例 16 求通过点 $P(1,0,-2)$，与平面 $3x-y+2z-1=0$ 平行且与直线 L_1：$\frac{x-1}{4}=\frac{y-3}{-2}=\frac{z}{1}$ 相交的直线方程.

解 设所求直线 L 的方向向量 $\boldsymbol{v}=(X,Y,Z)$，则 L 的方程为

$$\frac{x-1}{X}=\frac{y}{Y}=\frac{z+2}{Z},$$

因为 L 与 L_1 相交，L_1 过点 $P_0(1,3,0)$，方向向量 $\boldsymbol{v}_1=(4,-2,1)$，$L$ 过点 $P(1,0,-2)$，方向向量 $\boldsymbol{v}=(X,Y,Z)$，所以

$$\Delta=(\overrightarrow{P_0P},\boldsymbol{v}_1,\boldsymbol{v})=\begin{vmatrix}0 & -3 & -2\\ 4 & -2 & 1\\ X & Y & Z\end{vmatrix}=0,$$

即
$$7X+8Y-12Z=0.$$

又所求直线与平面 $3x-y+2z-1=0$ 平行，所以 $\boldsymbol{v}\cdot\boldsymbol{n}=0$，即

$$3X-Y+2Z=0.$$

从而得 $\boldsymbol{v}=(7,8,-12)\times(3,-1,2)=(4,-50,-31)$，所求直线方程为

$$\frac{x-1}{4}=\frac{y}{-50}=\frac{z+2}{-31}.$$

* 2.4 空间平面与直线的应用示例

直线和平面在生产和生活中有着广泛的应用，如照相的三角架、自行车只安装一个撑脚就能立得稳、门加一把锁就可以固定等等，这些都是平面性质的应用. 下面再通过一些实例展示其应用.

例 1 在南北方向的一条公路上，一辆汽车由南向北行驶，速度为 100 km/h，一架飞机在一定高度上的一条直线上飞行，速度为 $100\sqrt{7}$ km/h. 从汽车里看飞机，在某个时刻看见飞机在正西方向，仰角为 30°，在 36 s 后，看见飞机在北偏西 30°，仰角为 30°，问飞机飞行的高度是多少？

解　作出示意图(如图 2-12 所示)，正北方向为 OF，正西方向为 OA，设看见飞机在正西方向时，汽车位置是点 O，飞机的位置是点 B，飞机正下方是点 A，36 s 后，汽车位置是点 C，飞机位置是点 E，飞机正下方是点 D.

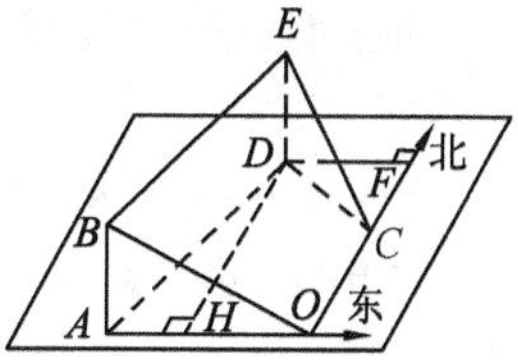

图 2-12

过点 D 作 $DF\perp OC$ 于 F. 因为飞机是在相同的高度上直线飞行，故设 $AB=DE=x(\mathrm{km})$. 依题意

$$\angle AOB=\angle ECD=\angle DCF=30^\circ,$$

$$BE=100\sqrt{7}\times\frac{36}{3600}=\sqrt{7},OC=100\times\frac{36}{3600}=1.$$

$$OA=CD=x\cot 30^\circ=\sqrt{3}x,\ DF=CD\sin 30^\circ=\frac{\sqrt{3}}{2}x,CF=CD\cos 30^\circ=\frac{3}{2}x.$$

建立直角坐标系，O 为原点，正东方向为 x 轴，正北方向为 y 轴，向上为 z 轴. 则有 $O(0,0,0)$，$C(0,1,0)$，$A(-\sqrt{3}x,0,0)$，$B(-\sqrt{3}x,0,x)$，$F\left(0,1+\frac{3}{2}x,0\right)$，$D\left(-\frac{\sqrt{3}}{2}x,1+\frac{3}{2}x,0\right)$，$E\left(-\frac{\sqrt{3}}{2}x,1+\frac{3}{2}x,x\right)$.

根据两点间的距离公式有

$$|\overrightarrow{BE}|^2=|\overrightarrow{AD}|^2=\left(\frac{\sqrt{3}}{2}x\right)^2+\left(1+\frac{3}{2}x\right)^2=7,$$

解得 $x=1(\mathrm{km})$. 所以飞机飞行的高度为 1 km.

注　汽车行驶的方向 OF 与飞机飞行的方向 BE 就相当于空间的两条异面直线，求飞机飞行的高度也就相当于求直线 BE 到平面 $AOCD$ 的距离.

例 2　某炮兵连的一道军事素质科目测试题是：在图 2-13(1)中所示的道路上选一点 R 作为观测点，观测河对岸处彼方指挥所 PQ 的最高点 P 的有关情况. 已知 $PQ=150$ m，提供两种工具：测角器和皮尺. 要求视线段 PR 最短，R 点应该如何选取？这时视线段的长度如何计算？

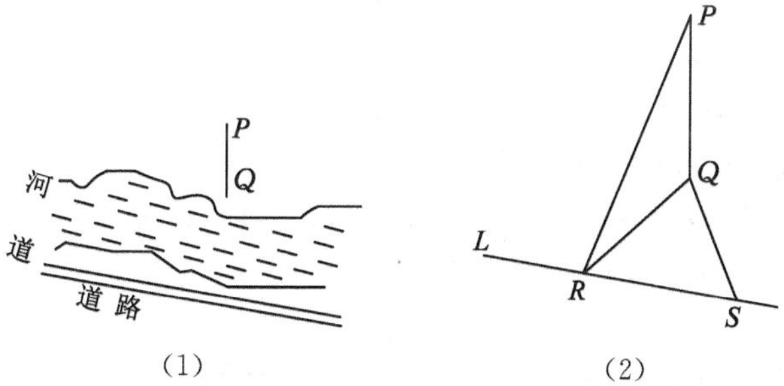

图 2-13

解　如图 2-13(2)所示，设道路所在直线为 L，则视线段 PR 最短时，PR 就是 P 点到 L 的距离.

连结 QR，则 QR 是 PR 在地平面上的射影，于是 $QR\perp L$.

由已知 $PQ=150$，得

$$PR=\sqrt{(150)^2+QR^2}=\sqrt{22\,500+QR^2}.$$

根据以上分析，R 点的选法及视线段的长度计算方法如下：

在道路上选一点 R，使 QR 与道路所成的水平角等于 $90°$，这时已经满足视线段 PR 最短.

在道路上再选一点 S，使得水平角 $\angle RSQ=45°$.

建立直角坐标系，R 为原点，RQ 为 y 轴，RS 为 x 轴. 设 $RS=a$，则有 $R(0,0,0)$，$S(a,0,0)$，$Q(0,a,0)$，$P(0,a,150)$. 从而得

$$PR=\sqrt{150^2+a^2}=\sqrt{22\,500+a^2}\,(\mathrm{m}),$$

而 RS 在道路上，它是可测的，所以视线段的长度依上式计算.

注 本题是根据"垂线段最短"的原理来寻找答案，因为要找到点 R 使 $PR\perp L$，只要 $QR\perp L$ 即可，因为 QR 与 L 在同一平面(即地面)，所以用测角器找到点 R 使 $QR\perp L$，本题关键是找到点 S 使 $\triangle SRQ$ 是等腰直角三角形.

例 3 夏天为了遮阳，很多商铺门面的上方都要搭一个简易遮阳棚，门面如图 2-14(1) 中平面 $ABHG$ 所示，在上面用角钢焊接成 $AC=3$ cm，$BC=4$ cm，$AB=5$ cm 的一个简易遮阳棚(将 AB 放在墙上)，商家认为从正西方向射出的太阳光线与地面成 $75°$ 角时，气温最高，要使此时遮阳棚的遮阴面积最大，遮阳棚 ABC 与水平面应成多少度角?

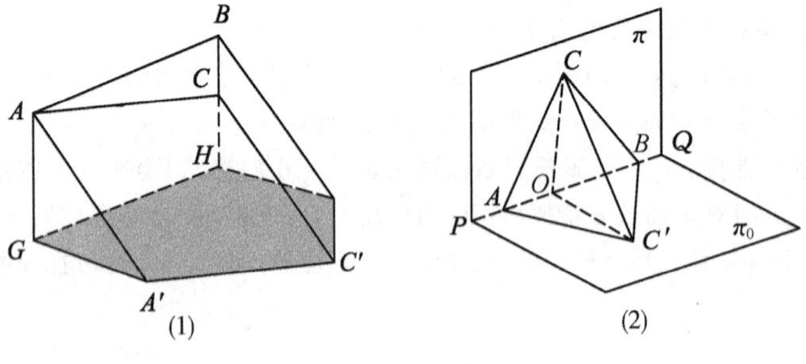

图 2-14

解 如图 2-14(2)所示，设遮阳棚 ABC 所在平面为 π，地面为 π_0，ABC' 为遮阳棚遮阴的图形.(为简便起见，使 A 与 A'，B 与 B' 重合.)

建立直角坐标系，O 为原点，AB 为 x 轴，OD 为 y 轴，π_0 为 xy 面. 因此 $\angle(\pi,\pi_0)=\angle COC'=\alpha$ 为遮阳棚 ABC 与水平面的角度. 过点 C 在平面 π 内引 AB 的垂线 CO(O 为垂足)，连结 $C'O$.

因为点 C 在平面 π_0 上的射影落在 $C'O$ 上，故 $\angle CC'O$ 即为 CC' 与平面 π_0 所成的角，即 $\angle CC'O=75°$.

在 $\triangle COC'$ 中应用正弦定理得

$$CO:\sin 75°=C'O:\sin(180°-75°-\alpha).$$

又由射影定理易得 $CO=\frac{12}{5}$，$AO=\frac{9}{5}$，$BO=\frac{16}{5}$，所以得 A,B,C' 三点的坐标为

$$A\left(-\frac{9}{5},0,0\right),B\left(\frac{16}{5},0,0\right),C'\left(0,\frac{12}{5}\cdot\frac{\sin(105°-\alpha)}{\sin 75°},0\right),$$

$$S_{\triangle AC'B}=\frac{1}{2}|\overrightarrow{AB}\times\overrightarrow{C'O}|=\frac{6\sin(105°-\alpha)}{\sin 75°}.$$

显然当 $\alpha=15°$ 时，$S_{\triangle AC'B}$ 有最大值：

$$\frac{6}{\sin 75°}\approx 6.2(\mathrm{m}^2).$$

注 只有当遮阳棚所在平面与太阳光线垂直时，才能挡住最多的光线，被遮阴的面积才能获最大值. 例如，正午（太阳光线垂直地面）时，遮阳棚只有与地面平行时，遮阴面积最大.

数学史话 2：欧几里得和《几何原本》

1）“几何”一词的由来

“几何”，在我国文言文中原是“多少”的意思.

意大利传教士利玛窦和我国明末科学家徐光启 1607 年合译的《几何原本》中，首先把它作为一个数学专有名词的译名，并且沿用下来，成为现代数学分支的名称，甚至被日本等国所接受.

利玛窦和徐光启为什么用“几何”这个译名，国内外学者对此有三种说法：

(1) 音译说：“几何”是拉丁文 Geometria 的字头“Geo”的音译；

(2) 意译说：“几何”是多少的意思，我国数学书上经常会问：“几何”；

(3) 音意并译：是上述两种说法的折衷.

经考证，以上三种说法都不太确切. 这是因为，音译的说法是与当时利玛窦处处力求符合中国传统习惯、迎合中国人民的心理、以便于传教的做法相违背的. 更重要的是，利玛窦和徐光启合译《几何原本》的底本是德国数学家克拉维乌斯的注释本，书名中根本没有“Geometria”这个词，因此，音译的说法不能成立. 当然，音意并译的说法也就不能成立了.

至于意译的说法，认为“几何”是“多少”的意思，也未必确切. 用“几何”(量)作为这本书的书名，似乎过分强调了量，而忽略了它的图形性质的内容，有些欠妥当. 但是如果从全书 15 卷内容来看，研究“量”的内容居多，“形”的内容居少. 两位译者也着眼于量的研究，甚至把数学看成是研究量的学科，这可能是既受着中国传统数学的影响，又受到当时欧洲特别重视数量关系的影响，他们把这本书推崇为“度数之宗”，故取名为《几何原本》. 这个名称在当时就被接受，所以尽管后来曾出现过“形学”的名称，而“几何”一词却一直沿用至今.

2）几何学之父——欧几里得简介

欧几里得（公元前 330 年—公元前 275 年）是被后人尊为“几何学之父”的希腊数学家. 他是古希腊最负盛名，最有影响力的数学家，是亚历山大学派的成员. 欧几里得生于雅典，早年曾在柏拉图学园受过教育. 约在公元前 300 年应托勒密一世的邀请，来到亚历山大大学从事研究和教学.欧几里得治学严谨，他的那句名言“几何中没有王者之路”，表达了他尊重科学而不折服帝王权威的学者风度.

欧几里得以《几何原本》著称于世，这本书使欧几里得之前的数学家都相形见绌.除了《几何原本》之外，欧几里得的其他著作约有10本，以《二次曲线》最为重要，可惜已经失传.

欧几里得是一位受人尊敬的、温良敦厚的学者、教育家.对前来就学的青年学生，他总是循循善诱地教导.但他反对不肯刻苦钻研、投机取巧的作风，他也反对以谋金钱为目的的狭隘观点.传说有一个青年学生刚刚开始学第一个命题，就问欧几里得，他学了几何有什么好处，欧几里得听了很幽默地对仆人说：“给他三个钱币，叫他走吧！因为他学习是为了获取金钱和利益.”

3）数学家的“圣经”——欧几里得《几何原本》

几何学对我们来说并不陌生，无论哪个国家的中学生，可能都要学习几何内容.现在我们所学习的几何学就是以欧几里得几何为基础的，欧几里得几何的产生和发展已经有了两千多年的历史.尽管科学技术日新月异，但欧几里得几何仍不失是对中学生进行培养、提高其思维能力的好教材.历史上不知有多少科学家从学习几何中得到益处，从而作出伟大的贡献.

到公元前四世纪，经过一大批希腊数学家的努力，几何学已经有了丰富的内容，但是内容繁杂、孤立、不系统.是希腊杰出的数学家欧几里得，非常详尽地搜集了当时所能知道的一切几何知识，整理成一门有着严密系统的理论，写成了数学史上早期的巨著——《几何原本》.

《几何原本》集当时希腊数学之大成，开公理化方法之先河，对后世数学以及其他科学产生了难以估量的影响.为此，人们称《几何原本》为数学家的“圣经”.

《几何原本》是在前人工作基础上编写的，共13卷，书中包括5条公理，5条公设，23个定义和467个命题.这本书不单是讲几何，还有相当大一部分讲了数论和几何式代数.第1卷含48个命题，主要内容是直线图形的性质；第2卷含14个命题，主要内容是几何式代数（面积变换）；第3卷含37个命题，主要内容是圆论；第4卷含16个命题，主要内容是圆内接、外切多边形；第5卷含25个命题，主要内容是比例论；第6卷含33个命题，主要内容是比例论应用于相似形；第7卷含39个命题，主要内容是约数、倍数、整数的比例；第8卷含27个命题，主要内容是等比数列、连比例、平方数、立方数；第9卷含36个命题，主要内容是平面数、方体数、质数、奇数、偶数、完全数；第10卷含115个命题，主要内容是不可公度量（无理量）理论；第11卷含39个命题，主要内容是立体图形的性质；第12卷含18个命题，主要内容是面积、体积理论（穷竭法）；第13卷含18个命题，主要内容是正多边形和正多面体.这些内容可归属为四个方面：第一，平面几何：前6卷主要讲平面几何，共173个命题；第二，初等数论：第7、8、9三卷共102个命题；第三，无理量理论：第10卷，含115个命题；第四，立体几何：第11、12、13三卷共75个命题.

《几何原本》卷1的命题1—26主要讨论了三角形和垂线，其中命题4就是现在初中几何中的三角形全等公理：两条边及其夹角对应相等的两个三角形全等.欧几里得把它作为定理，并根据叠合公理用古老的叠合法予以证明，至今仍保留在中学数学课本里.卷6是比例论的应用，也涉及几何式代数，包括通过几何作图解一元二次方程.《几何原本》中的初等数论把数看作线段，但是论证时并不依赖于几何. 卷 11 中对球、圆柱、圆锥等立体图形，都像现在一样动态地定义为由一个平面图形绕轴旋转得出的. 卷 13 讲正多边形的性质，论述了怎样在球内作出 5 种内接正多面体的问题，最后证明了正多面体不能多于 5 种.

《几何原本》从少数几个公理出发，由简到繁地推演出 460 多个命题，建立起人类历史上第一个完整的公理演绎体系，是希腊数学的最大成功，成为数学史上的一座丰碑. 从古代直至 19 世纪，它不仅是几何学的标准教科书，而且被认为是研究数学者所必读的经典. 欧几里得为几何证明提供了规范，书中许多证明是他本人独创的，表现出很高的技巧. 书中的证明方法主要有综合法、分析法和归谬法(反证法)，这些证法在欧多克索斯时代已经有了，在《几何原本》中更加完善.

《几何原本》的手抄本流传了一千七百多年后，才有印刷本，长期印刷中，出现了一千多种版本，从希腊文先后译为阿拉伯文、拉丁文、英文等，科学书籍中，在使用时间之长、范围之广、影响之大等方面，《几何原本》堪称首屈一指.《几何原本》是一部在科学史上千古流芳的不朽之作.

《几何原本》传入中国分为三个阶段：第一个阶段是 1607 年，意大利传教士利玛窦和明末科学家徐光启在北京合译《几何原本》前 6 卷，首创了书中全部有关数学名词的中文译法，其中许多至今仍在沿用；第二个阶段是 1852 年至 1858 年，清末数学家李善兰和英国传教士伟烈亚力等人合作在上海翻译、出版《几何原本》后 9 卷(最后两卷是伪作)；第三个阶段是在当时中国政坛举足轻重的人物曾国藩的支持下，《几何原本》全刻本的产生. 1868 年，李善兰受聘为北京同文馆天文算学总教习，随后《几何原本》被列为这所当时的中国官办最高学府的必修课教材.

《几何原本》是介绍西方科学的第一部著作，它向我国读者介绍了西方的几何知识，介绍了逻辑论证的方法，以及希腊几何的高度抽象的特点. 当《几何原本》出版后，明末清初的中国数学家们就对欧几里得的几何表现了很大的关注，并且围绕它发表了一些专门的著作. 如方中通的《几何约》、杜知耕的《几何论约》、梅文鼎的《几何通解》等等. 此外，在《几何原本》出版后，重视理论、讲究逻辑论证的风气开始流行起来.

徐光启对《几何原本》的逻辑结构称赞不已，他说："此书有四不必：不必疑，不必揣，不必试，不必改. 有四不可得：欲脱之不可得，欲驳之不可得，欲减之不可得，欲前后更置之不可得. 有三至三能：似至晦实至明，故能以其明明他物之至晦；似至繁实至简，故能以其简简他物之至繁；似至难实至易，故能以其易易他物之至难. 易生于简，简生于明，综其妙在明而已."徐光启这番话虽不免有些夸大其词，但反映了他对数学逻辑系统的认识. 梁启超曾评价《几何原本》前 6 卷译本为"字字精金美玉，是千古不朽的著作".

无论多少高明的学者，也不可能把所有问题都解决. 在高度评价《几何原本》的伟大意义的同时，也不要无视它的局限性.《几何原本》还有不少的破绽和漏洞. 从 19 世纪中叶起，随着数学严密化运动的深入，数学家们重新审视了《几何原本》，发现了不少缺点. 其中主要是理论尚不够严密，无意中使用了不少作者未曾提出而且无疑也未曾发觉的假定，有时利用了从图形上看是显然的事实作为证明的前提，对有些定义的叙述欠妥，或显得含糊其辞，刻画不当.

此外，全书在组织上也未一气呵成. 某些部分有重复或堆砌之弊，个别命题的证明有遗漏或错误等. 而正是这些破绽、漏洞的发现和解决，推动着几何学的不断发展.

第2章小结

本章是解析几何的主要内容之一，在这一章中，充分运用向量这一工具，用向量代数的方法定量地研究了空间中最简单而又最基本的图形——空间直线与平面，建立了它们的各种形式的方程，导出了它们之间位置关系的解析表达式，以及距离、夹角等计算公式.

1) 空间平面各种形式的方程及其互化

一般方程： $Ax+By+Cz+D=0$；

点法式方程： $A(x-x_0)+B(y-y_0)+C(z-z_0)=0$；

法式方程： $x\cos\alpha+y\cos\beta+z\cos\gamma-p=0$；

截距式方程： $\dfrac{x}{a}+\dfrac{y}{b}+\dfrac{z}{c}=1$；

参数式方程： $\begin{cases}x=x_0+X_1u+X_2v,\\ y=y_0+Y_1u+Y_2v,\\ z=z_0+Z_1u+Z_2v\end{cases}$ $(u,v$ 为参数$)$；

点位式方程： $\begin{vmatrix}x-x_0 & y-y_0 & z-z_0\\ X_1 & Y_1 & Z_1\\ X_2 & Y_2 & Z_2\end{vmatrix}=0$；

三点式方程： $\begin{vmatrix}x-x_1 & y-y_1 & z-z_1\\ x_2-x_1 & y_2-y_1 & z_2-z_1\\ x_3-x_1 & y_3-y_1 & z_3-z_1\end{vmatrix}=0.$

在空间中，平面方程是一个三元一次方程，各种形式的平面方程在一定条件下可以互化.

2) 空间直线各种形式的方程及其互化

标准式方程： $\dfrac{x-x_0}{X}=\dfrac{y-y_0}{Y}=\dfrac{z-z_0}{Z}$；

两点式方程： $\dfrac{x-x_1}{x_2-x_1}=\dfrac{y-y_1}{y_2-y_1}=\dfrac{z-z_1}{z_2-z_1}$；

参数式方程： $\begin{cases}x=x_0+Xt,\\ y=y_0+Yt,\\ z=z_0+Zt;\end{cases}$

一般式方程：
$$\begin{cases}A_1x+B_1y+C_1z+D_1=0,\\A_2x+B_2y+C_2z+D_2=0;\end{cases}$$

射影式方程：
$$\begin{cases}a_1x+b_1y+c_1=0,\\a_2y+b_2z+c_2=0.\end{cases}$$

在空间，直线的方程是两个三元一次方程联立的方程组，空间直线方程在一定条件下可以互化.

3) 空间点、直线、平面之间的位置关系

(1) 点 $P_0(x_0,y_0,z_0)$ 与平面 $Ax+By+Cz+D=0$ 的位置关系

① 点在平面上： $Ax_0+By_0+Cz_0+D=0$；

② 点不在平面上： $Ax_0+By_0+Cz_0+D\neq0$.

点到平面的距离
$$d=\frac{|Ax_0+By_0+Cz_0+D|}{\sqrt{A^2+B^2+C^2}}.$$

(2) 点 $P_0(x_0,y_0,z_0)$ 与直线 $L:\frac{x-x_1}{X}=\frac{y-y_1}{Y}=\frac{z-z_1}{Z}$ 的位置关系

① 点在直线上 $(x_0-x_1):(y_0-y_1):(z_0-z_1)=X:Y:Z$；

② 点不在直线上 $(x_0-x_1):(y_0-y_1):(z_0-z_1)\neq X:Y:Z$.

点到直线的距离
$$d=\frac{\sqrt{\begin{vmatrix}y_1-y_0 & z_1-z_0\\Y & Z\end{vmatrix}^2+\begin{vmatrix}z_1-z_0 & x_1-x_0\\Z & X\end{vmatrix}^2+\begin{vmatrix}x_1-x_0 & y_1-y_0\\X & Y\end{vmatrix}^2}}{\sqrt{X^2+Y^2+Z^2}}.$$

(3) 两平面 $\pi_1:A_1x+B_1y+C_1z+D_1=0$，$\pi_2:A_2x+B_2y+C_2z+D_2=0$ 的位置关系

① 相交： $A_1:B_1:C_1\neq A_2:B_2:C_2$；

② 平行： $\frac{A_1}{A_2}=\frac{B_1}{B_2}=\frac{C_1}{C_2}\neq\frac{D_1}{D_2}$；

③ 重合： $A_1:B_1:C_1:D_1=A_2:B_2:C_2:D_2$.

两相交平面的夹角公式
$$\cos\theta=\frac{|A_1A_2+B_1B_2+C_1C_2|}{\sqrt{A_1^2+B_1^2+C_1^2}\sqrt{A_2^2+B_2^2+C_2^2}}.$$

垂直条件： $A_1A_2+B_1B_2+C_1C_2=0$.

有轴平面束方程：
$$\lambda(A_1x+B_1y+C_1z+D_1)+\mu(A_2x+B_2y+C_2z+D_2)=0.$$

平行平面束方程： $Ax+By+Cz+\lambda=0.$

(4) 两直线 $L_i:\frac{x-x_i}{X_i}=\frac{y-y_i}{Y_i}=\frac{z-z_i}{Z_i}(i=1,2)$的位置关系

① 异面： $\Delta=\begin{vmatrix} x_2-x_1 & y_2-y_1 & z_2-z_1 \\ X_1 & Y_1 & Z_1 \\ X_2 & Y_2 & Z_2 \end{vmatrix}\neq 0;$

② 相交： $\Delta=0, X_1:Y_1:Z_1\neq X_2:Y_2:Z_2;$

③ 平行：

$X_1:Y_1:Z_1=X_2:Y_2:Z_2\neq(x_2-x_1):(y_2-y_1):(z_2-z_1);$

④ 重合：

$X_1:Y_1:Z_1=X_2:Y_2:Z_2=(x_2-x_1):(y_2-y_1):(z_2-z_1).$

空间两直线的夹角公式

$$\cos\theta=\frac{|X_1X_2+Y_1Y_2+Z_1Z_2|}{\sqrt{X_1^2+Y_1^2+Z_1^2}\sqrt{X_2^2+Y_2^2+Z_2^2}}.$$

垂直条件： $X_1X_2+Y_1Y_2+Z_1Z_2=0.$

两异面直线的距离：

$$d=\frac{\left|\begin{vmatrix} x_2-x_1 & y_2-y_1 & z_2-z_1 \\ X_1 & Y_1 & Z_1 \\ X_2 & Y_2 & Z_2 \end{vmatrix}\right|}{\sqrt{\begin{vmatrix} Y_1 & Z_1 \\ Y_2 & Z_2 \end{vmatrix}^2+\begin{vmatrix} Z_1 & X_1 \\ Z_2 & X_2 \end{vmatrix}^2+\begin{vmatrix} X_1 & Y_1 \\ X_2 & Y_2 \end{vmatrix}^2}}.$$

公垂线方程： $\begin{cases}(\overrightarrow{P_1P},\ \boldsymbol{v}_1,\boldsymbol{v}_1\times\boldsymbol{v}_2)=0,\\(\overrightarrow{P_2P},\ \boldsymbol{v}_2,\boldsymbol{v}_1\times\boldsymbol{v}_2)=0.\end{cases}$

(5) 直线$\frac{x-x_0}{X}=\frac{y-y_0}{Y}=\frac{z-z_0}{Z}$与平面 $Ax+By+Cz+D=0$ 的位置关系

① 相交： $AX+BY+CZ\neq 0;$

② 平行： $AX+BY+CZ=0, Ax_0+By_0+Cz_0+D\neq 0;$

③ 直线在平面上：

$$AX+BY+CZ=0, Ax_0+By_0+Cz_0+D=0.$$

直线与平面的夹角公式：

$$\sin\varphi=\frac{|\boldsymbol{n}\cdot\boldsymbol{v}|}{|\boldsymbol{n}||\boldsymbol{v}|}=\frac{|AX+BY+CZ|}{\sqrt{A^2+B^2+C^2}\sqrt{X^2+Y^2+Z^2}}.$$

垂直条件： $A:B:C=X:Y:Z.$

4）本章知识结构图

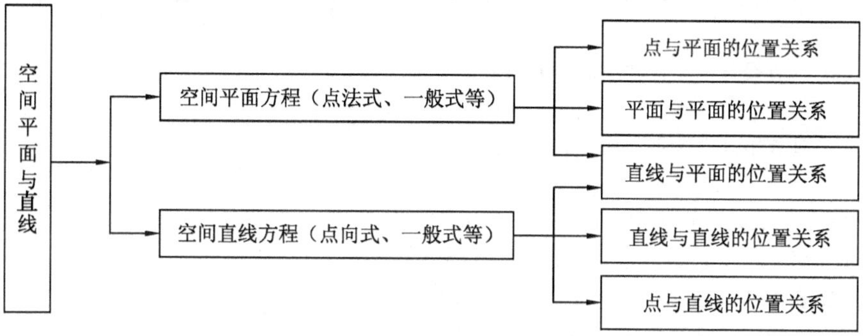

习题 2

1. 求下列平面的方程.

(1) 过点 $M_0(1,0,-1)$ 且平行于向量 $\boldsymbol{a}=(2,1,-1)$ 和 $\boldsymbol{b}=(3,0,4)$ 的平面；

(2) 过点 $(3,0,-1)$ 且与平面 $3x-7y+5z-12=0$ 平行的平面；

(3) 过点 $M_1(2,0,-1)$ 和 $M_2(-1,3,4)$ 且平行于 y 轴的平面；

(4) 过点 $(3,-1,4)$ 和 $(1,0,-3)$，垂直于平面 $2x+5y+z+1=0$；

(5) 已知四点 $A(5,1,3)$，$B(1,6,2)$，$C(5,0,4)$，$D(4,0,6)$，求通过直线 AB 且平行于直线 CD 的平面，并求通过直线 AB 且与三角形 ABC 所在平面垂直的平面.

2. 已知两点 $P_1(x_1,y_1,z_1)$ 及 $P_2(x_2,y_2,z_2)$，求一平面，使 P_1，P_2 关于这个平面对称.

3. 化平面方程 $4x-y+2z-3=0$ 为截距式与参数式.

4. 将下列平面的一般方程化为法式方程：

(1) $x-2y+5z-3=0$；　　(2) $x+2=0$；

(3) $x-3y+2z+4=0$；　　(4) $2x-2y+z=0$.

5. 求满足下列条件的直线方程：

(1) 过两点 $(2,5,8)$，$(-1,0,3)$；

(2) 过原点且与 $\boldsymbol{s}=(1,-1,1)$ 平行；

(3) 过点 $(2,-8,3)$，且垂直于平面 $x+2y-3z-2=0$；

(4) 过点 $P(1,0,-2)$ 且与两直线 $\dfrac{x-1}{1}=\dfrac{y}{1}=\dfrac{z+1}{-1}$ 和 $\dfrac{x}{1}=\dfrac{y-1}{-1}=\dfrac{z+1}{0}$ 垂直.

6. 当系数 B 和 D 取何值时，才能使直线 $\begin{cases}x-2y+z-9=0,\\3x+By+z+D=0\end{cases}$ 落在平面 xOy 上.

7. 化直线的一般方程 $\begin{cases}x-y+2z-6=0,\\2x+y+z-5=0\end{cases}$ 为对称式方程.

8. 求通过直线 $\begin{cases}5x+8y-3z+9=0,\\2x-4y+z-1=0\end{cases}$ 向三坐标平面所引的三个射影平面，并写出该直线

的一种射影式方程.

9. 证明向量 $\boldsymbol{v}=(X,Y,Z)$ 平行于平面 $Ax+By+Cz+D=0$ 的充要条件为：$AX+BY+CZ=0$.

10. 一直线与三坐标轴间的角分别为 α,β,γ，证明

$$\sin^2\alpha+\sin^2\beta+\sin^2\gamma=2.$$

11. 计算下列点到平面的距离：

(1) $P(-2,4,3)$，π：$2x-y+2z+3=0$；

(2) $P(1,2,-3)$，π：$5x-3y+z+4=0$；

(3) $P(3,-5,-2)$，π：$2x-y+3z+11=0$.

12. 已知两点 $A(1,1,1)$ 和 $B(2,-2,-2)$，试回答：

(1) A,B 是否在平面 $x+y+z+3=0$ 的同侧？

(2) A,B 是否在平面 $x+y+z=0$ 的同侧？

(3) A 是否在上述两个平行平面之间？

(4) B 是否在上述两个平行平面之间？

13. 在 y 轴上求一点，使它到两个平面 $2x+3y+6z-6=0$ 和 $3x-6y-2z-18=0$ 有相等的距离.

14. 求下列点到直线的距离.

(1) 点 $(1,-1,2)$ 到 $\dfrac{x-1}{0}=\dfrac{y+2}{2}=\dfrac{z}{-1}$；

(2) 点 $(1,2,3)$ 到 $\begin{cases}3x+y-4=0,\\2x+z-3=0.\end{cases}$

15. 判别下列各对平面的位置关系.

(1) $2x-6y+5z+3=0$ 与 $x+2y-z-3=0$；

(2) $x-2y+6z+3=0$ 与 $\dfrac{x}{2}-y+3z-8=0$；

(3) $x-2y+2z+3=0$ 与 $\dfrac{x}{4}-\dfrac{y}{2}+\dfrac{z}{2}+\dfrac{3}{4}=0$.

16. 求下列各组平面间的夹角.

(1) $x+y-11=0$ 与 $3x+8=0$；　(2) $2x-3y+6z-12=0$ 与 $x+2y+2z-7=0$.

17. 确定 l,m 的值，使平面 $2x+my+3z-5=0$ 与平面 $lx-6y-6z+2=0$

(1) 互相垂直；　　(2) 互相平行.

18. 求过直线 l：$\begin{cases}2x-y-2z+1=0,\\x+y+4z-2=0\end{cases}$ 且在 y 轴和 z 轴上有相同的非零截距的平面方程.

19. 求两平行平面 $Ax+By+Cz+D_1=0$ 及 $Ax+By+Cz+D_2=0$ 间的距离.

20. 判断下列各对直线的位置关系（相交、平行或不共面）

(1) $\dfrac{x+1}{3}=\dfrac{y-1}{3}=\dfrac{z-2}{1}$ 与 $\dfrac{x}{-1}=\dfrac{y-6}{2}=\dfrac{3z-5}{3}$；

(2) $\begin{cases}x+y+z=0,\\y+z+1=0\end{cases}$ 与 $\begin{cases}x+z+1=0,\\x+y+1=0；\end{cases}$

(3) $\frac{x-1}{1}=\frac{y}{1}=\frac{z+1}{-1}$与$\frac{x}{1}=\frac{y-1}{-1}=\frac{z+1}{0}$；

(4) $\begin{cases}x-y-z+2=0,\\2x-3y+3=0\end{cases}$与$\begin{cases}x-2y+z=0,\\2y-4z-5=0.\end{cases}$

21. 判断直线$\begin{cases}x+y+z-1=0,\\2x+3y+6z-6=0\end{cases}$和直线$\begin{cases}y+4z=0,\\3x+4y+7z=0\end{cases}$是否共面，若共面求出它们所在平面的方程.

22. 求下列各对直线间的距离.

(1) $\frac{x+1}{-1}=\frac{y-1}{3}=\frac{z+5}{2}$与$\frac{x}{3}=\frac{y-6}{-9}=\frac{z+5}{-6}$；

(2) $\frac{x}{2}=\frac{y+2}{-2}=\frac{z-1}{-1}$与$\frac{x-1}{4}=\frac{y-3}{2}=\frac{z+1}{-1}$；

(3) $\begin{cases}x+y-z+1=0,\\x+y=0\end{cases}$与$\begin{cases}x-2y+3z-6=0,\\2x-y+3z-6=0.\end{cases}$

23. 求两直线$\frac{x-1}{3}=\frac{y+2}{6}=\frac{z-5}{2}$与$\frac{x}{2}=\frac{y-3}{9}=\frac{z+1}{6}$之间的夹角.

24. 求下列各对直线的公垂线的方程.

(1) $x-1=\frac{y}{-3}=\frac{z}{3}$与$\frac{x}{2}=\frac{y}{1}=\frac{z}{-2}$；

(2) $\begin{cases}x+y-1=0,\\z=0\end{cases}$与$\begin{cases}x-z+1=0,\\2y+z-2=0.\end{cases}$

25. 求过定点(a,b,c)且与两异面直线

$$\frac{x-a_1}{l_1}=\frac{y-b_1}{m_1}=\frac{z-c_1}{n_1}\text{和}\frac{x-a_2}{l_2}=\frac{y-b_2}{m_2}=\frac{z-c_2}{n_2}$$

(1) 均相交的直线方程；(2) 均垂直的直线方程.

26. 求直线$\begin{cases}x=mz+a,\\y=nz+b\end{cases}$和平面$Ax+By+Cz+D=0$相交、平行和重合的充要条件.

27. 求直线$\frac{x}{2}=\frac{y+12}{3}=\frac{z-4}{6}$和平面$6x+15y-10z=0$的夹角.

28. 求经过平面$x+5y+z=0$和$x-z+2=0$的交线且与平面$x-4y-8z+12=0$成$\frac{\pi}{4}$角的平面.

29. 求直线L：$\frac{x}{-1}=\frac{y-1}{1}=\frac{z-1}{2}$和平面$\pi$：$2x+y-z-3=0$之间的夹角.

30. 求平面$Ax+By+Cz+D=0$与x轴及y轴成等角的条件，以及它与三个坐标轴成等角的条件.

31. 在$\triangle ABC$中，设P,Q,R分别是直线AB,BC,CA上的点，并且$\overrightarrow{AP}=\lambda\overrightarrow{PB}$，$\overrightarrow{BQ}=\mu\overrightarrow{QC}$，$\overrightarrow{CR}=v\overrightarrow{RA}$. 证明$AQ,BR,CP$三线共点的充要条件是$\lambda\mu v=1$.

32. 证明：如果直线L_1：$\begin{cases}A_1x+B_1y+C_1z+D_1=0,\\A_2x+B_2y+C_2z+D_2=0\end{cases}$与$L_2$：$\begin{cases}A_3x+B_3y+C_3z+D_3=0,\\A_4x+B_4y+C_4z+D_4=0\end{cases}$相

交,那么 $\begin{vmatrix} A_1 & B_1 & C_1 & D_1 \\ A_2 & B_2 & C_2 & D_2 \\ A_3 & B_3 & C_3 & D_3 \\ A_4 & B_4 & C_4 & D_4 \end{vmatrix}=0$.

33. 证明:包含直线 $L_1:\begin{cases}\dfrac{y}{b}+\dfrac{z}{c}=1,\\ x=0\end{cases}$ 且平行于直线 $L_2:\begin{cases}\dfrac{x}{a}-\dfrac{z}{c}=1,\\ y=0\end{cases}$ 的平面方程为 $\dfrac{x}{a}-\dfrac{y}{b}-\dfrac{z}{c}+1=0$. 若 $2d$ 是 L_1,L_2 之间的距离,证明

$$\frac{1}{d^2}=\frac{1}{a^2}+\frac{1}{b^2}+\frac{1}{c^2}.$$

34. 设直线与三个坐标平面的交角为 λ,μ,γ,试证明 $\cos^2\lambda+\cos^2\mu+\cos^2\gamma=2$.

35. 已知原点到动平面的距离为 p,动平面与三坐标轴 Ox,Oy,Oz 顺次交于点 E,F,G,过点 E,F,G 分别作坐标平面 yOz,xOz,xOy 的平行平面,求此三平面交点的轨迹方程.

自我测验题 2

一、选择题(每小题 3 分,共 15 分)

1. 平面 $x-2z=0$(　　)

A. 平行于 xz 面　　B. 平行于 y 轴

C. 垂直于 y 轴　　D. 过 y 轴

2. 直线 $\begin{cases}3x+2z=0,\\ 5x-1=0\end{cases}$(　　)

A. 平行 y 轴　　B. 垂直于 y 轴

C. 平行 x 轴　　D. 平行于 xz 面

3. 平面 $Ax+By+Cz+D=0$ 过 x 轴,则(　　)

A. $A=D=0$　　B. $B=0,C\neq0$

C. $B\neq0,C=0$　　D. $B=C=0$

4. 直线 $L:\dfrac{x+3}{-2}=\dfrac{y+4}{-7}=\dfrac{z}{3}$ 与平面 $\pi:4x-2y-2z=3$ 的位置关系是(　　)

A. 平行　　B. 垂直

C. L 在 π 上　　D. 相交但不垂直

5. 点 $P(3,1,-1)$ 到平面 $22x+4y-20z-45=0$ 的距离为(　　)

A. 1　　B. 2　　C. -1　　D. $\dfrac{3}{2}$

二、填空题(每小题 4 分,共 16 分)

1. 过点 $(3,4,-4)$ 且方向角为 $\dfrac{\pi}{3},\dfrac{\pi}{4},\dfrac{2\pi}{3}$ 的直线的对称式方程为________.

2. 直线 $L_1:\begin{cases}x=-4+t,\\ y=3-2t,\\ z=2+3t\end{cases}$ 与直线 $L_2:\begin{cases}x=-3+2t,\\ y=-1-4t,\\ z=5+6t\end{cases}$ 之间的位置关系是__________.

3. 直线 $\frac{x-1}{2}=\frac{y}{1}=\frac{z}{-1}$ 和直线 $\frac{x}{2}=\frac{y}{1}=\frac{z+1}{-2}$ 的位置关系是__________,夹角为__________,距离为__________,公垂线方程为__________.

4. 求过直线 $2x-y-2z+1=0$ 和 $x+y+4z-2=0$,且满足下列条件的平面:

(1) 过点 $A(2,3,-1)$__________,(2) 垂直于 yz 面__________,

(3) 平行于 z 轴__________,(4)垂直于 $3x-2y+z-1=0$ __________.

三、解答题(每小题 7 分,共 49 分)

1. 已知平面通过两点 $M(3,-2,5)$ 及 $N(2,3,1)$ 且平行于 z 轴,求平面的方程.

2. 试求直线 $\begin{cases}x+2y+3z-6=0,\\ 2x+3y-4z-1=0\end{cases}$ 的对称式方程和坐标式参数方程.

3. 求过点 $P_0(0,0,-2)$,与平面 $\pi_1:3x-y+2z-1=0$ 平行,且与直线 $L_1:\frac{x-1}{4}=\frac{y-3}{-2}=\frac{z}{1}$ 相交的直线 L 的方程.

4. 求过点$(1,0,-1)$且平行于两直线 $\frac{x-1}{2}=\frac{y-1}{1}=\frac{z+1}{1}$ 和 $\frac{x-2}{1}=\frac{y+1}{1}=\frac{z-3}{0}$ 的平面方程.

5. 试求点 $A(2,-1,-1)$ 到平面 $\pi:16x-12y+15z-4=0$ 的距离 d.

6. 求两直线 $L_1:\frac{x+3}{4}=\frac{y-2}{3}=\frac{z-5}{1}$ 和 $L_2:\frac{x}{1}=\frac{y-2}{-1}=\frac{z-5}{2}$ 之间的夹角.

7. 试求用法式方程表示的两个平面 $x\cos\alpha_1+y\cos\beta_1+z\cos\gamma_1-p_1=0$ 与 $x\cos\alpha_2+y\cos\beta_2+z\cos\gamma_2-p_2=0$ 间的夹角 θ 的余弦.

四、证明题(每小题 10 分,共 20 分)

1. 设原点到平面

$$\frac{x}{a}+\frac{y}{b}+\frac{z}{c}=1$$

的距离为 p,试证明下列等式成立:

$$\frac{1}{p^2}=\frac{1}{a^2}+\frac{1}{b^2}+\frac{1}{c^2}.$$

2. 求证三个平面 $A_1x+B_1y+C_1z=0$,$A_2x+B_2y+C_2z=0$ 和 $A_3x+B_3y+C_3z=0$ 共线的充要条件是 $\begin{vmatrix}A_1 & B_1 & C_1\\ A_2 & B_2 & C_2\\ A_3 & B_3 & C_3\end{vmatrix}=0$.

3 空间曲面和曲线

在空间中建立直角坐标系之后，空间中的点就与有序实数组(x,y,z)建立了1-1对应的关系. 将空间的几何图形如曲面、曲线等看成动点的轨迹，就可以建立其方程. 有了方程，就可以把研究曲线、曲面等几何问题，转化为研究其方程的代数问题. 第2章以向量代数为工具讨论了空间直线和平面的一些问题，本章讨论空间曲面和曲线. 这些曲面和曲线在生活和生产实践中，在数学、物理和工程技术中都是常见的，熟悉它们的图形和方程非常重要.

3.1 空间曲面与曲线的方程

本节将建立作为点的轨迹的曲面和空间曲线与其方程之间的联系，把研究曲面和空间曲线的几何问题，归结为研究其方程的代数问题.

3.1.1 空间曲面的一般方程

就像在平面解析几何中，把任何平面曲线看成是动点按一定规律运动而得到的几何轨迹一样，在空间解析几何中，也把空间曲面看成是一个动点按某规律运动而形成的几何轨迹，即图形上的动点$P(x,y,z)$可以看成是具有某种特征性质的点的集合. 这种特征性质（即动点运动的规律），可通过数量关系来反映，即几何图形上的动点（或称任意点）$P(x,y,z)$的三个坐标之间的关系可用数学表达式$F(x,y,z)=0$反映出来，这个数学表达式就是几何图形的数量表示式.

几何图形上点的特征性质，包含两方面的意思：① 几何图形上的任意一点$P(x,y,z)$，它的坐标都要满足方程，即$F(x,y,z)=0$；② 凡坐标满足方程$F(x,y,z)=0$的点$P(x,y,z)$都在几何图形上.

在空间中建立直角坐标系之后，曲面S是由动点按一定规律运动的几何轨迹，其上的点具有某种几何特征性质（限制条件），这种性质用坐标x, y, z之间

的关系式来表达，则曲面 S 就可以用一个含有动点坐标 x,y,z 的三元方程表示，即

$$F(x,y,z)=0. \tag{3.1-1}$$

定义 1 如果曲面 S 上的任一点的坐标都满足方程(3.1-1)；反之，坐标满足方程(3.1-1)的点都在曲面 S 上，则称方程(3.1-1)为**曲面 S 的一般方程**，而曲面 S 称为方程(3.1-1)的图形(如图 3-1 所示).

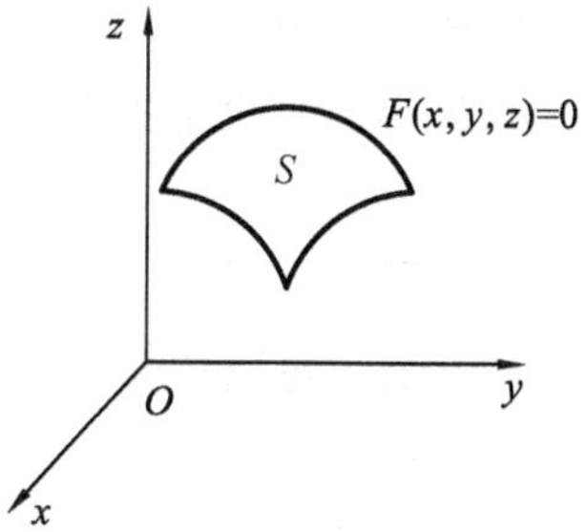

图 3-1

注 1° 曲面的方程也可以写成显函数形式 $z=f(x,y)$，即二元函数；方程(3.1-1)为隐函数形式. 由方程(3.1-1)可知，在空间中，曲面的方程是一个三元方程. 平面可以看成特殊的空间曲面(三元一次方程).

2° 曲面的方程有时没有实图形，称之为虚曲面，如 $x^2+y^2+z^2+1=0$；有时只有一个实点满足它，如 $x^2+y^2+z^2=0$，只有(0,0,0)满足它，因此它只表示坐标原点；有时表示一条曲线，如 $x^2+y^2=0$，只有满足 $x=0,y=0$ 的点 $(0,0,z)$ 满足方程，因此它表示一条直线，即 z 轴.

下面在直角坐标系中，举例说明如何利用曲面上点的特征求出曲面的方程.

例 1 求与两定点 $A(1,-2,1)$，$B(0,1,3)$ 等距离的点的轨迹方程.

解 设与 A,B 等距离的动点 P 的坐标为 $P(x,y,z)$，则其具有的特征性质为

$$|\overrightarrow{AP}|=|\overrightarrow{BP}|,$$

而

$$|\overrightarrow{AP}|=\sqrt{(x-1)^2+(y+2)^2+(z-1)^2},$$

$$|\overrightarrow{BP}|=\sqrt{x^2+(y-1)^2+(z-3)^2},$$

从而有

$$\sqrt{(x-1)^2+(y+2)^2+(z-1)^2}=\sqrt{x^2+(y-1)^2+(z-3)^2},$$

化简得

$$x-3y-2z+2=0,$$

此即为所求的轨迹方程. 这是一个平面方程，称为线段 AB 的垂直平分面.

根据此例，可归纳出求曲面方程的一般步骤：

1° 建立适当的坐标系(方程易求且求出的方程较简单)；

2° 设动点坐标为 $P(x,y,z)$，根据已知条件，推导出曲面上点的坐标应满足的方程；

3° 对方程作同解化简.

例 2 一动点 $P(x,y,z)$ 在运动时，它到定点 $P_0(x_0,y_0,z_0)$ 的距离始终保持定常数 R 不变，这种动点的轨迹(几何图形)称为**球面**，求球面的方程.

解 设 $P(x,y,z)$ 为球面上任一点(如图 3-2 所示)，那么根据球面的定义有

$$|\overrightarrow{P_0P}|=R,$$

即 $$\sqrt{(x-x_0)^2+(y-y_0)^2+(z-z_0)^2}=R,$$

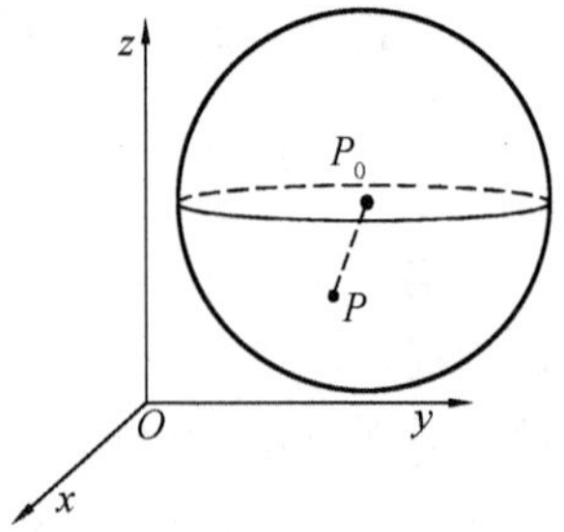

图 3-2

整理化简得**球面的标准方程**为

$$(x-x_0)^2+(y-y_0)^2+(z-z_0)^2=R^2. \tag{3.1-2}$$

其中，$P_0(x_0,y_0,z_0)$ 称为球面的球心，R 称为球半径.

特别地，以原点 $O(0,0,0)$ 为球心的球面方程为

$$x^2+y^2+z^2=R^2. \tag{3.1-3}$$

将球面的标准方程(3.1-2)展开，得到一个特殊的三元二次方程，称为**球面的一般方程**

$$x^2+y^2+z^2-2x_0x-2y_0y-2z_0z+(x_0^2+y_0^2+z_0^2-R^2)=0,$$

通常写成如下形式

$$x^2+y^2+z^2+2gx+2hy+2kz+l=0. \tag{3.1-4}$$

球面的一般方程(3.1-4)具有下面的特点：① 平方项系数相等；② 不含交叉项. 反过来，如果一个这样的三元二次方程经过配方，可以化为方程(3.1-2)的形式，那么它的图形就是一个球面(包括实球面、点球和虚球面).

例 3 说明方程 $x^2+y^2+z^2-12x+4y-6z=0$ 所表示曲面的形状.

解 原方程配方得

$$(x-6)^2+(y+2)^2+(z-3)^2=7^2,$$

与方程(3.1-2)比较可知，方程表示球心在$(6,-2,3)$，球半径 $R=7$ 的球面.

球面是日常生活中最常见的曲面之一，如足球、篮球、乒乓球等，在建筑、雕塑和艺术作品中也经常见到它的身影. 球面是体积相同时表面积最小的曲面. 球面被誉为最匀称、最优美的几何图形.

3.1.2 空间曲面的参数方程

设 $D\subset\mathbf{R}^2$ 为有序数对集，若对任意 $(u,v)\in D$，按照某种对应规则，有唯一确定的向量 $\boldsymbol{r}$ 与之对应，称这种对应关系为 D 上的一个二元向量函数，记作

$$\boldsymbol{r}=\boldsymbol{r}(u,v), \tag{3.1-5}$$

或者 $$\boldsymbol{r}=x(u,v)\boldsymbol{i}+y(u,v)\boldsymbol{j}+z(u,v)\boldsymbol{k}, \tag{3.1-5$'$}$$

其中 $x(u,v),y(u,v),z(u,v)$ 是向量 $\boldsymbol{r}(u,v)$ 的坐标，它们都是变量 u,v 的函数.

当 u,v 取遍变动区域内的一切值时，向量

$$\overrightarrow{OP}=\boldsymbol{r}(u,v)=x(u,v)\boldsymbol{i}+y(u,v)\boldsymbol{j}+z(u,v)\boldsymbol{k}$$

的终点 $P(x(u,v),y(u,v),z(u,v))$ 的轨迹是一个曲面(如图 3-3 所示).

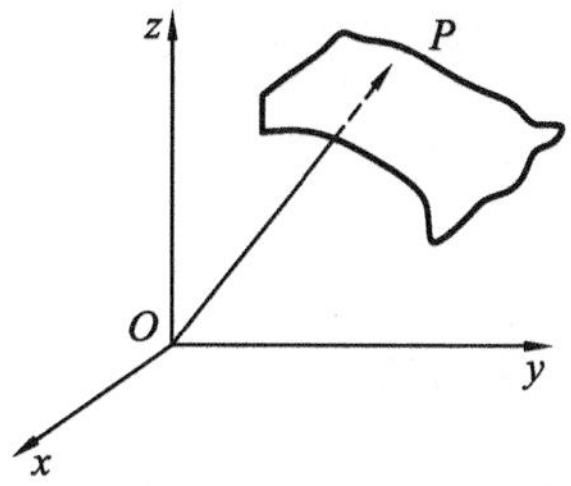

图 3-3

定义 2 在空间直角坐标系中，若对任意 $(u,v)\in D$，由方程(3.1-5)确定的向量 $\overrightarrow{OP}=\boldsymbol{r}(u,v)$ 的终点 P 总在曲面 S 上；而且对任意 $P\in S$，也必能找到 $(u,v)\in D$，使 $\overrightarrow{OP}=\boldsymbol{r}(u,v)$ 满足方程(3.1-5)，则称方程(3.1-5)为**曲面 S 的向量式参数方程**.

若令 $\boldsymbol{r}(u,v)=(x(u,v),y(u,v),z(u,v))$，则称

$$\begin{cases}x=x(u,v),\\ y=y(u,v), \quad (u,v)\in D\\ z=z(u,v),\end{cases} \tag{3.1-6}$$

为**曲面 S 的坐标式参数方程**，其中 u,v 为参数.

例 4 求球心在坐标原点，半径为 R 的球面的参数方程.

解 设 P 是球心在坐标原点，半径为 R 的球面上任一点，P 在 xy 坐标面上的射影为 P_0，P_0 在 x 轴上的射影为 Q.

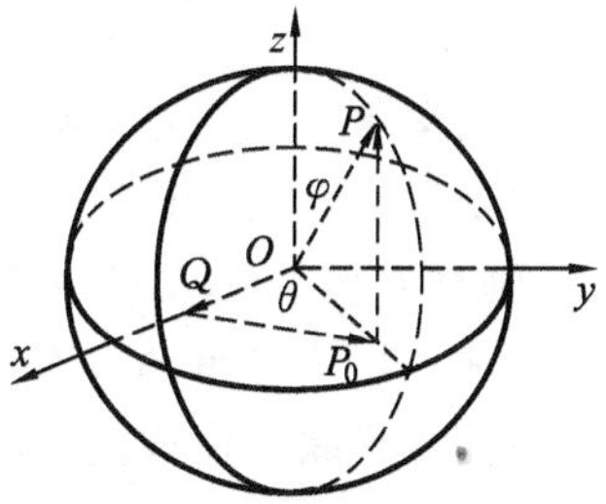

图 3-4 点Q移位置

设有向角 $\angle(\boldsymbol{i},\overrightarrow{OP_0})=\theta$，$\overrightarrow{OP}$ 与 $\boldsymbol{k}$ 的夹角 $\angle(\overrightarrow{OP},\boldsymbol{k})=\varphi$ (如图 3-4 所示)，则有

$$\boldsymbol{r}=\overrightarrow{OP}=\overrightarrow{OP_0}+\overrightarrow{P_0P}=\overrightarrow{OQ}+\overrightarrow{QP_0}+\overrightarrow{P_0P},$$

而

$$\overrightarrow{P_0P}=(R\cos\varphi)\boldsymbol{k},$$

$$\overrightarrow{QP_0}=(|\overrightarrow{OP_0}|\sin\theta)\boldsymbol{j}=(R\sin\varphi\sin\theta)\boldsymbol{j},$$

$$\overrightarrow{OQ}=(|\overrightarrow{OP_0}|\cos\theta)\boldsymbol{i}=(R\sin\varphi\cos\theta)\boldsymbol{i},$$

从而有

$$\boldsymbol{r}=(R\sin\varphi\cos\theta)\boldsymbol{i}+(R\sin\varphi\sin\theta)\boldsymbol{j}+(R\cos\varphi)\boldsymbol{k},(0\leqslant\varphi\leqslant\pi,0\leqslant\theta\leqslant2\pi). \tag{3.1-7}$$

此即为球心在坐标原点，半径为 R 的球面的向量式参数方程，其中 φ,θ 为参数. 其坐标式参数方程为

$$\begin{cases}x=R\sin\varphi\cos\theta,\\ y=R\sin\varphi\sin\theta, \quad (0\leqslant\varphi\leqslant\pi,0\leqslant\theta\leqslant2\pi).\\ z=R\cos\varphi\end{cases} \tag{3.1-8}$$

从方程(3.1-8)中消去参数，便得到球面的标准方程(3.1-3).

例 5 化曲面一般方程 $x^2+y^2=a^2$ 为参数方程.

解 令 $x=a\cos\theta, z=\mu$,得 $y=a\sin\theta$,从而得参数方程为

$$\begin{cases} x=a\cos\theta, \\ y=a\sin\theta, \\ z=\mu, \end{cases}$$

其中 $\theta(0\leqslant\theta\leqslant 2\pi)$,$\mu(-\infty<\mu<+\infty)$为参数.

3.1.3 空间曲线的一般方程

任何空间曲线 C,都可以看成过此曲线的两个曲面的交线(如图 3-5 所示).设两个曲面的方程分别为 $F_1(x,y,z)=0$ 和 $F_2(x,y,z)=0$,它们相交于曲线 C.这样,曲线 C 上的任意点同时在两曲面上,所以应满足方程组

$$\begin{cases} F_1(x,\ y,\ z)=0, \\ F_2(x,\ y,\ z)=0. \end{cases} \tag{3.1-9}$$

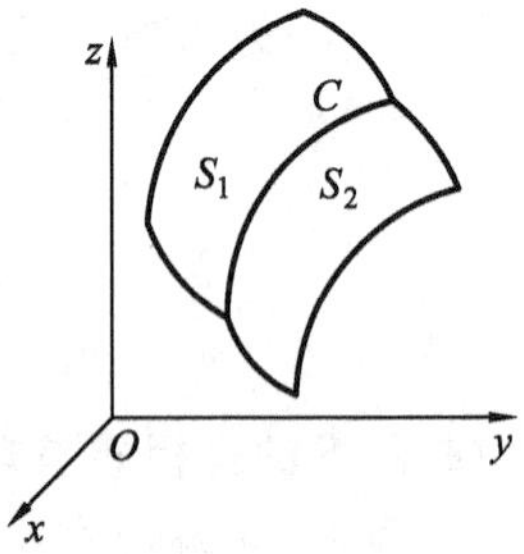

图 3-5

定义 3 设 C 为空间曲线,若 C 上任一点 $P(x,y,z)$的坐标都满足方程组(3.1-9),而且坐标满足方程组(3.1-9)的点都在曲线 C 上,则称方程组(3.1-9)为曲线 C 的**一般方程**,又称**普通方程**.

注 1° 在空间直角坐标系中,任一空间曲线的一般方程必定是过此曲线的两曲面方程联立而成的方程组;

2° 用方程组表示空间曲线,其几何意义是将空间曲线看成两个空间曲面的交线;

3° 由于过空间曲线 C 的曲面可以有无穷多,所以空间曲线 C 的方程不唯一(但它们同解),如 $\begin{cases} x+y=0, \\ x-y=0 \end{cases}$ 与 $\begin{cases} x=0, \\ y=0 \end{cases}$ 均表示 z 轴.

例 6 方程组$\begin{cases} x^2+y^2+z^2=R^2, \\ z=0 \end{cases}$表示什么曲线,并写出此曲线的另外两种表示形式.

解 方程 $x^2+y^2+z^2=R^2$ 表示以原点为球心,半径为 R 的球面;$z=0$ 表示 xy 面,方程组表示的是它们的交线,即 xy 面上以原点为圆心,半径为 R 的圆.此曲线还可以表示为以下两种形式

$$\begin{cases} x^2+y^2=R^2, \\ z=0 \end{cases} \quad 或 \quad \begin{cases} x^2+y^2+z^2=R^2, \\ x^2+y^2=R^2. \end{cases}$$

例 7 方程组$\begin{cases}x^2+y^2+z^2=a^2,\\3x+2y-z=7\end{cases}$表示球面与平面的交线，也是一个圆.

3.1.4 空间曲线的参数方程

定义 4 设 C 是一空间曲线，$\boldsymbol{r}=\boldsymbol{r}(t)$ $(t\in A)$为一元向量函数，在空间直角坐标系中，若对任意的 $P\in C$，存在 $t\in A$，使得$\overrightarrow{OP}=\boldsymbol{r}(t)$；反之，对于任意的 $t\in A$，必存在 $P\in C$，使得 $\boldsymbol{r}(t)=\overrightarrow{OP}$，则称

$$\boldsymbol{r}=\boldsymbol{r}(t),\ t\in A \tag{3.1-10}$$

为曲线 C 的**向量式参数方程**，记作

$$C:\boldsymbol{r}=\boldsymbol{r}(t),\ t\in A,\ t\text{ 为参数}.$$

若 $\boldsymbol{r}(t)=(x(t),y(t),z(t))$，则称

$$\begin{cases}x=x(t),\\y=y(t),\quad t\in A\\z=z(t),\end{cases} \tag{3.1-11}$$

为已知曲线 C 的**坐标式参数方程**.

注 空间曲线的参数方程中，仅有一个独立参数；而曲面的参数方程中有两个独立参数. 习惯上称曲线是单参数的，曲面是双参数的.

例 8 求圆$\begin{cases}x^2+y^2=9,\\z=2\end{cases}$的参数方程.

解 根据平面解析几何中圆的参数方程，令

$$x=3\cos t,y=3\sin t,$$

得此圆的参数方程为

$$\begin{cases}x=3\cos t,\\y=3\sin t,\quad (0\leqslant t\leqslant 2\pi).\\z=2\end{cases}$$

3.2 柱面、锥面和旋转曲面

本节介绍的柱面、锥面和旋转曲面，都是日常生活中常见的曲面. 它们的共同特点是在图形上具有较为突出的几何特征，因而曲面的定义是由几何特征给出的几何定义. 本节主要从定义和图形出发，讨论曲面的方程.

3.2.1 柱面

柱面是一类常见曲面，在日常生活、工程技术和生产实践中到处可以看到它的身影.

1）柱面的定义

定义 1 在空间中，如果一直线 L 在运动过程中满足以下两个特性：① 总是平行于定方向 $\boldsymbol{v}$，② 总与定曲线 C 相交，则 L 的运动轨迹称为**柱面**.其中定方向 $\boldsymbol{v}$ 称为柱面的**方向**，定曲线 C 称为柱面的**准线**，任一位置的 L 都称为柱面的**母线**.

注 1° 一个柱面的准线不是唯一的，任意一个与柱面的母线不平行的平面均与柱面相交，其交线均为柱面的准线.

2° 平面是柱面的特殊情况.

2）柱面的方程

设在给定的坐标系中，柱面 S 的准线方程为

$$\begin{cases}F_1(x,y,z)=0,\\ F_2(x,y,z)=0,\end{cases}\tag{3.2-1}$$

母线方向为 $\boldsymbol{v}=(X,Y,Z)$，求柱面的方程.

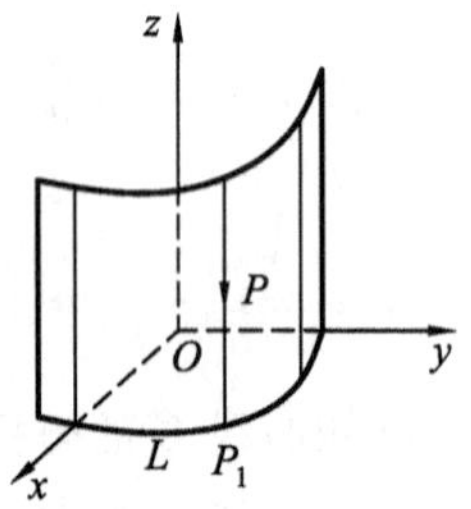

图 3-6

设 $P(x,y,z)$ 为柱面上的任一点（动点），过点 P 的母线交准线于 $P_1(x_1,y_1,z_1)$ 点（如图 3-6 所示），则母线方程为

$$\frac{x-x_1}{X}=\frac{y-y_1}{Y}=\frac{z-z_1}{Z},\tag{3.2-2}$$

又由 $P_1(x_1,y_1,z_1)$ 在准线上，可得

$$\begin{cases}F_1(x_1,y_1,z_1)=0,\\ F_2(x_1,y_1,z_1)=0.\end{cases}\tag{3.2-3}$$

在上述方程中消去参数 x_1,y_1,z_1，得到一个三元方程

$$H(x,y,z)=0,$$

即为以(3.2-1)为准线，母线方向为 $\boldsymbol{v}=(X,Y,Z)$ 的**柱面方程**.

例 1 柱面的准线方程为 $\begin{cases}x^2+y^2+z^2=1,\\ 2x^2+2y^2+z^2=2,\end{cases}$ 母线的方向是 $\boldsymbol{v}=(-1,0,1)$，求此柱面的方程.

解 设 $P(x,y,z)$ 为柱面上的任一点（动点），过点 P 的母线交准线于点 $P_1(x_1,y_1,z_1)$，则过 $P_1(x_1,y_1,z_1)$ 的母线为

$$\frac{x-x_1}{-1}=\frac{y-y_1}{0}=\frac{z-z_1}{1},$$

又由 $P_1(x_1,y_1,z_1)$ 是准线上的点，可得

$$\begin{cases}x_1^2+y_1^2+z_1^2=1,\\ 2x_1^2+2y_1^2+z_1^2=2.\end{cases}$$

再设 $$\frac{x-x_1}{-1}=\frac{y-y_1}{0}=\frac{z-z_1}{1}=t,$$

则有 $$x_1=x+t, y_1=y, z_1=z-t,$$

代入准线方程得

$$(x+t)^2+y^2+(z-t)^2=1,$$
$$2(x+t)^2+2y^2+(z-t)^2=2,$$

解出参数 t 得

$$t=z,$$

由此得

$$x_1=x+z, y_1=y, z_1=0,$$

代回准线方程中的一个方程(即消去参数 x_1,y_1,z_1),便得所求柱面方程为

$$(x+z)^2+y^2=1,$$

即

$$x^2+y^2+z^2+2xz-1=0.$$

注 此题如果先将准线方程进行恒等变形简化为 $\begin{cases}x^2+y^2=1,\\z=0,\end{cases}$ 则求解过程会更为简洁.

3) 圆柱面

由于圆柱面是一类特殊的柱面,圆柱面上任一点(动点)到轴线的距离相等.因此除了一般的求柱面方程的方法之外,还有其特殊的解法,即可看成到轴线等距离的动点的轨迹.

例 2 已知圆柱面的轴为 $\frac{x}{1}=\frac{y-1}{-2}=\frac{z+1}{-2}$,点 $(1,-2,1)$ 在此圆柱面上,求这个圆柱面的方程.

解法 1 因为圆柱面的母线平行于其轴,所以母线的方向为 $\boldsymbol{v}=(1,-2,-2)$,只要再求出圆柱面的准线圆,即可运用例 1 中的方法求出圆柱面的方程.

设 $P(x,y,z)$ 为圆柱面上的任一点(动点),由于空间圆总可以看作某一球面与某一平面的交线.因此,此处圆柱面的准线圆可以看成以轴上的点 $(0,1,-1)$ 为球心,点 $(0,1,-1)$ 到已知点 $(1,-2,1)$ 的距离 $d=\sqrt{14}$ 为半径的球面 $x^2+(y-1)^2+(z+1)^2=14$ 与过已知点且垂直于轴的平面 $x-2y-2z-3=0$ 的交线,即准线圆的方程为

$$\begin{cases}x^2+(y-1)^2+(z+1)^2=14,\\x-2y-2z-3=0.\end{cases}$$

再设过点 P 的母线交准线圆于点 $P_1(x_1,y_1,z_1)$,则过 $P_1(x_1,y_1,z_1)$ 的母线为

$$\frac{x-x_1}{1}=\frac{y-y_1}{-2}=\frac{z-z_1}{-2},$$

且有

$$\begin{cases}x_1^2+(y_1-1)^2+(z_1+1)^2=14,\\x_1-2y_1-2z_1-3=0.\end{cases}$$

消去参数 x_1,y_1,z_1,即得所求圆柱面的方程

$$8x^2+5y^2+5z^2+4xy+4xz-8yz-18y+18z-99=0.$$

解法 2 利用圆柱面的特征性质求解. 因为轴的方向向量为 $\boldsymbol{v}=(1,-2,-2)$,轴上的定点为 $P_0(0,1,-1)$,而圆柱面上有一个已知点为 $P_1(1,-2,1)$,所以 $\overrightarrow{P_0P_1}=(1,-3,2)$,因此点 $P_1(1,-2,1)$ 到轴的距离为

$$d=\frac{|\overrightarrow{P_0P_1}\times\boldsymbol{v}|}{|\boldsymbol{v}|}=\frac{\sqrt{\begin{vmatrix}-3&2\\-2&-2\end{vmatrix}^2+\begin{vmatrix}2&1\\-2&1\end{vmatrix}^2+\begin{vmatrix}1&-3\\1&-2\end{vmatrix}^2}}{\sqrt{1+(-2)^2+(-2)^2}}=\sqrt{13}.$$

再设 $P(x,y,z)$ 为圆柱面上任一点,则由圆柱面的性质可得

$$d'=\frac{|\overrightarrow{P_0P}\times\boldsymbol{v}|}{|\boldsymbol{v}|}=\sqrt{13},$$

即

$$\frac{\sqrt{\begin{vmatrix}y-1&z+1\\-2&-2\end{vmatrix}^2+\begin{vmatrix}z+1&x\\-2&1\end{vmatrix}^2+\begin{vmatrix}x&y-1\\1&-2\end{vmatrix}^2}}{\sqrt{1+(-2)^2+(-2)^2}}=\sqrt{13},$$

化简得所求所求圆柱面的方程为

$$8x^2+5y^2+5z^2+4xy+4xz-8yz-18y+18z-99=0.$$

准线是圆时所得柱面称为**圆柱面**;特别地,如果直母线垂直于圆所在平面时,所得柱面称为**直圆柱面**(或**正圆柱面**),直圆柱面也可以看成是动直线平行于定直线且与定直线保持定距离平行移动产生的,定直线是它的轴,定距离是它的半径.

4) 母线平行于坐标轴的柱面

定理 1(母线平行于坐标轴的柱面的判定定理) 在空间直角坐标系中,只含有两个坐标的三元方程所表示的曲面是一个柱面,它的母线平行于所缺坐标的同名坐标轴.

证明 先证明由方程

$$F(x,y)=0, \tag{3.2-4}$$

表示的曲面是一个柱面,而且它的母线平行于 z 轴.

取曲面(3.2-4)与坐标面 xy 的交线

$$\begin{cases}F(x,y)=0,\\z=0\end{cases} \tag{3.2-5}$$

为准线，z 轴的方向(0,0,1)为母线的方向，建立柱面方程.

设 $P(x,y,z)$ 为柱面上的任一点(动点)，过点 P 的母线交准线于点 $P_1(x_1, y_1, z_1)$，则过 P_1 的母线方程为

$$\frac{x-x_1}{0}=\frac{y-y_1}{0}=\frac{z}{1},$$

即

$$\begin{cases} x=x_1, \\ y=y_1. \end{cases} \tag{3.2-6}$$

又因为 $P_1(x_1,y_1,0)$ 在准线上，所以又有

$$F(x_1,y_1)=0. \tag{3.2-7}$$

将(3.2-6)代入(3.2-7)消去参数 x_1,y_1，可得所求的柱面方程为 $F(x,y)=0$. 这就是方程(3.2-4)，所以方程(3.2-4)就是一个母线平行于 z 轴的柱面.

同理可知，$G(y,z)=0$ 表示母线平行于 x 轴的柱面，$H(x,z)=0$ 表示母线平行于 y 轴的柱面.

例 3 (1) $x^2+y^2=a^2$ 表示母线平行于 z 轴的圆柱面(如图 3-7(1)所示)；

(2) $\frac{x^2}{a^2}+\frac{y^2}{b^2}=1$ 表示母线平行于 z 轴的椭圆柱面(如图 3-7(2)所示)；

(3) $\frac{x^2}{a^2}-\frac{y^2}{b^2}=1$ 表示母线平行于 z 轴的双曲柱面(如图 3-7(3)所示)；

(4) $x^2=2py$ 表示母线平行于 z 轴的抛物柱面(如图 3-7(4)所示)；

(5) $x-y=0$ 表示经过 z 轴的平面(如图 3-7(5)所示).

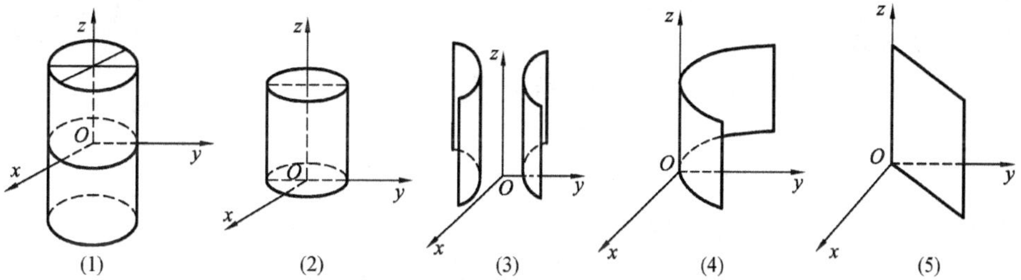

图 3-7

5) 空间曲线对坐标面的射影柱面和射影曲线

以曲线 C：$\begin{cases} F_1(x,y,z)=0, \\ F_2(x,y,z)=0 \end{cases}$ 为准线，母线垂直于坐标面(平行于坐标轴)的柱面称为曲线 C 对坐标面的**射影柱面**.

由射影柱面的特征可知，只需从曲线 C 的方程中分别消去 x,y,z，便得到对三个坐标面的射影柱面方程. 如 $F_1(x,y)=0$，$F_2(y,z)=0$，$F_3(z,x)=0$ 分别表

示曲线 C 对 xy 面，yz 面，xz 面的射影柱面. 再与相应坐标面的方程联立，便得曲线 C 对坐标面的射影曲线.

例 4 设有曲线 C：$\begin{cases} 2x^2+z^2+4y=4z, \\ x^2+3z^2-8y=12z, \end{cases}$ 试求曲线 C 对三个坐标面的射影柱面和射影曲线.

解 从曲线 C 的方程中分别消去 x,y,z，可得三个射影柱面方程为

$$z^2-4y=4z,\ x^2+z^2=4z,\ x^2+4y=0.$$

再分别与坐标面方程联立，得曲线 C 在三坐标面的射影曲线为

$$\begin{cases} z^2-4y=4z, \\ x=0, \end{cases} \quad \begin{cases} x^2+z^2=4z, \\ y=0, \end{cases} \quad \begin{cases} x^2+4y=0, \\ z=0. \end{cases}$$

在多元微积分和工程技术中，常要把空间曲面、空间曲线 C 甚至空间区域投影到 xy 面上，需要用到本节的射影柱面和射影曲线方法.

3.2.2 锥面

1) 锥面的定义

定义 2 在空间中，如果一直线 L 在运动过程中满足以下两个特性：① 总是通过一定点；② 总是与定曲线 C 相交，则 L 的运动轨迹称为**锥面**. 其中定点称为锥面的**顶点**，定曲线 C 称为锥面的**准线**，任一位置的 L 都称为锥面的**母线**(如图 3-8 所示).

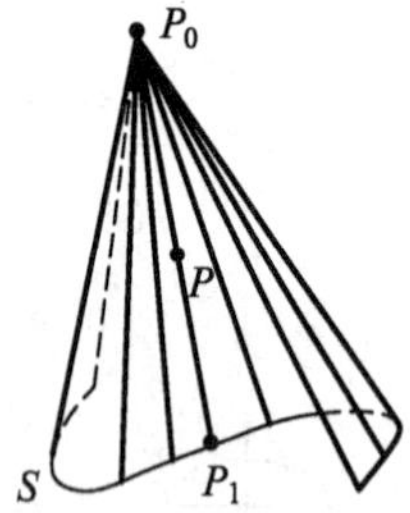

图 3-8

2) 锥面的方程

在直角坐标系中，设锥面 S 的准线方程为

$$\begin{cases} F_1(x,y,z)=0, \\ F_2(x,y,z)=0, \end{cases} \tag{3.2-8}$$

顶点为 $P_0(x_0,y_0,z_0)$，求锥面方程.

设 $P(x,y,z)$ 为锥面 S 上的任一点(动点)，过点 P 的母线交准线于点 $P_1(x_1,y_1,z_1)$(如图 3-8 所示)，则母线方程为

$$\frac{x-x_0}{x_1-x_0}=\frac{y-y_0}{y_1-y_0}=\frac{z-z_0}{z_1-z_0}, \tag{3.2-9}$$

且有

$$F_1(x_1,y_1,z_1)=0, F_2(x_1,y_1,z_1)=0. \tag{3.2-10}$$

从(3.2-9)、(3.2-10)中消去参数 x_1,y_1,z_1，得到一个三元方程

$$H(x,y,z)=0,$$

就是以(3.2-8)为准线，以 P_0 为顶点的锥面的方程.

定义 3 设 λ 为实数，对于函数 $f(x_1,x_2,\cdots,x_n)$，若
$$f(tx_1,tx_2,\cdots,tx_n)=t^\lambda f(x_1,x_2,\cdots,x_n)$$
成立，此处 t 的取值应使 t^λ 有确定的意义，则称 $f(x_1,x_2,\cdots,x_n)$ 为 n **元** λ **次齐次函数**，对应的方程 $f(x_1,x_2,\cdots,x_n)=0$ 称为 λ **次齐次方程**.

例如 $u=x^2y+2yz^2+xyz$ 为三次齐次函数.

定理 2(锥面的判定定理) 一个关于 x,y,z 的齐次方程总表示一个顶点在原点的锥面.

证明 设 $F(x,y,z)=0$ 为齐次方程，则有 $F(tx,ty,tz)=t^\lambda F(x,y,z)$. 当 $t=0$ 时有 $F(0,0,0)=0$，故曲面 $F(x,y,z)=0$ 过原点.

设 $P_0(x_0,y_0,z_0)$ 为曲面上非原点的任意点，则 $P_0(x_0,y_0,z_0)$ 满足 $F(x,y,z)=0$，即有 $F(x_0,y_0,z_0)=0$. 而直线 OP_0 的方程为
$$\begin{cases}x=x_0t,\\ y=y_0t,\\ z=z_0t,\end{cases}$$
代入 $F(x,y,z)=0$，得 $F(tx_0,ty_0,tz_0)=t^\lambda F(x_0,y_0,z_0)$，即直线 OP_0 上的所有点的坐标满足曲面的方程. 因此直线 OP_0 在曲面上，故曲面是由这些通过坐标原点的直线组成的，因而是以原点为顶点的锥面.

推论 一个关于 $x-x_0,y-y_0,z-z_0$ 的齐次方程总表示一个顶点在 $P_0(x_0,y_0,z_0)$ 的锥面.

证明 设有关于 $x-x_0,y-y_0,z-z_0$ 的齐次方程
$$F(x-x_0,y-y_0,z-z_0)=0,$$
作坐标变换 $x'=x-x_0,y'=y-y_0,z'=z-z_0$，则上式可化为
$$F(x',y',z')=0.$$

此方程为齐次方程，故 $F(x',y',z')=0$ 表示以 $O'(0,0,0)$ 为顶点的锥面，从而齐次方程 $F(x-x_0,y-y_0,z-z_0)=0$ 表示顶点在 $P_0(x_0,y_0,z_0)$ 的锥面.

注 一个关于 x,y,z 的齐次方程可能只表示原点，例如 $x^2+y^2+z^2=0$. 此曲面称为**有实顶点的虚锥面**(又称**点锥面**).

3) 顶点在原点，准线为坐标面的平行面上曲线的锥面

当锥面的顶点为原点，准线为坐标面的平行面上的曲线时，锥面方程有其特殊性. 先看下面例题.

例 5 求顶点在原点 $O(0,0,0)$，准线为$\begin{cases}\dfrac{x^2}{a^2}+\dfrac{y^2}{b^2}=1,\\ z=c\end{cases}$的锥面的方程.

解 设 $P(x,y,z)$ 为锥面 S 上的任一点(动点)，过点 P 的母线交准线于点

$P_1(x_1,y_1,z_1)$，则过 P_1 的母线为

$$\frac{x}{x_1}=\frac{y}{y_1}=\frac{z}{z_1}, \tag{3.2-11}$$

且有

$$\frac{x_1^2}{a^2}+\frac{y_1^2}{b^2}=1, \tag{3.2-12}$$

$$z_1=c. \tag{3.2-13}$$

将式(3.2-13)代入式(3.2-11)可得

$$x_1=\frac{cx}{z},y_1=\frac{cy}{z}, \tag{3.2-14}$$

将式(3.2-14)代入式(3.2-12)可得

$$\frac{x^2}{a^2}+\frac{y^2}{b^2}-\frac{z^2}{c^2}=0, \tag{3.2-15}$$

即为所求的锥面方程，称为**二次锥面**. 当 $a=b$ 时，曲面为圆锥面. 当 $a=b=c$ 时，是多元微积分和工程技术中常用的圆锥面 $x^2+y^2-z^2=0$.

在此题求解中，相当于在准线方程中用 $\frac{cx}{z}$ 和 $\frac{cy}{z}$ 分别代替 x,y 得到的.

更一般地，顶点在原点 $O(0,0,0)$，准线为 $\begin{cases}F(x,y)=0,\\ z=c\end{cases}$ 的锥面方程为 $F\left(\frac{cx}{z},\frac{cy}{z}\right)=0$.

推证类似于例 5，读者自证.

同理可得，顶点在原点 $O(0,0,0)$，准线为 $\begin{cases}G(x,z)=0,\\ y=m\end{cases}$ 的锥面方程为 $G\left(\frac{mx}{y},\frac{mz}{y}\right)=0$；顶点在原点 $O(0,0,0)$，准线为 $\begin{cases}H(y,z)=0,\\ x=n\end{cases}$ 的锥面方程为 $H\left(\frac{ny}{x},\frac{nz}{x}\right)=0$.

4）圆锥面

由于圆锥面是一种特殊的锥面，圆锥面上任一母线与圆锥面的轴线的夹角相等. 在求圆锥面的方程时，可以利用这一特征性质.

例 6 求顶点在原点，以三坐标轴为母线，以 $\boldsymbol{v}(1,1,1)$ 为轴向的圆锥面方程.

解 设 $P(x,y,z)$ 为圆锥面上任一点，则 $\overrightarrow{OP}$ 与 $\boldsymbol{v}(1,1,1)$ 的夹角和三坐标轴与 $\boldsymbol{v}(1,1,1)$ 的夹角相同. 从而有

$$\frac{\overrightarrow{OP}\cdot \boldsymbol{v}}{|\overrightarrow{OP}||\boldsymbol{v}|}=\frac{\boldsymbol{i}\cdot \boldsymbol{v}}{|\boldsymbol{i}||\boldsymbol{v}|},$$

即

$$\frac{x+y+z}{\sqrt{x^2+y^2+z^2}\sqrt{3}}=\frac{1}{\sqrt{3}},$$

化简整理得所求圆锥面的方程为

$$xy+yz+zx=0.$$

这是一个关于 x,y,z 的齐次方程.

上面的解法是一种适合于圆锥面的特殊方法. 此外,也可以先求出圆锥面的准线,再利用顶点与准线求出该圆锥面的方程. 请读者自己完成.

3.2.3 旋转曲面

1) 旋转曲面的定义

定义 4 在空间中,一条曲线 C 绕定直线 L 旋转一周所产生的曲面 S 称为**旋转曲面**(或**回转曲面**)(如图 3-9 所示). C 称为曲面 S 的**母线**,L 称为曲面 S 的**旋转轴**,简称为**轴**.

设 P_1 为旋转曲面 S 的母线 C 上的任一点,在 C 围绕轴 L 旋转时,P_1 也绕 L 旋转形成一个圆,称为 S 的**纬圆**、**纬线**或**平行圆**. 以 L 为边界的半平面与 S 的交线称为 S 的**经线**.

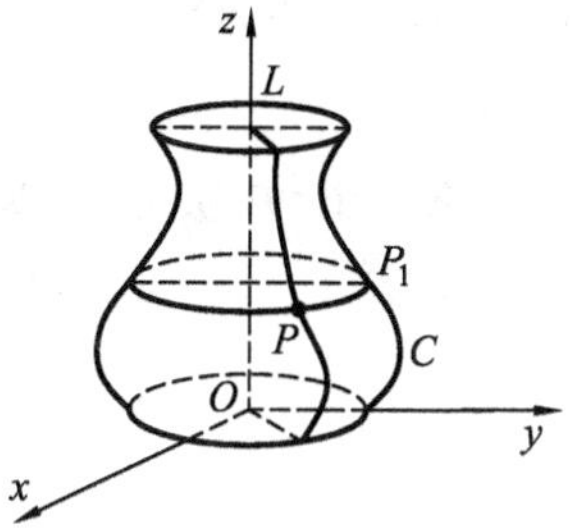

图 3-9

显然,球面、圆柱面、圆锥面都是旋转曲面的特殊情形. 球面由半圆绕其直径旋转生成,圆柱面由两平行直线中一条绕另一条旋转生成,圆锥面由两相交直线中的一条绕另一条旋转生成.

2) 旋转曲面的方程

在直角坐标系中,设旋转曲面 S 的母线为

$$C:\begin{cases}F_1(x,y,z)=0,\\F_2(x,y,z)=0,\end{cases}\tag{3.2-16}$$

旋转轴为

$$L:\frac{x-x_0}{X}=\frac{y-y_0}{Y}=\frac{z-z_0}{Z},\tag{3.2-17}$$

这里 $P_0(x_0,y_0,z_0)$ 为 L 上一点,(X,Y,Z) 为 L 的方向数. 求旋转曲面的方程.

设 $P(x,y,z)$ 为旋转曲面 S 上的任一点(动点),过点 P 的纬圆交母线 C 于点 $P_1(x_1,y_1,z_1)$,则纬圆方程为

$$\begin{cases}X(x-x_1)+Y(y-y_1)+Z(z-z_1)=0,\\(x-x_0)^2+(y-y_0)^2+(z-z_0)^2=(x_1-x_0)^2+(y_1-y_0)^2+(z_1-z_0)^2.\end{cases}$$

(3.2-18)

当 $P_1(x_1,y_1,z_1)$ 跑遍整个母线时，就得出旋转曲面的所有纬圆，所求的旋转曲面就可以看成是由这些纬圆生成的.

由于 $P_1(x_1,y_1,z_1)$ 在母线上，故有

$$\begin{cases}F_1(x_1,y_1,z_1)=0,\\F_2(x_1,y_1,z_1)=0.\end{cases}\tag{3.2-19}$$

从(3.2-18)、(3.2-19)消去参数 x_1,y_1,z_1 得一个三元方程

$$H(x,y,z)=0,$$

此即为**旋转曲面 S 的方程**.

例 7 求直线 $C:\frac{x}{2}=\frac{y}{1}=\frac{z-1}{0}$ 绕直线 $L:x=y=z$ 旋转所得旋转曲面 S 的方程.

解 设 $P(x,y,z)$ 为旋转曲面 S 上的任一点（动点），过点 P 的纬圆交母线 C 于点 $P_1(x_1,y_1,z_1)$，因为旋转轴过原点，$\boldsymbol{v}=(1,1,1)$，所以对应的纬圆方程为

$$\begin{cases}x-x_1+y-y_1+z-z_1=0,\\x^2+y^2+z^2=x_1^2+y_1^2+z_1^2.\end{cases}$$

由点 $P_1(x_1,y_1,z_1)$ 在母线上可得

$$\frac{x_1}{2}=\frac{y_1}{1}=\frac{z_1-1}{0},$$

由上式可得 $x_1=2t,y_1=t,z_1=1,$

将其代入纬圆方程中第一式得

$$x-2t+y-t+z-1=0,t=\frac{1}{3}(x+y+z-1),$$

由此可得

$$x_1=\frac{2}{3}(x+y+z-1),y_1=\frac{1}{3}(x+y+z-1),z_1=1,$$

再代入纬圆方程第二式可得

$$x^2+y^2+z^2=\frac{4}{9}(x+y+z-1)^2+\frac{1}{9}(x+y+z-1)^2+1,$$

化简得所求旋转曲面 S 的方程为

$$2(x^2+y^2+z^2)-5(xy+xz+yz)+5(x+y+z)-7=0.$$

3）一类特殊的旋转曲面

任一旋转曲面总可以看作是由其一条经线绕旋转轴旋转而生成的. 今后为

了方便,总是取旋转曲面的一条经线作为母线,在直角坐标系中导出旋转曲面的方程时,常把母线所在的平面取作坐标平面,从而使旋转曲面的方程具有特殊的形式.

设旋转曲面 S 的母线为平面 yz 上的曲线

$$C:\begin{cases}F(y,z)=0,\\x=0,\end{cases}\tag{3.2-20}$$

旋转轴为 y 轴

$$\frac{x}{0}=\frac{y}{1}=\frac{z}{0}.\tag{3.2-21}$$

以下求旋转曲面的方程.

设 $P(x,y,z)$为旋转曲面 S 上的任一点(动点),过点 P 的纬圆交母线 C 于点 $P_1(0,y_1,z_1)$,则过 $P_1(0,y_1,z_1)$的纬圆(如图 3-10 所示)为

$$\begin{cases}y-y_1=0,\\x^2+y^2+z^2=y_1^2+z_1^2,\end{cases}\tag{3.2-22}$$

且有

$$\begin{cases}F(y_1,z_1)=0,\\x_1=0.\end{cases}\tag{3.2-23}$$

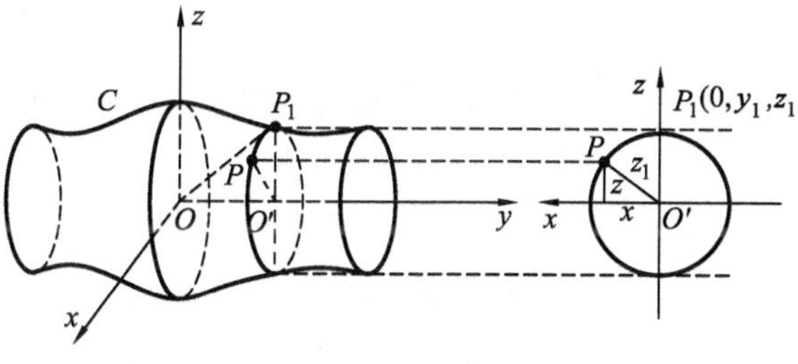

图 3-10

由(3.2-22)和(3.2-23)消去 x_1,y_1,z_1,得旋转曲面的方程为

$$F(y,\pm\sqrt{x^2+z^2})=0.\tag{3.2-24}$$

同理,C 围绕 z 轴旋转所得的旋转曲面方程为 $F(\pm\sqrt{x^2+y^2},z)=0$. 对于其他坐标平面上的曲线,绕坐标轴旋转所得的旋转曲面,其方程可类似求出. 于是得到如下规律:

当坐标平面上的曲线 C 绕此坐标平面的一条坐标轴旋转时,所得旋转曲面的方程可根据下面的方法直接写出:将曲线 C 在坐标面的方程中与旋转轴同名的坐标保持不变,而以其他两个坐标的平方和的平方根来代替方程中的另一坐标.

如 xz 面上的曲线 $C:\begin{cases}F(x,z)=0,\\y=0\end{cases}$ 绕 x 轴旋转所得的旋转曲面方程可写为

$F(x,\pm\sqrt{y^2+z^2})=0$.

例 8 (1) xy 面上的椭圆 C:$\begin{cases}\dfrac{x^2}{a^2}+\dfrac{y^2}{b^2}=1,\\ z=0\end{cases}$ $(a>b)$ 分别绕其长轴(x 轴)和短轴(y 轴)旋转,所得旋转曲面方程分别是:

$$\frac{x^2}{a^2}+\frac{y^2}{b^2}+\frac{z^2}{b^2}=1 \text{ 和 } \frac{x^2}{a^2}+\frac{y^2}{b^2}+\frac{z^2}{a^2}=1,$$

分别称为**长形旋转椭球面**(如图 3-11(1)所示)和**扁形旋转椭球面**(如图 3-11(2)所示).

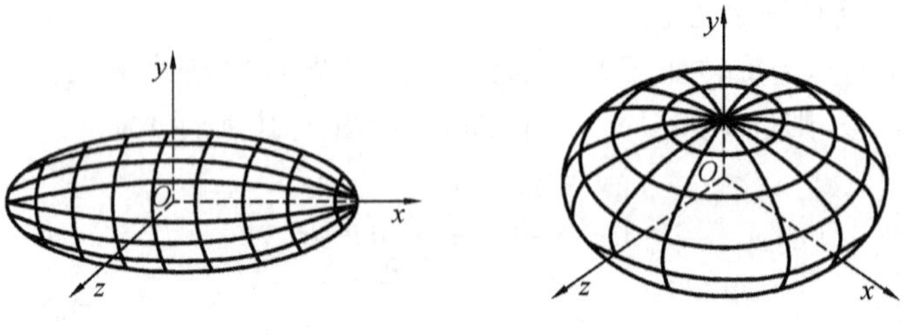

(1) (2)

图 3-11

(2) yz 面上的双曲线$\begin{cases}\dfrac{y^2}{b^2}-\dfrac{z^2}{c^2}=1,\\ x=0\end{cases}$分别绕虚轴($z$ 轴)和实轴(y 轴)旋转,得到两个旋转曲面

$$\frac{x^2}{b^2}+\frac{y^2}{b^2}-\frac{z^2}{c^2}=1 \text{ 和} -\frac{x^2}{c^2}+\frac{y^2}{b^2}-\frac{z^2}{c^2}=1,$$

分别称为**单叶旋转双曲面**和**双叶旋转双曲面**.它们的图形分别如图3-12(1)和图3-12(2)所示.

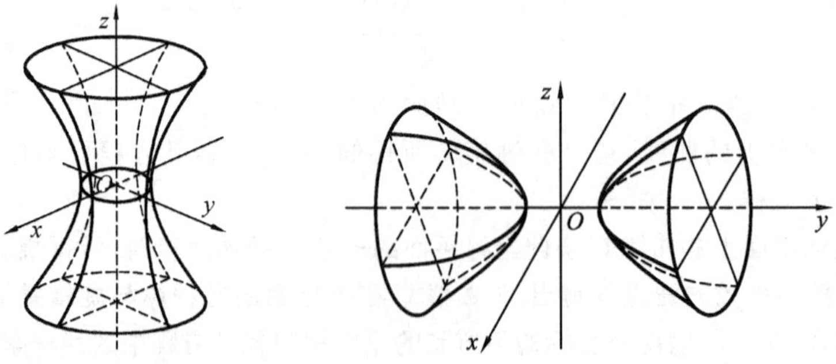

(1) (2)

图 3-12

(3) yz 面上的抛物线 $\begin{cases} y^2=2pz, \\ x=0 \end{cases}$ $(p>0)$绕 z 轴旋转,所得旋转曲面方程为

$$x^2+y^2=2pz,$$

可写成

$$\frac{x^2}{p}+\frac{y^2}{p}=2z,$$

这是一个**旋转抛物面**(如图 3-13 所示).

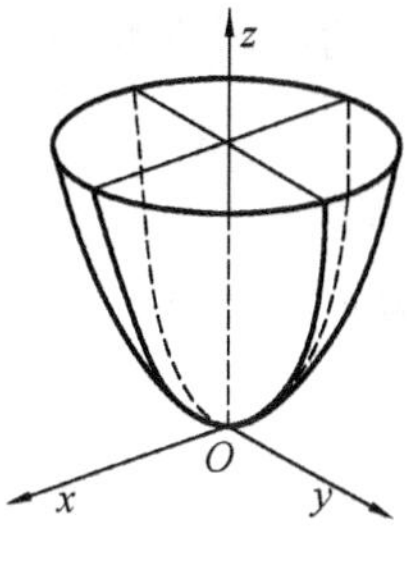

图 3-13

(4) 将圆 C: $\begin{cases} (y-b)^2+z^2=a^2, \\ x=0 \end{cases}$ $(b>a>0)$绕 z 轴旋转,所得旋转曲面方程是

$$(\pm\sqrt{x^2+y^2}-b)^2+z^2=a^2,$$

化简整理得

$$(x^2+y^2+z^2+b^2-a^2)^2=4b^2(x^2+y^2).$$

称此曲面为**环面**,如图 3-14 所示,其形状像救生圈.

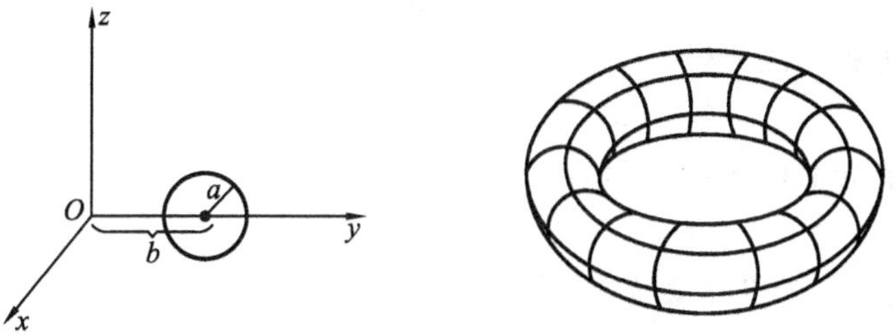

图 3-14

例 9　判别曲面 $\frac{x^2}{9}+\frac{z^2}{9}=2y$ 是旋转曲面,并指出它的母线和旋转轴.

解　曲面方程可改写成

$$\frac{(\pm\sqrt{x^2+z^2})^2}{9}=2y.$$

根据前面的讨论可知它是旋转曲面,可以看成由母线 $\begin{cases} x^2=18y, \\ z=0 \end{cases}$ 绕 y 轴旋转而成,也可以看成由母线 $\begin{cases} z^2=18y, \\ x=0 \end{cases}$ 绕 y 轴旋转而成的.

已知圆柱面和圆锥面可分别由两条平行直线或相交直线中一条绕另一条旋转而成,那么,两条异面直线中一条绕另一条旋转会形成什么曲面?请看下面的例题.

例 10　求直线 C: $\frac{x}{2}=\frac{y-3}{0}=\frac{z}{1}$ 绕 z 轴旋转所得旋转曲面 S 的方程.

解 因为 $\Delta=3\neq0$,故直线和 z 轴是异面直线. 设 $P(x,y,z)$ 为旋转曲面 S 上的动点,过点 P 的纬圆交母线 C 于点 $P_1(x_1,y_1,z_1)$,因旋转轴过原点,所以对应的纬圆方程为

$$\begin{cases}z-z_1=0,\\x^2+y^2+z^2=x_1^2+y_1^2+z_1^2,\end{cases}$$

由 $P_1(x_1,y_1,z_1)$ 在母线上得

$$\frac{x_1}{2}=\frac{y_1-3}{0}=\frac{z_1}{1},$$

由上式可得

$$x_1=2t,\ y_1=3,\ z_1=t,$$

将其代入纬圆方程中第一式得

$$t=z,$$

进而可得

$$x_1=2z,y_1=3,z_1=z,$$

再代入纬圆方程第二式得

$$x^2+y^2+z^2=9+5z^2,$$

化简得所求旋转曲面 S 的方程为

$$x^2+y^2-4z^2=9.$$

显然,这是一个**单叶旋转双曲面**.

3.3 常见的二次曲面

本节讨论几类常见的二次曲面,包括椭球面、双曲面和抛物面,它们都是日常生活中常见的曲面. 这类曲面的共同特点是它们在方程上表现出特殊的简单形式,因而曲面的定义是由方程给出的代数定义. 本节主要从方程出发,探讨曲面的图形和性质.

3.3.1 椭球面

1) 椭球面的定义

定义 1 在直角坐标系中,由方程

$$\frac{x^2}{a^2}+\frac{y^2}{b^2}+\frac{z^2}{c^2}=1 \tag{3.3-1}$$

所表示的曲面称为**椭球面**,或称**椭圆面**. 方程(3.3-1)称为**椭球面的标准方程**,其中 a,b,c 为任意的正常数,通常假设 $a\geqslant b\geqslant c>0$.

在 a,b,c 三个数中,若有两个相等,则(3.3-1)表示一个旋转椭球面,而当这

三个数都相等时,(3.3-1)就是一个球面.所以球面和旋转椭球面都是椭球面的特殊情形.

2) 椭球面的性质

(1) **对称性**

在方程(3.3-1)中,以$-z$代替z,方程不变,故椭球面(3.3-1)关于xy坐标面对称.同理,椭球面(3.3-1)也关于yz坐标面和xz坐标面对称.以$-y$,$-z$同时代替y,z,方程不变,故椭球面(3.3-1)关于x轴对称,同理可知,椭球面(3.3-1)也关于y轴和z轴对称.以$-x$,$-y$和$-z$同时代替x,y和z,方程也不变,故椭球面(3.3-1)关于坐标原点对称.椭球面的对称平面称为它的**主平面**,对称轴称为它的**主轴**,对称中心称为它的**中心**.

(2) **顶点,轴及半轴**

椭球面(3.3-1)与其对称轴(即3个坐标轴)的6个交点$(\pm a,0,0)$,$(0,\pm b,0)$,$(0,0,\pm c)$称为椭球面的**顶点**.对称轴上两顶点间的距离称为**轴长**,轴长的一半称为**半轴长**.如果$a>b>c>0$,则分别称$2a$,$2b$,$2c$为椭球面的**长轴**、**中轴**和**短轴**,而依次称a,b,c为椭球面的**长半轴**、**中半轴**和**短半轴**.

(3) **范围及有界性**

由曲面的方程出发讨论x,y,z的取值范围,若x,y,z均有界,则曲面为有界曲面,否则为无界曲面.

从椭球面的方程可以看出,对于椭球面上任意一点,均有$|x|\leqslant a$,$|y|\leqslant b$,$|z|\leqslant c$,因此椭球面被完全封闭在一个长方体的内部,此长方体由6个平面:$x=\pm a$,$y=\pm b$,$z=\pm c$围成,这6个平面都与椭球面相切,切点就是椭球面的6个顶点.由此可知,椭球面是一个有界曲面.

3) 椭球面的图形(形状)

(1) **平行截割法**

为了解曲面的大致形状,考虑曲面与一族平行平面的交线,这些交线都是平面曲线.如果知道这些平面曲线的形状和变化趋势,那么曲面的大致形状也就知道了.这种方法称为**平行截割法**或**等值线法**.

为了研究方便,用平行于坐标面的平面去截曲面,利用平行截线来分析曲面的形状.这种截痕曲线类似于表示地形的**等高线**.下面利用平行截割法考察椭球面的形状.

(2) **主截线**

在讨论曲面的平行截线时,曲面与三个坐标面的交线称为**主截线**.对一些简单曲面,当对三个主截线都清楚时,曲面的大致轮廓也就清晰了.

用三个坐标平面截割椭球面(3.3-1),得到截线方程分别为

$$\begin{cases}\dfrac{x^2}{a^2}+\dfrac{y^2}{b^2}=1,\\ z=0;\end{cases}\tag{3.3-2}$$

$$\begin{cases}\dfrac{x^2}{a^2}+\dfrac{z^2}{c^2}=1,\\ y=0;\end{cases}\tag{3.3-3}$$

$$\begin{cases}\dfrac{y^2}{b^2}+\dfrac{z^2}{c^2}=1,\\ x=0.\end{cases}\tag{3.3-4}$$

它们都是椭圆,这三个椭圆称为椭球面(3.3-1)的**主截线**(或**主椭圆**).

(3) **平行截线**

再取平行于 xy 坐标面的平面 $z=h$ 截割椭球面(3.3-1),得到的截线方程为

$$\begin{cases}\dfrac{x^2}{a^2}+\dfrac{y^2}{b^2}=1-\dfrac{h^2}{c^2},\\ z=h.\end{cases}\tag{3.3-5}$$

当$|h|>c$ 时,(3.3-5)无图形,表示平面 $z=h$ 与椭球面(1)不相交;当$|h|=c$ 时,(3.3-5)的图形是平面 $z=h$ 上的两个点$(0,0,\pm c)$;当$|h|<c$ 时,(3.3-5)的图形是一个椭圆,该椭圆的两个半轴分别为$a\sqrt{1-\dfrac{h^2}{c^2}}$和 $b\sqrt{1-\dfrac{h^2}{c^2}}$. 显然,当 $h=0$ 时,椭圆(3.3-5)最大,为椭球面与 xy 的交线(主椭圆);当$|h|$逐渐变大时,椭圆(3.3-5)逐渐变小. 另一方面,两轴端点分别为$\left(\pm a\sqrt{1-\dfrac{h^2}{c^2}},0,h\right)$和$\left(0,\pm b\sqrt{1-\dfrac{h^2}{c^2}},h\right)$,易知两轴端点分别在主椭圆(3.3-3)和(3.3-4)上. 从而,**椭球面(3.3-1)可以看成是由一个椭圆的变动(大小、位置都改变)而产生的,这个椭圆在变动过程中保持所在平面与 xy 坐标面平行,且两轴的端点分别在两个定椭圆(3.3-3)和(3.3-4)上滑动**. 椭球面的图形如图 3-15 所示.

椭球面的参数方程为

$$\begin{cases}x=a\sin\varphi\cos\theta,\\ y=b\sin\varphi\sin\theta,\\ z=c\cos\varphi\end{cases}\quad(0\leqslant\varphi\leqslant\pi,0\leqslant\theta\leqslant2\pi).\tag{3.3-6}$$

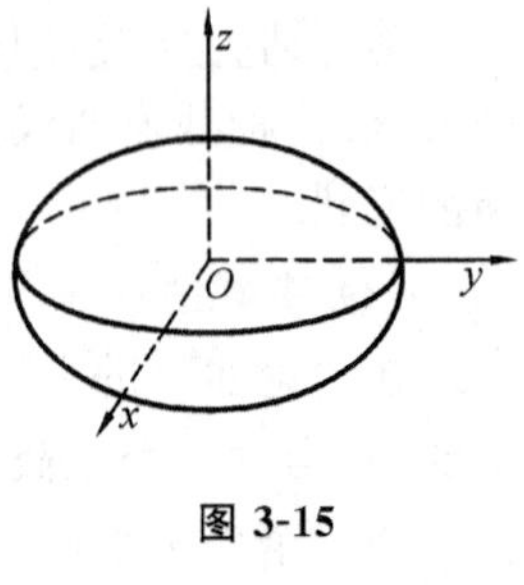

图 3-15

其中参数 φ,θ 与球面的参数方程(3.1-8)相一致.

由(3.3-6)消去参数 θ 和 φ,即得椭球面的标准方

程(3.3-1).

例 1　设动点与点(1,0,0)的距离等于从这点到平面 $x=4$ 的距离的一半,试求此动点的轨迹.

解　设动点为 $P(x,y,z)$,所求的轨迹为 S,由题意可得

$$\sqrt{(x-1)^2+y^2+z^2}=\frac{1}{2}|x-4|,$$

化简得

$$\frac{x^2}{4}+\frac{y^2}{3}+\frac{z^2}{3}=1,$$

故动点的轨迹 S 为一椭球面.

例 2　已知椭球面的轴与坐标轴重合,且通过椭圆 $\frac{x^2}{9}+\frac{y^2}{16}=1, z=0$ 与点 $P_0(1,2,\sqrt{23})$,求这个椭球面的方程.

解　因为所求椭球面的轴与坐标轴重合,所以设所求椭球面的方程为

$$\frac{x^2}{a^2}+\frac{y^2}{b^2}+\frac{z^2}{c^2}=1,$$

它与 xy 坐标面的交线为椭圆

$$\frac{x^2}{a^2}+\frac{y^2}{b^2}=1, z=0,$$

与已知椭圆

$$\frac{x^2}{9}+\frac{y^2}{16}=1, z=0$$

比较可知,

$$a^2=9, b^2=16.$$

又因为椭球面通过点 $P_0(1,2,\sqrt{23})$,所以又有

$$\frac{1}{9}+\frac{4}{16}+\frac{23}{c^2}=1, c^2=36,$$

从而所求椭圆面的方程为

$$\frac{x^2}{9}+\frac{y^2}{16}+\frac{z^2}{36}=1.$$

3.3.2　双曲面

1) 单叶双曲面

定义 2　在直角坐标系中,由方程

$$\frac{x^2}{a^2}+\frac{y^2}{b^2}-\frac{z^2}{c^2}=1\ (a,b,c>0) \tag{3.3-7}$$

所表示的曲面称为**单叶双曲面**；方程(3.3-7)称为**单叶双曲面的标准方程**.

单叶双曲面具有如下性质：单叶双曲面(3.3-7)关于三个坐标轴、三个坐标平面及原点对称，原点为其中心；单叶双曲面(3.3-7)是无界曲面；单叶双曲面(3.3-7)与 z 轴不相交，与 x 轴、y 轴分别交于点$(\pm a,0,0)$与$(0,\pm b,0)$，上述四点称为单叶双曲面的顶点.

用三个坐标平面 $z=0$，$y=0$ 和 $x=0$ 分别截割曲面(3.3-7)，所得截线依次为

$$\begin{cases}\dfrac{x^2}{a^2}+\dfrac{y^2}{b^2}=1,\\ z=0;\end{cases}\tag{3.3-8}$$

$$\begin{cases}\dfrac{x^2}{a^2}-\dfrac{z^2}{c^2}=1,\\ y=0;\end{cases}\tag{3.3-9}$$

$$\begin{cases}\dfrac{y^2}{b^2}-\dfrac{z^2}{c^2}=1,\\ x=0,\end{cases}\tag{3.3-10}$$

其中(3.3-8)称为单叶双曲面(3.3-7)的**腰椭圆**，(3.3-9)和(3.3-10)分别为 xz 坐标面和 yz 坐标面上的双曲线，这两条双曲线有共同的虚轴和虚轴长(如图 3-16 所示).

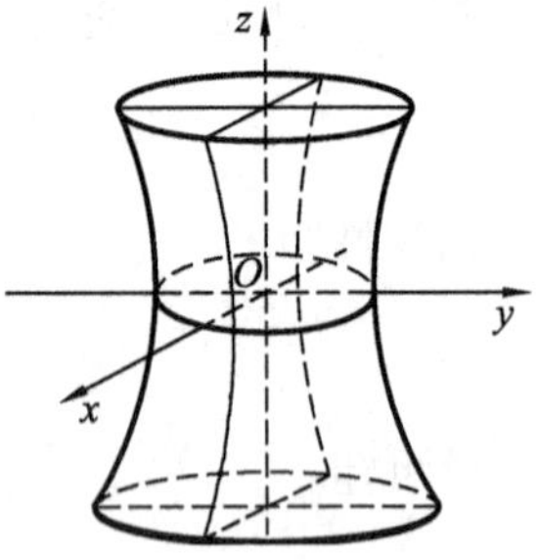

图 3-16

为进一步考察单叶双曲面(3.3-7)的形状，用平行于 xy 坐标面的平面 $z=h$ 截割它，截线方程为

$$\begin{cases}\dfrac{x^2}{a^2}+\dfrac{y^2}{b^2}=1+\dfrac{h^2}{c^2},\\ z=h,\end{cases}\tag{3.3-11}$$

这是一族椭圆，其两半轴分别为 $a\sqrt{1+\dfrac{h^2}{c^2}}$ 和 $b\sqrt{1+\dfrac{h^2}{c^2}}$，其顶点为 $\left(\pm a\sqrt{1+\dfrac{h^2}{c^2}},0,h\right)$，$\left(0,\pm b\sqrt{1+\dfrac{h^2}{c^2}},h\right)$，这两对顶点分别在双曲线(3.3-9)和(3.3-10)上. 当$|h|$逐渐增大时，椭圆(3.3-11)逐渐变大. 可见，**单叶双曲面(3.3-7)可看作是由一个椭圆的变动(大小、位置都改变)而产生的，该椭圆在变动中，保持所在平面与 xy 面平行，且两对顶点分别在两定双曲线(3.3-9)，(3.3-10)上滑动**(如图 3-16 所示).

再用一族平行于 xz 坐标面的平面 $y=h$ 截割单叶双曲面(3.3-7)，截线为

$$\begin{cases}\dfrac{x^2}{a^2}-\dfrac{z^2}{c^2}=1-\dfrac{h^2}{b^2},\\ y=h,\end{cases}\tag{3.3-12}$$

当 $|h|<b$ 时,(3.3-12)为双曲线,其实轴平行于 x 轴,虚轴平行于 z 轴,其顶点为 $\left(\pm a\sqrt{1-\dfrac{h^2}{b^2}},h,0\right)$,在腰椭圆 (3.3-8)上(如图 3-17(1)所示);当 $|h|>b$ 时,(3.3-12)仍为双曲线,但其实轴平行于 z 轴,虚轴平行于 x 轴,其顶点为 $\left(0,h,\pm c\sqrt{\dfrac{h^2}{b^2}-1}\right)$,在双曲线 (3.3-10)上(如图 3-17(2)所示);当 $|h|=b$ 时,(3.3-12)为两相交直线,其交点为$(0,b,0)$(如图 3-17(3)所示).

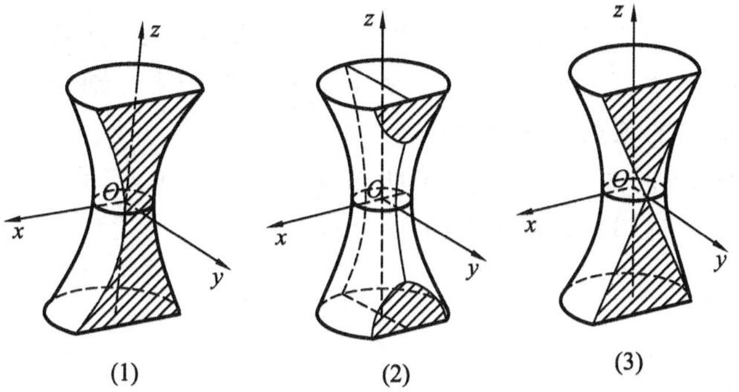

图 3-17

用一组平行于 yz 坐标面的平面截割单叶双曲面(3.3-7),其截线情况与上述相仿,所得结果也与用一族平行于 xz 坐标面的平面 $y=h$ 去截割单叶双曲面(3.3-7)的结果类似.

在方程(3.3-7)中,若 $a=b$,则为**单叶旋转双曲面**.单叶旋转双曲面是单叶双曲面的特例.

在直角坐标系中,方程 $\dfrac{x^2}{a^2}-\dfrac{y^2}{b^2}+\dfrac{z^2}{c^2}=1$ 与 $-\dfrac{x^2}{a^2}+\dfrac{y^2}{b^2}+\dfrac{z^2}{c^2}=1$ 所表示的图形也是单叶双曲面.

2) 双叶双曲面

定义 3 在直角坐标系中,由方程

$$\frac{x^2}{a^2}+\frac{y^2}{b^2}-\frac{z^2}{c^2}=-1 \quad (a,b,c>0)\tag{3.3-13}$$

所表示的曲面称为**双叶双曲面**;方程 (3.3-13)称为**双叶双曲面的标准方程**.

双叶双曲面具有如下性质:双叶双曲面(3.3-13)关于三个坐标轴、三个坐标面及原点对称,原点为其中心;双叶双曲面为无界曲面;双叶双曲面(3.3-13)与

x 轴、y 轴不相交，而与 z 轴交于点$(0,0,\pm c)$，这两点称为**双叶双曲面的顶点**.

双叶双曲面(3.3-13)与三个坐标面交于三条曲线

$$\begin{cases}\dfrac{x^2}{a^2}+\dfrac{y^2}{b^2}=-1,\\ z=0;\end{cases}\tag{3.3-14}$$

$$\begin{cases}\dfrac{x^2}{a^2}-\dfrac{z^2}{c^2}=-1,\\ y=0;\end{cases}\tag{3.3-15}$$

$$\begin{cases}\dfrac{y^2}{b^2}-\dfrac{z^2}{c^2}=-1,\\ x=0,\end{cases}\tag{3.3-16}$$

方程(3.3-14)是一个虚椭圆，表明双叶双曲面(3.3-13)与 xy 坐标面不相交(无实交点)，方程 (3.3-15)、(3.3-16)均为双曲线，其实轴为 z 轴，虚轴分别为 y 轴和 x 轴，具有共同的顶点$(0,0,\pm c)$.

为考察双叶双曲面(3.3-13)的形状，先用平行于 xy 坐标面的平面 $z=k$ 截割双叶双曲面(3.3-13)，其截线方程为

$$\begin{cases}\dfrac{x^2}{a^2}+\dfrac{y^2}{b^2}=-1+\dfrac{k^2}{c^2},\\ z=k.\end{cases}\tag{3.3-17}$$

当$|k|<c$ 时，(3.3-17) 无实图形，即(3.3-13)与 $z=k$ 无实交点；当$|k|=c$ 时，(3.3-17) 表示两点，即(3.3-13)与 $z=k$ 交于两点$(0,0,\pm c)$；当$|k|>c$ 时，(3.3-17)为椭圆，其半轴长为 $a\sqrt{-1+\dfrac{k^2}{c^2}}$，$b\sqrt{-1+\dfrac{k^2}{c^2}}$，顶点为$\left(\pm a\sqrt{-1+\dfrac{k^2}{c^2}},0,k\right)$，$\left(0,\pm b\sqrt{-1+\dfrac{k^2}{c^2}},k\right)$，分别在双曲线 (3.3-15)和 (3.3-16)上. 这表明，**双叶双曲面(3.3-13)可看作是由一个椭圆在 $z=\pm c$ 外的变动(大小和位置都改变)而产生的，在变动过程中，保持所在平面与 xy 面平行，且两对顶点分别在两定双曲线(3.3-15)，(3.3-16)上滑动**(如图 3-18 所示).

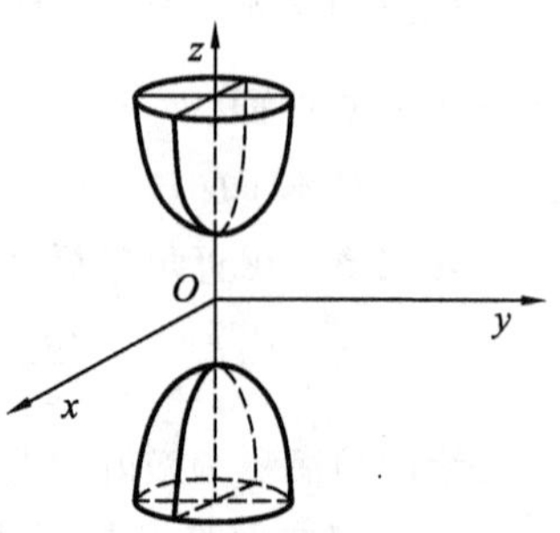

图 3-18

若用平行于 yz 面的平面截(3.3-13)，其截线方程为

$$\begin{cases}\dfrac{y^2}{b^2}-\dfrac{z^2}{c^2}=-1-\dfrac{k^2}{a^2},\\ x=k.\end{cases}\tag{3.3-18}$$

对任意实数 k，(3.3-18)均为双曲线，其实轴平行于 z 轴，虚轴平行于 y 轴，顶点为

$$\left(k,0,\pm c\sqrt{1+\frac{k^2}{a^2}}\right).$$

在 (3.3-13)中，若 $a=b$，则曲面为**双叶旋转双曲面**，双叶旋转双曲面是双叶双曲面的特例.

单叶双曲面与双叶双曲面统称为双曲面.

在直角坐标系中，方程 $\frac{x^2}{a^2}-\frac{y^2}{b^2}+\frac{z^2}{c^2}=-1$ 和 $-\frac{x^2}{a^2}+\frac{y^2}{b^2}+\frac{z^2}{c^2}=-1$ 所表示的图形也是双叶双曲面.

例 3 已知单叶双曲面 $\frac{x^2}{4}+\frac{y^2}{9}-\frac{z^2}{4}=1$，试求平面的方程，使该平面平行于 yz 面(或 xz 面)且与曲面的交线是一对相交直线.

解 先讨论单叶双曲面与平行于 yz 面的平面的交线，设所求平面为 $x=k$，则该平面与单叶双曲面的交线为

$$\begin{cases}\frac{x^2}{4}+\frac{y^2}{9}-\frac{z^2}{4}=1,\\ x=k,\end{cases}\tag{3.3-19}$$

即

$$\begin{cases}\frac{y^2}{9}-\frac{z^2}{4}=1-\frac{k^2}{4},\\ x=k.\end{cases}$$

为使交线 (3.3-19) 为两条相交直线，必须有 $1-\frac{k^2}{4}=0$，即 $k=\pm 2$，故要求的平面方程为 $x=\pm 2$. 同理，若平行于平面 xz 的平面与单叶双曲面的交线为两条相交直线，则该平面为 $y=\pm 3$.

椭球面和双曲面都具有对称中心，统称为**有心二次曲面**或**中心型二次曲面**，其标准方程可以表示为一个统一的形式

$$Ax^2+By^2+Cz^2=1.$$

当系数 A,B,C 全为正时，表示实椭球面；当系数 A,B,C 为两正一负时，表示单叶双曲面；当系数 A,B,C 为两负一正时，表示双叶双曲面；当系数 A,B,C 全为负时，表示虚椭球面.

3.3.3 抛物面

1) 椭圆抛物面

定义 4 在直角坐标系中，由方程

$$\frac{x^2}{a^2}+\frac{y^2}{b^2}=2z \tag{3.3-20}$$

所表示的曲面称为**椭圆抛物面**；方程(3.3-20) 称为**椭圆抛物面的标准方程**，其中 a,b 是任意的正常数.

椭圆抛物面具有如下特征：椭圆抛物面 (3.3-20) 关于 z 轴对称，关于 yz 坐标面、xz 坐标面对称，无对称中心；图形在 z 轴的正向无界；与对称轴均交于原点 $O(0,0,0)$，该点称为椭圆抛物面的顶点.

用三坐标面截割椭圆抛物面 (3.3-20)所得的三个截线为

$$\begin{cases}\dfrac{x^2}{a^2}+\dfrac{y^2}{b^2}=0,\\ z=0;\end{cases} \tag{3.3-21}$$

$$\begin{cases}x^2=2a^2z,\\ y=0;\end{cases} \tag{3.3-22}$$

$$\begin{cases}y^2=2b^2z,\\ x=0.\end{cases} \tag{3.3-23}$$

方程(3.3-21)表示一个点，即原点 $O(0,0,0)$，方程(3.3-22)，(3.3-23)均为抛物线，称为**椭圆抛物面的主抛物线**，它们有共同的顶点、对称轴和开口方向.

用平行于 xy 坐标面的平面 $z=k(k>0)$ 截割椭圆抛物面 (3.3-20)得到截线方程为

$$\begin{cases}\dfrac{x^2}{a^2}+\dfrac{y^2}{b^2}=2k,\\ z=k\end{cases} \quad (k>0). \tag{3.3-24}$$

方程(3.3-24) 为椭圆，当 k 变大时，椭圆(3.3-24)也在变大，且其顶点为 $(\pm a\sqrt{2k},0,k)$，$(0,\pm b\sqrt{2k},k)$，分别在两条主抛物线(3.3-22)，(3.3-23)上. 因此，**椭圆抛物面(3.3-20) 可以看成是由一个椭圆的变动(大小位置都改变)而产生的. 该椭圆在变动过程中，始终保持所在平面平行于 xy 坐标面，且两对顶点分别在定抛物线 (3.3-22)，(3.3-23)上滑动**(如图 3-19 所示).

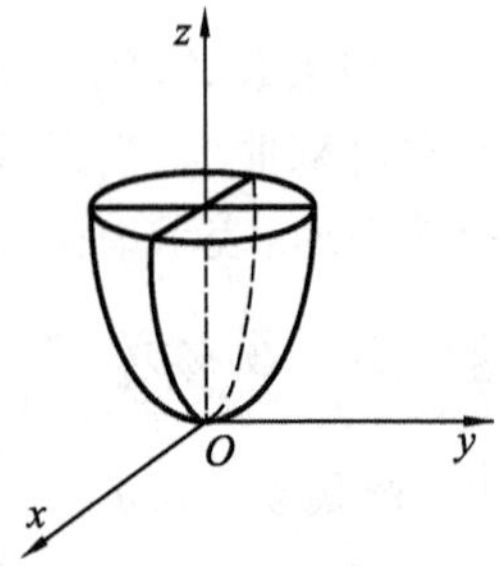

图 3-19

再用平行于 xz 坐标面的平面 $y=h$ 截割椭圆抛物面(3.3-20)，所得截线方程为

$$\begin{cases}x^2=2a^2\left(z-\dfrac{h^2}{2b^2}\right),\\ y=h.\end{cases} \tag{3.3-25}$$

这是一族与主抛物线(3.3-22) 平行的抛物线，开口方向相同，焦参数相同，称为与主抛物线(3.3-22)全等. 因此(3.3-25)可看成由主抛物线(3.3-22) 平行移动而成的，

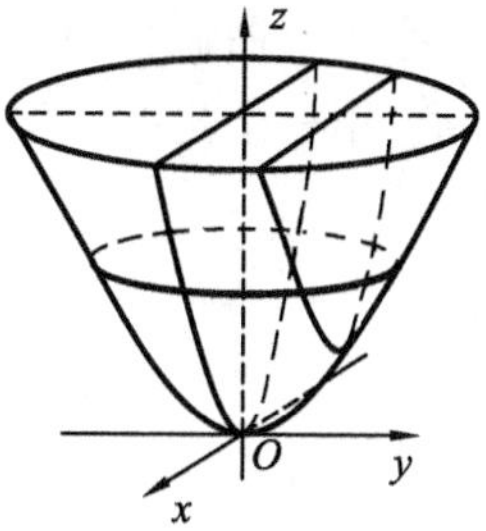

图 3-20

其顶点$\left(0,h,\frac{h^2}{2b^2}\right)$位于主抛物线(3.3-23)上.用平行于$yz$坐标面的平面截割(3.3-20),其截线情况与上述结论类似.从而可得如下结论:

椭圆抛物面可看作由一抛物线移动产生的,在移动过程中,动抛物线的顶点始终在一条定抛物线上滑动,两抛物线具有相同的开口方向,且动抛物线所在的平面始终与定抛物线所在平面保持垂直(如图 3-20 所示).

在(3.3-20)中,若$a=b$,则曲面为**旋转抛物面**.

在直角坐标系中,方程$\frac{x^2}{a^2}+\frac{z^2}{c^2}=-2y$,$\frac{y^2}{b^2}+\frac{z^2}{c^2}=-2x$及$\frac{x^2}{a^2}+\frac{y^2}{b^2}=-2z$所表示的图形也是椭圆抛物面.

例 4 平面$z=t$截割椭圆抛物面$\frac{x^2}{25}+\frac{y^2}{16}=2z$,求这族截线的焦点轨迹方程.

解 截线方程为

$$\begin{cases}\frac{x^2}{25}+\frac{y^2}{16}=2z,\\ z=t,\end{cases}$$

这是一族椭圆,其焦点坐标为

$$\begin{cases}x=\pm 3\sqrt{2t},\\ y=0,\\ z=t.\end{cases}$$

此方程一方面可看成焦点的坐标,另一方面,也可看成焦点轨迹的参数方程.从中消去参数t,便得焦点轨迹的一般方程为

$$\begin{cases}x^2=18z,\\ y=0,\end{cases}$$

它表示xz平面上的抛物线,开口方向为z轴的正向.

2) 双曲抛物面

定义 5 在直角坐标系中,由方程

$$\frac{x^2}{a^2}-\frac{y^2}{b^2}=2z\ (a,b>0) \tag{3.3-26}$$

所表示的图形称为**双曲抛物面**,方程(3.3-23)称为**双曲抛物面的标准方程**.

显然,双曲抛物面(3.3-26)关于z轴、yz坐标面、xz坐标面对称,但没有对称中心;(3.3-26)是无界曲面;(3.3-26)与三个坐标轴均交于原点$O(0,0,0)$,该

点称为双曲抛物面的顶点.

用三个坐标面截割双曲抛物面(3.3-26)所得截线方程分别为

$$\begin{cases}\dfrac{x^2}{a^2}-\dfrac{y^2}{b^2}=0,\\ z=0;\end{cases} \tag{3.3-27}$$

$$\begin{cases}x^2=2a^2z,\\ y=0;\end{cases} \tag{3.3-28}$$

$$\begin{cases}y^2=-2b^2z,\\ x=0.\end{cases} \tag{3.3-29}$$

方程(3.3-27)是交于原点的两条相交直线$\begin{cases}\dfrac{x}{a}-\dfrac{y}{b}=0,\\ z=0\end{cases}$和$\begin{cases}\dfrac{x}{a}+\dfrac{y}{b}=0,\\ z=0;\end{cases}$(3.3-28),(3.3-29)均为抛物线,这两条抛物线称为**双曲抛物面的主抛物线**,它们所在的平面相互垂直,有相同的顶点和对称轴,但两条抛物线的开口方向相反,(3.3-28)与 z 轴正向相同,(3.3-29)与 z 轴负向相同.

用平行于 xy 坐标面的平面 $z=k(k\neq0)$ 截割双曲抛物面(3.3-26)所得的截线方程为

$$\begin{cases}\dfrac{x^2}{a^2}-\dfrac{y^2}{b^2}=2k,\\ z=k.\end{cases} \tag{3.3-30}$$

其图形为双曲线,当 $k>0$ 时,实轴与 x 轴平行,虚轴与 y 轴平行,其顶点$(\pm a\sqrt{2k},0,k)$在主抛物线(3.3-28)上;当 $k<0$ 时,实轴与 y 轴平行,虚轴与 x 轴平行,顶点$(0,\pm b\sqrt{-2k},k)$在主抛物线(3.3-29)上(如图3-21所示).由图 3-21 可见,双曲抛物面(3.3-26)被 xy 坐标面分割成上下两部分,上半部分沿 y 轴的两个方向上升,下半部分沿 x 轴的两个方向下降,曲面的大致形状像一个马鞍,因此双曲抛物面(3.3-26)也称为**马鞍曲面**.

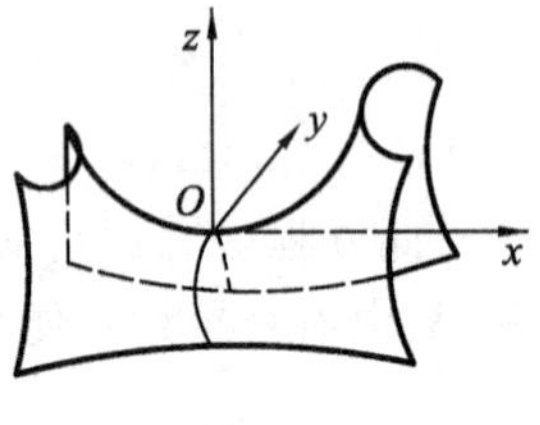

图 3-21

为了进一步了解双曲抛物面(3.3-26),再用平行于 xz 坐标面的平面截割双曲抛物面(3.3-26),得

$$\begin{cases}x^2=2a^2\left(z+\dfrac{h^2}{2b^2}\right),\\ y=h.\end{cases} \tag{3.3-31}$$

易知，无论 h 为何值，抛物线（3.3-31）均与主抛物线（3.3-28）全等. 因此（3.3-31）可看成由主抛物线（3.3-28）平行移动而成，且所在平面平行于该主抛物线所在的平面 xz 坐标面，顶点 $\left(0,h,-\frac{h^2}{2b^2}\right)$ 在抛物线（3.3-29）上，对称轴平行于 z 轴，开口方向为 z 轴正向.

若用平行于 yz 坐标面的平面截（3.3-26），其截线情况与上述类似. 由此可得如下结论：

双曲抛物面可看作是由一抛物线沿另一定抛物线运动产生的，在运动过程中，动抛物线的顶点始终在定抛物线上，开口方向与定抛物线开口方向相反，且它们所在平面始终保持垂直（如图 3-22 所示）.

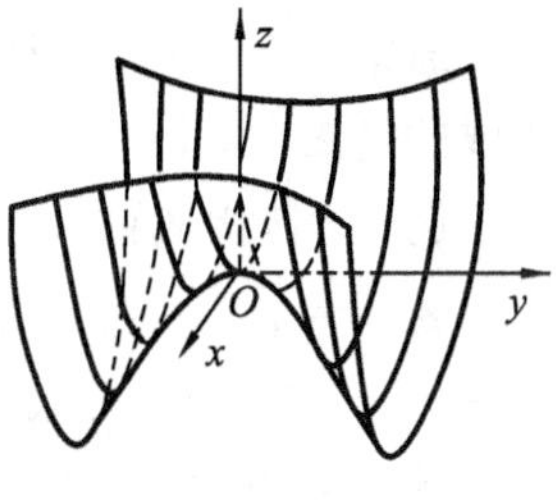

图 3-22

在直角坐标系中，由方程 $\frac{x^2}{a^2}-\frac{z^2}{c^2}=2y$ 或 $\frac{y^2}{b^2}-\frac{z^2}{c^2}=2x$ 所表示的图形也是双曲抛物面. 在高等数学及工程技术中，双曲抛物面的方程还有另一种简单形式：$z=xy$（参看第 6 章 6.1.2 节例 4）.

椭圆抛物面和双曲抛物面统称为**抛物面**，它们都没有对称中心，因此又称为**无心二次曲面**或**非中心型二次曲面**. 无心二次曲面的标准方程可表示为如下形式：

$$Ax^2+By^2=2z.$$

当系数 A,B 同号时，表示椭圆抛物面；当系数 A,B 异号时，表示双曲抛物面.

例 5 已知椭圆抛物面的顶点在原点，对称平面为 xz 面与 yz 面，且过点 $(1,2,6)$ 和 $\left(\frac{1}{3},-1,1\right)$，求这个椭圆抛物面的方程.

解 据题意可设所求的椭圆抛物面方程为

$$\frac{x^2}{a^2}+\frac{y^2}{b^2}=2z,$$

又由于曲面过点 $(1,2,6)$ 和 $\left(\frac{1}{3},-1,1\right)$，故

$$\frac{1}{a^2}+\frac{4}{b^2}=12,\ \frac{1}{9a^2}+\frac{1}{b^2}=2,$$

解得

$$a^2=\frac{5}{36},\ b^2=\frac{5}{6},$$

从而所求椭圆抛物面的方程为

$$\frac{36x^2}{5}+\frac{6y^2}{5}=2z,$$

即

$$18x^2+3y^2=5z.$$

3.3.4 空间区域简图

在多元微积分及许多工程技术问题中，会涉及空间区域，它是由几个曲面围成的，常需作出空间区域的简图.

通常情况下，区域是由几块平面或二次曲面围成，可以通过分析，作出空间区域的简图.

例 6 作出曲面 $x^2+y^2+z^2=8$ 与 $x^2+y^2=2z$ 所围区域的简图.

解 方程 $x^2+y^2+z^2=8$ 表示球心在原点，半径为 $2\sqrt{2}$ 的球面，方程 $x^2+y^2=2z$ 表示一个旋转抛物面，顶点在原点，旋转轴为 z 轴，开口向上. 要作出区域的简图，关键是作出两个曲面的交线.

两曲面的交线为

$$\begin{cases} x^2+y^2+z^2=8, \\ x^2+y^2=2z, \end{cases}$$

化简得 $z^2+2z-8=0$，即 $z=-4$ 或 $z=2$，又因为 $z\geqslant 0$，所以 $z=2$，从而交线方程可改写为

$$\begin{cases} x^2+y^2=4, \\ z=2. \end{cases}$$

故曲线为平面 $z=2$ 上的一个圆，圆心为 $(0,0,2)$，半径为 2. 把这个圆和球面及抛物面的图形画出来，就得到空间区域的简图(如图 3-23 所示).

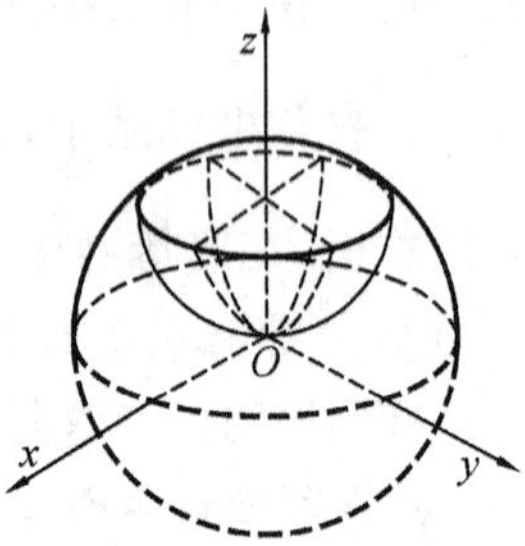

图 3-23

例 7 作出由 $x+y=1$，$y^2+z^2=1$ 和三个坐标面所围空间区域的简图.

解 方程 $x+y=1$ 表示经过点 $(1,0,0)$ 和 $(0,1,0)$ 又平行于 z 轴的平面. 不等式 $x+y\leqslant 1$ 表示以这个平面为界限包含原点的半个空间. 方程 $y^2+z^2=1$ 表示以 x 轴为轴、半径为 1 的圆柱面. 不等式 $y^2+z^2\leqslant 1$ 表示这个圆柱面围成的圆柱体. 圆柱面在平面 $x=0$，$y=0$ 和 $x+y=1$ 上的截线分别是圆、直线和椭圆. 平面 $x+y=1$ 在平面 $y=0$ 和 $z=0$ 上的截线都是直线. 把这五条截线画出来，只要坐标非负的点，就得到区域的简图(如图 3-24 所示).

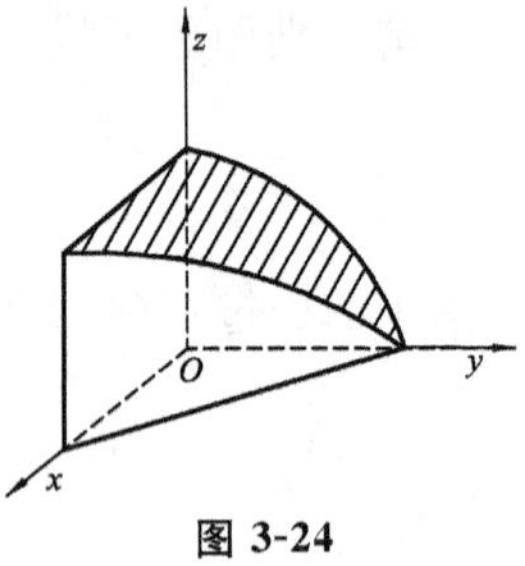

图 3-24

例 8 画出 $\dfrac{x^2}{25}+\dfrac{y^2}{9}=z$ 与三个坐标面及 $x+y=1$ 所围的立体部分.

解 方程 $\dfrac{x^2}{25}+\dfrac{y^2}{9}=z$ 表示椭圆抛物面，它与 xy 面交于一点，与 xz 面和 yz

面的交线为两抛物线 $\begin{cases}x^2=25z,\\ y=0\end{cases}$ 和 $\begin{cases}y^2=9z,\\ x=0,\end{cases}$ 与 $x+y=1$ 的交线是一个上凹的曲线. 平面 $x+y=1$ 与 xy 面的交线是 xy 面上的直线 $x+y=1$, 与 xz 面的交线是 $x=1$; 与 yz 面的交线是 $y=1$. 由以上讨论可知, 立体部分为位于椭圆抛物面之下被三坐标面和 $x+y=1$ 所围部分(如图 3-25 所示).

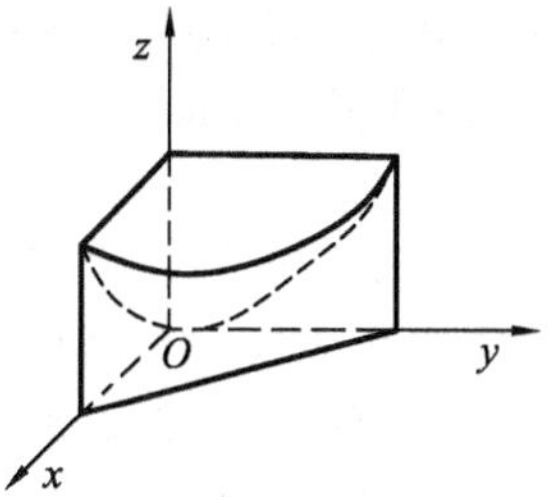

图 3-25

* 3.4 直纹曲面及其性质

从前面的学习已经看到, 柱面和锥面都可以看作是由一族直线生成的, 这种由一族直线所生成的曲面称为**直纹曲面**, 生成曲面的这族直线称为这个曲面的一族**直母线**. 因此, 柱面和锥面都是直纹曲面.

由 3.3 节内容可知, 单叶双曲面和双曲抛物面上都存在直线. 下面说明单叶双曲面与双曲抛物面都是直纹曲面.

3.4.1 单叶双曲面的直纹性

设有单叶双曲面

$$\frac{x^2}{a^2}+\frac{y^2}{b^2}-\frac{z^2}{c^2}=1, \tag{3.4-1}$$

其中 a,b,c 是任意常数, 将其分解因式改写为

$$\left(\frac{x}{a}+\frac{z}{c}\right)\left(\frac{x}{a}-\frac{z}{c}\right)=\left(1+\frac{y}{b}\right)\left(1-\frac{y}{b}\right). \tag{3.4-2}$$

引进不等于零的参数 u, 并考察由(3.4-2)得到的方程组

$$\begin{cases}\dfrac{x}{a}+\dfrac{z}{c}=u\left(1+\dfrac{y}{b}\right),\\[2mm] \dfrac{x}{a}-\dfrac{z}{c}=\dfrac{1}{u}\left(1-\dfrac{y}{b}\right),\end{cases} \tag{3.4-3}$$

与两方程组

$$\begin{cases}\dfrac{x}{a}+\dfrac{z}{c}=0,\\[2mm] 1-\dfrac{y}{b}=0,\end{cases} \tag{3.4-4}$$

$$\begin{cases}\dfrac{x}{a}-\dfrac{z}{c}=0,\\[2mm] 1+\dfrac{y}{b}=0.\end{cases} \tag{3.4-4$'$}$$

方程组(3.4-4)和 (3.4-4$'$)实际上是(3.4-3)中 $u\to 0$ 和 $u\to\infty$ 时的两种极限情形. 无论 u 取何值, (3.4-3)、(3.4-4)和(3.4-4$'$)都表示直线. 我们把(3.4-3)、(3.4-4)和(3.4-4$'$)合起来

组成的一族直线称为 u **族直母线**.

现证明 u 族直线可以构成单叶双曲面(3.4-1),从而它是单叶双曲面(3.4-1)的一族直母线.

首先,u 族直线中的每一直线均在单叶双曲面(3.4-1)上.因为当 $u\neq 0$ 时,(3.4-3)的两式相乘就得(3.4-1),所以(3.4-3)表示的直线上的点都在曲面(3.4-1)上.满足(3.4-4)和(3.4-4′)的点显然都满足(3.4-2),从而满足(3.4-1),因此直线(3.4-4)和 3.4-4′)上的点都在曲面(3.4-1)上.

反过来,设 $P_0(x_0,y_0,z_0)$是曲面(3.4-1)上任一点,则有

$$\left(\frac{x_0}{a}+\frac{z_0}{c}\right)\left(\frac{x_0}{a}-\frac{z_0}{c}\right)=\left(1+\frac{y_0}{b}\right)\left(1-\frac{y_0}{b}\right). \tag{3.4-5}$$

显然 $1+\frac{y_0}{b}$ 与 $1-\frac{y_0}{b}$ 不能同时为零,不失一般性,设 $1+\frac{y_0}{b}\neq 0$. 此时若 $\frac{x_0}{a}+\frac{z_0}{c}\neq 0$,取 u 的值,使得

$$\frac{x_0}{a}+\frac{z_0}{c}=u\left(1+\frac{y_0}{b}\right),$$

则由(3.4-5)便得

$$\frac{x_0}{a}-\frac{z_0}{c}=\frac{1}{u}\left(1-\frac{y_0}{b}\right),$$

所以点 $P_0(x_0,y_0,z_0)$在直线(3.4-3)上.

若 $\frac{x_0}{a}+\frac{z_0}{c}=0$,则由(3.4-5)可得 $1-\frac{y_0}{b}=0$,故点 M_0 在直线(3.4-4)上.

因此曲面(3.4-1)上的任意一点 $P_0(x_0,y_0,z_0)$必定在 u 族直线中的某一条直线上.

根据上面的讨论可知,单叶双曲面(3.4-1)可由 u 族直线构成,因此单叶双曲面是直纹曲面,u 族直线是单叶双曲面(3.4-1)的一族直母线,称为 u 族直母线.

为了避免取极限,常把单叶双曲面的 u 族直母线写成

$$\begin{cases} w\left(\frac{x}{a}+\frac{z}{c}\right)=u\left(1+\frac{y}{b}\right), \\ u\left(\frac{x}{a}-\frac{z}{c}\right)=w\left(1-\frac{y}{b}\right), \end{cases} \tag{3.4-6}$$

其中 u,w 不同时为零.当 $uw\neq 0$ 时,各式除以 w,(3.4-6)就化为(3.4-3),当 $u=0$ 时化为(3.4-4),当 $w=0$ 时化为(3.4-4′).

同理可证明,直线

$$\begin{cases} t\left(\frac{x}{a}+\frac{z}{c}\right)=v\left(1-\frac{y}{b}\right), \\ v\left(\frac{x}{a}-\frac{z}{c}\right)=t\left(1+\frac{y}{b}\right) \end{cases} \tag{3.4-7}$$

是单叶双曲面(3.4-1)的另一族直母线(其中 v,t 不同时为零),称其为单叶双曲面(3.4-1)的 v **族直母线**.易知,(3.4-6) 和 (3.4-7)中的直母线方程分别只依赖于 $u:w$ 和 $v:t$ 的值.

图 3-26 中的两个图表示了单叶双曲面上两族直母线大概的分布情况.

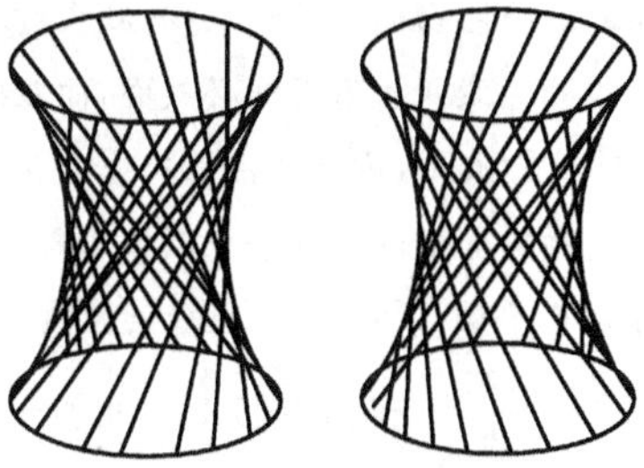

图 3-26

注 单叶旋转双曲面也可由两异面直线中的一条绕另一条旋转生成,参看第 3.2.2 节的例 9 和习题 17,18.

3.4.2 双曲抛物面的直纹性

对于双曲抛物面

$$\frac{x^2}{a^2}-\frac{y^2}{b^2}=2z,$$

同样可以证明它也有两族直母线(如图 3-27 所示).

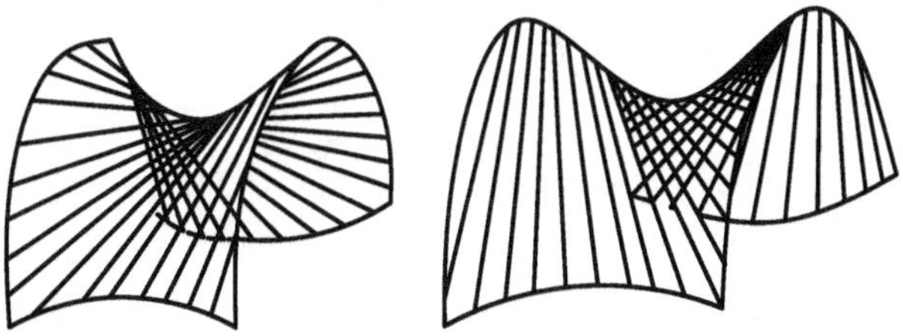

图 3-27

u 族直母线为

$$\begin{cases}\dfrac{x}{a}+\dfrac{y}{b}=2u,\\ u\left(\dfrac{x}{a}-\dfrac{y}{b}\right)=z.\end{cases}\tag{3.4-8}$$

v 族直母线为

$$\begin{cases}\dfrac{x}{a}-\dfrac{y}{b}=2v,\\ v\left(\dfrac{x}{a}+\dfrac{y}{b}\right)=z.\end{cases}\tag{3.4-9}$$

单叶双曲面与双曲抛物面的直母线在建筑上有着重要的应用,人们常用它来构成建筑的骨架.

3.4.3 单叶双曲面和双曲抛物面的直母线的性质

单叶双曲面与双曲抛物面的直母线具有如下基本性质:

性质 1 对于单叶双曲面或双曲抛物面上任一点，两族直母线中各有一条通过该点.

性质 2 单叶双曲面上异族的任意两条直母线必共面，而双曲抛物面上异族的任意两条直母线必相交（利用两条直线的位置关系，请读者自证）.

性质 3 单叶双曲面或双曲抛物面上同族的任意两条直母线必是异面直线，而双曲抛物面上同族的全体直母线平行于同一平面（利用两条直线的位置关系，请读者自证）.

例 1 求单叶双曲面$\frac{x^2}{9}+\frac{y^2}{4}-\frac{z^2}{16}=1$通过点(6,2,8)的直母线方程.

解 单叶双曲面$\frac{x^2}{9}+\frac{y^2}{4}-\frac{z^2}{16}=1$的两族直母线方程为

$$\begin{cases} w\left(\frac{x}{3}+\frac{z}{4}\right)=u\left(1+\frac{y}{2}\right), \\ u\left(\frac{x}{3}-\frac{z}{4}\right)=w\left(1-\frac{y}{2}\right) \end{cases} \text{与} \begin{cases} t\left(\frac{x}{3}+\frac{z}{4}\right)=v\left(1-\frac{y}{2}\right), \\ v\left(\frac{x}{3}-\frac{z}{4}\right)=t\left(1+\frac{y}{2}\right). \end{cases}$$

将点(6,2,8)分别代入上面两组方程，求得 $w:u=1:2, t=0$，代入直母线方程，得到过点(6,2,8)的直母线方程分别是

$$\begin{cases} \frac{x}{3}+\frac{z}{4}=2\left(1+\frac{y}{2}\right), \\ 2\left(\frac{x}{3}-\frac{z}{4}\right)=1-\frac{y}{2} \end{cases} \text{与} \begin{cases} 1-\frac{y}{2}=0, \\ \frac{x}{3}-\frac{z}{4}=0, \end{cases}$$

即

$$\begin{cases} 4x-12y+3z-24=0, \\ 4x+3y-3z-6=0 \end{cases} \text{与} \begin{cases} y-2=0, \\ 4x-3z=0. \end{cases}$$

3.4.4 直纹曲面的判别

由一族或几族直线所构成的曲面称为直纹曲面，也可定义为一直线依某种规律移动产生的曲面. 构成曲面的那族直线称为这曲面的一族直母线.

已给二次曲面的方程 $F(x,y,z)=0$，如何判别该曲面是直纹曲面，如何求出该直纹曲面的直母线族方程呢？

定理 若二次曲面的方程 $F(x,y,z)=0$ 经过适当的恒等变形，可以在方程两端分解为零次或一次因式之积，而且至少有一端是两个一次因式之积

$$a(x,y,z)b(x,y,z)=c(x,y,z)d(x,y,z), \tag{3.4-10}$$

则此曲面为直纹曲面.

证明 不失一般性，假设在二次曲面的方程(3.4-10)中，左端的两个因式$a(x,y,z)$，$b(x,y,z)$ 是一次因式. 引进参数 $u=u:w$ (u, w 不全为零)，考察由上式得到的方程组：

$$\begin{cases} w(a(x,y,z))=u(c(x,y,z)), \\ u(b(x,y,z))=w(d(x,y,z)). \end{cases} \tag{3.4-11}$$

由于$a(x,y,z)$，$b(x,y,z)$，$c(x,y,z)$，$d(x,y,z)$均为零次或一次因式，而且 $a(x,y,z)$，

$b(x,y,z)$都是一次因式，故无论 u，w 取何值，方程(3.4-11)都表示直线，合起来组成一族直线称为 u **族直线**.

下证 u 族直线(3.4-11)可以构成曲面(3.4-10)，从而它是曲面(3.4-10)的一族直母线.

易知，u 族直线(3.4-11)中任何一条直线上的点都在曲面(3.4-10)上；反过来，设(x_0,y_0,z_0)是曲面(3.4-10)上的点，则有

$$a(x_0,y_0,z_0)b(x_0,y_0,z_0)=c(x_0,y_0,z_0)d(x_0,y_0,z_0), \tag{3.4-12}$$

那么取 $u=u:w$ 的值，使得

$$\frac{a(x_0,y_0,z_0)}{c(x_0,y_0,z_0)}=\frac{d(x_0,y_0,z_0)}{b(x_0,y_0,z_0)}=\frac{u}{w}, \tag{3.4-13}$$

从而有

$$\begin{cases} w(a(x_0,y_0,z_0))=u(c(x_0,y_0,z_0)), \\ u(b(x_0,y_0,z_0))=w(d(x_0,y_0,z_0)). \end{cases} \tag{3.4-14}$$

所以点(x_0,y_0,z_0)在 u 族直线(3.4-11)上.

这样就证明了曲面(3.4-10)是由 u 族直线(3.4-11)构成的，因此它是直纹曲面. 称直线族(3.4-11)为曲面(3.4-10)的 u **族直母线**.

类似地，引进参数 $v=v:t$(v，t 不全为零)，考察由(3.4-10)式得到的另一个方程组：

$$\begin{cases} t(a(x,y,z))=v(d(x,y,z)), \\ v(b(x,y,z))=t(c(x,y,z)). \end{cases} \tag{3.4-15}$$

则不难证明曲面(3.4-10)也可以由直线族(3.4-15)构成的，称直线族(3.4-15)为曲面(3.4-10)的 v **族直母线**.

定理的证明过程中，同时也给出了如何求出该直纹曲面的直母线族方程的方法：若二次曲面的方程 $F(x,y,z)=0$ 经过适当的恒等变形可以写成方程(3.4-10)，便可以写出其 u 族直母线方程(3.4-11)或者 v 族直母线方程(3.4-15).

推论 1 从直母线族方程(3.4-11)或直母线方程族(3.4-15)中消去参数，便可得到由这族直母线所生成的直纹曲面方程.

推论 2 若直母线族方程(3.4-11)与直母线方程族(3.4-15)之间存在一个参数变换 $u=\varphi(v)$，则直母线族方程(3.4-11)和直母线方程族(3.4-15)可以合并为一个方程，即直纹曲面(3.4-10)只有一族直母线；否则，直纹曲面(3.4-10)有两族直母线.

只有一族直母线的直纹曲面称为**单参数直纹曲面**，包括柱面、锥面等. 有两族直母线的直纹曲面称为**双参数直纹曲面**，包括单叶双曲面、双曲抛物面等.

例 2 空间的二次锥面方程为

$$\frac{x^2}{a^2}+\frac{y^2}{b^2}-\frac{z^2}{c^2}=0.$$

将方程变形为

$$\frac{x}{a}\cdot\frac{x}{a}=\left(\frac{z}{c}+\frac{y}{b}\right)\left(\frac{z}{c}-\frac{y}{b}\right),$$

得到二次锥面的两族直母线为

$$\begin{cases} w\left(\dfrac{x}{a}\right)=u\left(\dfrac{z}{c}+\dfrac{y}{b}\right), \\ u\left(\dfrac{x}{a}\right)=w\left(\dfrac{z}{c}-\dfrac{y}{b}\right) \end{cases} \text{与} \begin{cases} t\left(\dfrac{x}{a}\right)=v\left(\dfrac{z}{c}-\dfrac{y}{b}\right), \\ v\left(\dfrac{x}{a}\right)=t\left(\dfrac{z}{c}+\dfrac{y}{b}\right). \end{cases}$$

显然,通过参数变换 $u=\dfrac{1}{v}$,就可以把其中一族直母线转化为另一族直母线.因而二次锥面只有一族直母线,是单参数直纹曲面.

* 3.5 空间曲线和曲面的应用示例

3.5.1 空间曲线的应用

例 1 一质点在半径为 a 的圆柱面上,一方面绕圆柱面的轴作匀速转动,另一方面沿圆柱面的母线方向作匀速直线运动,且线速度与角速度成正比,求此质点的运动轨迹.

解 以圆柱面的轴为 z 轴,建立直角坐标系 $O\text{-}xyz$.如图 3-28 所示,设质点的起始点 $P_0(a,0,0)$在 x 轴上,质点运动的角速率与线速率分别为 ω, v,且线速度与角速度成正比,质点运动的轨迹为 L,设经过时间 t 后,质点到达 P 处,$P\in L$, P 在 xy 面上的投影为 P',则有

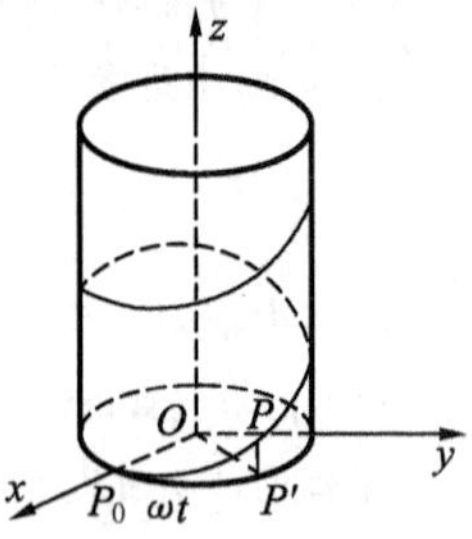

图 3-28

$$\begin{aligned} \boldsymbol{r} &= \overrightarrow{OP}=\overrightarrow{OP'}+\overrightarrow{P'P} \\ &= [a\cos(\omega t)]\boldsymbol{i}+[a\sin(\omega t)]\boldsymbol{j}+vt\boldsymbol{k} \quad (0<t<+\infty), \end{aligned}$$

令 $\omega t=\theta, \dfrac{v}{\omega}=b$,则

$$\boldsymbol{r}=(a\cos\theta)\boldsymbol{i}+(a\sin\theta)\boldsymbol{j}+b\theta\boldsymbol{k} \quad (0\leqslant\theta<+\infty),$$

此即为质点运动的向量式参数方程,其中 θ 为参数.其坐标式参数方程为

$$\begin{cases} x=a\cos\theta, \\ y=a\sin\theta, \\ z=b\theta \end{cases} \quad (0\leqslant\theta<+\infty),$$

其轨迹为一圆柱螺旋线.

消去参数 θ,得圆柱螺旋线的一般方程为

$$\begin{cases} x^2+y^2=a^2, \\ y=a\sin\dfrac{z}{b}. \end{cases}$$

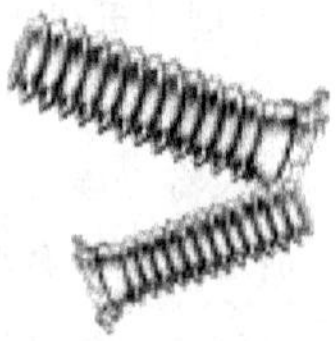
图 3-29

圆柱螺旋线在生活中有广泛的应用,如:平头螺丝钉(如图 3-29 所示),各种弹簧等,所以也称其为弹簧曲线.

例 2 有一质点,沿着已知圆锥面的一条直母线自圆锥的顶点起,作等速直线运动,另一方面这条直线在圆锥面上过圆锥的顶点绕圆锥的轴(旋转轴)作等速转动,这时质点在圆锥面上的轨迹称为圆锥螺线,试建立圆锥螺线的方程.

解 取圆锥面的顶点为坐标原点，圆锥的轴为 z 轴，建立直角坐标系(如图 3-30 所示)，并设圆锥顶角为 2θ，旋转角速度为 ω，直线运动的速度为 v，动点的初始位置在原点，t 秒后质点到达点 P，点 P 在 z 轴上的射影为 M，则有

$$\boldsymbol{r}=\overrightarrow{OP}=\overrightarrow{OM}+\overrightarrow{MP},$$

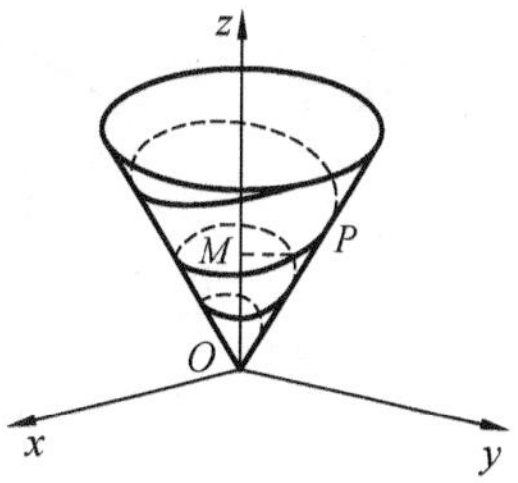

图 3-30

而

$$\overrightarrow{OM}=|\overrightarrow{OP}|\cos\theta\boldsymbol{k}=vt\cos\theta\boldsymbol{k},$$

$$\overrightarrow{MP}=vt\sin\theta(\cos\varphi\boldsymbol{i}+\sin\varphi\boldsymbol{j})=vt\sin\theta\cos\varphi\boldsymbol{i}+vt\sin\theta\sin\varphi\boldsymbol{j},$$

所以，圆锥螺旋线的向量式参数方程为

$$\begin{aligned}\boldsymbol{r}&=(vt\sin\theta\cos\varphi)\boldsymbol{i}+(vt\sin\theta\sin\varphi)\boldsymbol{j}+(vt\cos\theta)\boldsymbol{k}\\&=[vt\sin\theta\cos(\omega t)]\boldsymbol{i}+[vt\sin\theta\sin(\omega t)]\boldsymbol{j}+[vt\cos\theta]\boldsymbol{k}\quad(0<t<+\infty),\end{aligned}$$

坐标式参数方程为

$$\begin{cases}x=vt\sin\theta\cos(\omega t),\\y=vt\sin\theta\sin(\omega t),\quad(0<t<+\infty)\\z=vt\cos\theta.\end{cases}$$

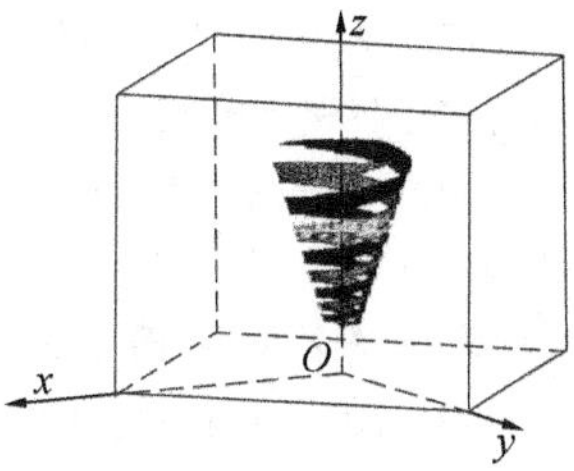

图 3-31

圆锥螺旋线在实际生活中也有着广泛的应用，如圆锥对数螺旋天线(如图 3-31 所示). 在宽脉冲电磁辐射研究中，发射天线设计是关键所在. 宽脉冲大功率电磁辐射技术广泛应用于民用、军事、天文等社会生活各个方面. 圆锥对数螺旋天线是一类较理想的宽频带天线，适合宽脉冲电磁辐射系统对天线的要求.

另外，植物中的对数螺旋线现象也非常普遍，如向日葵花盘上瘦果的排列(如图 3-32 所示)，松树球果上果鳞的布局，菠萝果实上的分块，都是按照对数螺旋线在空间展开的. 向日葵花盘上瘦果的对数螺旋线的弧形排列，可以使果实排得最紧，数量最多，产生后代的效率也最高.

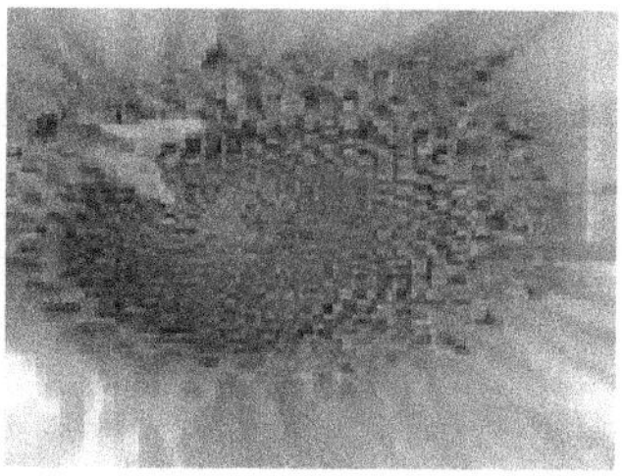
图 3-32

3.5.2 空间曲面的应用

1) 旋转抛物面的应用

由于旋转抛物面可将平行于主光轴(对称轴)的光线汇聚于其焦点处(如图 3-33 所示)；反之，也可将放置在焦点处的光源产生的光线反射成平行光束并使光度增大. 汽车的反光灯是采用旋转抛物面，聚光太阳能灶面也是根据这一原理设计的，当太阳光线照射在呈旋转抛物面形状的聚光太阳能灶面上时，太阳的辐射能被聚集在一块小面积的灶具上(如图 3-34 所示)，在阳光相对充足的天气，灶具内部温度可达到 280°以上.

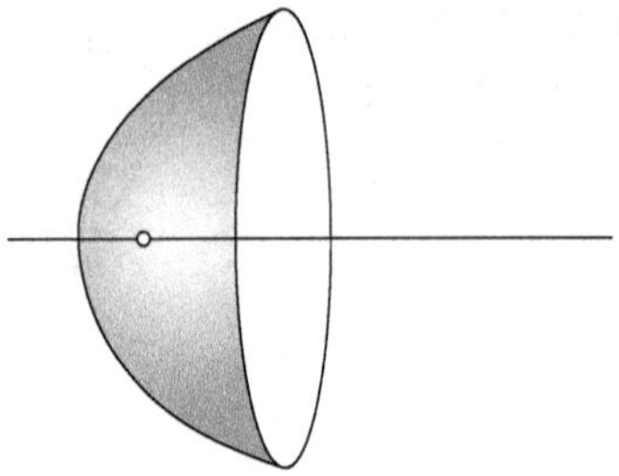

图 3-33

图 3-34

2）圆锥面的应用

高等植物的外形、茎干，也有其最佳的形态. 许多树的树干，都是底部大，上部小，呈圆锥状(如图 3-35 所示). 这是一种沉稳的、防倒伏的理想几何形状. 比较一下云杉、雪松与许多世界著名建筑(如：北京的天坛、西安的大雁塔、荷兰的 Delfut 大学图书馆) 的形态、布局，可以发现它们是多么相像.

图 3-35

3）单叶旋转双曲面和双曲抛物面的应用

单叶旋转双曲面又称为直纹曲面，它可由直线绕定轴旋转而成. 其上有且只有两族直母线，同族的两条直母线不相交，不同族的两条直母线必相交. 如化工厂或热电厂的冷却塔的外形常采用旋转单叶双曲面，其优点是对流快，散热效能好；此外，利用直纹曲面的特点，可把编织钢筋网的钢筋取为直材，建造出外形准确、轻巧且非常牢固的冷却塔(如图 3-36 所示). 另外，生物界的各种蛋壳、贝壳、乌龟壳(如图 3-37 所示)、海螺壳以及人的头盖骨等都是一种曲度均匀、质地轻巧的“薄壳结构”. 这种“薄壳结构”的表面虽然很薄，但非常耐压. 模仿这些壳体在外力作用下，内力将沿着整个表面扩散和分布的力学特征，在建筑工程中早已得到广泛应用. 世界上有许多仿贝造型的建筑物，其中有澳大利亚的悉尼歌剧院(如图 3-38 所示)，这座举世闻名的建筑物，采用了以龙骨螺为原型创作的，几个贝壳又叠加组成一副美妙绝伦的建筑几何图形. 在天津市中心区友谊路银河公园旁，一座酷似“白天鹅”的建筑，昂首挺立，展翅欲飞. 这就是我国北方唯一的仿生薄壳式建筑——天津博物馆(如图 3-39 所示). 由西班牙建筑大师高迪设计建造的圣家教堂(如图 3-40 所示)，采用螺旋形的墩子、双曲面的侧墙和拱顶、双曲抛物面的屋顶，构成了一个象征性的复杂结构组合. 教堂的上部四个高达 105 m 的圆锥形塔高耸入云，给人造成强烈的视觉冲击.

图 3-36

图 3-37

图 3-38

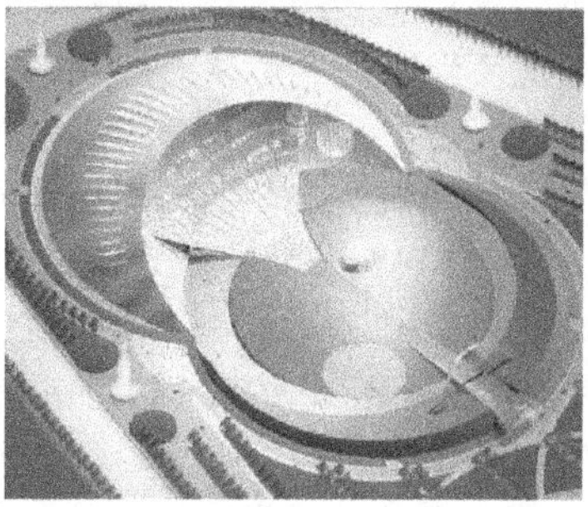

图 3-39

图 3-40

数学史话 3:非欧几何——双曲几何学和椭圆几何学

非欧几何学是一门大的数学分支,一般来讲,它有广义、狭义、通常意义这三个方面的不同含义.所谓广义,泛指一切与欧几里得几何学不同的几何学;狭义的非欧几何只是指罗氏几何;至于通常意义的非欧几何,是指罗氏几何和黎曼几何这两种几何.

1) 双曲几何(罗巴切夫斯基几何)

欧几里得的《几何原本》提出了五条公理(或称公设),分别为

(1) 由任意一点到任意一点可作直线.

(2) 一条有限直线可以继续延长.

(3) 以任意点为圆心及任意的距离为半径可以画圆.

(4) 凡直角都相等.

(5) 同一平面内一条直线和另外两条直线相交,若在某一侧的两个内角的和小于两直角和,则这两直线经无限延长后在这一侧相交.

长期以来,数学家们发现第五公理和前四个公理比较起来,显得文字叙述冗长,而且也不是那么显而易见.有些数学家还注意到欧几里得在《几何原本》一书中直到第29个命题中才用到第五公理,而且以后再也没有使用.也就是说,在《几何原本》中可以不依靠第五公理而推出前28个命题.因此,一些数学家提出,第五公理能不能不作为公理,而作为定理?能不能依靠前四个公理来证明第五公理?这就是几何发展史上最著名的,争论了长达两千多年的关于“第五公理”或“平行线理论”的讨论.

由于证明第五公理的问题始终得不到解决,人们逐渐怀疑证明的思路对不对?第五公理到底能不能得到证明?到了19世纪20年代,俄国喀山大学教授罗巴切夫斯基在证明第五公理的过程中,走了另一条路.他提出了一个与欧氏平行公理相矛盾的命题,用它来代替第五公理,然后与欧氏几何的前四个公理结合成一个公理系统,展开一系列的推理.他认为如果以这个系统为基础的推理中出现了矛盾,就等于证明了第五公理.这其实就是数学中的反证法.

但是,在他极为细致深入地推理过程中,得出了一个又一个在直觉上匪夷所思,但在逻辑上又毫无矛盾的命题.最后,罗巴切夫斯基得出两个重要的结论:

第一,第五公理不能被证明.

第二,在新的公理体系中展开一连串推理,得到了一系列在逻辑上毫无矛盾的新的定理,并形成了新的理论.这个理论像欧氏几何一样,是完善的、严密的几何学.

在这种新的非欧几何中,替代欧几里得平行公理的是罗巴切夫斯基平行公理:在一平面上,过已知直线外一点至少有两条直线与该直线共面而不相交.由此可以演绎出一系列全新的无矛盾的结论.在这种几何里,三角形内角和小于两直角.当时罗巴切夫斯基称这种几何学为虚几何学,后人又称为罗巴切夫斯基几何学,简称**罗氏几何**,也称**双曲几何**.这是第一个被提出的非欧几何学.

从罗巴切夫斯基创立的非欧几何学中,可以得出一个极为重要的、具有普遍意义的结论:逻辑上互不矛盾的一组假设都有可能提供一种几何学.

几乎在罗巴切夫斯基创立非欧几何学的同时,匈牙利数学家鲍耶·雅诺什也发现了第五公理是不可证明的和非欧几何学的存在.鲍耶在研究非欧几何学的过程中也遭到了家庭、社会的冷漠对待.他的父亲——数学家鲍耶·法尔卡什认为研究第五公理是耗费精力劳而无功的蠢事,劝他放弃这种研究.但鲍耶·雅诺什坚持为发展新的几何学而辛勤地工作.终于在1832年,在他父亲的一本著作里,以附录的形式发表了研究结果.那个时代被誉为“数学王子”的高斯也发现第五公理不能证明,并且研究了非欧几何.但是高斯害怕这种理论会遭到当时教会力量的打击和迫害,不敢公开发表自己的研究成果,只是在书信中向自己的朋友表示了自己的看法,也不敢站出来公开支持罗巴切夫斯基、鲍耶的新理论.

罗氏几何除了一个平行公理之外采用了欧氏几何的一切公理.罗氏几何学的公理系统和欧氏几何学不同的地方仅仅是把欧氏几何平行公理用“从直线外一点,至少可以做两条直线和这条直线平行”来代替,其他公理基本相同.由于平行公理不同,经过演绎推理就引出了一连串与欧氏几何内容不同的新的几何命题.因此,凡是不涉及平行公理的几何命题,如果在欧氏几何中如果是正确的,那么在罗氏几何中也同样是正确的.在欧氏几何中,凡涉及平行公理的命题,在罗氏几何中都不成立,他们都相应地含有新的意义.罗氏几何里有许多不同于欧氏几何的定理,例如:

① 共面不交的两直线，被第三直线所截，同位角（或内错角）不一定相等.

② 同一直线的垂线和斜线不一定相交.

③ 三角形内角和小于二直角.

④ 两三角形若有三内角对应相等，则两三角形必全等（即不存在相似而不全等的三角形）.

⑤ 萨开里四边形中底角小于直角.这说明在罗氏平面上不存在矩形.

⑥ 通过不共线三点不一定能作一圆.

⑦ 三角形三条高线不一定相交于一点.

⑧ 通过直线 α 外一点 B 有无穷多直线与 α 共面不交，过 B 也有无穷多直线与 α 相交.

⑨ 在罗氏平面上两直线或相交或沿某方向平行，或既不相交又不沿任何方向平行，后者情况下，称为分散线或超平行线.任何两对平行线可以互相叠合.两条平行线在平行角的一侧（平行方向）无限地接近，而在另一侧无限地远离.任何一对分散直线，有唯一的公垂线，且沿此公垂线两侧它们无限地远离.

⑩ 罗氏平面上下列三种直线的集合均称为线束.

通过同一点 O 的一切直线的集合称为有心线束，点 O 称为其中心.垂直于同一直线的一切直线的集合称为分散线束，该直线称为底线.一直线及平行于该直线方向的一切直线的集合称为平行线束，平行方向称为方向射线.

2）椭圆几何（黎曼几何）

继罗氏几何后，德国数学家黎曼在 1854 年又提出了既不是欧氏几何又不是罗氏几何的新的非欧几何学.这种几何采用公理"同一平面上的任何两直线一定相交"代替欧几里得的平行公理，并对欧氏几何中其余公理的一部分作了改动，在这种几何里，三角形内角和大于二直角.这种非欧几何学又称椭圆几何，它和球面几何学没有太大的差别，如果把球面的对顶点看成同一点，就得到这种几何学.

1854 年黎曼在格丁根大学发表的题为《论作为几何学基础的假设》的就职演说，通常被认为是黎曼几何学的源头.在这篇演说中，黎曼将曲面本身看成一个独立的几何实体，而不是把它仅仅看作欧几里得空间中的一个几何实体.他首先发展了空间的概念，提出了几何学研究的对象应是一种多重广义量，空间中的点可用 n 个实数 $(x_1, x_2, \cdots, x_n)$ 作为坐标来描述.这是现代 n 维微分流形的原始形式，为用抽象空间描述自然现象奠定了基础.这种空间上的几何学基于无限邻近两点 $(x_1, x_2, \cdots, x_n)$ 与 $(x_1+dx_1, x_2+dx_2, \cdots, x_n+dx_n)$ 之间的距离，用微分弧长的平方所确定的正定二次型理解度量.这便是黎曼度量.赋予黎曼度量的微分流形，就是黎曼流形.

黎曼认识到度量只是加到流形上的一种结构，并且在同一流形上可以有许多不同的度量.黎曼以前的数学家仅知道三维欧几里得空间 E_3 中的曲面 S 上存在诱导度量，而并未认识到 S 还可以有独立于三维欧几里得几何赋予的度量结构.黎曼意识到区分诱导度量和独立的黎曼度量的重要性，从而摆脱了经典微分几何曲面论中局限于诱导度量的束缚，创立了黎曼几何学，为近代数学和物理学的发展作出了杰出贡献.

黎曼几何以欧几里得几何和种种非欧几何作为其特例.例如：定义度量 a 是常数，则当 $a=0$ 时是普通的欧几里得几何，当 $a>0$ 时，就是椭圆几何，而当 $a<0$ 时为双曲几何.

黎曼几何中的一个基本问题是微分形式的等价性问题.该问题大约在1869年前后由克里斯托费尔和李普希茨等人解决.前者的解包含了以他的姓命名的两类克里斯托费尔记号和协变微分概念.在此基础上里奇发展了张量分析方法，这在广义相对论中起了基本数学工具的作用.他们进一步发展了黎曼几何学.

但在黎曼所处的时代，李群以及拓扑学还没有发展起来，因此黎曼几何只限于小范围的理论.大约在1925年霍普夫才开始对黎曼空间的微分结构与拓扑结构的关系进行了研究.随着微分流形精确概念的确立，特别是嘉当在20世纪20年代开创并发展了外微分形式与活动标架法，建立了李群与黎曼几何之间的联系，从而为黎曼几何的发展奠定重要基础，并开辟了广阔的园地，影响极其深远.并由此发展了线性联络及纤维丛的研究.

1915年，爱因斯坦运用黎曼几何和张量分析工具创立了新的引力理论——广义相对论.使黎曼几何（严格地说洛伦兹几何）及其运算方法（里奇算法）成为广义相对论研究的有效数学工具.而相对论近年的发展则受到整体微分几何的强烈影响.例如矢量丛和联络论构成规范场（杨一米尔斯场）的数学基础.

1944年，美籍华人数学家陈省身给出 n 维黎曼流形高斯一博内公式的内蕴证明，以及他关于埃尔米特流形的示性类的研究，引进了后来通称的陈示性类，为大范围微分几何提供了不可缺少的工具并为复流形的微分几何与拓扑研究开创了先河.半个多世纪，黎曼几何的研究从局部发展到整体，产生了许多深刻的结果.黎曼几何与偏微分方程、多复变函数论、代数拓扑学等学科互相渗透，相互影响，在现代数学和理论物理学中有重大作用.

对于非欧几何的承认是在其创造者死后才获得的.意大利数学家贝尔特拉米在1866年的论著《非欧几何解释的尝试》一文中，证明了非欧平面几何（局部）实现在普通欧氏空间里，作为伪球面，即负常数高斯曲率的曲面上的内在几何，这样，非欧几何的相容性问题与欧氏几何相容性的事实就一样清晰明了.德国数学家克莱因在1871年首次认识到从射影几何中可推导出度量几何，并建立了非欧平面几何（整体）的模型.这样，非欧几何的相容性问题就归结为欧氏几何的相容性问题，这些结果最终使非欧几何获得了普遍的承认.

非欧几何的创建打破了欧氏几何的一统天下，从根本上革新和拓广了人们对几何学观念的认识.1872年，克莱因从变换群的观点对各种几何学进行了分类，提出著名的埃尔朗根纲领，这个纲领对于几何学的进一步发展曾经产生了重大影响.

非欧几何的创建导致了人们对几何学基础的深入研究.希尔伯特于1899年建立了欧氏几何的公理体系.继几何学之后，数学家们又建立并研究了如算术、数理逻辑、概率论等一些数学学科的公理系统.这样形成的公理化方法已成为现代数学的重要方法之一.

非欧几何学的创建不仅推广了几何学观念，而且对于物理学在20世纪初期所发生的关于空间和时间的物理观念的改革也起了重大作用.非欧几何学首先提出了弯曲的空间，它为更广泛的黎曼几何的产生创造了前提，而黎曼几何后来成了爱因斯坦广义相对论的数学工具.爱因斯坦和他的后继者在广义相对论的基础上研究了宇宙的结构.按照相对论的观点，宇宙结构的几何学不是欧几里得几何学而是接近于非欧几何学.许多人采用了非欧几何学作为宇宙的几何模型.

非欧几何学在数学的一些分支中有着重要的应用,它们互相渗透促进着各自的发展.庞加莱利用复平面上作出的罗巴切夫斯基几何模型证明了自导函数的基本区域是一些互相合同的多边形.这个结果对于建立自导函数理论有重要的作用.从一个已知的负常数高斯曲率曲面出发,可以通过经典的巴克伦德变换构造出新的负常数高斯曲率曲面,这个方法对于求解正弦戈登方程提供了从一个特解构造新的特解的有效方法.20世纪70年代以来,人们又注意到巴克伦德变换以及它的各种推广是研究一大类在物理上有重要作用的非线性偏微分方程的重要工具.

第3章小结

1) 空间曲面和曲线的方程

空间的曲面和曲线都看成是具有某种特征性质的点的集合,而其特征性质在坐标系中反映为它的坐标之间的某种特定关系,把这种关系找出来,就是它的方程,而图形的方程和图形间有一一对应的关系,这样就把研究曲线与曲面的几何问题转化为了代数问题.

曲面的一般方程为一个三元方程:

$$F(x,y,z)=0;$$

曲面的参数方程为双参数的:

$$\begin{cases} x=x(u,v), \\ y=y(u,v), \\ z=z(u,v); \end{cases}$$

空间曲线的一般方程为两个三元方程联立的方程组:

$$\begin{cases} F_1(x,y,z)=0, \\ F_2(x,y,z)=0; \end{cases}$$

空间曲线的参数方程为单参数的:

$$\begin{cases} x=x(t), \\ y=y(t), \\ z=z(t). \end{cases}$$

参数方程若能消去参数则可得到一般方程,一般方程通过取参数可化为参数方程.由于参数的选取不同,一般方程化为参数方程时形式是不唯一的,但一定要保证与原方程等价.

2）柱面、锥面、旋转曲面

（1）**柱面**

柱面是由一族平行直线所生成的曲面，设在给定坐标系中，柱面 S 的准线为

$$\begin{cases}F_1(x,y,z)=0,\\F_2(x,y,z)=0,\end{cases}$$

母线的方向为 (X,Y,Z). 若设 $P(x,y,z)$ 为柱面上的任一点（动点），过点 P 的母线交准线于点 $P_1(x_1,y_1,z_1)$，则过 P_1 的母线方程为

$$\frac{x-x_1}{X}=\frac{y-y_1}{Y}=\frac{z-z_1}{Z},$$

且有

$$F_1(x_1,y_1,z_1)=0,F_2(x_1,y_1,z_1)=0.$$

消去参数 x_1,y_1,z_1，得柱面的方程为

$$H(x,y,z)=0.$$

圆柱面和母线平行于坐标轴的柱面，是一般柱面的两种特例.

（2）**锥面**

锥面是由过一定点的一族直线所生成的曲面. 设锥面 S 的准线为

$$\begin{cases}F_1(x,y,z)=0,\\F_2(x,y,z)=0,\end{cases}$$

顶点为 $A(x_0,y_0,z_0)$. 若设 $P(x,y,z)$ 为锥面上的任一点（动点），过点 P 的母线交准线于点 $P_1(x_1,y_1,z_1)$，则过点 P_1 的锥面的母线方程为

$$\frac{x-x_0}{x_1-x_0}=\frac{y-y_0}{y_1-y_0}=\frac{z-z_0}{z_1-z_0},$$

且有

$$F_1(x_1,y_1,z_1)=0,F_2(x_1,y_1,z_1)=0.$$

消去参数 x_1,y_1,z_1，得锥面的方程为

$$H(x,y,z)=0.$$

锥面的两种特殊情形分别是圆锥面和母线是坐标面的平行面上的曲线、顶点在原点的锥面.

（3）**旋转曲面**

旋转曲面是由曲线绕一定直线旋转而生成的曲面. 设旋转曲面 S 的母线为

$$\begin{cases}F_1(x,y,z)=0,\\F_2(x,y,z)=0,\end{cases}$$

旋转轴为

$$\frac{x-x_0}{X}=\frac{y-y_0}{Y}=\frac{z-z_0}{Z}.$$

设 $P(x,y,z)$ 为旋转曲面上的任一点(动点),过 P 点的纬圆交母线于点 $P_1(x_1,y_1,z_1)$,则纬圆的方程为

$$\begin{cases}X(x-x_1)+Y(y-y_1)+Z(z-z_1)=0,\\(x-x_0)^2+(y-y_0)^2+(z-z_0)^2=(x_1-x_0)^2+(y_1-y_0)^2+(z_1-z_0)^2,\end{cases}$$

且有

$$F_1(x_1,y_1,z_1)=0,F_2(x_1,y_1,z_1)=0.$$

消去参数 x_1,y_1,z_1,得旋转曲面 S 的方程为

$$H(x,y,z)=0.$$

当坐标面上的曲线绕其坐标面上的一个坐标轴旋转时,其方程有特殊求法.

3) 常见的二次曲面

(1) **椭球面**

标准方程: $\dfrac{x^2}{a^2}+\dfrac{y^2}{b^2}+\dfrac{z^2}{c^2}=1\quad(a,b,c>0)$;

参数方程: $\begin{cases}x=a\sin\varphi\cos\theta,\\y=b\sin\varphi\sin\theta,\\z=c\cos\varphi,\end{cases}\quad(0\leqslant\varphi\leqslant\pi,0\leqslant\theta\leqslant2\pi)$.

(2) **双曲面**

单叶双曲面: $\dfrac{x^2}{a^2}+\dfrac{y^2}{b^2}-\dfrac{z^2}{c^2}=1\quad(a,b,c>0)$;

双叶双曲面: $\dfrac{x^2}{a^2}+\dfrac{y^2}{b^2}-\dfrac{z^2}{c^2}=-1\quad(a,b,c>0)$.

中心型二次曲面的标准方程: $Ax^2+By^2+Cz^2=1$.

(3) **抛物面**

椭圆抛物面: $\dfrac{x^2}{a^2}+\dfrac{y^2}{b^2}=2z\ (a,b>0)$;

双曲抛物面: $\dfrac{x^2}{a^2}-\dfrac{y^2}{b^2}=2z\ (a,b>0)$;

非中心型曲面的标准方程:$Ax^2+By^2=2z$.

(4) **平行截割法**

用一族平行平面去截割曲面,得一族平行截线,通过对平行截线的形状和变化趋势的讨论,推断曲面的形状.

*4) 直纹曲面及其性质

柱面、锥面、单叶双曲面与双曲抛物面都是直纹曲面.

(1) **单叶双曲面**

单叶双曲面的标准方程为

$$\frac{x^2}{a^2}+\frac{y^2}{b^2}-\frac{z^2}{c^2}=1.$$

它有两族直母线,u 族直母线为

$$\begin{cases} w\left(\dfrac{x}{a}+\dfrac{z}{c}\right)=u\left(1+\dfrac{y}{b}\right), \\ u\left(\dfrac{x}{a}-\dfrac{z}{c}\right)=w\left(1-\dfrac{y}{b}\right). \end{cases}$$

v 族直母线为

$$\begin{cases} t\left(\dfrac{x}{a}+\dfrac{z}{c}\right)=v\left(1-\dfrac{y}{b}\right), \\ v\left(\dfrac{x}{a}-\dfrac{z}{c}\right)=t\left(1+\dfrac{y}{b}\right). \end{cases}$$

(2) **双曲抛物面**

双曲抛物面的标准方程为

$$\frac{x^2}{a^2}-\frac{y^2}{b^2}=2z.$$

它也有两族直母线,u 族直母线为

$$\begin{cases} \dfrac{x}{a}+\dfrac{y}{b}=2u, \\ u\left(\dfrac{x}{a}-\dfrac{y}{b}\right)=z. \end{cases}$$

v 族直母线为

$$\begin{cases} \dfrac{x}{a}-\dfrac{y}{b}=2v, \\ v\left(\dfrac{x}{a}+\dfrac{y}{b}\right)=z. \end{cases}$$

单叶双曲面和双曲抛物面的直母线性质:

性质 1 对于单叶双曲面和双曲抛物面上的任一点,两族直母线中各有一条通过该点.

性质 2 单叶双曲面上异族的任意两条直母线必共面,而双曲抛物面上异族的任意两条直母线必相交.

性质 3 单叶双曲面或双曲抛物面上同族的任意两条直母线必是异面直线,而双曲抛物面同族的全体直母线平行于同一平面.

习题 3

1. 已知点 $M_1(2,-3,6)$,$M_2(0,7,0)$,$M_3(3,2,-4)$,$M_4(2\sqrt{2},4,-5)$,$M_5(1,-4,-5)$,$M_6(2,6,-\sqrt{5})$,试判定其中的哪些点在由方程 $x^2+y^2+z^2=49$ 所确定的曲面上,哪些点不在此曲面上?由已给方程确定的是什么曲面?

2. 在空间中选取适当的坐标系，求下列点的轨迹方程：

(1) 到两定点的距离之比为常数的点的轨迹；

(2) 到两定点的距离之和为常数的点的轨迹；

(3) 到两定点的距离之差为常数的点的轨迹；

(4) 到一定点和一定平面距离之比等于常数的点的轨迹.

3. 试在曲面 $x^2+y^2+z^2=9$ 上求一个点使它满足：

(1) 横坐标等于 1，纵坐标等于 2；

(2) 横坐标等于 2，纵坐标等于 5；

(3) 横坐标等于 2，竖坐标等于 2；

(4) 纵坐标等于 2，竖坐标等于 4.

4. 求下列各球面的方程：

(1) 过点 $(1,-1,1)$，$(1,2,-1)$，$(2,3,0)$ 和坐标原点；

(2) 过点 $(1,2,5)$，与三个坐标平面相切；

(3) 过点与 $(2,-4,3)$ 且包含圆：$x^2+y^2=5, z=0$.

5. 试作平面 xz 与中心在坐标原点、半径等于 3 的球面的交线的方程.

6. 试求下列曲线的参数方程：

(1) $\dfrac{x-x_0}{l}=\dfrac{y-y_0}{m}=\dfrac{z-z_0}{n}$； (2) $\begin{cases} x^2+y^2=R^2, \\ z=c. \end{cases}$

7. 求空间曲线 $\begin{cases} y^2-4z=0, \\ x+z^2=0 \end{cases}$ 的参数方程.

8. 指出下列曲面与三个坐标面的交线分别是什么图形？

(1) $x^2+9y^2=16z$； (2) $x^2-4y^2-16z^2=64$.

9. 求下列空间曲线对三个坐标面的射影柱面方程.

(1) $\begin{cases} x^2+y^2-z=0, \\ z=x+1; \end{cases}$ (2) $\begin{cases} x^2+z^2-3yz-2x+3z-3=0, \\ y-z+1=0; \end{cases}$

(3) $\begin{cases} x+2y+6z=5, \\ 3x-2y-10z=7; \end{cases}$ (4) $\begin{cases} x^2+y^2+z^2=1, \\ x^2+(y-1)^2+(z-1)^2=1. \end{cases}$

10. 已知柱面的准线为 $\begin{cases} (x-1)^2+(y+3)^2+(z-2)^2=25, \\ x+y-z+2=0, \end{cases}$ 且满足：(1) 母线平行于 x 轴；(2) 母线平行于直线 $x=y, z=c$，试求这些柱面的方程.

11. 已知圆柱面的三条母线为 $x=y=z$，$x+1=y=z-1$，$x-1=y+1=z$，求该圆柱面的方程.

12. 设柱面的准线为 $\begin{cases} x=y^2+z^2, \\ x=2z, \end{cases}$ 母线垂直于准线所在的平面，求此柱面的方程.

13. 求顶点为 $(4,0,-3)$，准线是椭圆 $\begin{cases} \dfrac{y^2}{25}+\dfrac{z^2}{9}=1, \\ x=0 \end{cases}$ 的锥面方程.

14. 已知锥面的准线为$\begin{cases}3x^2+6y^2-z=0,\\x+y+z=1,\end{cases}$顶点为$(-3,0,0)$，试求它的方程.

15. 求顶点为$(1,2,4)$，轴与平面 $2x+2y+z=0$ 垂直，且经过点$(3,2,1)$的圆锥面的方程.

16. 求顶点为$(1,2,3)$，轴与平面 $2x+2y-z+1=0$ 垂直、母线和轴夹角为$\frac{\pi}{6}$的圆锥面的方程.

17. 求下列旋转曲面的方程，并指出方程所表示的图形：

(1) $\frac{x-1}{1}=\frac{y+1}{-1}=\frac{z-1}{2}$绕$\frac{x}{1}=\frac{y}{-1}=\frac{z-1}{2}$旋转；

(2) $\frac{x}{2}=\frac{y}{1}=\frac{z-1}{-1}$绕$\frac{x}{1}=\frac{y}{-1}=\frac{z-1}{2}$旋转；

(3) $x-1=\frac{y}{-3}=\frac{z}{3}$绕 z 轴旋转；

(4) $x-1=\frac{y}{-3}=\frac{z}{3}$绕$\frac{x}{2}=\frac{y}{1}=\frac{z}{-2}$旋转；

(5) 空间曲线$\begin{cases}z=x^2,\\x^2+y^2=1\end{cases}$绕 z 轴旋转.

18. 将直线$\frac{x}{\alpha}=\frac{y-\beta}{0}=\frac{z}{1}$绕 z 轴旋转，求旋转曲面的方程，并就 α,β 可能的值讨论这是什么曲面?

19. 已知椭球面的轴与坐标轴重合，且通过椭圆$\begin{cases}\frac{x^2}{9}+\frac{y^2}{16}=1,\\z=0\end{cases}$和点$A\left(\sqrt{3},2,-\frac{\sqrt{15}}{3}\right)$，求椭球面的方程.

20. 设动点与点$(1,0,0)$的距离等于从这点到平面 $x=4$ 的距离的一半，试求此动点的轨迹方程.

21. 若从椭球面$\frac{x^2}{a^2}+\frac{y^2}{b^2}+\frac{z^2}{c^2}=1$ 的中心按单位向量 $\boldsymbol{e}=(\cos\alpha,\cos\beta,\cos\gamma)$所确定的方向到椭球面上的点的距离为 p，试证明

$$\frac{1}{p^2}=\frac{\cos^2\alpha}{a^2}+\frac{\cos^2\beta}{b^2}+\frac{\cos^2\gamma}{c^2}.$$

22. 试求通过椭球面$\frac{x^2}{13^2}+\frac{y^2}{5^2}+\frac{z^2}{4^2}=1$ 的中心，且截线是圆的平面方程.

23. 已知椭球面$\frac{x^2}{a^2}+\frac{y^2}{b^2}+\frac{z^2}{c^2}=1(c<a<b)$，试求过 x 轴并与曲面的交线是圆的平面方程.

24. 给定方程$\frac{x^2}{A-\lambda}+\frac{y^2}{B-\lambda}+\frac{z^2}{C-\lambda}=1(A>B>C>0)$，试问当$\lambda$取异于$A,B,C$的各种数值时，它表示怎样的曲面?

25. 已知单叶双曲面$\frac{x^2}{4}+\frac{y^2}{9}-\frac{z^2}{4}=1$，试求平面的方程，使这个平面平行于 yz 面，且与曲面的交线是一对相交直线.

26. 试求单叶双曲面$\frac{x^2}{16}+\frac{y^2}{4}-\frac{z^2}{5}=1$与平面 $x-2z+3=0$ 的交线对 xy 面的射影柱面和射影曲线.

27. 已知椭圆抛物面的顶点在原点，对称面为 xz 面与 yz 面，且过点$(1,2,6)$和$\left(\frac{1}{3},-1,1\right)$，求这个椭圆抛物面的方程.

28. 指出下列方程所表示的曲面：

(1) $4x^2+4y^2+z^2=16$；　　(2) $y^2-9z^2=81$；

(3) $4x^2-4y^2+z^2=0$；　　(4) $\frac{x^2}{4}+\frac{y^2}{9}+z=1$；

(5) $z^2=xy$；　　(6) $x^2-2y^2+z^2=4$；

(7) $z=xy$；　　(8) $3x^2-2y^2-z^2=6$.

29. 试画出下列各方程所代表的曲面或区域：

(1) $\frac{x^2}{9}+\frac{y^2}{16}-\frac{z^2}{25}=1$；

(2) $x=-\frac{y^2}{49}-\frac{z^2}{16}$；

(3) $y=0,z=0,x+y=6,3x+2y=12,x+y+z=6$.

30. 用不等式表示下列曲面所围成的区域，并作出简图：

(1) $x^2+y^2=2z,x^2+y^2=4x,z=0$；

(2) $x^2+y^2=1,y^2+z^2=1$ 在第Ⅰ卦限的部分；

(3) $x^2+y^2=4z,x^2+y^2+z^2=12$.

31. 试验证椭圆抛物面与双曲抛物面的参数方程可分别写成：

$$\begin{cases}x=au\cos v,\\ y=bu\sin v,\\ z=\frac{1}{2}u^2\end{cases}\text{与}\begin{cases}x=a(u+v),\\ y=b(u-v),\\ z=2uv\end{cases}\quad(u,v\text{ 为参数}).$$

*32. 求下列直纹曲面的直母线方程：

(1) $x^2+y^2-z^2=1$；　　(2) $z=axy$.

*33. 求下列直线族所成的曲面方程(λ 为参数)：

(1) $\frac{x-\lambda^2}{1}=\frac{y}{-1}=\frac{z-\lambda}{0}$；　　(2) $\begin{cases}x+2\lambda y+4z=4\lambda,\\ \lambda x-2y-4\lambda z=4.\end{cases}$

*34. 在双曲抛物面$\frac{x^2}{16}-\frac{y^2}{4}=z$上，求平行于平面 $3x+2y-4z=0$ 的直母线.

*35. 求与两直线$\frac{x-6}{3}=\frac{y}{2}=\frac{z-1}{1}$与$\frac{x}{3}=\frac{y-8}{2}=\frac{z+4}{-2}$相交，而且与平面$2x+3y-5=0$平行的直线的轨迹方程.

*36. 求与下列三条直线$\begin{cases}x=1,\\ y=z,\end{cases}$ $\begin{cases}x=-1,\\ y=-z\end{cases}$与$\frac{x-2}{-3}=\frac{y+1}{4}=\frac{z+2}{5}$都共面的直线所构成的曲面方程.

自我测验题 3

一、判断题(正确打"√",错误打"×",每题 2 分,共 10 分)

1. 圆柱面的准线一定是圆. ( )
2. 任何一个锥面都是 x,y,z 的齐次方程. ( )
3. 若$\frac{x^2}{a^2}+\frac{y^2}{b^2}+\frac{z^2}{c^2}=1$中 a,b,c 不相等,则与平面相交的交线不可能是圆. ( )
4. $x^2+2x+y=0$ 表示的图形是抛物柱面. ( )
5. 双叶双曲面$\frac{x^2}{a^2}-\frac{y^2}{b^2}+\frac{z^2}{c^2}=-1$在 xy 面上的主截线是$\frac{x^2}{a^2}-\frac{y^2}{b^2}=-1$. ( )

二、选择题(每题 2 分,共 16 分)

1. 下列方程中表示双曲抛物面的是( ).

A. $x^2+y^2=2z$　　B. $3x^2-2y^2=z$　　C. $x^2-y^2=z^2$　　D. $x^2+y^2=z^2$

2. 下列各命题中正确的是( ).

A. 柱面是旋转曲面　　B. 锥面是旋转曲面

C. 单叶双曲面是旋转曲面　　D. 球面是旋转曲面

3. 方程 $11(x-1)^2+11(y-2)^2+23(z-3)^2-32(x-1)(y-2)=0$ 表示的图形为( ).

A. 锥面　　B. 柱面　　C. 球面　　D. 旋转曲面

4. 曲面 $x^2+y^2+z^2=4$ 与曲面 $x^2+y^2=2z$ 的交线是一个( ).

A. 抛物线　　B. 圆　　C. 双曲线　　D. 椭圆

5. $4x^2+9y^2-36z^2=36$ 表示的曲面是( ).

A. 双曲抛物面　　B. 双叶双曲面

C. 单叶双曲面　　D. 椭圆抛物面

6. 设曲面的向量式参数方程为 $\boldsymbol{r}=(2\cos\alpha)\boldsymbol{i}+(2\sin\alpha)\boldsymbol{j}+\mu\boldsymbol{k}$,则曲面是 ( ).

A. 球面　　B. 椭球面　　C. 圆柱面　　D. 抛物面

7. 下列二次曲面不是旋转曲面的是( ).

A. $\frac{x^2}{a^2}+\frac{y^2}{a^2+1}+\frac{z^2}{a^2+2}=1$　　B. $\frac{x^2}{a^2}+\frac{y^2}{a^2}+\frac{z^2}{a^2+1}=1$

C. $\frac{x^2}{a^2}+\frac{y^2}{a^2}-\frac{z^2}{a^2+1}=1$　　D. $\frac{x^2}{a^2}+\frac{y^2}{a^2}=z$

8. 方程$\frac{x^2}{A-\lambda}+\frac{y^2}{B-\lambda}+\frac{z^2}{C-\lambda}=1$ $(A>B>C>0)$表示单叶双曲面的条件是( ).

A. $\lambda>A$　　B. $C<\lambda<B$　　C. $B<\lambda<A$　　D. $\lambda<C$

三、填空题(每题 3 分,共 12 分)

1. 曲面 $2x^2+z^2+4y=4z$ 与 $x^2+3z^2-8y=12z$ 的交线在 xz 面上的射影柱面的方程为____________.

2. 曲面 $x^2+y^2=2z$ 的对称中心的个数为________.

3. 设曲面的向量式参数方程为 $\boldsymbol{r}=(\sin\alpha\cos\beta)\boldsymbol{i}+(\sin\alpha\sin\beta)\boldsymbol{j}+(\cos\alpha)\boldsymbol{k}$,则其坐标式参数方程为____________.

4. 曲线$\begin{cases}\dfrac{x^2}{a^2}+\dfrac{y^2}{b^2}=1,\\ z=0\end{cases}$ $(a>b)$绕其短轴旋转所得旋转曲面方程为____________.

四、计算题(共 62 分)

1. (8 分)求与平面 $x+2y+2z+3=0$ 相切于点 $M(1,1,-3)$,半径 $R=3$ 的球面方程.

2. (10 分)设柱面过曲线$\begin{cases}x^2+y^2+z^2=1,\\ 2x^2+2y^2+z^2=2,\end{cases}$且柱面的方向为$-1:0:1$,求柱面的方程.

3. (10 分)求顶点为$(1,2,4)$,轴与平面 $2x+2y+z=0$ 垂直,且经过点$(3,2,1)$的圆锥面的方程.

4. (12 分)求$\dfrac{x-2}{3}=\dfrac{y}{2}=\dfrac{z}{6}$绕 x 轴旋转所得的旋转曲面的方程.

5. (10 分)已知椭球面的轴与坐标轴重合,且通过椭圆$\begin{cases}\dfrac{x^2}{9}+\dfrac{y^2}{16}=1,\\ z=2\end{cases}$及点$P(3,4,1)$,求该椭球面的方程.

6. (12 分)求单叶双曲面$\dfrac{x^2}{9}+\dfrac{y^2}{4}-\dfrac{z^2}{16}=1$与一族平行平面 $z=k$ 交线的焦点轨迹方程.

4　二次曲线的一般理论

二次曲线是一种重要的平面曲线. 在力学、物理和数学分析中，经常会遇到二次曲线或二次函数，如被抛射的物体和行星运行的轨道、力学中的能量关系等等. 在研究一些复杂的函数时，也经常利用二次函数来逼近，就是在一定条件下用二次曲线来逼近复杂的曲线. 本章将重点讨论二次曲线方程的判别、化简与分类.

4.1　平面直角坐标变换

众所周知，点的坐标和曲线的方程依赖于坐标系. 对于同一条曲线，在选取不同的坐标系时，它的方程也不一样. 由于曲线是由点组成的，如果不改变图形在平面上的位置、形状与大小，只改变坐标系，那么曲线上点的坐标将改变，进而它们的方程也会改变. 因此通过坐标系的变换可以简化曲线的方程，这样有利于用代数的方法来研究曲线的性质.

设在平面上给定两个右手直角坐标系 $O\text{-}xy$ 和 $O'\text{-}x'y'$，其中 $\boldsymbol{i}$ 和 $\boldsymbol{j}$ 以及 $\boldsymbol{i}'$ 和 $\boldsymbol{j}'$ 是两组坐标基向量，它们是平面上的两个标准正交基. 称 $O\text{-}xy$ 为旧坐标系，$O'\text{-}x'y'$ 为新坐标系.

为了考虑同一图形在不同的坐标系中方程之间的关系，首先需要建立同一个点在不同的坐标系中的坐标之间的关系，这就是坐标变换的问题. 具体地说就是，已知点 P 在坐标系 $O\text{-}xy$ 中的坐标是 (x,y)，而在坐标系 $O'\text{-}x'y'$ 中的坐标为 (x',y')，问题是确定 (x',y') 和 (x,y) 之间的关系. 称 (x,y) 为点 P 的旧坐标，(x',y') 为点 P 的新坐标. 由于坐标系的位置完全由原点和坐标基向量决定，所以新坐标系与旧坐标系之间的关系，就由 O' 在 $O\text{-}xy$ 中的坐标以及 $\boldsymbol{i}'$ 和 $\boldsymbol{j}'$ 在 $O'\text{-}x'y'$ 中的分量决定.

4.1.1　移轴变换

定义 1　如果两个坐标系 $O\text{-}xy$ 和 $O'\text{-}x'y'$ 的原点 O 与 O' 不同，但坐标基向

量相同，那么坐标系 $O'\text{-}x'y'$ 可以看成是由坐标系 $O\text{-}xy$ 将原点平移到点 O' 而得的(如图 4-1 所示). 这种坐标变换称为**移轴变换**(**坐标平移变换**).

下面推导移轴公式. 设点 P 是平面内任意一点，它在坐标系 $O\text{-}xy$ 和 $O'\text{-}x'y'$ 中的坐标分别为 (x,y) 与 (x',y')，点 O' 在 $O\text{-}xy$ 中的坐标为 (x_0,y_0)，则

$$\overrightarrow{OP}=\overrightarrow{OO'}+\overrightarrow{O'P}.$$

但是
$$\overrightarrow{OP}=x\boldsymbol{i}+y\boldsymbol{j},$$
$$\overrightarrow{O'P}=x'\boldsymbol{i}+y'\boldsymbol{j},$$
$$\overrightarrow{OO'}=x_0\boldsymbol{i}+y_0\boldsymbol{j}.$$

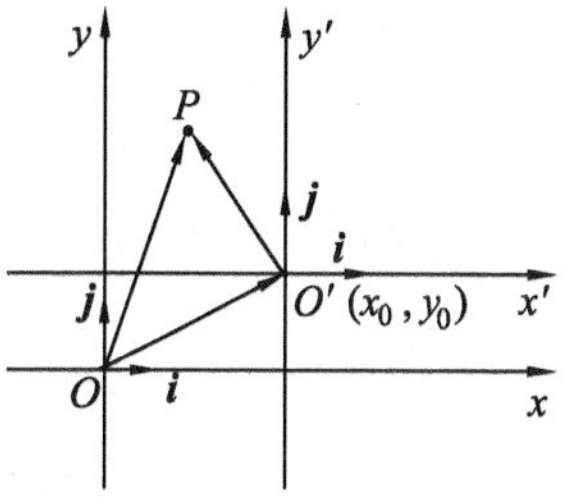

图 4-1

于是 $x\boldsymbol{i}+y\boldsymbol{j}=(x'+x_0)\boldsymbol{i}+(y'+y_0)\boldsymbol{j}.$

根据向量相等的定义得到**移轴公式**为

$$\begin{cases}x=x'+x_0,\\ y=y'+y_0.\end{cases}\qquad(4.1\text{-}1)$$

从中解出 x' 和 y'，得**逆变换公式**为

$$\begin{cases}x'=x-x_0,\\ y'=y-y_0.\end{cases}\qquad(4.1\text{-}2)$$

4.1.2　转轴变换

定义 2　若两个坐标系 $O\text{-}xy$ 和 $O'\text{-}x'y'$ 的原点相同，即 $O=O'$，但坐标基向量不同，且有 $\angle(\boldsymbol{i},\boldsymbol{i}')=\alpha$，则坐标系 $O'\text{-}x'y'$ 可以看成是由坐标系 $O\text{-}xy$ 绕点 O 旋转 α 角得来的(如图 4-2 所示). 这种由坐标系 $O\text{-}xy$ 到坐标系 $O'\text{-}x'y'$ 的坐标变换称为**转轴变换**(**坐标旋转变换**).

下面推导转轴公式. 设 P 是平面内任意一点，它对 $O\text{-}xy$ 和 $O'\text{-}x'y'$ 的坐标分别为 (x,y) 与 (x',y')，即有

$$\overrightarrow{OP}=x\boldsymbol{i}+y\boldsymbol{j},$$
$$\overrightarrow{O'P}=x'\boldsymbol{i}'+y'\boldsymbol{j}'.$$

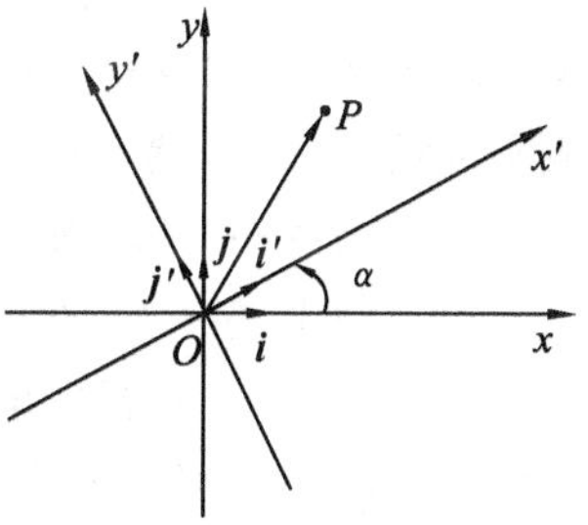

图 4-2

因为 $\angle(\boldsymbol{i},\boldsymbol{i}')=\alpha$，新旧坐标基本向量之间有如下关系

$$\boldsymbol{i}'=\boldsymbol{i}\cos\alpha+\boldsymbol{j}\sin\alpha,$$
$$\boldsymbol{j}'=\boldsymbol{i}\cos\left(\alpha+\frac{\pi}{2}\right)+\boldsymbol{j}\sin\left(\alpha+\frac{\pi}{2}\right)$$
$$=-\boldsymbol{i}\sin\alpha+\boldsymbol{j}\cos\alpha.$$

于是有

$$\begin{aligned}\overrightarrow{O'P}&=x'(\boldsymbol{i}\cos\alpha+\boldsymbol{j}\sin\alpha)+y'(-\boldsymbol{i}\sin\alpha+\boldsymbol{j}\cos\alpha)\\&=(x'\cos\alpha-y'\sin\alpha)\boldsymbol{i}+(x'\sin\alpha+y'\cos\alpha)\boldsymbol{j}.\end{aligned}$$

因为 O 和 O' 是同一点，$\overrightarrow{OP}=\overrightarrow{O'P}$，故可直接得到坐标**转轴变换公式**：

$$\begin{cases}x=x'\cos\alpha-y'\sin\alpha,\\y=x'\sin\alpha+y'\cos\alpha.\end{cases}\tag{4.1-3}$$

从(4.1-3)中解出 x' 和 y'，就得到用旧坐标表示新坐标的**逆变换公式**：

$$\begin{cases}x'=x\cos\alpha+y\sin\alpha,\\y'=-x\sin\alpha+y\cos\alpha.\end{cases}\tag{4.1-4}$$

式中的 α 为坐标轴的旋转角. (4.1-4)式也可看成是由坐标系 O'-$x'y'$ 绕点 O 旋转 $-\alpha$ 角变换到坐标系 O-xy 的转轴公式.

注 根据线性代数的理论，(4.1-3)可写为 $\begin{bmatrix}x\\y\end{bmatrix}=Q\begin{bmatrix}x'\\y'\end{bmatrix}$，这里的坐标变换矩阵 $Q=\begin{bmatrix}\cos\alpha & -\sin\alpha\\\sin\alpha & \cos\alpha\end{bmatrix}$ 是一个正交矩阵，因而 $Q^{-1}=Q^{\mathrm{T}}$，逆变换公式(4.1-4)可以直接由 $\begin{bmatrix}x'\\y'\end{bmatrix}=Q^{\mathrm{T}}\begin{bmatrix}x\\y\end{bmatrix}$ 写出. 同时，可以发现坐标轴可以旋转任意角度，但为确定起见，一般规定旋转角 $0\leqslant\alpha<\pi$.

4.1.3 一般坐标变换

在通常情况下，由旧坐标系 O-xy 变成新坐标系 O'-$x'y'$ 的一般坐标变换，总可以分两步来完成. 即先移轴使坐标原点 O 与新坐标系的原点 O' 重合，变成坐标系 O'-$x''y''$，然后再由辅助坐标系 O'-$x''y''$ 转轴形成新坐标系 O'-$x'y'$（如图 4-3).

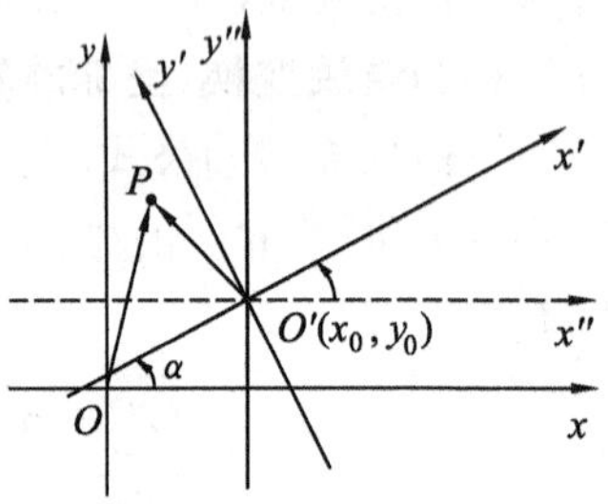

图 4-3

设平面上任一点 P 的旧坐标与新坐标分别为 (x,y) 与 (x',y')，而在辅助坐标系 O'-$x''y''$ 中的坐标为 (x'',y'')，那么由(4.1-1)与(4.1-4)分别得

$$\begin{cases}x=x''+x_0,\\y=y''+y_0\end{cases}$$

与

$$\begin{cases}x''=x'\cos\alpha-y'\sin\alpha,\\y''=x'\sin\alpha+y'\cos\alpha.\end{cases}$$

由以上两式得**一般坐标变换公式**为

$$\begin{cases} x=x'\cos\alpha-y'\sin\alpha+x_0, \\ y=x'\sin\alpha+y'\cos\alpha+y_0. \end{cases} \quad (4.1\text{-}5)$$

其矩阵形式为

$$\begin{bmatrix} x \\ y \end{bmatrix}=\begin{bmatrix} \cos\alpha & -\sin\alpha \\ \sin\alpha & \cos\alpha \end{bmatrix}\begin{bmatrix} x' \\ y' \end{bmatrix}+\begin{bmatrix} x_0 \\ y_0 \end{bmatrix}.$$

由(4.1-5)解出 x',y' 便得**逆变换公式**

$$\begin{cases} x'=x\cos\alpha+y\sin\alpha-(x_0\cos\alpha+y_0\sin\alpha), \\ y'=-x\sin\alpha+y\cos\alpha-(-x_0\sin\alpha+y_0\cos\alpha). \end{cases} \quad (4.1\text{-}6)$$

平面直角坐标变换公式(4.1-5)是由新坐标系原点的坐标 (x_0,y_0) 与坐标轴的旋转角 α 决定的.

注 任一直角坐标变换总可以分解成移轴和转轴两个步骤,上述一般坐标变换亦可先旋转再平移,其结果是一样的.但是,在这种情况下需要用到新原点 O' 在旋转后的坐标系中的坐标,比较麻烦.需要特别指出的是我们所说的坐标变换都是对右手直角坐标系而言的.

例 1 求抛物线 $2y^2+5x+12y+13=0$ 的焦点坐标与准线方程.

解 由于方程中含有 y^2 项,将原方程对 y 进行配方整理得

$$2(y+3)^2+5(x-1)=0,$$

作移轴变换

$$\begin{cases} x=x'+1, \\ y=y'-3. \end{cases}$$

得到新方程

$$2y'^2+5x'=0.$$

所以抛物线在新坐标系中的焦点为 $\left(-\frac{5}{8},0\right)$,准线方程为 $x'=\frac{5}{8}$.再通过移轴公式化为原坐标系中的焦点 $\left(-\frac{3}{8},-3\right)$,准线方程 $x=\frac{13}{8}$.

例 2 设有坐标系 $O\text{-}xy$ 和 $O'\text{-}x'y'$,且知 $\boldsymbol{i}'$,$\boldsymbol{j}'$ 所在直线在坐标系 $O\text{-}xy$ 中的方程为 L_1: $Ax+By+C=0$,L_2: $Bx-Ay+C'=0(A>0,B\neq0)$,试求坐标变换公式.

解 设平面上任一点 P 在旧系与新系中的坐标分别为 (x,y) 和 (x',y'),则点 P 到 $\boldsymbol{i}'$ 所在直线的距离用新坐标表示为

$$|y'|=\frac{|Ax+By+C|}{\sqrt{A^2+B^2}},$$

从而

$$y'=\pm\frac{Ax+By+C}{\sqrt{A^2+B^2}}.$$

同理
$$x'=\pm\frac{Bx-Ay+C'}{\sqrt{A^2+B^2}}.$$

即坐标变换公式为
$$\begin{cases}x'=\pm\dfrac{1}{\sqrt{A^2+B^2}}\ (Bx-Ay+C'),\\ y'=\pm\dfrac{1}{\sqrt{A^2+B^2}}\ (Ax+By+C).\end{cases}$$

上式中正、负号的选取应使得第一式中 x 系数的符号与第二式中 y 系数的符号相同.

例 3 已知新坐标系的 x' 轴与 y' 轴的方程分别为 $3x-4y+6=0$ 与 $4x+3y-17=0$,求坐标变换公式,并求点 $A(0,1)$ 在新坐标系中的坐标.

解 由题意,设 $P(x,y)$ 是旧坐标系中任一点,其新坐标为 (x',y'),则有
$$\begin{cases}x'=\pm\dfrac{4x+3y-17}{5},\\ y'=\pm\dfrac{3x-4y+6}{5}.\end{cases}$$

根据上面的记号选取法,得变换公式为
$$\begin{cases}x'=\dfrac{4x+3y-17}{5},\\ y'=-\dfrac{3x-4y+6}{5}\end{cases}\quad 或\quad \begin{cases}x'=-\dfrac{4x+3y-17}{5},\\ y'=\dfrac{3x-4y+6}{5}.\end{cases}$$

若选第一个坐标变换公式,则点 $A(0,1)$ 在新坐标系中的坐标是 $\left(-\frac{14}{5},-\frac{2}{5}\right)$;若选第二个,则点 $A(0,1)$ 在新坐标系中的坐标是 $\left(\frac{14}{5},\frac{2}{5}\right)$.

注 若用前一个公式,因为 $\sin\alpha=\frac{3}{5}>0$,所以旋转角为小于 π 的正角;若用后一个公式,由于取了 $\sin\alpha=-\frac{3}{5}<0$,所以旋转角为绝对值小于 π 的负角.

*4.1.4 坐标变换下代数曲线及其次数的不变性

在直角坐标系中,如果所讨论的平面曲线的方程能写成 $F(x,y)=0$ 的形式,其中 $F(x,y)$ 是关于 x 和 y 的多项式,那么这种方程就称为代数方程,它所表示的平面曲线称为**代数曲线**. 不是代数曲线的曲线称为**超越曲线**. 代数方程的次数称为**代数曲线的次数**.

由于前面给出的几个坐标变换公式都是一次式(线性的),而任何代数方程经过一次式的变换之后必然还是代数方程,任何超越方程经过一次式的变换之后也必然还是超越方程. 因此有下面的定理(证明略).

定理 1 曲线的代数性和超越性在线性坐标变换下保持不变.

另一方面，由于代数方程的次数在一次式的变换下也是保持不变的，所以还有如下结论.

定理 2 代数曲线的次数在线性坐标变换下保持不变.

例 4 试证任意两点(x_1,y_1)，(x_2,y_2)经过坐标变换后，距离公式$\sqrt{(x_2-x_1)^2+(y_2-y_1)^2}$不变.

证明 设变换公式为

$$\begin{cases} x=x'\cos\alpha-y'\sin\alpha+x_0, \\ y=x'\sin\alpha+y'\cos\alpha+y_0. \end{cases}$$

点(x_1,y_1)，(x_2,y_2)的新坐标为(x_1',y_1')，(x_2',y_2')，就有

$$\begin{aligned} &\sqrt{(x_2-x_1)^2+(y_2-y_1)^2} \\ =&[(x_2'\cos\alpha-y_2'\sin\alpha+x_0-x_1'\cos\alpha+y_1'\sin\alpha-x_0)^2 \\ &+(x_2'\sin\alpha+y_2'\cos\alpha+y_0-x_1'\sin\alpha-y_1'\cos\alpha-y_0)^2]^{\frac{1}{2}} \\ =&\sqrt{[(x_2'-x_1')\cos\alpha-(y_2'-y_1')\sin\alpha]^2+[(x_2'-x_1')\sin\alpha+(y_2'-y_1')\cos\alpha]^2} \\ =&\sqrt{(x_2'-x_1')^2+(y_2'-y_1')^2}. \end{aligned}$$

注 也可以分别证明在移轴和转轴下不变，从而得到在一般坐标变换下也不变的结论.

4.2 一般二次曲线的化简与分类

在中学平面解析几何中，曾经学习了椭圆（圆）、双曲线和抛物线等圆锥曲线及其标准方程，它们都是二次曲线. 本章讨论更一般的二次曲线.

在平面直角坐标系中，关于x和y的二元二次方程

$$a_{11}x^2+2a_{12}xy+a_{22}y^2+2a_{13}x+2a_{23}y+a_{33}=0 \tag{4.2-1}$$

所表示的曲线，称为**一般二次曲线**（二次项系数a_{11}，a_{12}和a_{22}不全为零）.

4.2.1 一些常用记号

为了以后讨论问题和书写的方便，引入下面的一些记号：

$$\begin{aligned} &F(x,y)\equiv a_{11}x^2+2a_{12}xy+a_{22}y^2+2a_{13}x+2a_{23}y+a_{33}, \\ &F_1(x,y)\equiv a_{11}x+a_{12}y+a_{13}, \\ &F_2(x,y)\equiv a_{12}x+a_{22}y+a_{23}, \\ &F_3(x,y)\equiv a_{13}x+a_{23}y+a_{33}, \\ &\Phi(x,y)\equiv a_{11}x^2+2a_{12}xy+a_{22}y^2. \end{aligned}$$

根据这些记号的含义，可验证下面的恒等式成立：

$$F(x,y)\equiv xF_1(x,y)+yF_2(x,y)+F_3(x,y). \tag{4.2-2}$$

称$F(x,y)$的系数所组成的矩阵

$$\mathbf{A}=\begin{bmatrix} a_{11} & a_{12} & a_{13} \\ a_{12} & a_{22} & a_{23} \\ a_{13} & a_{23} & a_{33} \end{bmatrix}$$

为二次曲线(4.2-1)的**系数矩阵**，或称 **$F(x,y)$ 的矩阵**；而由 $\Phi(x,y)$ 的系数所组成的矩阵

$$A^* = \begin{bmatrix} a_{11} & a_{12} \\ a_{12} & a_{22} \end{bmatrix}$$

称为 **$\Phi(x,y)$ 的矩阵**. 显然，二次曲线(4.2-1)的系数矩阵 $\mathbf{A}$ 的第一、第二与第三行的元素分别是 $F_1(x,y)$，$F_2(x,y)$ 和 $F_3(x,y)$ 的系数，而且 $\mathbf{A}$ 和 $\mathbf{A}^*$ 都是实对称矩阵.

再引入几个记号：

$$I_1 = a_{11} + a_{22},\ I_2 = \begin{vmatrix} a_{11} & a_{12} \\ a_{12} & a_{22} \end{vmatrix},\ I_3 = \begin{vmatrix} a_{11} & a_{12} & a_{13} \\ a_{12} & a_{22} & a_{23} \\ a_{13} & a_{23} & a_{33} \end{vmatrix},$$

$$K_1 = \begin{vmatrix} a_{11} & a_{13} \\ a_{13} & a_{33} \end{vmatrix} + \begin{vmatrix} a_{22} & a_{23} \\ a_{23} & a_{33} \end{vmatrix}.$$

例 1 试求二次曲线 $6xy + 8y^2 - 12x - 26y + 11 = 0$ 的系数矩阵 $\mathbf{A}$，$F_1(x,y)$，$F_2(x,y)$，$F_3(x,y)$，I_1，I_2，I_3 和 K_1.

解 由以上记号知，

$$\mathbf{A} = \begin{bmatrix} 0 & 3 & -6 \\ 3 & 8 & -13 \\ -6 & -13 & 11 \end{bmatrix},$$

$$F_1(x,y) \equiv 3y - 6,\ F_2(x,y) \equiv 3x + 8y - 13,\ F_3(x,y) \equiv -6x - 13y + 11.$$

$$I_1 = 0 + 8 = 8,\ I_2 = \begin{vmatrix} 0 & 3 \\ 3 & 8 \end{vmatrix} = -9 < 0,\ I_3 = \begin{vmatrix} 0 & 3 & -6 \\ 3 & 8 & -13 \\ -6 & -13 & 11 \end{vmatrix} = 81 \neq 0,$$

$$K_1 = \begin{vmatrix} 0 & -6 \\ -6 & 11 \end{vmatrix} + \begin{vmatrix} 8 & -13 \\ -13 & 11 \end{vmatrix} = -117.$$

4.2.2 直角坐标变换下二次曲线方程的系数变化规律

为了选择适当的坐标变换来化简二次曲线的方程，需要了解在坐标变换下方程的系数是怎样变化的. 由 4.1 节的讨论知道，一般的坐标变换可以分解为移轴和转轴两部分. 因此，将分别考察移轴变换和转轴变换对方程系数的影响.

1) 平移变换下二次曲线方程的系数的变化规律

设将坐标原点移到 $O'(x_0, y_0)$，平移公式为

$$\begin{cases} x = x_0 + x', \\ y = y_0 + y'. \end{cases}$$

则在新坐标系 $O'\text{-}x'y'$ 中，二次曲线方程(4.2-1)化为

$$a_{11}(x_0+x')^2+2a_{12}(x_0+x')(y_0+y')+a_{22}(y_0+y')^2$$
$$+2a_{13}(x_0+x')+2a_{23}(y_0+y')+a_{33}=0.$$

若记

$$F'(x',y')\equiv F(x'+x_0,y'+y_0)$$
$$=a'_{11}x'^2+2a'_{12}x'y'+a_{22}y'^2+2a'_{13}x'+2a'_{23}y'+a'_{33},$$

则

$$a'_{11}=a_{11},a'_{12}=a_{12},a'_{22}=a_{22},$$
$$a'_{13}=a_{11}x_0+a_{12}y_0+a_{13}=F_1(x_0,y_0),$$
$$a'_{23}=a_{21}x_0+a_{22}y_0+a_{23}=F_2(x_0,y_0),$$
$$a'_{33}=a_{11}x_0^2+2a_{12}x_0y_0+a_{22}y_0^2+2a_{13}x_0+2a_{23}y_0+a_{33}=F(x_0,y_0).$$

由此可见：在平移变换下，二次曲线方程的系数具有下述变化规律：

(1) 二次项系数不变；

(2) 一次项系数变为 $F_1(x_0,y_0)$，$F_2(x_0,y_0)$；

(3) 常数项变为 $F(x_0,y_0)$.

从而若取新坐标原点 $O'(x_0,y_0)$ 满足方程：

$$\begin{cases}F_1(x_0,y_0)=a_{11}x_0+a_{12}y_0+a_{13}=0,\\F_2(x_0,y_0)=a_{12}x_0+a_{22}y_0+a_{23}=0,\end{cases}\tag{4.2-3}$$

则在新坐标系中，方程中将无一次项. 方程没有一次项时，曲线对称于原点，因此当(4.2-3)有解 (x_0,y_0) 时，点 (x_0,y_0) 就是曲线的对称中心，如果对称中心是唯一的，称为曲线的中心. 方程(4.2-3)称为**中心方程**.

显然，当 $I_2\neq0$ 时，方程(4.2-3)就有唯一解，这时曲线称为**中心型二次曲线**；当 $I_2=0$ 时，方程(4.2-3)就没有解或有无穷多解，这时曲线称为**非中心型二次曲线**或**无心型二次曲线**.

例 2　求二次曲线 $x^2+xy+y^2-3x-6y+3=0$ 的中心.

解　(x_0,y_0) 是对称中心必须且只须满足方程(4.2-3)，即

$$\begin{cases}F_1(x_0,y_0)=x_0+\dfrac{1}{2}y_0-\dfrac{3}{2}=0,\\F_2(x_0,y_0)=\dfrac{1}{2}x_0+y_0-3=0,\end{cases}$$

解得 $(x_0,y_0)=(0,3)$. 所以 $(0,3)$ 是曲线的中心.

2) 旋转变换下二次曲线方程系数的变化规律

设旋转角为 θ，则坐标转轴变换公式为

$$\begin{cases}x=x'\cos\theta-y'\sin\theta,\\y=x'\sin\theta+y'\cos\theta.\end{cases}$$

二次曲线在新坐标系中的方程为

$$\begin{aligned}F'(x',y')&=F(x'\cos\theta-y'\sin\theta,x'\sin\theta+y'\cos\theta)\\&=a_{11}(x'\cos\theta-y'\sin\theta)^2+2a_{12}(x'\cos\theta-y'\sin\theta)(x'\sin\theta+y'\cos\theta)\\&\quad+a_{22}(x'\sin\theta+y'\cos\theta)^2+2a_{13}(x'\cos\theta-y'\sin\theta)+2a_{23}(x'\sin\\&\quad\theta+y'\cos\theta)+a_{33}\\&=0.\end{aligned}$$

若记 $F'(x',y')\equiv a'_{11}x'^2+2a'_{12}x'y'+a'_{22}y'^2+2a'_{13}x'+2a'_{23}y'+a'_{33}$，则有

$$\begin{cases}a'_{11}=a_{11}\cos^2\theta+2a_{12}\sin\theta\cos\theta+a_{22}\sin^2\theta,\\a'_{12}=(a_{22}-a_{11})\sin\theta\cos\theta+a_{12}(\cos^2\theta-\sin^2\theta),\\a'_{22}=a_{11}\sin^2\theta-2a_{12}\sin\theta\cos\theta+a_{12}\cos^2\theta,\\a'_{13}=a_{13}\cos\theta+a_{23}\sin\theta,\\a'_{23}=-a_{13}\sin\theta+a_{23}\cos\theta,\\a'_{33}=a_{33}.\end{cases}$$

可见，在旋转变换下二次曲线方程系数的变化规律是：

(1) 二次项系数一般可变，但新系中方程的二次项系数仅与旧系中方程的二次项系数及旋转角 θ 有关，而与一次项系数及常数项无关；

(2) 一次项系数一般也可变，但新系中方程的一次项系数仅与旧系中方程的一次项系数及旋转角 θ 有关，而与二次项系数及常数项无关；

(3) 常数项不变.

根据公式 a'_{12} 的表达式，若选取 θ 角，使

$$\begin{aligned}a'_{12}&=(a_{22}-a_{11})\sin\theta\cos\theta+a_{12}(\cos^2\theta-\sin^2\theta)\\&=\frac{1}{2}(a_{22}-a_{11})\sin 2\theta+a_{12}\cos 2\theta\\&=0,\end{aligned}$$

则新方程中将不会有交叉乘积项.

可见，对于含有 xy 项的二次曲线方程的化简，必须应用转轴，因为只有通过转轴才能使新方程中不含交叉项. 根据上式，这时**转轴角度 θ 的决定公式**为

$$\cot 2\theta=\frac{a_{11}-a_{22}}{2a_{12}}. \tag{4.2-4}$$

注 余切的值可以是任意实数，所以总有 θ 满足(4.2-4)，也就是说总可以经过适当的转轴消去二次曲线方程(4.2-1)中的 xy 项. 由公式(4.2-4)变形可得

$$\frac{1-\tan^2\theta}{2\tan\theta}=\frac{a_{11}-a_{22}}{2a_{12}},$$

或
$$\tan^2\theta+\frac{a_{11}-a_{22}}{a_{12}}\tan\theta-1=0.$$

该二次方程的判别式
$$\Delta=\left(\frac{a_{11}-a_{22}}{a_{12}}\right)^2+4>0,$$
所以它有两个不等的实根 $\tan\theta_1$ 和 $\tan\theta_2$，因此在 $(0,\pi)$ 之间有两个旋转角 θ_1 和 θ_2. 同时由一元二次方程根与系数的关系知
$$\tan\theta_1\cdot\tan\theta_2=-1.$$
所以 θ_1 和 θ_2 仅相差 $\frac{\pi}{2}$，就是说在旋转角 θ_1 和 θ_2 这两种转轴变换中，横坐标轴与纵坐标轴的位置刚好对调，一般取其中一个值 $\tan\theta$.

如果求出的 $\tan\theta$ 值不是特殊角，则还需要利用公式 $\sin^2\theta+\cos^2\theta=1$ 和 $\tan\theta=\frac{\sin\theta}{\cos\theta}$ 求出 $\sin\theta,\cos\theta$，就可以写出转轴公式了.

需要说明的是，之所以不用公式 $\tan 2\theta=\frac{2a_{12}}{a_{11}-a_{22}}$，是因为当 $a_{11}=a_{22}$ 时，$\tan 2\theta=\frac{2a_{12}}{a_{11}-a_{22}}$ 没有意义，而 $\cot 2\theta=\frac{a_{11}-a_{22}}{2a_{12}}=0$ 完全可以决定旋转角 $\theta=\frac{\pi}{4}$. 当 $a_{12}=0$ 时，虽然 $\cot 2\theta=\frac{a_{11}-a_{22}}{2a_{12}}$ 也无意义，但这时方程中已经不含交叉项，不需要利用转轴变换了.

例 3 利用转轴变换消去方程 $5x^2+4xy+8y^2-32x-56y+80=0$ 中的 xy 项.

解 由方程可知，$a_{11}=5,2a_{12}=4,a_{22}=8$，由坐标轴旋转角度 θ 的决定方程 (4.2-4)，代入系数有
$$\cot 2\theta=\frac{1-\tan^2\theta}{2\tan\theta}=\frac{a_{11}-a_{22}}{2a_{12}}=-\frac{3}{4},$$
即
$$2\tan^2\theta-3\tan\theta-2=0,$$
解之得 $\tan\theta=2,-\frac{1}{2}$.

取 $\tan\theta=2$，由 $\tan\theta=\frac{\sin\theta}{\cos\theta}=2$ 及 $\cos^2\theta+\sin^2\theta=1$，有 $\sin\theta=\frac{2}{\sqrt{5}},\cos\theta=\frac{1}{\sqrt{5}}$，得坐标变换公式
$$\begin{cases}x=\dfrac{1}{\sqrt{5}}(x'-2y'),\\ y=\dfrac{1}{\sqrt{5}}(2x'+y').\end{cases}$$

代入方程，得

$$(x'-2y')^2+\frac{4}{5}(x'-2y')(2x'+y')+\frac{8}{5}(2x'+y')^2-\frac{32}{\sqrt{5}}(x'-2y')-$$

$$\frac{56}{\sqrt{5}}(2x'+y')+80=0.$$

展开后整理同类项，便得转轴后的方程

$$9x'^2+4y'^2-\frac{144}{\sqrt{5}}x'+\frac{8}{\sqrt{5}}y'+80=0.$$

例 4 利用转轴变换消去二次曲线 $x^2+2xy+y^2-4x+y-1=0$ 中的 xy 项.

解 设旋转角为 θ，由决定方程(4.2-4)，得

$$\cot 2\theta=\frac{a_{11}-a_{22}}{2a_{12}}=\frac{1-1}{2}=0,$$

从而可取 $\theta=\frac{\pi}{4}$，故转轴公式为

$$\begin{cases} x=\frac{1}{\sqrt{2}}(x'-y'), \\ y=\frac{1}{\sqrt{2}}(x'+y'). \end{cases}$$

代入原方程化简整理得转轴后的新方程为

$$2x'^2-\frac{3}{2}\sqrt{2}x'+\frac{5}{2}\sqrt{2}y'-1=0.$$

4.2.3 二次曲线类型的判别

通过上述在坐标变换下方程系数变换的一般规律，就可以结合系数的具体情况，选取合适的坐标变换来化简曲线的方程. 也就是要确定一个坐标变换使得二次曲线方程化成最为简单，类似椭圆、双曲线那样的标准方程.

从前面的讨论可知，二次曲线化简的关键是如何消去方程中的交叉项 xy 和一次项. 化简一般二次曲线方程，首先要判别二次曲线的类型，然后根据曲线的类型，采用不同的坐标变换.

二次曲线的类型可以用 I_2 来判别：当 $I_2\neq0$ 时，二次曲线是中心型曲线；当 $I_2=0$ 时，二次曲线是非中心型曲线. 又可以细分为以下 3 种类型：

(1) 椭圆型：$I_2>0$；

(2) 双曲型：$I_2<0$；

(3) 抛物型：$I_2=0$.

注　二次曲线类型判别的严格证明，参看 4.3 节利用不变量化简曲线方程部分.

4.2.4　二次曲线方程的化简与作图

根据坐标变换下方程系数的变化规律，对于中心型二次曲线，可以先求出曲线的中心，通过移轴变换消去一次项，然后再作转轴变换时，就不用整理一次项了. 而对于非中心型二次曲线，由于曲线没有中心，只能先作转轴变换. 这就是说，要根据曲线的类型，采用不同的化简方法.

1) 中心型二次曲线($I_2 \neq 0$)的化简与作图

对于中心型二次曲线，采用“**先移后转**”较为简便. 其具体步骤是：

(1) 解中心方程组，求出曲线的中心(x_0, y_0)；

(2) 作平移变换，消去一次项；

(3) 利用旋转角 θ 决定公式，求出 $\cos\theta, \sin\theta$；

(4) 作旋转变换，消去交叉项，得到曲线的标准方程；

(5) 将旋转变换代入平移变换，得到直角坐标变换公式；

(6) 作出新旧坐标系 $O\text{-}xy$、$O'\text{-}x'y'$ 和 $O''\text{-}x''y''$，在新坐标系中按照标准方程作出曲线的图形.

例 5　化简二次曲线方程

$$5x^2+4xy+2y^2-24x-12y+18=0,$$

并画出它的图形.

解　$I_2=5\times2-2^2=6>0$，所以曲线为椭圆型二次曲线. 解中心方程组

$$\begin{cases}F_1(x,y)\equiv 5x+2y-12=0,\\ F_2(x,y)\equiv 2x+2y-6=0,\end{cases}$$

得中心为 (2,1). 取 (2,1) 为新原点，作移轴

$$\begin{cases}x=x'+2,\\ y=y'+1,\end{cases}$$

原方程变为

$$5x'^2+4x'y'+2y'^2-12=0.$$

这里实际上只需计算 $F(2,1)=-12$，因为移轴时二次项系数不变，一次项系数变为 0.

再转轴消去 $x'y'$ 项，令

$$\cot 2\theta=\frac{5-2}{4}=\frac{3}{4},$$

即

$$\frac{1-\tan^2\theta}{2\tan\theta}=\frac{3}{4},$$

所以 $$2\tan^2\theta+3\tan\theta-2=0,$$

从而得 $$\tan\theta=\frac{1}{2}\text{或}\tan\theta=-2.$$

取 $\tan\theta=\frac{1}{2}$，由 $\tan\theta=\frac{\sin\theta}{\cos\theta}=\frac{1}{2}$ 及 $\sin^2\theta+\cos^2\theta=1$ 可得 $\cos\theta=\frac{2}{\sqrt{5}}$，$\sin\theta=\frac{1}{\sqrt{5}}$，则转轴变换公式为

$$\begin{cases}x'=\frac{2}{\sqrt{5}}x''-\frac{1}{\sqrt{5}}y'',\\ y'=\frac{1}{\sqrt{5}}x''+\frac{2}{\sqrt{5}}y''.\end{cases}$$

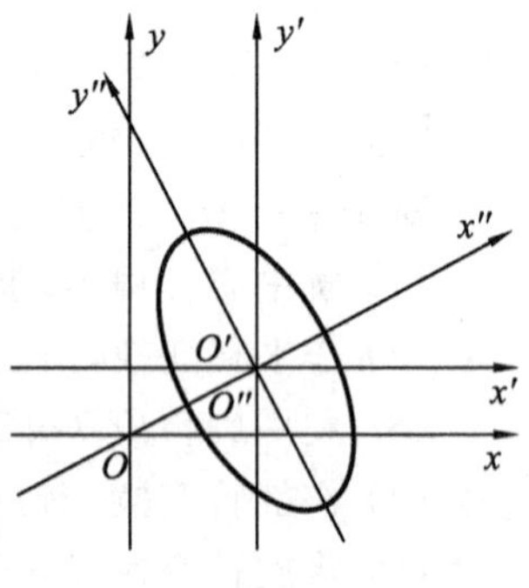

图 4-4

代入原方程，化简得

$$6x''^2+y''^2=12.$$

标准方程是

$$\frac{x''^2}{2}+\frac{y''^2}{12}=1.$$

这是一个椭圆，如图 4-4 所示.

作图要点：要比较准确地画出新旧坐标系和曲线的图形，必须掌握好比例、新旧原点的位置以及坐标轴的旋转角. 本题中坐标系 $O\text{-}xy$ 平移到(2,1)得坐标系 $O'\text{-}x'y'$，再把坐标系 $O'\text{-}x'y'$ 旋转角 $\tan\theta=\frac{1}{2}$ 得坐标系 $O''\text{-}x''y''$. 在新坐标系 $O''\text{-}x''y''$ 中根据椭圆的标准方程作图.

注 本题转轴时若取 $\tan\theta=-2$，则可得 $\cos\theta=\frac{1}{\sqrt{5}}$，$\sin\theta=-\frac{2}{\sqrt{5}}$，所得的转轴公式是

$$\begin{cases}x'=\frac{1}{\sqrt{5}}x''+\frac{2}{\sqrt{5}}y'',\\ y'=-\frac{2}{\sqrt{5}}x''+\frac{1}{\sqrt{5}}y''.\end{cases}$$

标准方程为 $\frac{x''^2}{12}+\frac{y''^2}{2}=1$，图形相对于原坐标系的位置不变. 此时 x'' 轴的正向恰好是图 4-4 中 y'' 轴的反向.

上面介绍的通过移轴与转轴来化简二次曲线方程的方法，实际上是把坐标轴变换到与二次曲线的对称轴重合的位置. 如果是中心型曲线，先将坐标原点与曲线的中心重合；再作转轴使坐标轴与二次曲线的对称轴重合.

例 6 化简二次曲线方程

$$x^2-3xy+y^2+10x-10y+21=0,$$

写出坐标变换公式并作出它的图形.

解 $I_2=1\times1-\left(-\frac{3}{2}\right)^2=-\frac{5}{4}<0$,所给的二次曲线是双曲型的.

中心方程组为

$$\begin{cases}2x-3y+10=0,\\-3x+2y-10=0,\end{cases}$$

解得中心坐标$(-2,2)$.作移轴变换

$$\begin{cases}x=x'-2,\\y=y'+2,\end{cases}$$

原方程化为

$$x'^2-3x'y'+y'^2+1=0.$$

再作转轴变换,令

$$\cot 2\theta=\frac{1-1}{-3}=0,$$

得旋转角为$\frac{\pi}{4}$.故转轴变换为

$$\begin{cases}x'=\frac{1}{\sqrt{2}}(x''-y''),\\y'=\frac{1}{\sqrt{2}}(x''+y'').\end{cases}$$

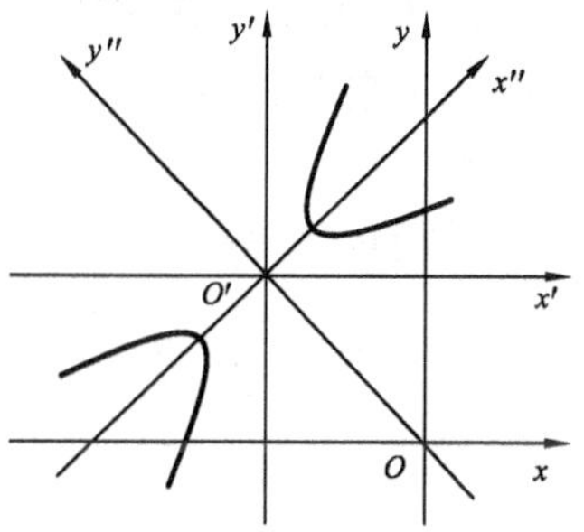

图 4-5

二次曲线的方程化简为

$$-\frac{1}{2}x''^2+\frac{5}{2}y''^2+1=0,$$

即
$$\frac{x''^2}{2}-\frac{y''^2}{\frac{2}{5}}=1.$$

这是一条双曲线,其图形如图 4-5 所示.作图时,先将坐标系 $O\text{-}xy$ 平移到$(-2,2)$得坐标系 $O'\text{-}x'y'$,再把坐标系 $O'\text{-}x'y'$旋转角$\frac{\pi}{4}$得坐标系 $O''\text{-}x''y''$.在新坐标系 $O''\text{-}x''y''$ 中根据双曲线的标准方程作图.

将转轴公式代入移轴公式,得坐标变换公式为

$$\begin{cases}x=\frac{1}{\sqrt{2}}(x''-y'')-2,\\y=\frac{1}{\sqrt{2}}(x''+y'')+2.\end{cases}$$

注 利用移轴可以直接化简缺少 xy 项的二次曲线方程，化简的关键是找到恰当的移轴公式. 常用的方法有配方法和代入法. 在应用配方法时必须注意，要先分别对关于 x 与 y 的项进行归类，然后把 x^2 与 y^2 项的系数提出来再配方.

2) 非中心型二次曲线($I_2=0$)的化简与作图

对于非中心型二次曲线，采用"**先转后移**"较为简便. 其具体步骤是：

(1) 利用旋转角 θ 决定公式，求出 $\cos\theta$，$\sin\theta$；

(2) 作旋转变换，消去交叉项，同时消去一个二次项；

(3) 对转轴后的方程"配方"，先配二次项，再配一次项；

(4) 令"配方"后的括号内分别为 x'' 和 y''(相当于作平移变换)，得到曲线的标准方程.

(5) 将平移变换代入旋转变换，得到直角坐标变换公式.

(6) 作出新旧坐标系 $O\text{-}xy$，$O'\text{-}x'y$ 和 $O''\text{-}x''y''$，在新坐标系中按照标准方程作出曲线的图形.

例 7 化简二次曲线方程 $x^2+4xy+4y^2+12x-y+1=0$，写出坐标变换公式并画出它的图形.

解 $I_2=1\times4-2^2=0$，曲线是抛物型(非中心型)的，应先转轴.

设旋转角为 θ，则有：

$$\cot 2\theta=\frac{1-4}{4}=-\frac{3}{4},$$

即
$$\frac{1-\tan^2\theta}{2\tan\theta}=-\frac{3}{4},$$

所以
$$2\tan^2\theta-3\tan\theta-2=0,$$

从而得
$$\tan\theta=-\frac{1}{2}\text{或}\tan\theta=2.$$

取 $\tan\theta=2\left(\text{若取}\tan\theta=-\frac{1}{2}\text{，同样可将原方程化简}\right)$，则有(参见例 3)

$$\sin\theta=\frac{2}{\sqrt{5}},\cos\theta=\frac{1}{\sqrt{5}},$$

所以得转轴公式为

$$\begin{cases}x=\frac{1}{\sqrt{5}}(x'-2y'),\\ y=\frac{1}{\sqrt{5}}(2x'+y').\end{cases}$$

代入原方程，化简整理得转轴后的新方程为

$$5x'^2+2\sqrt{5}x'-5\sqrt{5}y'+1=0.$$

配方得
$$\left(x'+\frac{\sqrt{5}}{5}\right)^2-\sqrt{5}y'=0,$$

再作移轴得
$$\begin{cases}x''=x'+\dfrac{\sqrt{5}}{5},\\ y''=y',\end{cases}$$

曲线方程就化为最简形式 $x''^2-\sqrt{5}y''=0$.

写成标准方程为

$$x''^2=\sqrt{5}y'',$$

这是一条抛物线.它的顶点是新坐标系O''-$x''y''$的原点,原方程的图形可以根据它在坐标系O''-$x''y''$中的标准方程作出,如图 4-6 所示.

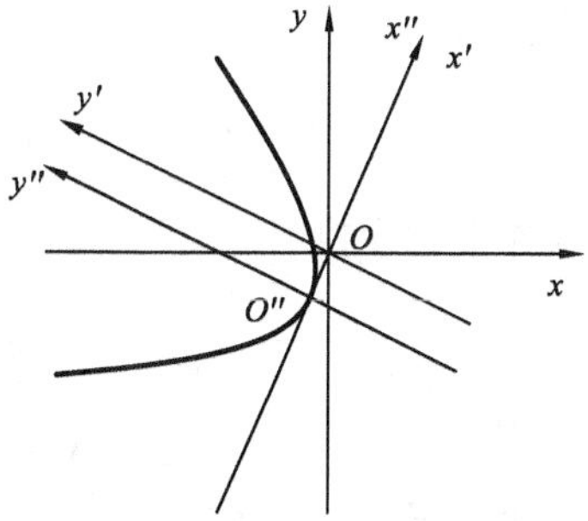

图 4-6

将移轴公式代入转轴公式,得坐标变换公式为

$$\begin{cases}x=\dfrac{1}{\sqrt{5}}(x''-2y'')-\dfrac{1}{5},\\ y=\dfrac{1}{\sqrt{5}}(2x''+y'')-\dfrac{2}{5}.\end{cases}$$

作图要点:坐标系 O-xy 旋转角 $\tan\theta=2$ 得坐标系 O'-$x'y'$,再把坐标系 O'-$x'y'$ 平移到$\left(-\dfrac{\sqrt{5}}{5},0\right)$,得坐标系 O''-$x''y''$. 在新坐标系 O''-$x''y''$ 中可根据抛物线的标准方程 $x''^2=\sqrt{5}y''$作图. 为了看出曲线在原坐标系中的位置,作图时需要将新旧坐标系同时画出.

有时,通过对曲线方程的分析,利用一些特殊方法,如分解因式等,可直接化简曲线方程.

例 8 化简二次曲线方程 $8x^2+8xy+2y^2-6x-3y-5=0$.

解 $I_2=8\times2-4^2=0$,曲线是抛物型(非中心型)的. 先作转轴变换,消去交叉项 xy,由

$$\cot 2\theta=\frac{a_{11}-a_{22}}{2a_{12}}=\frac{8-2}{8}=\frac{3}{4},$$

解得(参见例 5)
$$\tan\theta=\frac{1}{2},\sin\theta=\frac{1}{\sqrt{5}},\cos\theta=\frac{2}{\sqrt{5}},$$

故转轴公式为

$$\begin{cases}x=\dfrac{\sqrt{5}}{5}(2x'-y'),\\ y=\dfrac{\sqrt{5}}{5}(x'+2y').\end{cases}$$

代入原方程后整理得到方程

$$10x'^2-3\sqrt{5}x'-5=0,$$

配方得

$$10\left(x'-\frac{3\sqrt{5}}{20}\right)^2-\frac{49}{8}=0,$$

故作移轴变换

$$\begin{cases}x'=x''+\dfrac{3\sqrt{5}}{20},\\ y'=y'',\end{cases}$$

可得方程的标准形式

$$x''^2=\frac{49}{80}.$$

事实上，将方程分解因式得

$$(2x+y+1)(4x+2y-5)=0,$$

故原二次曲线的方程表示两条平行直线（如图 4-7 所示），即为

$$2x+y+1=0$$

和
$$4x+2y-5=0.$$

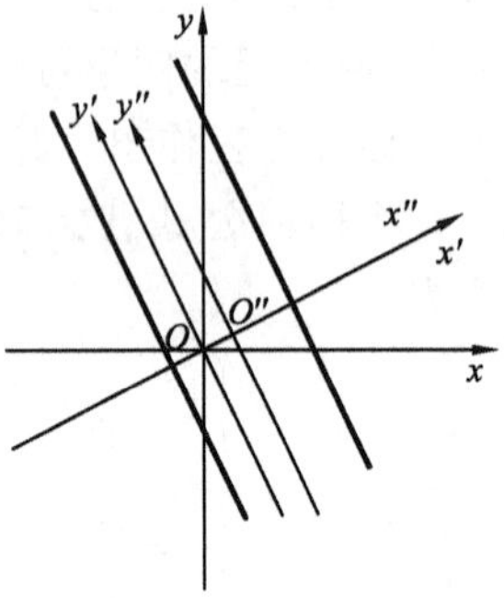

图 4-7

例 9 化简二次曲线方程 $2x^2+xy-3y^2-13x-2y+21=0$.

解 计算得 $I_2<0, I_3=0$，可知所给二次曲线是退化的双曲型曲线，表示两条相交直线. 直接将原方程左边分解因式，得

$$(x-y+3)(2x+3y-7)=0,$$

故原二次曲线的方程表示两条相交直线

$$x-y+3=0,$$

和
$$2x+3y-7=0.$$

综上所述，利用直角坐标变换化简二次曲线方程，不仅可以得到二次曲线的标准方程，还可以写出所作的坐标变换公式，并作出曲线的图形，这正是直角坐标变换的优势所在.

4.2.5 二次曲线方程的分类

根据上面的讨论可知，对于中心型曲线，先通过移轴消去一次项，再通过转

轴消去交叉项，曲线的方程可化为下面的标准方程

$$a''_{11}x''^2+a''_{22}y''^2+a''_{33}=0.$$

按照标准方程系数的正负，中心型曲线又分为椭圆型 $a''_{11}a''_{22}>0$ 和双曲型 $a''_{11}a''_{22}<0$.

（Ⅰ）**椭圆型**：$I_2=a''_{11}a''_{22}>0$.

(i) 实椭圆：$a''_{33}\neq0$，$a''_{11}a''_{33}<0$；

(ii) 虚椭圆（无轨迹）：$a''_{33}\neq0$，$a''_{11}a''_{33}>0$；

(iii) 点椭圆：$a''_{33}=0$.

（Ⅱ）**双曲型**：$I_2=a''_{11}a''_{22}<0$.

(iv) 双曲线：$a''_{33}\neq0$；

(v) 两条相交直线：$a''_{33}=0$.

非中心型曲线也称为**抛物型曲线**，通过转轴消去交叉项，同时消去一个二次项（不妨设 $a''_{11}=0$，$a''_{22}\neq0$）；根据 $a''_{13}\neq0$ 和 $a''_{13}=0$ 两种情况，再对转轴后的方程“配方”，曲线的方程可化为下面的标准方程

$$a''_{22}y''^2+a''_{13}x''=0,$$

$$a''_{22}y''^2+a''_{33}=0.$$

按照系数情况分为：

（Ⅲ）**抛物型**：$I_2=0$，$a''_{11}=0$，$a''_{22}\neq0$.

(vi) 抛物线：$a''_{13}\neq0$；

(vii) 一对平行的直线：$a''_{13}=0$，$a''_{22}a''_{33}<0$；

(viii) 无轨迹（两平行共轭虚直线）：$a''_{13}=0$，$a''_{22}a''_{33}>0$；

(ix) 一条直线（两重合直线）：$a''_{13}=0$，$a''_{33}=0$.

抛物线(vi)没有对称中心，称为**无心型曲线**.(vii)—(ix)类型的曲线有无穷多对称中心，他们构成一条直线，也称为**线心型曲线**.

综上所述，通过适当地选取坐标系，二次曲线的方程总可以写成下面 9 种标准方程中的一种形式（为简便起见，标准方程中的撇号略去）：

(1) $\dfrac{x^2}{a^2}+\dfrac{y^2}{b^2}=1$ （实椭圆）；

(2) $\dfrac{x^2}{a^2}+\dfrac{y^2}{b^2}=-1$ （虚椭圆）；

(3) $\dfrac{x^2}{a^2}+\dfrac{y^2}{b^2}=0$ （点椭圆，或相交于实点的两共轭虚直线）；

(4) $\dfrac{x^2}{a^2}-\dfrac{y^2}{b^2}=1$ （双曲线）；

(5) $\frac{x^2}{a^2}-\frac{y^2}{b^2}=0$ (两相交直线);

(6) $y^2=2px$ (抛物线);

(7) $y^2=a^2$ (两平行直线);

(8) $y^2=-a^2$ (两平行共轭虚直线);

(9) $y^2=0$ (两重合直线).

据此,二次曲线按照标准方程共分为3类9种.其中,把圆、虚圆和点圆分别归入椭圆(1)、虚椭圆(2)和点椭圆(3)中.

4.3 利用不变量化简二次曲线方程

经过适当地转轴和移轴,可以得到方程的标准形式,就可以确定曲线的形状和位置.但是有时候方程依赖某些参数,需要指出当参数变化时曲线的类型和形状的变化.这就要求能从给定的方程的系数及其函数来判别曲线的类型和形状.

4.3.1 二次曲线的不变量

因为同一个二次曲线在不同的坐标系中有不同的方程,但是,由方程的系数确定的几何量(如圆锥曲线的焦参数、长短轴、离心率等)却不因坐标系的改变而改变,或者说不因坐标变换而改变,这些量就是不变量.不变量和半不变量是方程的某些系数的函数,它们与这些不变的几何量具有密切的关系.所以问题就归结为如何通过原来的方程系数来确定标准方程的系数.下面给出不变量和半不变量的确切定义.

定义 设由 $F(x,y)$ 的系数组成一个非常值函数 f,如果经过直角坐标变换 T,$F(x,y)$ 变为 $F(x',y')$时,有

$$f(a_{11},a_{12},\cdots,a_{33})=f(a'_{11},a'_{12},\cdots,a'_{33}),$$

那么这个函数 f 称为**二次曲线在直角坐标变换 T 下的不变量**.如果这个函数 f 的值只是经过转轴变换不变,那么这个函数称为**二次曲线在直角坐标变换下的半不变量**.

定理1 二次曲线(4.2-1)在直角坐标变换下,有三个不变量 I_1,I_2,I_3,与一个半不变量 K_1:

$$I_1=a_{11}+a_{22},I_2=\begin{vmatrix} a_{11} & a_{12} \\ a_{12} & a_{22} \end{vmatrix},I_3=\begin{vmatrix} a_{11} & a_{12} & a_{13} \\ a_{12} & a_{22} & a_{23} \\ a_{13} & a_{23} & a_{33} \end{vmatrix},$$

$$K_1=\begin{vmatrix} a_{11} & a_{13} \\ a_{13} & a_{33} \end{vmatrix}+\begin{vmatrix} a_{22} & a_{23} \\ a_{23} & a_{33} \end{vmatrix}.$$

证明 因为直角坐标变换 T 总可以通过移轴和转轴两步完成，因此证明也分移轴与转轴两个步骤.

先证明在移轴变换下，I_1, I_2, I_3 不变，而 K_1 通常改变.

由于在移轴变换下，二次曲线的二次项系数不变(参见 4.2.2 节)，所以有

$$I_1' = a_{11}' + a_{22}' = a_{11} + a_{22} = I_1,$$

$$I_2' = \begin{vmatrix} a_{11}' & a_{12}' \\ a_{12}' & a_{22}' \end{vmatrix} = \begin{vmatrix} a_{11} & a_{12} \\ a_{12} & a_{22} \end{vmatrix} = I_2,$$

而
$$\begin{aligned} I_3' &= \begin{vmatrix} a_{11}' & a_{12}' & a_{13}' \\ a_{12}' & a_{22}' & a_{23}' \\ a_{13}' & a_{23}' & a_{33}' \end{vmatrix} \\ &= \begin{vmatrix} a_{11} & a_{12} & a_{11}x_0 + a_{12}y_0 + a_{13} \\ a_{12} & a_{22} & a_{12}x_0 + a_{22}y_0 + a_{23} \\ a_{11}x_0 + a_{12}y_0 + a_{13} & a_{12}x_0 + a_{22}y_0 + a_{23} & F(x_0, y_0) \end{vmatrix} \\ &= \begin{vmatrix} a_{11} & a_{12} & a_{13} \\ a_{12} & a_{22} & a_{23} \\ a_{11}x_0 + a_{12}y_0 + a_{13} & a_{12}x_0 + a_{22}y_0 + a_{23} & a_{13}x_0 + a_{23}y_0 + a_{33} \end{vmatrix} \\ &= \begin{vmatrix} a_{11} & a_{12} & a_{13} \\ a_{12} & a_{22} & a_{23} \\ a_{13} & a_{23} & a_{33} \end{vmatrix} \\ &= I_3. \end{aligned}$$

K_1 在移轴下通常是要改变的，例如 $F(x,y) \equiv 2xy$，它的 $K_1 = 0$，而通过移轴变换 $x = x' + x_0, y = y' + y_0$，$F(x,y)$ 变为 $F'(x',y') \equiv 2x'y' + 2y_0x' + 2x_0y' + 2x_0y_0$，此时

$$\begin{aligned} K_1' &= \begin{vmatrix} 0 & y_0 \\ y_0 & 2x_0y_0 \end{vmatrix} + \begin{vmatrix} 0 & x_0 \\ x_0 & 2x_0y_0 \end{vmatrix} \\ &= -(x_0^2 + y_0^2) \neq 0, \end{aligned}$$

故
$$K_1' \neq K_1.$$

再证明在转轴变换下，I_1, I_2, I_3 与 K_1 都不变. 对于 I_1 与 I_2 只要考虑方程的二次项系数就够了，在转轴变换下有(参见 4.2.2 节)：

$$\begin{cases} a_{11}' = a_{11}\cos^2\alpha + 2a_{12}\sin\alpha\cos\alpha + a_{22}\sin^2\alpha, \\ a_{22}' = a_{11}\sin^2\alpha - 2a_{12}\sin\alpha\cos\alpha + a_{22}\cos^2\alpha, \\ a_{12}' = (a_{22} - a_{11})\sin\alpha\cos\alpha + a_{12}(\cos^2\alpha - \sin^2\alpha). \end{cases}$$

利用三角函数关系

$$\cos^2\alpha=\frac{1+\cos 2\alpha}{2},$$

$$\sin^2\alpha=\frac{1-\cos 2\alpha}{2},$$

$$\sin\alpha\cdot\cos\alpha=\frac{\sin 2\alpha}{2},$$

则有

$$\begin{cases} a'_{11}=\dfrac{a_{11}+a_{22}}{2}+\dfrac{a_{11}-a_{22}}{2}\cos 2\alpha+a_{12}\sin 2\alpha, \\ a'_{22}=\dfrac{a_{11}+a_{22}}{2}-\dfrac{a_{11}-a_{22}}{2}\cos 2\alpha-a_{12}\sin 2\alpha, \\ a'_{12}=\dfrac{a_{22}-a_{11}}{2}\sin 2\alpha+a_{12}\cos 2\alpha, \end{cases}$$

故

$$I'_1=a'_{11}+a'_{22}=a_{11}+a_{22}=I_1,$$

$$\begin{aligned} I'_2&=\begin{vmatrix} a'_{11} & a'_{12} \\ a'_{12} & a'_{22} \end{vmatrix}=a'_{11}a'_{22}-{a'_{12}}^2 \\ &=\left(\frac{a_{11}+a_{22}}{2}\right)^2-\left(\frac{a_{11}-a_{22}}{2}\cos 2\alpha+a_{12}\sin 2\alpha\right)^2- \\ &\quad\left(\frac{a_{22}-a_{11}}{2}\sin 2\alpha+a_{12}\cos 2\alpha\right)^2 \\ &=\left(\frac{a_{11}+a_{22}}{2}\right)^2-\left(\frac{a_{11}-a_{22}}{2}\right)^2-a_{12}^2 \\ &=a_{11}a_{22}-a_{12}^2 \\ &=I_2. \end{aligned}$$

现证 I_3 在转轴变换下也不变,因为

$$I'_3=\begin{vmatrix} a'_{11} & a'_{12} & a'_{13} \\ a'_{12} & a'_{22} & a'_{23} \\ a'_{13} & a'_{23} & a'_{33} \end{vmatrix}=a'_{13}\begin{vmatrix} a'_{12} & a'_{13} \\ a'_{22} & a'_{23} \end{vmatrix}+a'_{23}\begin{vmatrix} a'_{13} & a'_{11} \\ a'_{23} & a'_{12} \end{vmatrix}+a'_{33}\begin{vmatrix} a'_{11} & a'_{12} \\ a'_{12} & a'_{22} \end{vmatrix},$$

而在转轴变换下,已证得 $I_2=\begin{vmatrix} a_{11} & a_{12} \\ a_{12} & a_{22} \end{vmatrix}$ 不变,

即

$$\begin{vmatrix} a'_{11} & a'_{12} \\ a'_{12} & a'_{22} \end{vmatrix}=\begin{vmatrix} a_{11} & a_{12} \\ a_{12} & a_{22} \end{vmatrix},$$

且在转轴变换下二次曲线方程的常数项不变,所以又有 $a'_{33}=a_{33}$,因此

$$I'_3=a'_{13}\begin{vmatrix} a'_{12} & a'_{13} \\ a'_{22} & a'_{23} \end{vmatrix}+a'_{23}\begin{vmatrix} a'_{13} & a'_{11} \\ a'_{23} & a'_{12} \end{vmatrix}+a_{33}\begin{vmatrix} a_{11} & a_{12} \\ a_{12} & a_{22} \end{vmatrix},$$

化简整理得

$$\begin{vmatrix} a'_{12} & a'_{13} \\ a'_{22} & a'_{23} \end{vmatrix} = \begin{vmatrix} a_{12} & a_{22} \\ a_{13} & a_{23} \end{vmatrix} \cos\alpha - \begin{vmatrix} a_{11} & a_{12} \\ a_{13} & a_{23} \end{vmatrix} \sin\alpha.$$

同理可得

$$\begin{vmatrix} a'_{13} & a'_{11} \\ a'_{23} & a'_{12} \end{vmatrix} = -\begin{vmatrix} a_{12} & a_{22} \\ a_{13} & a_{23} \end{vmatrix} \sin\alpha - \begin{vmatrix} a_{11} & a_{12} \\ a_{13} & a_{23} \end{vmatrix} \cos\alpha.$$

所以

$$\begin{aligned} I'_3 &= a'_{13}\left[\begin{vmatrix} a_{12} & a_{22} \\ a_{13} & a_{23} \end{vmatrix} \cos\alpha - \begin{vmatrix} a_{11} & a_{12} \\ a_{13} & a_{23} \end{vmatrix} \sin\alpha\right] + \\ &\quad a'_{23}\left[-\begin{vmatrix} a_{12} & a_{22} \\ a_{13} & a_{23} \end{vmatrix} \sin\alpha - \begin{vmatrix} a_{11} & a_{12} \\ a_{13} & a_{23} \end{vmatrix} \cos\alpha\right] + a_{33}\begin{vmatrix} a_{11} & a_{12} \\ a_{12} & a_{22} \end{vmatrix} \\ &= \begin{vmatrix} a_{12} & a_{22} \\ a_{13} & a_{23} \end{vmatrix} (a'_{13}\cos\alpha - a'_{23}\sin\alpha) - \\ &\quad \begin{vmatrix} a_{11} & a_{12} \\ a_{13} & a_{23} \end{vmatrix} (a'_{13}\sin\alpha + a'_{23}\cos\alpha) + a_{33}\begin{vmatrix} a_{11} & a_{12} \\ a_{12} & a_{22} \end{vmatrix} \\ &= a_{13}\begin{vmatrix} a_{12} & a_{22} \\ a_{13} & a_{23} \end{vmatrix} - a_{23}\begin{vmatrix} a_{11} & a_{12} \\ a_{13} & a_{23} \end{vmatrix} + a_{33}\begin{vmatrix} a_{11} & a_{12} \\ a_{12} & a_{22} \end{vmatrix} \\ &= \begin{vmatrix} a_{11} & a_{12} & a_{13} \\ a_{12} & a_{22} & a_{23} \\ a_{13} & a_{23} & a_{33} \end{vmatrix} \\ &= I_3. \end{aligned}$$

最后证明 K_1 在转轴变换下也是不变的，因为

$$K_1 = \begin{vmatrix} a_{11} & a_{13} \\ a_{13} & a_{33} \end{vmatrix} + \begin{vmatrix} a_{22} & a_{23} \\ a_{23} & a_{33} \end{vmatrix} = (a_{11}+a_{22})a_{33} - (a_{13}^2 + a_{23}^2).$$

而 $I_1 = a_{11} + a_{22}$ 和二次曲线(4.2-1)的常数项 a_{33} 在转轴下都是不变的，由(4.2-2)中旋转变换 a'_{13} 和 a'_{23} 的表达式直接计算可得

$$a'^2_{13} + a'^2_{23} = a_{13}^2 + a_{23}^2.$$

所以

$$\begin{aligned} K'_1 &= \begin{vmatrix} a'_{11} & a'_{13} \\ a'_{13} & a'_{33} \end{vmatrix} + \begin{vmatrix} a'_{22} & a'_{23} \\ a'_{23} & a'_{33} \end{vmatrix} \\ &= (a'_{11} + a'_{22})a'_{33} - (a'^2_{13} + a'^2_{23}) \\ &= (a_{11} + a_{22})a_{33} - (a_{13}^2 + a_{23}^2) \\ &= \begin{vmatrix} a_{11} & a_{13} \\ a_{13} & a_{33} \end{vmatrix} + \begin{vmatrix} a_{22} & a_{23} \\ a_{23} & a_{33} \end{vmatrix} \end{aligned}$$

$$=K_1.$$

命题证毕.

4.3.2 利用不变量化简二次曲线方程

应用二次曲线的三个不变量 I_1, I_2, I_3 与一个半不变量 K_1 来化简二次曲线的方程,不需要具体求出坐标变换公式,只要简单计算一下这些不变量与半不变量,就可以决定二次曲线的简化方程,从而写出它的标准方程.下面分中心型曲线、无心型曲线和线心型曲线三种情况来讨论.

1) 中心型曲线

对中心型二次曲线,$I_2 \neq 0$,其简化方程为

$$a'_{11}x'^2+a'_{22}y'^2+a'_{33}=0,$$

因此有

$$I'_1=a'_{11}+a'_{22}=I_1,$$

$$I'_2=\begin{vmatrix} a'_{11} & 0 \\ 0 & a'_{22} \end{vmatrix}=a'_{11}a'_{22}=I_2.$$

根据二次方程根与系数的关系知道,a'_{11} 与 a'_{22} 是**特征方程**

$$\lambda^2-I_1\lambda+I_2=0$$

的两个根,即 $a'_{11}=\lambda_1, a'_{22}=\lambda_2$ 分别是二次曲线的**特征根**.

其次又有

$$I'_3=\begin{vmatrix} a'_{11} & 0 & 0 \\ 0 & a'_{22} & 0 \\ 0 & 0 & a'_{33} \end{vmatrix}=a'_{11}a'_{22}a'_{33}=I_2a'_{33},$$

而

$$I'_3=I_3,$$

所以

$$a'_{33}=\frac{I_3}{I_2}.$$

于是就有以下结论.

定理 2 如果二次曲线(4.2-1)是中心型二次曲线,那么它的简化方程为

$$\lambda_1x^2+\lambda_2y^2+\frac{I_3}{I_2}=0, \tag{4.3-1}$$

其中 λ_1, λ_2 是二次曲线的特征方程 $\lambda^2-I_1\lambda+I_2=0$ 的两个根(方程中的撇号略去).

例 1 求二次曲线

$$x^2+6xy+y^2+6x+2y-1=0$$

的简化方程与标准方程.

解 因为

$$I_1=1+1=2, I_2=1\times1-3^2=-8<0, I_3=\begin{vmatrix}1&3&3\\3&1&1\\3&1&-1\end{vmatrix}=16\neq0,$$

故所给的曲线是双曲线. 其特征方程为

$$\lambda^2-2\lambda-8=0,$$

解得特征根为 $\lambda_1=4, \lambda_2=-2$, 所以曲线的简化方程为

$$4x'^2-2y'^2+\frac{16}{-8}=0,$$

化成标准方程就是

$$\frac{x'^2}{\frac{1}{2}}-\frac{y'^2}{1}=1.$$

例 2 求二次曲线

$$5x^2-6xy+5y^2-6\sqrt{2}x+2\sqrt{2}y-4=0$$

的简化方程与标准方程.

解 因为

$$I_1=10, I_2=\begin{vmatrix}5&-3\\-3&5\end{vmatrix}=16, I_3=\begin{vmatrix}5&-3&-3\sqrt{2}\\-3&5&\sqrt{2}\\-3\sqrt{2}&\sqrt{2}&-4\end{vmatrix}=-128,$$

故所给的曲线是椭圆. 其特征方程为

$$\lambda^2-10\lambda+16=0,$$

解得特征根为 $\lambda_1=2, \lambda_2=8$, 所以曲线的简化方程为

$$2x^2+8y^2-8=0,$$

曲线的标准方程为

$$\frac{x^2}{4}+\frac{y^2}{1}=1.$$

注 根据前面的讨论可知, 两个特征根 λ_1, λ_2 选取顺序不同时, 相当于转轴相差 $\frac{\pi}{2}$ 角, 即两坐标轴对换.

2) 无心型曲线

对于无心型二次曲线, $I_2=0, I_3\neq0$, 其简化方程为

$$a'_{22}y'^2+2a'_{13}x'=0,$$

因此有

$$I'_1=a'_{22}=I_1,$$

$$I_3'=\begin{vmatrix}0 & 0 & a_{13}'\\ 0 & a_{22}' & 0\\ a_{13}' & 0 & 0\end{vmatrix}=-a_{22}'a_{13}'^2=-I_1a_{13}'^2,$$

而
$$I_3'=I_3,$$

所以
$$a_{13}'=\pm\sqrt{-\frac{I_3}{I_1}}.$$

因为 $a_{13}'^2>0$,故 $I_1I_3<0$.由此得到以下结论

定理 3 如果二次曲线(4.2-1)是无心型二次曲线,那么它的简化方程为

$$I_1y^2\pm2\sqrt{-\frac{I_3}{I_1}}x=0. \tag{4.3-2}$$

这里根号前的正负号可以任意选取(方程中的撇号略去).

例 3 求二次曲线

$$\sqrt{x}+\sqrt{y}=\sqrt{a}$$

的简化方程与标准方程.

解 由题设,显然有 $a\geqslant0$,且 x 和 y 均非负.

当 $a=0$ 时,原方程表示坐标原点.此时须注意不可将原方程写成 $\sqrt{x}=-\sqrt{y}$ 再两边平方,因这样会得出原方程表示两条相交实直线的错误结论.

当 $a>0$ 时,原方程可变形为

$$x^2-2xy+y^2-2ax-2ay+a^2=0\quad(x\geqslant0,y\geqslant0),$$

因为 $I_1=2,I_2=0,I_3=\begin{vmatrix}1 & -1 & -a\\ -1 & 1 & -a\\ -a & -a & a^2\end{vmatrix}=-4a^2<0$,原方程表示仅在第一象限有实图形的一段抛物线,其对称轴是直线 $y=x$,顶点是 $\left(\frac{a}{4},\frac{a}{4}\right)$,曲线的两个端点的坐标是 $(0,a)$ 和 $(a,0)$.

简化方程为

$$2y^2\pm2\sqrt{\frac{4a^2}{2}}x=0\quad(x\geqslant0,y\geqslant0),$$

标准方程为
$$y^2=\sqrt{2}ax\quad(x\geqslant0,y\geqslant0).$$

3) 线心型曲线

对于线心型曲线,有 $I_2=0,I_3=0$,即 $\frac{a_{11}}{a_{12}}=\frac{a_{12}}{a_{22}}=\frac{a_{13}}{a_{23}}$,其简化方程为

$$a_{22}'y'^2+a_{33}'=0,$$

因此有
$$I_1'=a_{22}'=I_1,$$

$$K_1' = \begin{vmatrix} 0 & 0 \\ 0 & a'_{33} \end{vmatrix} + \begin{vmatrix} a'_{22} & 0 \\ 0 & a'_{33} \end{vmatrix} = a'_{22}a'_{33} = I_1 a'_{33}.$$

而 $K_1' = K_1$，所以

$$a'_{33} = \frac{K_1}{I_1}.$$

因此有以下结论.

定理 4 如果二次曲线是线心型曲线，那么它的简化方程(方程中的撇号略去)为

$$I_1 y^2 + \frac{K_1}{I_1} = 0. \tag{4.3-3}$$

例 4 化简一般二次曲线方程 $3x^2+12xy+12y^2+10x+20y-3=0$.

解 $I_1=3+12=15$，$I_2=3\times12-36=0$，$I_3=0$，曲线为线心型.

$$K_1 = M_{11}+M_{22} = -170,$$

由定理 4，曲线的简化方程为

$$15y'^2 - \frac{170}{15} = 0,$$

表示一对平行直线.

根据以上讨论，又可以得到以下结论.

定理 5 如果给出二次曲线方程(4.2-1)，那么用它的不变量和半不变量来判断二次曲线为何种曲线的条件是：

(1) 椭圆：$I_2>0$，$I_1I_3<0$；

(2) 虚椭圆：$I_2>0$，$I_1I_3>0$；

(3) 点椭圆(或称一对交于实点的共轭虚直线)：$I_2>0$，$I_3=0$；

(4) 双曲线：$I_2<0$，$I_3\neq0$；

(5) 一对相交直线：$I_2<0$，$I_3=0$；

(6) 抛物线：$I_2=0$，$I_3\neq0$；

(7) 一对平行直线：$I_2=I_3=0$，$K_1<0$；

(8) 一对平行虚直线：$I_2=I_3=0$，$K_1>0$；

(9) 一对重合直线：$I_2=I_3=K_1=0$.

推论 二次曲线方程(4.2-1)表示两条直线(实的或虚的，不同的或重合的)的充要条件为 $I_3=0$. 这时二次曲线称为**退化曲线**.

二次曲线在直角坐标变换下的不变量是一个十分重要的概念. 解析几何的主要目的是通过曲线的方程来研究曲线的几何性质，而由二次曲线方程的系数所构成的不变量 I_1，I_2，I_3 以及 K_1 完全可以刻画二次曲线的形状与其他特征. 不变量能够深刻地反映方程与曲线的关系，它把我们对数形结合的认识提高到

了一个新的高度.

*4.4 利用主直径化简二次曲线方程

前面讨论了利用直角坐标变换和不变量化简一般二次曲线的方法,这里讨论如何利用主方向和主直径化简一般二次曲线.

4.4.1 二次曲线的主直径

已给二次曲线方程(4.2-1),满足 $\Phi(X,Y)=0$ 的方向(X,Y)称为二次曲线的渐近方向.设(X,Y)是二次曲线的一个非渐近方向,即 $\Phi(X,Y)\neq 0$.当直线平行于二次曲线的某一非渐近方向时,这条直线与二次曲线总交于两点(两个不同的实点,两个重合的实点或一对共轭的虚点),这两点决定了二次曲线的一条弦.下面研究二次曲线上一族平行弦的中点轨迹,有如下相关结论(证明从略).

定理 1 二次曲线的一族平行弦的中点轨迹是一条直线,称为这个**二次曲线的直径**.

该直径所对应的平行弦,称为**共轭于这条直径的共轭弦**;而直径也称为**共轭于平行弦方向的直径**.斜率 $k=\dfrac{Y}{X}$对应方向(X,Y),故有如下结论.

定理 2 如果二次曲线的一族平行弦的斜率为 k,那么共轭于这族平行弦的**直径方程**是

$$F_1(x,y)+kF_2(x,y)=0, \tag{4.4-1}$$

即 $XF_1(x,y)+YF_2(x,y)=0$.

定理 3 中心型二次曲线的直径通过曲线的中心,无心型二次曲线的直径平行于曲线的渐近方向,线心型二次曲线的直径只有一条,就是曲线的中心直线.

例 1 求抛物线 $y^2=2px$ 的直径.

解
$$F_1(x,y)=p,F_2(x,y)=-y,$$
共轭于非渐近方向(X,Y)的直径为
$$Xp-Yy=0,$$
即
$$y=\frac{X}{Y}p.$$

所以抛物线 $y^2=2px$ 的直径平行于它的渐近方向$(1,0)$.

二次曲线与非渐近方向(X,Y)共轭的直径方程的方向是
$$(X',Y')=(-a_{12}X+a_{22}Y,a_{11}X+a_{12}Y),$$
称这个方向为非渐近方向(X,Y)的共轭方向.

定理 4 中心型二次曲线的非渐近方向的共轭方向仍然是非渐近方向,而非中心型二次曲线的非渐近方向的共轭方向是渐近方向.

中心型二次曲线的一对具有相互共轭方向的直径称为一对共轭直径.

如果设$(X',Y')=(X,Y)$,那么有 $a_{11}X^2+2a_{12}XY+a_{22}Y^2=0$,显然,此时$(X,Y)$为二次曲线的渐近方向.因此,如果对二次曲线的共轭方向作代数的推广,那么渐近方向可以看成自共轭方向,从而渐近线也就可以看成与自己共轭的直径.

定义 二次曲线的垂直于其共轭弦的直径称为**二次曲线的主直径**，主直径的方向与垂直于主直径的方向都称为**二次曲线的主方向**.

我们也可以定义二次曲线的主方向为一对既正交、又共轭的方向.

显然，主直径是二次曲线的对称轴，因此主直径也称为**二次曲线的轴**，轴与曲线的交点称为**曲线的顶点**.

现在我们来求二次曲线(4.2-1)的主方向与主直径. 方向(X,Y)成为中心型二次曲线的主方向的条件是

$$\begin{cases}a_{11}X+a_{12}Y=\lambda X,\\ a_{12}X+a_{22}Y=\lambda Y\end{cases}$$

成立，其中$\lambda\neq 0$.

上式可改写成

$$\begin{cases}(a_{11}-\lambda)X+a_{12}Y=0,\\ a_{12}X+(a_{22}-\lambda)Y=0.\end{cases}\tag{4.4-2}$$

这是一个关于X,Y的齐次线性方程组，称为二次曲线的**主方向方程组**. 因为X,Y不能全为零，此齐次线性方程组有非零解，所以其系数行列式

$$\begin{vmatrix}a_{11}-\lambda & a_{12}\\ a_{12} & a_{22}-\lambda\end{vmatrix}=0,$$

即

$$\lambda^2-I_1\lambda+I_2=0.\tag{4.4-3}$$

显然，这就是二次曲线的**特征方程**. 因此对于中心型二次曲线来说，只要由特征方程解出特征根λ，再代入二次曲线的主方向方程组(4.4-2)，就能得到它的主方向.

如果二次曲线为非中心型二次曲线，那么它的任何直径的方向总是它的唯一的渐近方向

$$(X_1,Y_1)=(-a_{12},a_{11})=(a_{22},-a_{12}),$$

而垂直于它的方向显然为

$$(X_2,Y_2)=(a_{11},a_{12})=(a_{12},a_{22}).$$

所以非中心型二次曲线的主方向有下面两种：

渐近主方向

$$(X_1,Y_1)=(-a_{12},a_{11})=(a_{22},-a_{12});$$

非渐近主方向

$$(X_2,Y_2)=(a_{11},a_{12})=(a_{12},a_{22}).$$

在特征方程中令$I_2=0$，得其两根为

$$\lambda_1=0,\lambda_2=I_1=a_{11}+a_{22}.$$

将这两个根进一步代入主方向方程组(4.4-2)，得到的主方向恰好为非中心型二次曲线的渐近主方向与非渐近主方向. 这样，就把根据特征方程的根求二次曲线的主方向的方法推广到了非中心型二次曲线. 因此，一个方向(X,Y)成为二次曲线的主方向的条件是主方向方程组(4.4-2)成立，这里的λ是特征方程的根.

从二次曲线的特征方程(4.4-3)求出特征根λ，把它代入主方向方程组(4.4-2)，就得到相应的主方向(X,Y). 如果主方向为非渐近方向，那么根据$XF_1(x,y)+YF_2(x,y)=0$就能得

到共轭于此主方向的主直径.

为此,还需要解决特征根的存在问题,有下面的定理(证明从略).

定理 5 二次曲线的特征根都是实数.

定理 6 二次曲线的特征根不能全为零.

定理 7 由二次曲线的特征根 λ 确定的主方向(X,Y),当 $\lambda\neq 0$ 时,为二次曲线的非渐近主方向;当 $\lambda=0$ 时,为二次曲线的渐近主方向.

定理 8 中心型二次曲线至少有两条主直径,非中心型二次曲线只有一条主直径.

例 2 求二次曲线 $F(x,y)\equiv x^2-2xy+y^2-4x=0$ 的主方向与主直径.

解
$$I_1=1+1=2,I_2=\begin{vmatrix}1 & -1\\ -1 & 1\end{vmatrix}=0,$$
所以曲线为非中心型曲线,它的特征方程为
$$\lambda^2-2\lambda=0,$$
特征根为
$$\lambda_1=2,\lambda_2=0.$$

因为 $\lambda_1=2$ 是非中心型二次曲线的非零特征根,代入方程组(4.4-2),它确定二次曲线的非渐近主方向:
$$(X_1,Y_1)=(-1,(2-1))=(-1,1),$$
而特征根 $\lambda_2=0$ 确定二次曲线的渐近主方向
$$(X_2,Y_2)=(-1,(0-1))=(-1,-1).$$

因为
$$F_1(x,y)=x-y-2,F_2(x,y)=-x+y,$$

所以曲线的唯一主直径只能由非渐近主方向$(-1,1)$确定
$$-(x-y-2)+(-x+y)=0,$$
即
$$x-y-1=0.$$

例 3 求 $2xy-4x+2y+11=0$ 的主方向与主直径.

解
$$I_1=0,\ I_2=\begin{vmatrix}0 & 1\\ 1 & 0\end{vmatrix}=-1<0,$$
曲线为中心型(双典型)曲线,特征方程为
$$\lambda^2-1=0,$$
两特征根为
$$\lambda_1=1,\ \lambda_2=-1.$$

将 $\lambda_1=1$ 代入方程组(4.4-2),得对应主方向为
$$(Z_1,Y_1)=(1,1).$$

又
$$F_1(x,y)=y-2,\ F_2(x,y)=x+1,$$
代入方程组(4.4-1)得对应主直径为
$$x+y-1=0.$$

对 $\lambda_2=-1$,类似可得主方向为
$$(Z_2,Y_2)=(-1,1)$$
对应主直径为
$$x-y+3=0.$$

4.4.2 利用主直径化简二次曲线方程

下面用例子说明如何利用主直径、主方向化简一般二次曲线.

例 4 化简二次曲线的方程 $x^2-2xy+y^2+2x-2y-3=0$.

解 所给二次曲线的矩阵为

$$\boldsymbol{A}=\begin{bmatrix}1&-1&1\\-1&1&-1\\1&-1&-3\end{bmatrix},$$

$\boldsymbol{A}$ 的第一行和第二行的元素成比例,这表示 $F_1(x,y)=0$ 和 $F_2(x,y)=0$ 是同一条直线,曲线为线心型曲线,它的唯一的一条直径即曲线的中心直线,也就是曲线的主直径,其方程就是 $F_1(x,y)=0$,即

$$x-y+1=0.$$

取其为新坐标系的 x' 轴,再取任意垂直于此中心直线的直线,比如 $x+y=0$ 为新坐标系的 y' 轴作坐标变换,则变换公式为

$$\begin{cases}x'=\dfrac{x+y}{\sqrt{2}},\\[2mm] y'=-\dfrac{x-y+1}{\sqrt{2}},\end{cases}$$

解出 x 与 y,得

$$\begin{cases}x=\dfrac{1}{\sqrt{2}}x'-\dfrac{1}{\sqrt{2}}y'-\dfrac{1}{2},\\[2mm] y=\dfrac{1}{\sqrt{2}}x'+\dfrac{1}{\sqrt{2}}y'+\dfrac{1}{2}.\end{cases}$$

代入已知方程,经过整理得

$$2y'^2-4=0,$$

即 $$y'^2=2 \text{ 或 } y'=\pm\sqrt{2}.$$

注 将 y' 代入,可知两平行直线的原方程为

$$x-y+1=\pm 2.$$

这是两条平行直线(如图 4-8 所示).

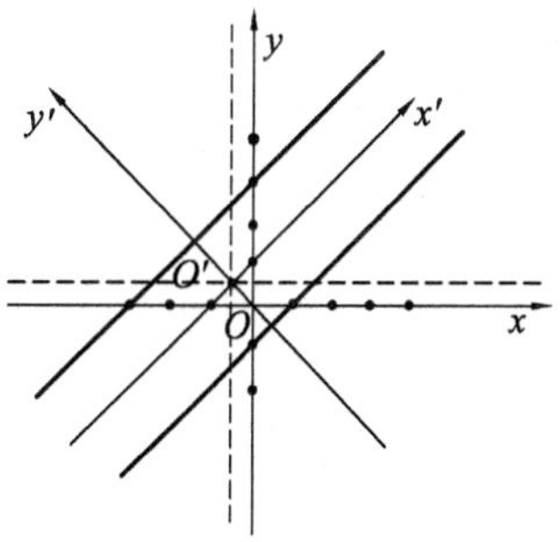

图 4-8

对于线心型曲线可以直接从原方程分解为两个一次因式,从而可立即作出它的图形.原方程表示两条直线 $x-y+3=0$ 与 $x-y-1=0$.图像如图 4-8 所示.

当二次曲线的方程表示两条实直线时,直接分解得到两个一次方程通常是最简单有效的化简方法,因为这样可避免进行坐标变换.除了线心型曲线外,中心型二次曲线是两条相交直线时,也可对原方程直接分解.

例 5 化简二次曲线方程 $8x^2+4xy+5y^2+8x-16y-16=0$.

解 $I_1=13$, $I_2=36>0$,曲线为中心型(椭圆型)曲线.

特征方程为 $$\lambda^2-13\lambda+36=0,$$
特征根为 $$\lambda_1=9,\ \lambda_2=4.$$

将 $\lambda_1=9$ 代入方程组(4.4-2),得对应主方向
$$(Z,Y)=(2,1).$$

代入方程(4.4-1),其中
$$F_1(x,y)=8x+2y+4=0,\ F_2(x,y)=2x+5y-8,$$
得对应主直径为
$$2x+y=0$$

对 $\lambda_2=4$,类似可得主方向
$$(Z,Y)=(1,-2),$$
对应主直径为
$$x-2y+5=0.$$

取两主直径作为新坐标系的坐标轴,则坐标变换公式(参见 4.1.3 例 2)为
$$\begin{cases} x'=\dfrac{2x+y}{\sqrt{5}}, \\ y'=\dfrac{-x+2y-5}{\sqrt{5}}, \end{cases}$$
反解得
$$\begin{cases} x=\dfrac{1}{\sqrt{5}}(2x'-y')-1, \\ y=\dfrac{1}{\sqrt{5}}(x'+2y')+2. \end{cases}$$
代入原方程,整理化简得
$$9x'^2+4y'^2-36=0.$$

例 6 化简二次曲线方程 $x^2+2xy+y^2+2x+y=0$.

解 由于 $I_1=1+1=2$,$I_2=1\times1-1^2=0$,曲线是非中心型的.

解特征方程 $\lambda^2-2\lambda=0$,得特征根为 $\lambda_1=2$,$\lambda_2=0$.

曲线的非渐近主方向为对应于 $\lambda_1=2$ 的主方向 $(X,Y)=(1,1)$,所以曲线的主直径为
$$(x+y+1)+\left(x+y+\frac{1}{2}\right)=0,$$
即 $$x+y+\frac{3}{4}=0.$$

将此主直径的方程与原曲线的方程 $x^2+2xy+y^2+2x+y=0$ 联立,即求得曲线的顶点为 $\left(\frac{3}{16},-\frac{15}{16}\right)$. 过顶点且以求得的非渐近主方向为方向的直线为
$$\frac{x-\frac{3}{16}}{1}=\frac{y+\frac{15}{16}}{1},$$
即 $$x-y-\frac{9}{8}=0.$$

这也是过顶点垂直于主直径的直线.

取主直径 $x+y+\frac{3}{4}=0$ 为新坐标系的 x' 轴，直线 $x-y-\frac{9}{8}=0$ 为 y' 轴，作坐标变换，则变换公式为

$$\begin{cases} x'=\dfrac{x-y-\frac{9}{8}}{\sqrt{2}}, \\ y'=\dfrac{x+y+\frac{3}{4}}{\sqrt{2}}, \end{cases}$$

解出 x 与 y，得

$$\begin{cases} x=\dfrac{1}{\sqrt{2}}(x'+y')+\dfrac{3}{16}, \\ y=\dfrac{1}{\sqrt{2}}(-x'+y')-\dfrac{15}{16}. \end{cases}$$

代入已知方程，经过整理得 $2y'^2+\frac{\sqrt{2}}{2}x'=0$，化为标准方程就是

$$y'^2=-\frac{\sqrt{2}}{4}x'.$$

这是一条抛物线. 若要画出这条抛物线，必须确定代表 x' 轴的直线的正向. 设 x' 轴与 x 轴的交角为 α，则根据变换公式有 $\sin\alpha=-\frac{1}{\sqrt{2}}$，$\cos\alpha=\frac{1}{\sqrt{2}}$，因此 $\alpha=-\frac{\pi}{4}$，于是 x'轴的正向就能确定了. 新坐标轴作出后，就能根据抛物线的标准方程作出它的图形(图形略).

通过主方向、主直径化简后，一般二次方程仍然可以分为 3 类 9 种，这里不再赘述.

*4.5 一般二次曲线的应用示例

例 1 根据我国汽车制造的现实情况，一般卡车不超过高 4 m，宽 2.6 m，现要设计横断面为抛物线型的双向二车道的公路隧道，为保障双向行驶安全，交通管理规定汽车进入隧道后必须保持距中线 0.4 m 的距离行驶. 已知拱口宽 AB 恰好是拱高 OC 的 4 倍，若拱宽为 a m，求能使卡车安全通过的 a 的最小整数值.

分析 根据问题的实际意义，卡车通过隧道时应以卡车沿着距隧道中线0.4 m到 3 m 间的道路行驶为最佳路线. 因此，卡车能否安全通过，取决于距隧道中线 3 m(即在横断面上距拱口中点 3 m)处隧道的高度是否够 4 m，据此可通过建立坐标系，确定出抛物线的方程后求得.

解 如图 4-9，以拱口 AB 所在直线为 x 轴，以拱高 OC 所在直线为 y 轴建立直角坐标系.

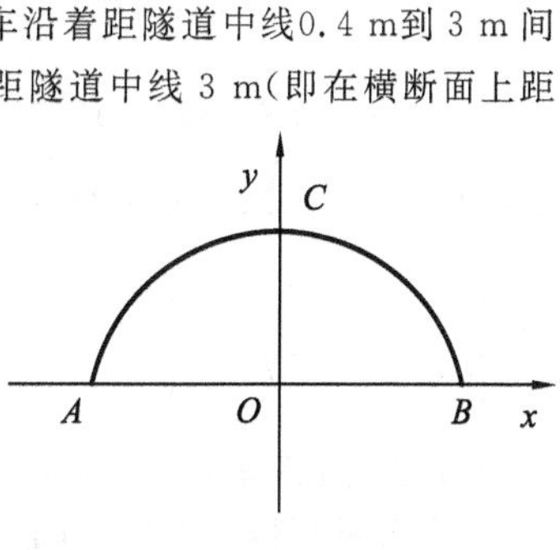

图 4-9

由题意可得抛物线的方程为

$$x^2=-2p\left(y-\frac{a}{4}\right),$$

因为点 $A\left(-\frac{a}{2},0\right)$ 在抛物线上，

所以 $$\left(-\frac{a}{2}\right)^2=-2p\left(0-\frac{a}{4}\right),$$

解得 $$p=\frac{a}{2},$$

从而抛物线方程为

$$x^2=-a\left(y-\frac{a}{4}\right).$$

取 $x=2.6+0.4=3$,代入抛物线方程,得

$$3^2=-a\left(y-\frac{a}{4}\right),\ y=\frac{a^2-36}{4a}.$$

由题意,令 $y>4$,得$\frac{a^2-36}{4a}>4$.

由于 $a>0$,所以 $a^2-16a-36>0$,$a>8+6\sqrt{2}$.

又 $a\in\mathbf{Z}$,a 应取 17,18,19,…

答:满足本题条件使卡车安全通过的 a 的最小正整数为 17 m.

注 本题的解题过程可归纳为两步:一是根据实际问题的意义,确定解题途径,得到距拱口中点 2 m 处 y 的值;二是由 $y>3$ 通过解不等式,结合问题的实际意义和要求得到 a 的值.值得注意的是,这种思路在与最佳方案有关的应用题中是常用的.

例 2 A,B,C 是我方三个炮兵阵地,A 在 B 正东 6 km 处,C 在 B 正北偏西 30°处,相距 4 km,P 为敌炮阵地,某时刻 A 处发现敌炮阵地的某种信号,由于 B、C 两地比 A 距 P 地远,因此 4 s 后,B、C 才同时发现这一信号,此信号的传播速度为 1 km/s,A 若炮击 P 地,求炮击的方位角.

解 如图 4-10,以直线 BA 为 x 轴,线段 BA 的中垂线为 y 轴建立坐标系,则

$$B(-3,0),A(3,0),C(-5,2\sqrt{3}).$$

因为 $|PB|=|PC|$,所以点 P 在线段 BC 的垂直平分线上.

又因为 $k_{BC}=-\sqrt{3}$,BC 的中点 $D(-4,\sqrt{3})$,所以直线 PD 的方程为

$$y-\sqrt{3}=\frac{1}{\sqrt{3}}(x+4).\qquad(4.5\text{-}1)$$

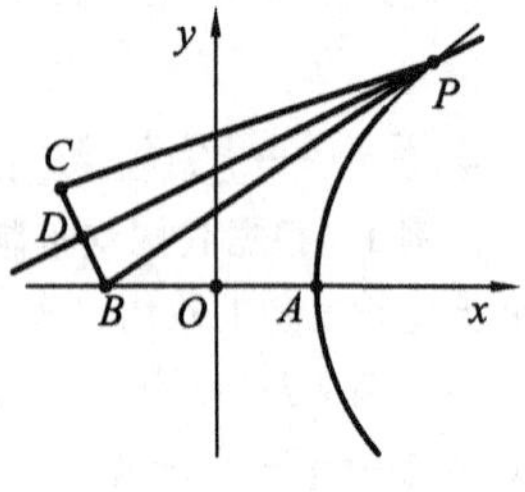

图 4-10

又 $|PB|-|PA|=4$,故 P 在以 A、B 为焦点的双曲线右支上.

设 $P(x,y)$,则双曲线方程为$\frac{x^2}{4}-\frac{y^2}{5}=1(x\geqslant 0)$. (4.5-2)

联立(4.5-1)和(4.5-2),得 $x=8$,$y=5\sqrt{3}$,所以 $P(8,5\sqrt{3})$.

因此 $k_{PA}=\frac{5\sqrt{3}}{8-3}=\sqrt{3}$.

故炮击的方位角为北偏东 30°.

注 解决圆锥曲线应用问题时,要善于抓住问题的实质,通过建立数学模型,实现应用性问题向数学问题的顺利转化;要注意认真分析数量间的关系,紧扣圆锥曲线的概念,充分利

用曲线的几何性质，确定正确的问题解决途径，灵活运用解析几何的常用数学方法，求得最终完整的解答.

例 3 如图 4-11，某隧道设计为双向四车道，车道总宽 22 m，要求通行车辆限高 4.5 m，隧道全长 25 km，隧道的拱线近似地看成半个椭圆形状.

(1) 若最大拱高 h 为 6 m，则隧道设计的拱宽 l 是多少？

(2) 若最大拱高 h 不小于 6 m，则应如何设计拱高 h 和拱宽 l，才能使半个椭圆形隧道的土方工程量最小？

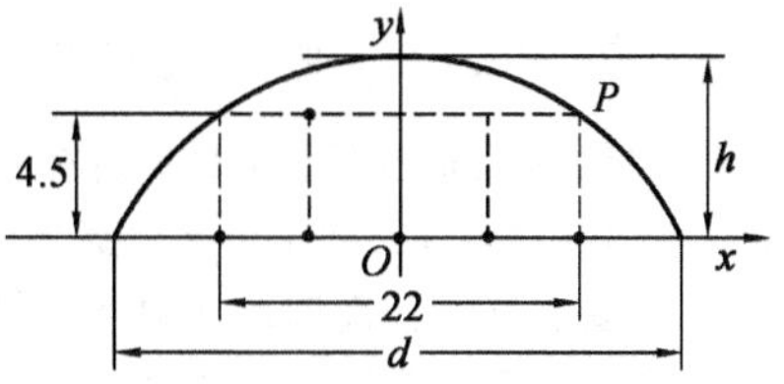

图 4-11

$\left(\text{半个椭圆的面积公式为 } S=\frac{\pi}{4}lh\text{，柱体体积为底面积乘以高. 本题结果均精确到 0.1 m}\right)$

(1) **解** 如图建立直角坐标系，则点 $P(11,4.5)$，椭圆方程为$\frac{x^2}{a^2}+\frac{y^2}{b^2}=1$.

将 $b=h=6$ 与点 P 的坐标代入椭圆方程，得 $a=\frac{44\sqrt{7}}{7}$，

此时 $$l=2a=\frac{88\sqrt{7}}{7}\approx 33.3.$$

因此隧道的拱宽约为 33.3 m.

(2) **解法 1** 由椭圆方程$\frac{x^2}{a^2}+\frac{y^2}{b^2}=1$，得$\frac{11^2}{a^2}+\frac{4.5^2}{b^2}=1$.

因为 $$\frac{11^2}{a^2}+\frac{4.5^2}{b^2}\geqslant\frac{2\times 11\times 4.5}{ab},$$

即 $$ab\geqslant 99\text{，且 } l=2a, h=b,$$

所以 $$S=\frac{\pi}{4}lh=\frac{\pi ab}{2}\geqslant\frac{99\pi}{2}.$$

当 S 取最小值时，有$\frac{11^2}{a^2}=\frac{4.5^2}{b^2}=\frac{1}{2}$，

得 $$a=11\sqrt{2}, b=\frac{9\sqrt{2}}{2}.$$

此时 $$l=2a=22\sqrt{2}\approx 31.1, h=b\approx 6.4.$$

故当拱高约为 6.4 m、拱宽约为 31.1 m 时，土方工程量最小.

解法 2 由椭圆方程$\frac{x^2}{a^2}+\frac{y^2}{b^2}=1$，得$\frac{11^2}{a^2}+\frac{4.5^2}{b^2}=1$.

于是 $$b^2=\frac{81}{4}\cdot\frac{a^2}{a^2-121}.$$

$$a^2b^2=\frac{81}{4}\left(a^2-121+\frac{121^2}{a^2-121}+242\right)\geqslant\frac{81}{4}(2\sqrt{121^2}+242)=81\times 121,$$

即 $ab\geqslant 99$，当 S 取最小值时，有 $a^2-121=\frac{121^2}{a^2-121}$，解得 $a=11\sqrt{2}$，$b=\frac{9\sqrt{2}}{2}$. 以下同解法 1.

例 4 设有一颗彗星沿一椭圆轨道绕地球运行，地球恰好位于椭圆轨道的焦点处，当此彗星离地球相距 m 万千米和 $\frac{4}{3}m$ 万千米时，经过地球和彗星的直线与椭圆的长轴夹角分别为 $\frac{\pi}{2}$ 和 $\frac{\pi}{3}$，求该彗星与地球的最近距离.

分析 本题的实际意义是求椭圆上一点到焦点的距离，一般的思路是由直线与椭圆的关系，列方程组解之；或利用定义法抓住椭圆的第二定义求解同时，还要注意结合椭圆的几何意义进行思考仔细分析题意，由椭圆的几何意义可知：只有当该彗星运行到椭圆的较近顶点处时，彗星与地球的距离才达到最小值即为 $a-c$，这样把问题就转化为求 a,c 或 $a-c$.

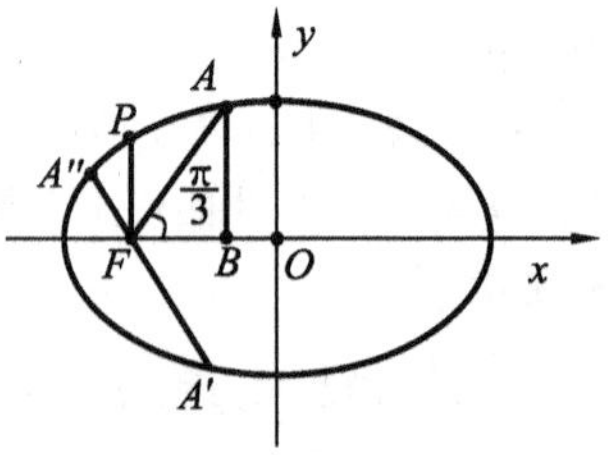

图 4-12

解 建立如图 4-12 所示的直角坐标系，设地球位于焦点 $F(-c,0)$ 处，则椭圆的方程为

$$\frac{x^2}{a^2}+\frac{y^2}{b^2}=1.$$

当过地球和彗星的直线与椭圆的长轴夹角为 $\frac{\pi}{3}$ 时，由椭圆的几何意义可知，彗星 A 只能满足 $\angle xFA=\frac{\pi}{3}\left(或\angle xFA'=\frac{\pi}{3}\right)$.

作 $AB\perp Ox$ 于点 B，则 $|FB|=\frac{1}{2}|FA|=\frac{2}{3}m$，

故由椭圆的第二定义可得

$$m=\frac{c}{a}\left(\frac{a^2}{c}-c\right) \quad ① \quad 且\frac{4}{3}m=\frac{c}{a}\left(\frac{a^2}{c}-c+\frac{2}{3}m\right) \quad ②.$$

两式相减得
$$\frac{1}{3}m=\frac{c}{a}\cdot\frac{2}{3}m,$$

化简得
$$a=2c,$$

代入①，得
$$m=\frac{1}{2}(4c-c)=\frac{3}{2}c,$$

所以 $c=\frac{2}{3}m,a-c=c=\frac{2}{3}m$.

答：彗星与地球的最近距离为 $\frac{2}{3}m$ 万千米.

注 (1) 在天体运行中，彗星绕恒星运行的轨道一般都是椭圆，而恒星正是它的一个焦点，该椭圆的两个端点，一个是近地点，另一个则是远地点，这两点到恒星的距离一个是 $a-c$，另一个是 $a+c$.

(2) 以上给出的解答是建立在椭圆的概念和几何意义之上的，充分体现了数形结合的思想. 另外，数学应用问题的解决在数学化的过程中也要时刻不忘审题，善于挖掘隐含条件.

数学史话4：20世纪的数学曙光——希尔伯特的23个数学问题

1）数学界的亚历山大——希尔伯特

希尔伯特(Hilbert，1862.1.23—1943.2.14)是20世纪上半叶，德国乃至全世界最伟大的数学家之一.他在横跨两个世纪的60年的研究生涯中，几乎走遍了现代数学所有前沿阵地，从而把他的思想深深地渗透进了整个现代数学.他是著名的格廷根学派的核心，使格廷根大学成为当时世界数学研究的重要中心，他以其勤奋的工作和真诚的个人品质吸引了来自世界各地的青年学者，并培养了一批对现代数学发展做出重大贡献的杰出数学家，使哥廷根的传统在世界产生影响.希尔伯特去世时，德国《自然》杂志发表过这样的观点：现在世界上难得有一位数学家的工作不是以某种途径导源于希尔伯特的工作.他像是数学世界的亚历山大，在整个数学版图上，留下了他那显赫的名字.

希尔伯特的数学工作可以划分为几个不同的时期，每个时期他几乎都集中精力研究一类问题.按时间顺序，他的主要研究内容有：不变式理论、代数数域理论、几何基础、积分方程、物理学、一般数学基础，其间穿插的研究课题有：狄利克雷原理和变分法、华林问题、特征值问题、希尔伯特空间等.在这些领域中，他都做出了重大的或开创性的贡献.他认为，科学在每个时代都有它自己的问题，而这些问题的解决对于科学发展具有深远意义.

正如人类的每一项事业都追求确定的目标一样，数学研究也要有自己的问题.正是通过这些问题的解决，才使研究者锻炼其意志，发现新观点，达到更广阔的境界.

希尔伯特特别强调重大问题在数学发展中的作用，他指出："如果我们想对最近的将来数学知识可能的发展有一个概念，那就必须回顾一下当今科学提出的，希望在将来能够解决的问题."同时又指出："某类问题对于一般数学进程的深远意义以及它们在研究者个人的工作中所起的重要作用是不可否认的.只要一门科学分支能提出大量的问题，它就充满生命力，而问题缺乏则预示着独立发展的衰亡或中止."

他阐述了重大问题所具有的特点，他认为好问题应有三个特征：清晰性和易懂性；虽困难但给人以希望；意义深远.

2）希尔伯特的23个问题

1900年8月8日，第二届国际数学大会在巴黎召开，数学家希尔伯特在这一天向大会提出了著名的"希尔伯特23个问题".这23个问题是希尔伯特根据19世纪数学研究的成果和发展趋势而提出的，被誉为"数学女王皇冠上的23颗明珠".涉及现代数学的许多重要领域，这些问题成了新世纪科学前进的杠杆，激发着数学家的激情.一个世纪以来，伴随希尔伯特问题的研究与解决，大大推动了数理逻辑、几何基础、李群论、数学物理、概率论、数论、函数论、代数几何、微分方程、黎曼曲面论、变分法等一系列学科的发展，有些问题的研究还促进了现代计算理论的成长.

这些难题已有一半被解决.我国的数学家陈景润为解决第8个问题(素数问题)作出了杰出的贡献,国际数学界称他的论证为"陈氏定理".

下面摘录的是1987年出版的《数学家小辞典》以及其他一些文献中收集的希尔伯特23个问题及其解决情况:

(1) **连续统假设**.1874年,康托猜测在可列集基数和实数基数之间没有别的基数,这就是著名的连续统假设.1938年,哥德尔证明了连续统假设和世界公认的策梅洛——弗伦克尔集合论公理系统的无矛盾性.1963年,美国数学家科亨证明连续假设和策梅洛——弗伦克尔集合论公理是彼此独立的.因此,连续统假设不能在策梅洛——弗伦克尔公理体系内证明其正确与否.希尔伯特第1问题在这个意义上已获解决.

(2) **算术公理的相容性,欧几里得几何的相容性可归结为算术公理的相容性**.希尔伯特曾提出用形式主义计划的证明论方法加以证明.1931年,哥德尔发表的不完备性定理否定了这种看法.1936年德国数学家根茨在使用超限归纳法的条件下证明了算术公理的相容性.

1988年出版的《中国大百科全书》数学卷指出,数学相容性问题尚未解决.

(3) **两个等底等高四面体的体积相等问题**.问题的意思是,存在两个等边等高的四面体,它们不可分解为有限个小四面体,使这两组四面体彼此全等.M·W·德恩1900年即对此问题给出了肯定解答.

(4) **两点间以直线为距离最短线问题**.此问题提得过于一般.满足此性质的几何学很多,因而需增加某些限制条件.1973年,苏联数学家波格列洛夫宣布,在对称距离情况下,问题获得解决.

《中国大百科全书》中说,在希尔伯特之后,在构造与探讨各种特殊度量几何方面有许多进展,但问题并未解决.

(5) **一个连续变换群的李氏概念,定义这个群的函数不假定是可微的,这个问题简称连续群的解析性,即:是否每一个局部欧氏群都一定是李群**.经过冯·诺伊曼(1933,对紧群情形)、邦德里雅金(1939,对交换群情形)、谢瓦荚(1941,对可解群情形)的努力,1952年由格利森、蒙哥马利、齐宾共同解决,得到了完全肯定的结果.

(6) **物理学的公理化**.希尔伯特建议用数学的公理化方法推演出全部物理,首先是概率和力学.1933年,苏联数学家柯尔莫哥洛夫实现了将概率论公理化.后来在量子力学、量子场论方面取得了很大成功.但是物理学是否能全盘公理化,很多人表示怀疑.

(7) **某些数的无理性与超越性**.1934年,A·O·盖尔方德和T·施奈德各自独立地解决了问题的后半部分,即对于任意代数数$\alpha\neq0,1$和任意代数无理数β证明了α,β的超越性.

(8) **素数问题,包括黎曼猜想、哥德巴赫猜想及孪生素数问题等**.一般情况下的黎曼猜想仍待解决.哥德巴赫猜想的最佳结果属于陈景润(1966年),但离最终解决尚有距离.目前孪生素数问题的最佳结果也属于陈景润.

(9) **在任意数域中证明最一般的互反律**.该问题已由日本数学家高木贞治(1921年)和德国数学家E·阿廷(1927年)解决.

(10) **丢番图方程的可解性.能求出一个整系数方程的整数根,称为丢番图方程可解**.希尔伯特问,能否用一种由有限步构成的一般算法判断一个丢番图方程的可解性.1970年,苏联的IO·B·马季亚谢维奇证明了希尔伯特所期望的算法不存在.

(11) **系数为任意代数数的二次型**. H·哈塞(1929年)和C·L·西格尔(1936年,1951年)在这个问题上获得重要结果.

(12) **将阿贝尔域上的克罗克定理推广到任意的代数有理域上去**. 这一问题只有一些零星的结果,离彻底解决还相差很远.

(13) **不可能用只有两个变数的函数解一般的七次方程,七次方程的根依赖于3个参数a,b,c,即$x=x(a,b,c)$. 这个函数能否用二元函数表示出来**. 苏联数学家阿诺尔德解决了连续函数的情形(1957年),维士斯金又把它推广到了连续可微函数的情形(1964年). 但如果要求是解析函数,则问题尚未解决.

(14) **证明某类完备函数系的有限性**. 这和代数不变量问题有关.1958年,日本数学家永田雅宜给出了反例.

(15) **舒伯特计数演算的严格基础. 一个典型问题是:在三维空间中有四条直线,问有几条直线能和这四条直线都相交**. 舒伯特给出了一个直观解法. 希尔伯特要求将问题一般化,并给以严格基础. 现在已有了一些可计算的方法,它和代数几何学不密切联系. 但严格的基础迄今仍未确立.

(16) **代数曲线和代数曲线面的拓扑问题**. 这个问题分为两部分. 前半部分涉及代数曲线含有闭的分支曲线的最大数目. 后半部分要求讨论极限环的最大个数和相对位置,其中X,Y是x,y的n次多项式. 苏联的彼得罗夫斯基曾宣称证明了$n=2$时极限环的个数不超过3,但这一结论是错误的,已由中国数学家举出反例(1979年).

(17) **半正定形式的平方和表示**. 一个实系数n元多项式对一切数组$(x_1,x_2,\cdots,x_n)$都恒大于或等于0,是否都能写成平方和的形式? 1927年阿廷证明这是对的.

(18) **用全等多面体构造空间**. 由德国数学家比勃马赫(1910年)、莱因哈特(1928年)作出部分解决.

(19) **正则变分问题的解是否一定解析**. 人们对这一问题的研究很少,C·H·伯恩斯坦和彼得罗夫斯基等得出了一些结果.

(20) **一般边值问题**. 这一问题进展十分迅速,已成为一个很大的数学分支. 目前还在继续研究.

(21) **具有给定单值群的线性微分方程解的存在性证明**. 已由希尔伯特本人(1905年)和H·罗尔(1957年)的工作解决.

(22) **由自守函数构成的解析函数的单值化**. 它涉及艰辛的黎曼曲面论,1907年P·克伯获重要突破,其他方面尚未解决.

(23) **变分法的进一步发展**. 这并不是一个明确的数学问题,只是谈了对变分法的一般看法,20世纪以来变分法有了很大的发展.

这23个问题涉及现代数学大部分重要领域,推动了20世纪数学的大发展. 他所提出的23个问题是一个继往开来的文献,说它继往,是因为它总结了19世纪几乎所有未解决的重要问题;说它开来,是因为这些问题的确推动了20世纪数学的进步. 回顾一个世纪数学的发展，我们的确可以看到希尔伯特通过他自己的工作和提出的问题，把 20 世纪数学带上一条健康发展的道路.

希尔伯特认为数学发展的动力在于那些有价值的问题. 事实上，在他的文章中不止提出了这 23 个问题. 比如：他提出伯努利最速下降线问题促使变分法成型，费马大定理的研究给出了理想数理论，三体问题是庞加莱发展新的天体力学方法的原动力，等等. 他自己也希望他提出的问题样本能够像上述问题一样产生大量好的数学. 当然，即使像希尔伯特这样的数学巨人，也自然会有他的局限性. 他基本上没有涉及庞加莱的组合拓扑的工作，嘉当关于李代数的工作以及黎曼几何与张量分析和群表示论的研究. 但是，他的工作和他的问题同 20 世纪特别是上半世纪一半以上的数学研究有联系. 而到 20 世纪末，数学已发展成如此庞大的领域，已经找不到一个人来提出全面数学问题的清单，他的工作需要几十人来代替.

由于希尔伯特个人巨大的影响，使得许多数学家研究他的问题，很大程度上促进了数学的发展. 还有些问题至今没有解决，最有名的当然是黎曼猜想，这都成为人们殚心竭虑的焦点. 在此不再一一罗列那些无论是肯定还是否定他初始问题的结果，而要说说它们更重要的影响是让数学家明白提出有吸引力的问题是多么的重要. 20 世纪依然有很多重要的问题，比如 Weil 猜想，或多或少它们的提出都受希尔伯特问题的影响，这才是希尔伯特提出问题的最大贡献.

然而，数学的未来并不限于这些问题. 事实上，在某些问题之外存在着整个崭新的数学世界，等待我们去发现、去开发. 我们坚信，这些问题的解决，将类似打开一个我们不曾想象到的数学新世界.

大数学家韦尔在评论希尔伯特时曾说："希尔伯特就像穿杂色衣服的风笛手，他那甜蜜的笛声，诱惑了如此众多的老鼠，跟着他跳进了数学的深河."对胸怀大志的人们来说，希尔伯特的 23 个问题正是这样一种甜蜜的笛声，我们至今仍能听到它的召唤！

第 4 章小结

在本章中，我们讨论了在平面直角坐标系中二次方程

$$a_{11}x^2+2a_{12}xy+a_{22}y^2+2a_{13}x+2a_{23}y+a_{33}=0$$

确定的曲线. 首先介绍了将一般二次方程转换成标准形式的直角坐标变换(平移变换、旋转变换、一般坐标变换)方法，然后通过二次曲线的转换化简，得到了二次曲线方程系数在坐标变换下的变化规律，进而得到二次曲线的分类和判别方法. 介绍了如何利用不变量 I_1,I_2,I_3，半不变量 K_1 化简二次曲线方程及在此基础上判定二次曲线的类型与形状. 最后还介绍了如何利用主直径和主方向化简一般二次曲线.

1) 直角坐标变换

平移变换公式：
$$\begin{cases} x=x'+x_0, \\ y=y'+y_0; \end{cases}$$

逆变换公式： $\begin{cases} x'=x-x_0, \\ y'=y-y_0; \end{cases}$

旋转变换公式： $\begin{cases} x=x'\cos\alpha-y'\sin\alpha, \\ y=x'\sin\alpha+y'\cos\alpha; \end{cases}$

逆变换公式： $\begin{cases} x'=x\cos\alpha+y\sin\alpha, \\ y'=-x\sin\alpha+y\cos\alpha; \end{cases}$

一般坐标变换公式： $\begin{cases} x=x'\cos\alpha-y'\sin\alpha+x_0, \\ y=x'\sin\alpha+y'\cos\alpha+y_0; \end{cases}$

逆变换公式：$\begin{cases} x'=x\cos\alpha+y\sin\alpha-(x_0\cos\alpha+y_0\sin\alpha), \\ y'=-x\sin\alpha+y\cos\alpha-(-x_0\sin\alpha+y_0\cos\alpha). \end{cases}$

平面直角坐标变换公式是由新坐标系原点的坐标 (x_0, y_0) 与坐标轴的旋转角 α 决定的.

2）利用直角坐标变换化简曲线方程

(1) 平移变换下曲线方程系数的变化规律：① 二次项系数不变：$a'_{11}=a_{11}$，$a'_{22}=a_{22}$，$a'_{12}=a_{12}$；② 一次项系数变为：$F_1(x_0, y_0)$ 和 $F_2(x_0, y_0)$；③ 常数项变为：$F(x_0, y_0)$.

(2) 旋转变换下曲线方程系数的变化规律：① 二次项系数改变，但只与原二次项系数有关；② 一次项系数改变，但只与原一次项系数有关；③ 常数项不变：$a'_{33}=a_{33}$.

(3) 二次曲线的判别、化简与分类：化简二次曲线，先利用 I_2 的值对曲线类型进行判别：$I_2>0$（椭圆型），$I_2<0$（双曲线），$I_2=0$（抛物型）.

对中心型曲线 $I_2\neq 0$，采用“先移后转”，较为简便；对非中心型曲线 $I_2=0$，采用“先转后移”，较为简便. 二次曲线按标准方程可以分为 3 类 9 种.

3）利用不变量及半不变量化简二次曲线

二次曲线有三个不变量 I_1, I_2, I_3 和一个半不变量 K_1.

若曲线为中心型曲线 $I_2\neq 0$，则标准方程为 $\lambda_1 x^2+\lambda_2 y^2+\frac{I_3}{I_2}=0$，其中 λ_1, λ_2 是特征方程 $\lambda^2-I_1\lambda+I_2=0$ 的特征根.

若曲线为无心型曲线 $I_2=0, I_3\neq 0$，则标准方程为 $I_1 y^2\pm 2\sqrt{-\frac{I_3}{I_1}}x=0$.

若曲线是线心型曲线 $I_2=0, I_3=0$，则标准方程为 $I_1 y^2+\frac{K_1}{I_1}=0$.

二次曲线按照不变量的分类（3 类 9 种）：

① 椭圆：$I_2>0, I_1 I_3<0$；

② 虚椭圆：$I_2>0, I_1 I_3>0$；

③ 点椭圆(或一对交于实点的共轭虚直线)：$I_2>0, I_3=0$；

④ 双曲线：$I_2<0, I_3\neq 0$；

⑤ 一对相交直线：$I_2<0, I_3=0$；

⑥ 抛物线：$I_2=0, I_3\neq 0$；

⑦ 一对平行直线：$I_2=I_3=0, K_1<0$；

⑧ 一对平行虚直线：$I_2=I_3=0, K_1>0$；

⑨ 一对重合直线：$I_2=I_3=K_1=0$.

二次曲线方程表示两条直线(实的或虚的，不同的或重合的)的充要条件为 $I_3=0$.

*4) 利用主直径化简二次曲线

解特征方程 $\lambda^2-I_1\lambda+I_2=0$，求出特征根 λ_1, λ_2.

将特征根代入方程组 $\begin{cases}(a_{11}-\lambda)X+a_{12}Y=0\\ a_{12}X+(a_{22}-\lambda)Y=0\end{cases}$，求出主方向 (X,Y).

再将主方向代入直径方程 $XF_1(x,y)+YF_2(x,y)=0$，得主直径.

利用主直径作坐标变换，便可将二次曲线方程化为标准方程.

需要重视的是，本章提出的二次曲线在直角坐标变换下的“不变量”、“半不变量”这两个概念，是基于二次曲线的某些几何量如离心率、长短轴提出的，它们不会经过坐标轴的变化而改变，只由方程的系数确定. 在这个意义下，不变量最能反映曲线与方程的关系.

习题 4

1. 平移坐标系，使原点移到 $O'(7,-1)$，求坐标变换公式和 $A(3,2)$，$B(-5,4)$，$C(-4,-1)$，$D(0,-2)$ 各点在新坐标系中的坐标.

2. 求适当的移轴，使下列曲线在新坐标系中的方程不包含一次项.

(1) $9x^2+25y^2+18x-50y-191=0$；

(2) $4x^2-9y^2-16x+18y-29=0$.

3. 将坐标轴旋转角度 $-\frac{\pi}{3}$，求坐标变换公式和 $A(1,-1)$，$B(2,4)$，$C(-3,-2)$，$D(0,-1)$ 各点在新坐标系中的坐标.

4. 将坐标轴旋转角度 θ，求下列曲线在新坐标系中的方程，并画图.

(1) $17x^2-16xy+17y^2=225, \theta=\frac{\pi}{4}$；

(2) $\sqrt{3}xy-y^2=12, \theta=\frac{\pi}{6}$.

5. 求适当的转轴，使下列曲线的新坐标系中的方程不包含 $x'y'$项，并画图.

(1) $x^2-2xy+y^2-x-5=0$；

(2) $x^2-xy+2y^2-4=0$.

6. 求坐标变换公式，已知新坐标系的 x'轴和 y'轴的方程分别为 $x+2y+1=0$ 和 $2x-y-3=0$，且 x 轴到 x'轴的角度小于 π.

7. 经过适当的坐标变换将下列二次曲线的方程化为标准形式，写出变换公式并作图.

(1) $10x^2-12xy+5y^2-84x+56y-14=0$；

(2) $9x^2+24xy+16y^2+8x-6y+3=0$；

(3) $3x^2+4xy+2y^2+8x+4y+6=0$；

(4) $5x^2+8xy+5y^2-18x-18y+9=0$.

8. 按先转轴后移轴的步骤推导一般的坐标变换公式.

9. 求下列二次曲线的对称中心.

(1) $2xy-4x+2y+11=0$；

(2) $x^2-2xy+y^2-3x+2y-11=0$.

10. 利用不变量化简下列二次曲线方程.

(1) $4x^2+8xy+4y^2+13x+3y+4=0$；

(2) $3x^2+4xy+10x+12y+7=0$；

(3) $25x^2-20xy+4y^2+20x-10y+5=0$；

(4) $7x^2-18xy-17y^2-28x+36y+8=0$.

11. 当 a、b 满足什么条件时，二次曲线 $x^2+6xy+ay^2+3x+by-4=0$

(1) 有唯一的中心；(2) 没有中心；(3) 有一条中心直线.

12. 求下列二次曲线的方程：

(1) 以点(0,1)为中心，且通过点(2,3)，(4,2)与(−1,−3)；

(2) 通过点(1,1)，(2,1)，(−1,−2)且以直线 $x+y-1=0$ 为渐近线.

13. 试求经过原点且切直线 $4x+3y+2=0$ 于点(1,−2)及切直线 $x-y-1=0$ 于点(0,−1)的二次曲线方程.

14. 证明：二次方程 $a_{11}x^2+2a_{12}xy+a_{22}y^2+2b_1x+2b_2y+c=0$ 表示一条等轴双曲线或两条互相垂直的直线，必须且只须 $a_{11}+a_{22}=0$.

15. 按实数 λ 的值讨论方程 $\lambda x^2-2xy+\lambda y^2-2x+2y+5=0$ 表示什么曲线.

16. 证明：若方程 $AB(x^2-y^2)-(A^2-B^2)xy=C$ 中 $C\neq0$，A 与 B 不全为 0，则它表示一条双曲线，且渐近线是两条互相垂直的直线：$Ax+By=0$ 和 $Bx-Ay=0$.

17. 若 $a_{11}x^2+2a_{12}xy+a_{22}y^2+2b_1x+2b_2y+c=0$ 是一条中心型曲线，写出中心是原点的条件.

18. 试证如果二次曲线的 $I_2=0$，$I_3\neq0$，那么 $I_1\neq0$，而且 $I_1I_3<0$.

19. 若 $a_{11}x^2+2a_{12}xy+a_{22}y^2+c=0$ 是椭圆或双曲线，证明：对称轴是 $a_{12}(x^2-y^2)-(a_{11}-a_{22})xy=0$.

20. 给定方程 $(A_1x+B_1y+C_1)^2+(A_2x+B_2y+C_2)^2=1$，其中 $A_1B_2-A_2B_1=1$，A_1A_2+

$B_1B_2=0$.

(1) 证明这个方程代表一个椭圆；

(2) 经适当的坐标变换将方程化为标准形式.

21. 证明：方程 $a_{11}x^2+2a_{12}xy+a_{22}y^2+2b_1x+2b_2y+c=0$ 确定一个圆必须且只须 $I_1^2=4I_2$，$I_1I_3<0$.

22. 证明：若方程 $a_{11}x^2+2a_{12}xy+a_{22}y^2+2b_1x+2b_2y+c=0$ 表示两条平行的直线，则这两条直线之间的距离是 $d=\sqrt{-\frac{4K_1}{I_1^2}}$.

23. 求经过点(−2，−1)和(0，−2)且以直线 $x+y+1=0$ 和 $x-y+1=0$ 为对称轴的二次曲线的方程.

24. 证明二次曲线 $4x^2-12xy+9y^2+20x-30y-11=0$ 表示两平行的直线，并求它们之间的距离.

*25. 求曲线 $x^2+2y^2-4x-2y-6=0$ 通过点(8,0)的直径方程，并求其共轭直径.

*26. 直线 $x+y+1=0$ 是二次曲线的主直径(即对称轴)，点(0,0)，(1,−1)，(2,1)在曲线上，求这曲线的方程.

*27. 试证明二次曲线两不同特征根确定的主方向相互垂直.

自我测验题 4

一、填空题(每小题 4 分，共 24 分)

1. 一般二次曲线消去一次项是通过________，一般二次曲线消去交叉项是通过________.

2. 中心型二次曲线的简化方程是________，无心型二次曲线的简化方程是________，线心型二次曲线的简化方程是________.

3. 二次曲线类型用 I_2 判别时，细分为________、________、________.

4. 做旋转变换时规定的旋转角范围是________，确定旋转角大小的公式是________.

5. 不变量 $I_1=$________、$I_2=$________、$I_3=$________、半不变量 $K_1=$________.

6. 若(x_0,y_0)是二次曲线的对称中心，必须且只需满足________.

二、判断题(正确打“√”，错误打“×”，每小题 2 分，共 20 分)

1. 化简二次曲线时先移轴变换后转轴变换与先转轴变换后移轴变换的结果可能不同.(　　)

2. 讨论二次曲线时，规定有 $F_1(x,y)\equiv a_{11}x+a_{12}y+a_{13}$，$F_2(x,y)\equiv a_{12}x+a_{22}y+a_{23}$.(　　)

3. 做移轴变换时，二次项系数不变，常数项也不变.(　　)

4. 做旋转变换时，二次项系数不变，常数项也不变.(　　)

5. 移轴变换和旋转变换都可以消去二次曲线方程的交叉项.(　　)

6. 对于中心型二次曲线，采用“先移后转”，较为简便.(　　)

7. 对于非中心型二次曲线，采用“先转后移”，较为简便.(　　)

8. 二次曲线的半不变量 K_1 在移轴变换时不变，旋转变换时会变.（　　）

9. 二次曲线是无心型曲线时 $I_2=0, I_3\neq 0$（　　）

10. 二次曲线是中心型曲线时 $I_3\neq 0$.（　　）

三、计算题(每题 8 分，共 32 分)

1. 利用直角坐标变换化简下列曲线方程 $11x^2+6xy+3y^2-12x-12y-12=0$，写出坐标变换公式，并作出曲线的图形.

2. 利用不变量化简曲线方程 $x^2+xy-2y^2-11x-y+28=0$.

3. 当 λ 取何值时，方程 $\lambda x^2+4xy+y^2-4x-2y-3=0$ 表示两条直线.

4. 已知直线 $x+y-1=0$ 和 $x-y+1=0$ 分别是椭圆的长轴和短轴，并知椭圆的半轴长为 $a=2, b=1$，求这个椭圆的方程.

四、证明题(每题 8 分，共 24 分)

1. 试证如果二次曲线的 $I_1=0$，那么 $I_2<0$.

2. 试证在任意转轴下，二次曲线的新旧方程的一次项系数满足关系式

$$a_{13}'^2+a_{23}'^2=a_{13}^2+a_{23}^2.$$

3. 试证二次曲线成为线心型曲线的充要条件是 $I_2=I_3=0$，成为无心型曲线的充要条件是 $I_2=0, I_3\neq 0$.

5　空间直角坐标变换与点变换

一切事物都在不停地运动和变化着.因此,了解图形在运动与变化中的情况是很重要的.在日常生活和生产实践中,经常遇到物体改变位置和形状的现象,例如,开门、搬凳子就是改变物体的位置,阳光通过长方形窗格射到地上,其影像是平行四边形,弹性体在外力作用下的主要表现是变形.在本章中,主要讨论图形变位和变形这两种比较简单的情况.在变形的讨论中,坐标法是基本的方法,首先是如何用数量关系来表示变形;其次是区别图形的性质,有哪些在变形中是不变的,有哪些是要改变的.

5.1　空间直角坐标变换

在用坐标法讨论变形的时候,首要的问题是选取一个适当的坐标系来化简问题,并且常常需要把一个坐标系中的结果转化到另一个坐标系中去.要解决这个问题,最基本的是求出同一个点在两个不同的坐标系中的坐标变换公式.

设在空间给出了两个右手直角坐标系 $O\text{-}xyz$ 与 $O'\text{-}x'y'z'$,$\boldsymbol{i},\boldsymbol{j},\boldsymbol{k}$ 和 $\boldsymbol{i}',\boldsymbol{j}',\boldsymbol{k}'$ 分别是两组坐标基向量,它们是空间中的两组标准正交基.前一个称为旧坐标系,后一个坐标系称为新坐标系.它们之间的位置关系完全可以由新坐标系的原点在旧坐标系中的坐标,以及新坐标系的坐标向量在旧坐标系中的坐标所决定.下面先讨论直角坐标系的移轴和转轴(也称为平移和旋转),然后通过移轴和转轴给出直角坐标变换的一般公式.学习中要注意与平面直角坐标变换公式的区别与联系.

5.1.1　移轴变换

设坐标系 $O\text{-}xyz$ 与 $O'\text{-}x'y'z'$ 的原点 O 与 O' 不同,O' 在旧坐标系中的坐标为 (x_0,y_0,z_0),但是坐标基向量相同 $\boldsymbol{i}'=\boldsymbol{i},\boldsymbol{j}'=\boldsymbol{j},\boldsymbol{k}'=\boldsymbol{k}$,这时新坐标系可以看成由

$O\text{-}xyz$ 平移到使 O 与 O' 重合而得(如图 5-1 所示),这种坐标变换称为**移轴变换**.

现在推导移轴变换公式.设 P 为空间任意一点,它在坐标系 $O\text{-}xyz$ 与 $O'\text{-}x'y'z'$ 中的坐标分别是(x,y,z)与(x',y',z'),则有

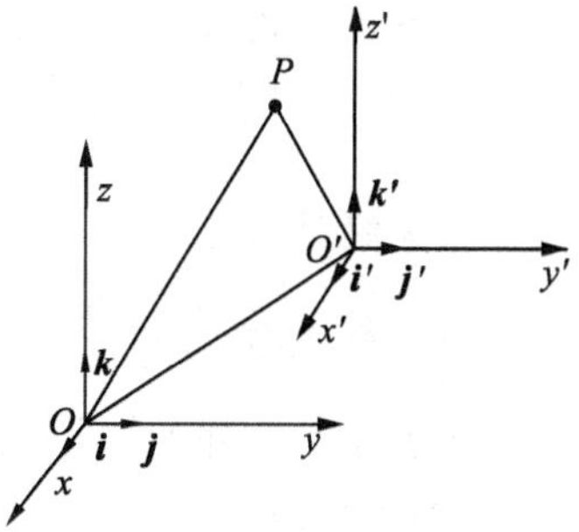

图 5-1

$$\overrightarrow{OP}=x\boldsymbol{i}+y\boldsymbol{j}+z\boldsymbol{k},$$

$$\overrightarrow{O'P}=x'\boldsymbol{i}'+y'\boldsymbol{j}'+z'\boldsymbol{k}'=x'\boldsymbol{i}+y'\boldsymbol{j}+z'\boldsymbol{k},$$

$$\overrightarrow{OO'}=x_0\boldsymbol{i}+y_0\boldsymbol{j}+z_0\boldsymbol{k},$$

又 $\overrightarrow{OP}=\overrightarrow{OO'}+\overrightarrow{O'P}$,

代入得

$$x\boldsymbol{i}+y\boldsymbol{j}+z\boldsymbol{k}=(x'+x_0)\boldsymbol{i}+(y'+y_0)\boldsymbol{j}+(z'+z_0)\boldsymbol{k},$$

所以

$$\begin{cases}x=x'+x_0,\\y=y'+y_0,\\z=z'+z_0.\end{cases}\tag{5.1-1}$$

或

$$\begin{bmatrix}x\\y\\z\end{bmatrix}=\begin{bmatrix}1&0&0\\0&1&0\\0&0&1\end{bmatrix}\begin{bmatrix}x'\\y'\\z'\end{bmatrix}+\begin{bmatrix}x_0\\y_0\\z_0\end{bmatrix}.$$

这就是空间直角坐标系的**移轴公式**.

从(5.1-1)解出(x',y',z'),就得到**移轴的逆变换公式**

$$\begin{cases}x'=x-x_0,\\y'=y-y_0,\\z'=z-z_0.\end{cases}\tag{5.1-2}$$

例 1　利用移轴化简曲面方程 $9x^2+4y^2+36z^2-36x+8y+4=0$,从而判别该方程代表的曲面.

解　将方程左边配方得

$$9(x^2-4x+4)+4(y^2+2y+1)+36z^2-36=9(x-2)^2+4(y-1)^2+36z^2-36,$$

化简方程,得

$$\frac{(x-2)^2}{4}+\frac{(y+1)^2}{9}+z^2=1.$$

作移轴变换得

$$\begin{cases}x'=x-2,\\y'=y+1,\\z'=z,\end{cases}$$

即将坐标原点移到点 $O'(2,-1,0)$. 在新坐标系中，曲面方程为

$$\frac{x'^2}{4}+\frac{y'^2}{9}+z'^2=1.$$

可见它是椭球面.

5.1.2 转轴变换

设两个右手坐标系 $O\text{-}xyz$ 与 $O'\text{-}x'y'z'$ 的原点相同，但坐标向量 $\boldsymbol{i},\boldsymbol{j},\boldsymbol{k}$ 与 $\boldsymbol{i}',\boldsymbol{j}',\boldsymbol{k}'$ 不同，这时新坐标系可以看成由旧坐标系绕原点旋转，使得 $\boldsymbol{i},\boldsymbol{j},\boldsymbol{k}$ 分别与 $\boldsymbol{i}',\boldsymbol{j}',\boldsymbol{k}'$ 重合得到的(如图 5-2 所示)，这种坐标变换称为**转轴变换**.

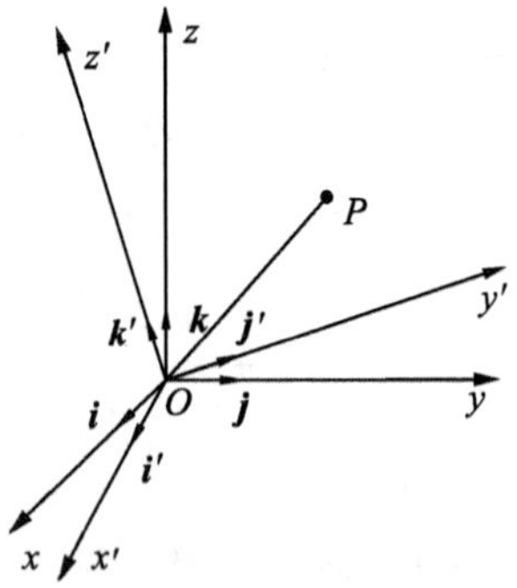

图 5-2

下面推导转轴变换公式. 具有相同原点的两坐标系之间的位置关系完全由新、旧坐标轴之间的夹角来决定见表 5-1.

表 5-1　新、旧坐标系之间的夹角

	x 轴($\boldsymbol{i}$)	y 轴($\boldsymbol{j}$)	z 轴($\boldsymbol{k}$)
x'轴($\boldsymbol{i}'$)	α_1	β_1	γ_1
y'轴($\boldsymbol{j}'$)	α_2	β_2	γ_2
z'轴($\boldsymbol{k}'$)	α_3	β_3	γ_3

由于 $\boldsymbol{i}',\boldsymbol{j}',\boldsymbol{k}'$ 都是单位向量，其坐标为它的 3 个方向余弦. 故从表 5-1 可知

$$\begin{cases}\boldsymbol{i}'=\boldsymbol{i}\cos\alpha_1+\boldsymbol{j}\cos\beta_1+\boldsymbol{k}\cos\gamma_1=(\cos\alpha_1,\cos\beta_1,\cos\gamma_1),\\ \boldsymbol{j}'=\boldsymbol{i}\cos\alpha_2+\boldsymbol{j}\cos\beta_2+\boldsymbol{k}\cos\gamma_2=(\cos\alpha_2,\cos\beta_2,\cos\gamma_2),\\ \boldsymbol{k}'=\boldsymbol{i}\cos\alpha_3+\boldsymbol{j}\cos\beta_3+\boldsymbol{k}\cos\gamma_3=(\cos\alpha_3,\cos\beta_3,\cos\gamma_3),\end{cases}$$

设空间任意一点 P 在旧坐标系中的坐标为 (x,y,z)，在新坐标系中的坐标为 (x',y',z')，那么有 $\overrightarrow{OP}=x\boldsymbol{i}+y\boldsymbol{j}+z\boldsymbol{k}$，$\overrightarrow{O'P}=x'\boldsymbol{i}'+y'\boldsymbol{j}'+z'\boldsymbol{k}'$.

由于 $O=O'$，由上面两式得：

$$x\boldsymbol{i}+y\boldsymbol{j}+z\boldsymbol{k}=x'\boldsymbol{i}'+y'\boldsymbol{j}'+z'\boldsymbol{k}'.$$

将 $\boldsymbol{i}',\boldsymbol{j}',\boldsymbol{k}'$ 代入得

$x\boldsymbol{i}+y\boldsymbol{j}+z\boldsymbol{k}=(x'\cos\alpha_1+y'\cos\alpha_2+z'\cos\alpha_3)\boldsymbol{i}+(x'\cos\beta_1+y'\cos\beta_2+z'\cos\beta_3)\boldsymbol{j}+(x'\cos\gamma_1+y'\cos\gamma_2+z'\cos\gamma_3)\boldsymbol{k}.$

于是有

$$\begin{cases} x=x'\cos\alpha_1+y'\cos\alpha_2+z'\cos\alpha_3, \\ y=x'\cos\beta_1+y'\cos\beta_2+z'\cos\beta_3, \\ z=x'\cos\gamma_1+y'\cos\gamma_2+z'\cos\gamma_3. \end{cases} \tag{5.1-3}$$

这就是空间直角坐标变换的**转轴公式**. 注意 $\boldsymbol{i}',\boldsymbol{j}',\boldsymbol{k}'$ 在旧坐标系的坐标为(5.1-3)中的各列系数(行变列).

转轴公式(5.1-3)的矩阵形式为

$$\begin{bmatrix} x \\ y \\ z \end{bmatrix}=\begin{bmatrix} \cos\alpha_1 & \cos\alpha_2 & \cos\alpha_3 \\ \cos\beta_1 & \cos\beta_2 & \cos\beta_3 \\ \cos\gamma_1 & \cos\gamma_2 & \cos\gamma_3 \end{bmatrix}\begin{bmatrix} x' \\ y' \\ z' \end{bmatrix},$$

或简写为

$$\boldsymbol{X}=\boldsymbol{A}\boldsymbol{X}',$$

其中 $\boldsymbol{A}$ 为正交矩阵

$$\boldsymbol{A}\boldsymbol{A}^{-1}=\boldsymbol{A}\boldsymbol{A}^{\mathrm{T}}=\boldsymbol{E}.$$

转轴的逆变换公式为

$$\begin{cases} x'=x\cos\alpha_1+y\cos\beta_1+z\cos\gamma_1, \\ y'=x\cos\alpha_2+y\cos\beta_2+z\cos\gamma_2, \\ z'=x\cos\alpha_3+y\cos\beta_3+z\cos\gamma_3. \end{cases} \tag{5.1-4}$$

矩阵形式为

$$\begin{bmatrix} x' \\ y' \\ z' \end{bmatrix}=\begin{bmatrix} \cos\alpha_1 & \cos\beta_1 & \cos\gamma_2 \\ \cos\alpha_2 & \cos\beta_2 & \cos\gamma_2 \\ \cos\alpha_3 & \cos\beta_3 & \cos\gamma_3 \end{bmatrix}\begin{bmatrix} x \\ y \\ z \end{bmatrix},$$

或

$$\boldsymbol{X}'=\boldsymbol{A}^{\mathrm{T}}\boldsymbol{X},$$

其中 $\boldsymbol{A}^{\mathrm{T}}$ 是 $\boldsymbol{A}$ 的转置矩阵.

例 2 试求空间直角坐标系 $O\text{-}xyz$ 绕 z 轴旋转 θ 角的直角坐标变换公式.

解 设新的坐标向量为 $\boldsymbol{i}',\boldsymbol{j}',\boldsymbol{k}'$，显然 $\boldsymbol{k}'=\boldsymbol{k}$. 另外绕 z 轴旋转时，应符合右手螺旋准则，有

$$\boldsymbol{i}'=\boldsymbol{i}\cos\theta+\boldsymbol{j}\sin\theta=(\cos\theta,\sin\theta,0),$$

$$\boldsymbol{j}'=-\boldsymbol{i}\sin\theta+\boldsymbol{j}\cos\theta=(-\sin\theta,\cos\theta,0).$$

于是坐标变换公式(注意行变列)为

$$\begin{cases} x=x'\cos\theta-y'\sin\theta, \\ y=x'\sin\theta+y'\cos\theta, \\ z=z'. \end{cases}$$

或 $$\begin{bmatrix}x\\y\\z\end{bmatrix}=\begin{bmatrix}\cos\theta & -\sin\theta & 0\\ \sin\theta & \cos\theta & 0\\ 0 & 0 & 1\end{bmatrix}\begin{bmatrix}x'\\y'\\z'\end{bmatrix}.$$

坐标变换公式中前两式实际上是在 xy 平面内的旋转公式.

5.1.3 正交条件

转轴变换公式(5.1-3)与其逆变换公式(5.1-4)都是齐次线性变换,它们的一次项系数不是独立的,这是因为 $\boldsymbol{i},\boldsymbol{j},\boldsymbol{k}$ 与 $\boldsymbol{i}',\boldsymbol{j}',\boldsymbol{k}'$ 是两组相互垂直的单位向量,它们的坐标要满足一定的条件,由于 $|\boldsymbol{i}|=|\boldsymbol{j}|=|\boldsymbol{k}|=1,\boldsymbol{ij}=\boldsymbol{jk}=\boldsymbol{ki}=0$,且 $|\boldsymbol{i}'|=|\boldsymbol{k}'|=|\boldsymbol{j}'|=1,\boldsymbol{i}'\boldsymbol{j}'=\boldsymbol{j}'\boldsymbol{k}'=\boldsymbol{k}'\boldsymbol{i}'=0$.

所以变换公式(5.1-3)与逆变换公式(5.1-4)的一次项系数分别满足下列条件:

$$\begin{cases}\cos^2\alpha_1+\cos^2\beta_1+\cos^2\gamma_1=1,\\ \cos^2\alpha_2+\cos^2\beta_2+\cos^2\gamma_2=1,\\ \cos^2\alpha_3+\cos^2\beta_3+\cos^2\gamma_3=1,\\ \cos\alpha_1\cos\alpha_2+\cos\beta_1\cos\beta_2+\cos\gamma_1\cos\gamma_2=0,\\ \cos\alpha_2\cos\alpha_3+\cos\beta_2\cos\beta_3+\cos\gamma_2\cos\gamma_3=0,\\ \cos\alpha_3\cos\alpha_1+\cos\beta_3\cos\beta_1+\cos\gamma_3\cos\gamma_1=0.\end{cases}\tag{5.1-5}$$

$$\begin{cases}\cos^2\alpha_1+\cos^2\alpha_2+\cos^2\alpha_3=1,\\ \cos^2\beta_1+\cos^2\beta_2+\cos^2\beta_3=1,\\ \cos^2\gamma_1+\cos^2\gamma_2+\cos^2\gamma_3=1,\\ \cos\alpha_1\cos\beta_1+\cos\alpha_2\cos\beta_2+\cos\alpha_3\cos\beta_3=0,\\ \cos\gamma_1\cos\beta_1+\cos\gamma_2\cos\beta_2+\cos\gamma_3\cos\beta_3=0,\\ \cos\alpha_1\cos\gamma_1+\cos\alpha_2\cos\gamma_2+\cos\alpha_3\cos\gamma_3=0.\end{cases}\tag{5.1-6}$$

又因为 $(\boldsymbol{i},\boldsymbol{j},\boldsymbol{k})=(\boldsymbol{i}',\boldsymbol{j}',\boldsymbol{k}')=1$,可得转轴变换(5.1-3)与(5.1-4)的系数行列式

$$\begin{vmatrix}\cos\alpha_1 & \cos\alpha_2 & \cos\alpha_3\\ \cos\beta_1 & \cos\beta_2 & \cos\beta_3\\ \cos\gamma_1 & \cos\gamma_2 & \cos\gamma_3\end{vmatrix}=\begin{vmatrix}\cos\alpha_1 & \cos\beta_1 & \cos\gamma_1\\ \cos\alpha_2 & \cos\beta_2 & \cos\gamma_2\\ \cos\alpha_3 & \cos\beta_3 & \cos\gamma_3\end{vmatrix}=1,\tag{5.1-7}$$

条件(5.1.5),(5.1.6)和(5.1.7)称为直角坐标变换的**正交条件**. 根据代数学知识可知,转轴变换及其逆变换的系数矩阵

$$\boldsymbol{A}=\begin{bmatrix}\cos\alpha_1 & \cos\alpha_2 & \cos\alpha_3\\ \cos\beta_1 & \cos\beta_2 & \cos\beta_3\\ \cos\gamma_1 & \cos\gamma_2 & \cos\gamma_3\end{bmatrix}$$

是**正交矩阵**(参见附录),而且 $\boldsymbol{A}\boldsymbol{A}^{-1}=\boldsymbol{A}\boldsymbol{A}^{\mathrm{T}}=\boldsymbol{E}$. 其特点是:1°各列元素的平方和等于1;2°两不同列对应元素乘积之和等于0;3°矩阵行列式的值等于1,即矩阵的列向量是单位向量,且不同的列向量相互正交(正交条件为5.1-5).

例3 证明在空间任意的转轴下,多项式 $x^2+y^2+z^2$ 均可变为 $x'^2+y'^2+z'^2$.

证明 将(5.1-3)代入 $x^2+y^2+z^2$ 整理得

$(\cos^2\alpha_1+\cos^2\beta_1+\cos^2\gamma_1)x'^2+(\cos^2\alpha_2+\cos^2\beta_2+\cos^2\gamma_2)y'^2+(\cos^2\alpha_3+\cos^2\beta_3+\cos^2\gamma_3)z'^2+2x'y'(\cos\alpha_1\cos\alpha_2+\cos\beta_1\cos\beta_2+\cos\gamma_1\cos\gamma_2)+2x'z'(\cos\alpha_1\cos\alpha_3+\cos\beta_1\cos\beta_3+\cos\gamma_1\cos\gamma_3)+2y'z'(\cos\alpha_2\cos\alpha_3+\cos\beta_2\cos\beta_3+\cos\gamma_2\cos\gamma_3)$.

根据正交条件(5.1-6)得:上式 $=x'^2+y'^2+z'^2$.

5.1.4 一般坐标变换公式

设在空间给出了由坐标系 $O\text{-}xyz$ 决定的旧坐标系和由 $O'\text{-}x'y'z'$ 决定的新坐标系,且 O' 在旧坐标系中的坐标为 (x_0,y_0,z_0),两坐标系的坐标轴之间的夹角由表5-1决定,在一般情况下,由旧坐标系变换到新坐标系分两步完成,可以先移轴使原点 O 与坐标系的原点 O' 重合,变成辅助坐标系 $O''\text{-}x''y''z''$,然后再由辅助坐标系经转轴变到新坐标系.

设 P 点为空间任意一点,它在旧坐标系、新坐标系与辅助坐标系中的坐标分别为 (x,y,z),(x',y',z') 与 (x'',y'',z''). 根据(5.1-1)和(5.1-3)有

$$\begin{cases}x=x''+x_0,\\ y=y''+y_0,\\ z=z''+z_0,\end{cases}$$

$$\begin{cases}x''=x'\cos\alpha_1+y'\cos\alpha_2+z'\cos\alpha_3,\\ y''=x'\cos\beta_1+y'\cos\beta_2+z'\cos\beta_3,\\ z''=x'\cos\gamma_1+y'\cos\gamma_2+z'\cos\gamma_3.\end{cases}$$

将转轴公式代入移轴公式,得空间直角坐标变换的**一般公式**为

$$\begin{cases}x=x'\cos\alpha_1+y'\cos\alpha_2+z'\cos\alpha_3+x_0,\\ y=x'\cos\beta_1+y'\cos\beta_2+z'\cos\beta_3+y_0,\\ z=x'\cos\gamma_1+y'\cos\gamma_2+z'\cos\gamma_3+z_0,\end{cases}\quad \begin{vmatrix}\cos\alpha_1 & \cos\alpha_2 & \cos\alpha_3\\ \cos\beta_1 & \cos\beta_2 & \cos\beta_3\\ \cos\gamma_1 & \cos\gamma_2 & \cos\gamma_3\end{vmatrix}=1. \tag{5.1-8}$$

矩阵形式为 $$\begin{bmatrix}x\\ y\\ z\end{bmatrix}=\begin{bmatrix}\cos\alpha_1 & \cos\alpha_2 & \cos\alpha_3\\ \cos\beta_1 & \cos\beta_2 & \cos\beta_3\\ \cos\gamma_1 & \cos\gamma_2 & \cos\gamma_3\end{bmatrix}\begin{bmatrix}x'\\ y'\\ z'\end{bmatrix}+\begin{bmatrix}x_0\\ y_0\\ z_0\end{bmatrix}.$$

一般坐标变换公式也可以通过先转轴后移轴得到,其结果仍然是(5.1-8).

一般坐标变换公式(5.1-8)的系数行列式不为零,因此由(5.1-8)解出 x',y',z',得到用旧坐标表示新坐标的变换公式,也就是(5.1-8)的**逆变换公式**:

$$\begin{cases}x'=(x-x_0)\cos\alpha_1+(y-y_0)\cos\beta_1+(z-z_0)\cos\gamma_1,\\ y'=(x-x_0)\cos\alpha_2+(y-y_0)\cos\beta_2+(z-z_0)\cos\gamma_2,\\ z'=(x-x_0)\cos\alpha_3+(y-y_0)\cos\beta_3+(z-z_0)\cos\gamma_3.\end{cases}\qquad(5.1\text{-}9)$$

一般坐标变换(5.1-8)与其逆变换(5.1-9)的右端分别是 x',y',z' 与 x,y,z 的一次(即线性的)多项式,它们的一次项系数分别满足正交条件,系数行列式值都等于1.

有时,也将一般坐标变换公式(5.1-8)写成下面的形式

$$\begin{cases}x=a_{11}x'+a_{12}y'+a_{13}z'+x_0,\\ y=a_{21}x'+a_{22}y'+a_{23}z'+y_0,\\ z=a_{31}x'+a_{32}y'+a_{33}z'+z_0,\end{cases}\quad\begin{vmatrix}a_{11}&a_{12}&a_{13}\\ a_{21}&a_{22}&a_{23}\\ a_{31}&a_{32}&a_{33}\end{vmatrix}=1,$$

或

$$\begin{bmatrix}x\\ y\\ z\end{bmatrix}=\begin{bmatrix}a_{11}&a_{12}&a_{13}\\ a_{21}&a_{22}&a_{23}\\ a_{31}&a_{32}&a_{33}\end{bmatrix}\begin{bmatrix}x'\\ y'\\ z'\end{bmatrix}+\begin{bmatrix}x_0\\ y_0\\ z_0\end{bmatrix},$$

其中一次项系数 a_{ij} 满足正交条件.

例4 将坐标系绕方向(1,1,1)向右旋转$\frac{\pi}{3}$,原点不动,求坐标变换公式.

解 原点不动,故 $x_0=y_0=z_0=0$,坐标变换是转轴变换.设所求的坐标变换公式为

$$\begin{cases}x=x'\cos\alpha_1+y'\cos\alpha_2+z'\cos\alpha_3,\\ y=x'\cos\beta_1+y'\cos\beta_2+z'\cos\beta_3,\\ z=x'\cos\gamma_1+y'\cos\gamma_2+z'\cos\gamma_3,\end{cases}\quad\begin{vmatrix}\cos\alpha_1&\cos\alpha_2&\cos\alpha_3\\ \cos\beta_1&\cos\beta_2&\cos\beta_3\\ \cos\gamma_1&\cos\gamma_2&\cos\gamma_3\end{vmatrix}=1,$$

或

$$\begin{bmatrix}x\\ y\\ z\end{bmatrix}=\begin{bmatrix}\cos\alpha_1&\cos\alpha_2&\cos\alpha_3\\ \cos\beta_1&\cos\beta_2&\cos\beta_3\\ \cos\gamma_1&\cos\gamma_2&\cos\gamma_3\end{bmatrix}\begin{bmatrix}x'\\ y'\\ z'\end{bmatrix}.$$

设旋转后 $\boldsymbol{i}'=(\cos\alpha_1,\cos\beta_1,\cos\gamma_1)$,$\boldsymbol{j}'=(\cos\alpha_2,\cos\beta_2,\cos\gamma_2)$,$\boldsymbol{k}'=(\cos\alpha_3,\cos\beta_3,\cos\gamma_3)$.

先求 $\boldsymbol{i}'$ 的三个坐标$(\cos\alpha_1,\cos\beta_1,\cos\gamma_1)$.它的坐标是它的方向余弦,因此先求 $\boldsymbol{i}'$ 与三个坐标轴的夹角的余弦.

当原点不动,坐标系绕方向(1,1,1)向右旋转$\frac{\pi}{3}$时(应符合右手螺旋准则),$\boldsymbol{i}'$ 和三个坐标轴的关系如下:① 与 $\boldsymbol{i},\boldsymbol{j}$ 夹角相等,即 $\cos\alpha_1=\cos\beta_1$,而且是锐角;② $\boldsymbol{i}'$ 与 $\boldsymbol{k}$ 在平面上的投影成 π 角,夹角为钝角,而且单位向量 $\boldsymbol{i}'$ 与 $\boldsymbol{k}$ 在方向(1,1,1)上的投影相等,等于$\frac{1}{\sqrt{3}}$,由三角形余弦公式,有

$$1^2+1^2-2\cos\gamma_1=4\left(1^2-\frac{1}{3}\right)=\frac{8}{3},$$

于是
$$\cos\gamma_1=-\frac{1}{3}.$$

再由 $\cos\alpha_1{}^2+\cos\beta_1{}^2+\cos\gamma_1{}^2=1$，得 $\cos\alpha_1=\cos\beta_1=\dfrac{2}{3}$，

即
$$\boldsymbol{i}'=(\cos\alpha_1,\cos\beta_1,\cos\gamma_1)=\left(\frac{2}{3},\frac{2}{3},-\frac{1}{3}\right).$$

类似地，
$$\boldsymbol{j}'=(\cos\alpha_2,\cos\beta_2,\cos\gamma_2)=\left(-\frac{1}{3},\frac{2}{3},\frac{2}{3}\right),$$
$$\boldsymbol{k}'=(\cos\alpha_3,\cos\beta_3,\cos\gamma_3)=\left(\frac{2}{3},-\frac{1}{3},\frac{2}{3}\right).$$

代入公式（注意行变列），得所求的坐标变换为

$$\begin{cases}x=\dfrac{2}{3}x'-\dfrac{1}{3}y'+\dfrac{2}{3}z',\\ y=\dfrac{2}{3}x'+\dfrac{2}{3}y'-\dfrac{1}{3}z'_3,\\ z=-\dfrac{1}{3}x'+\dfrac{2}{3}y'+\dfrac{2}{3}z',\end{cases}\quad \begin{vmatrix}\dfrac{2}{3} & -\dfrac{1}{3} & \dfrac{2}{3}\\ \dfrac{2}{3} & \dfrac{2}{3} & -\dfrac{1}{3}\\ -\dfrac{1}{3} & \dfrac{2}{3} & \dfrac{2}{3}\end{vmatrix}=1.$$

其矩阵形式为

$$\begin{bmatrix}x\\y\\z\end{bmatrix}=\begin{bmatrix}\dfrac{2}{3} & -\dfrac{1}{3} & \dfrac{2}{3}\\ \dfrac{2}{3} & \dfrac{2}{3} & -\dfrac{1}{3}\\ -\dfrac{1}{3} & \dfrac{2}{3} & \dfrac{2}{3}\end{bmatrix}\begin{bmatrix}x'\\y'\\z'\end{bmatrix}.$$

5.1.5 向量的坐标变换

把向量的坐标看作终点的坐标减去起点的坐标，立刻可以得到向量的坐标变换公式为

$$\begin{cases}u=u'\cos\alpha_1+v'\cos\alpha_2+w'\cos\alpha_3,\\ v=u'\cos\beta_1+v'\cos\beta_2+w'\cos\beta_3,\\ w=u'\cos\gamma_1+v'\cos\gamma_2+w'\cos\gamma_3,\end{cases}\quad \begin{vmatrix}\cos\alpha_1 & \cos\alpha_2 & \cos\alpha_3\\ \cos\beta_1 & \cos\beta_2 & \cos\beta_3\\ \cos\gamma_1 & \cos\gamma_2 & \cos\gamma_3\end{vmatrix}=1,\quad (5.1\text{-}10)$$

矩阵形式为

$$\begin{bmatrix}u\\v\\w\end{bmatrix}=\begin{bmatrix}\cos\alpha_1 & \cos\alpha_2 & \cos\alpha_3\\ \cos\beta_1 & \cos\beta_2 & \cos\beta_3\\ \cos\gamma_1 & \cos\gamma_2 & \cos\gamma_3\end{bmatrix}\begin{bmatrix}u'\\v'\\w'\end{bmatrix}$$

其中 (u,v,w) 和 (u',v',w') 分别是同一个向量的新、旧两组坐标. 公式中没有常

数项，反映了向量经过平移不变，其系数也满足正交条件.

5.1.6 以三垂直平面为新坐标系坐标平面的坐标变换

空间一般坐标变换公式，还可以由新坐标系的三个坐标面来确定. 设有两两相互垂直的三个平面

$$\pi_1: A_1x+B_1y+C_1z+D_1=0,$$
$$\pi_2: A_2x+B_2y+C_2z+D_2=0,$$
$$\pi_3: A_3x+B_3y+C_3z+D_3=0.$$

这里 $A_iA_j+B_iB_j+C_iC_j=0(i,j=1,2,3,i\neq j)$. 如果取 π_1 为 $y'z'$ 平面，π_2 为 $x'z'$ 平面，π_3 为 $x'y'$ 平面，并设空间任意一点 $P(x,y,z)$ 到平面 $\pi_i(i=1,2,3)$ 的距离为 d_i，P 点的新坐标为 (x',y',z')，那么有

$$|x'|=d_1=\frac{|A_1x+B_1y+C_1z+D_1|}{\sqrt{A_1^2+B_1^2+C_1^2}},$$
$$|y'|=d_2=\frac{|A_2x+B_2y+C_2z+D_2|}{\sqrt{A_2^2+B_2^2+C_2^2}},$$
$$|z'|=d_3=\frac{|A_3x+B_3y+C_3z+D_3|}{\sqrt{A_3^2+B_3^2+C_3^2}}.$$

去掉绝对值号得坐标变换公式为

$$\begin{cases} x'=\pm\dfrac{A_1x+B_1y+C_1z+D_1}{\sqrt{A_1^2+B_1^2+C_1^2}}, \\ y'=\pm\dfrac{A_2x+B_2y+C_2z+D_2}{\sqrt{A_2^2+B_2^2+C_2^2}}, \\ z'=\pm\dfrac{A_3x+B_3y+C_3z+D_3}{\sqrt{A_3^2+B_3^2+C_3^2}}. \end{cases}$$

显然，上式符合正交条件，为了使坐标变换为右手系变到右手系，上式中的正负号的选择必须使它的系数行列式的值为 1.

例 5 以下列三个两两相互垂直的平面 $x-y-z+1=0$，$2x+y+z-1=0$，$y-z+2=0$ 分别作为新坐标系的 $y'z'$ 面，$x'z'$ 面与 $x'y'$ 面，求其坐标变换.

解 坐标变换公式为

$$\begin{cases} x'=\pm\dfrac{x-y-z+1}{\sqrt{3}}, \\ y'=\pm\dfrac{2x+y+z-1}{\sqrt{6}}, \\ z'=\pm\dfrac{y-z+2}{\sqrt{2}}. \end{cases}$$

为了使右手系变成右手系，取符号如下：

$$\begin{cases} x'=\dfrac{x-y-z+1}{\sqrt{3}}, \\ y'=\dfrac{2x+y+z-1}{\sqrt{6}}, \\ z'=-\dfrac{y-z+2}{\sqrt{2}}. \end{cases}$$

系数行列式为

$$|A|=\begin{vmatrix} \dfrac{1}{\sqrt{3}} & -\dfrac{1}{\sqrt{3}} & -\dfrac{1}{\sqrt{3}} \\ \dfrac{2}{\sqrt{6}} & \dfrac{1}{\sqrt{6}} & \dfrac{1}{\sqrt{6}} \\ 0 & -\dfrac{1}{\sqrt{2}} & \dfrac{1}{\sqrt{2}} \end{vmatrix}=1.$$

例 6 试将方程 $2x+3y+4z+5=0$ 用适当的坐标变换变为新方程 $x'=0$.

解 取平面 $2x+3y+4z+5=0$ 作为新坐标系的 $y'z'$ 坐标面，再任取两个相互垂直且又都垂直于已知平面 $2x+3y+4z+5=0$ 的平面作为另两个新坐标面，例如可取 $x-2y+z=0$ 与 $11x+2y-7z=0$.

作坐标变换

$$\begin{cases} x'=\dfrac{2x+3y+4z+5}{\sqrt{29}}, \\ y'=\dfrac{x-2y+z}{\sqrt{6}}, \\ z'=-\dfrac{11x+2y-7z}{\sqrt{74}}, \end{cases}$$

那么 $2x+3y+4z+5=0$ 将变成 $x'=0$.

5.2 点变换

前面学习了空间直角坐标变换. 在坐标变换中，几何图形(如空间直线和平面，曲线和曲面等)不变，坐标系在变. 现在要用另一个观点来看，坐标系不变，图形在变，这就是点变换. 在现实世界中，运动是永恒的，任何事物都在不断的发展变化中. “坐地日行八万里，巡天遥看一千河”就是宇宙运动变化的生动写照. 而点变换的观点，正是反映了这种思想.

5.2.1 点变换的定义

整个空间的一个变动称为一个平移，如果空间中各点都朝着同一个方向移动了相等的距离，也就是说，各点的位移都是相同的向量. 所以一个向量 $\boldsymbol{a}$ 确定一个平移 α，它把点 P 变成点 P'，使

$$\overrightarrow{PP'}=\boldsymbol{a}.$$

这样，一个平移 α 对于空间的每一点 P 就唯一确定一点 P'. 这种唯一确定的关系和函数关系式一样的，只是现在考虑的是点而不是数. 因此，把点 P 对应点 P' 记作 $\alpha(P)$.

反过来，对于空间任意一点 P'，还存在唯一一点 P 使 $\alpha(P)=P'$. 这就是说，一个平移对于空间中的点建立了一个 1-1 对应关系. 下面要讨论的就是这样的一个 1-1 对应关系，因此引进下面的点变换的概念.

定义 1 在空间中，从点到点的一个 1-1 对应 φ 称为空间中的一个**点变换**；点 P 的对应点称为 P 在 φ 下的**像**，记作 $\varphi(P)$；点 P 称为 $\varphi(P)$ 的**原像**.

可以设想，一个变换 φ 就是把空间中的点重新排列一下，把点 P 安排到 $\varphi(P)$. 因为变换是 1-1 对应的，所以不同的点总有不同的像，并且每一点都可作为某一点的像.

对于一个变换 φ，每一个点 P' 都有唯一的原像 P. 这样，把一个点对应到它的原像，就得到一个变换，称为 φ 的**逆变换**，记作 φ^{-1}. 于是，恒有

$$\varphi^{-1}[\varphi(P)]=P.$$

这种情况和反函数是一样的.

5.2.2 点的平移

如前所述，空间中的点的平移 α，是把空间中的各点都朝着同一个方向移动了相等的距离，它可以由一个向量 $\boldsymbol{a}$ 所确定.

下面来看平移 α 的坐标表示. 任取一个坐标系，设向量 $\boldsymbol{a}=(a_1,a_2,a_3)$. 需求出点 $P(x,y,z)$ 的像 $P'=\alpha(P)$ 的坐标. 设 P' 的坐标为 (x',y',z')，因为 $\overrightarrow{PP'}=\boldsymbol{a}$，所以

$$\alpha:\begin{cases}x'=x+a_1,\\ y'=y+a_2,\\ z'=z+a_3\end{cases} \quad 或 \begin{cases}x=x'-a_1,\\ y=y'-a_2,\\ z=z'-a_3.\end{cases} \tag{5.2-1}$$

矩阵形式为

$$\alpha:\begin{bmatrix}x'\\y'\\z'\end{bmatrix}=\begin{bmatrix}1&0&0\\0&1&0\\0&0&1\end{bmatrix}\begin{bmatrix}x\\y\\z\end{bmatrix}+\begin{bmatrix}a_1\\a_2\\a_3\end{bmatrix}$$

或
$$\begin{bmatrix}x\\y\\z\end{bmatrix}=\begin{bmatrix}1&0&0\\0&1&0\\0&0&1\end{bmatrix}\begin{bmatrix}x'\\y'\\z'\end{bmatrix}-\begin{bmatrix}a_1\\a_2\\a_3\end{bmatrix}.$$

这就是**空间点的平移 α 的公式**.

这个公式在形式上与坐标系平移的变换公式是相同的，但是意义却完全不同. 在坐标变换中，点没有动，变动的是坐标系. 现在是坐标系没有动，而是点动了.

此外，坐标系的前移相当于点的后移，反之亦然.

不难证明，空间中点的平移由一对对应点 P,P' 唯一确定.

5.2.3 点的旋转

和空间中点的平移类似，点的旋转变换公式和坐标系旋转变换公式完全相同，只是意义不同而已. 实际上，点的一个左旋转变换相当于坐标系一个右旋转变换，故**空间点的旋转变换公式**为

$$\begin{cases}x'=x\cos\alpha_1+y\cos\beta_1+z\cos\gamma_1,\\ y'=x\cos\alpha_2+y\cos\beta_2+z\cos\gamma_2,\\ z'=x\cos\alpha_3+y\cos\beta_3+z\cos\gamma_3.\end{cases}\quad \begin{vmatrix}\cos\alpha_1&\cos\beta_1&\cos\gamma_1\\ \cos\alpha_2&\cos\beta_2&\cos\gamma_2\\ \cos\alpha_3&\cos\beta_3&\cos\gamma_3\end{vmatrix}=1,\tag{5.2-2}$$

矩阵形式为

$$\begin{bmatrix}x'\\y'\\z'\end{bmatrix}=\begin{bmatrix}\cos\alpha_1&\cos\beta_1&\cos\gamma_1\\ \cos\alpha_2&\cos\beta_2&\cos\gamma_2\\ \cos\alpha_3&\cos\beta_3&\cos\gamma_3\end{bmatrix}\begin{bmatrix}x\\y\\z\end{bmatrix}.$$

且其一次项系数满足正交条件.

例如绕 z 轴右旋转一个角度 θ，就得到一个旋转 σ. 如果点(x,y,z)变成(x',y',z')，那么就有

$$\sigma:\begin{cases}x'=x\cos\theta-y\sin\theta,\\ y'=x\sin\theta+y\cos\theta\\ z'=z\end{cases}\quad 或\ \sigma^{-1}:\begin{cases}x=x'\cos\theta+y'\sin\theta,\\ y=-x'\sin\theta+y'\cos\theta,\\ z=z'.\end{cases}$$

这就是旋转 σ 及其逆变换 σ^{-1} 的公式.

两个变换的合成(复合)，也是一个变换，例如一个点 $P(x,y,z)$经过平移 α 变成 $\overline{P}(\overline{x},\overline{y},\overline{z})$，即

$$\begin{cases}\bar{x}=x+a_1,\\ \bar{y}=y+a_2,\\ \bar{z}=z+a_3.\end{cases}$$

如果点 $\bar{P}(\bar{x},\bar{y},\bar{z})$，接着又经过旋转 σ 变成点 $P'(x,y',z')$，即

$$\begin{cases}x'=\bar{x}\cos\theta-\bar{y}\sin\theta,\\ y'=\bar{x}\sin\theta+\bar{y}\cos\theta,\\ z'=\bar{z}.\end{cases}$$

那么其结果是点 $P(x,y,z)$ 变成了 $P'(x,y',z')$，

$$\begin{cases}x'=x\cos\theta-y\sin\theta+a_1\cos\theta-a_2\sin\theta,\\ y'=x\sin\theta+y\cos\theta+a_1\sin\theta+a_2\cos\theta,\\ z'=z+a_3.\end{cases}$$

这个经过 α 后又经过 σ 的合成变换，称为**变换 $\boldsymbol{\alpha}$ 与 $\boldsymbol{\sigma}$ 的乘积**，记作 $\sigma\alpha$. 于是

$$\sigma\alpha(P)=\sigma[\alpha(P)].$$

这与复合函数是类似的.

同样，先作 σ 后作 α 就有乘积 $\alpha\sigma$，易得，$\alpha\sigma$ 的公式为

$$\begin{cases}x'=x\cos\theta-y\sin\theta+a_1,\\ y'=x\sin\theta+y\cos\theta+a_2,\\ z'=z+a_3.\end{cases}$$

一般地，有 $\alpha\sigma\neq\sigma\alpha$. 说明**变换的合成(乘积)不满足交换律.**

有时也将变换公式写成下面的形式

$$\begin{cases}x'=a_{11}x+a_{12}y+a_{13}z,\\ y'=a_{21}x+a_{22}y+a_{23}z,\\ z'=a_{31}x+a_{32}y+a_{33}z,\end{cases}\quad \begin{vmatrix}a_{11}&a_{12}&a_{13}\\ a_{21}&a_{22}&a_{23}\\ a_{31}&a_{32}&a_{33}\end{vmatrix}=1,$$

其中一次项系数 a_{ij} 满足正交条件.

空间中点的旋转变换由不共线的三对对应点唯一确定. 事实上，在旋转变换公式(5.2-2)中，有 9 个待定系数，其中有 8 个是独立的，要确定待定系数，需要不共线的三对对应点.

例 1 求出把点(0,0,0)，(0,1,0)，(0,0,1)分别变成(0,0,0)，(0,0,1)，(1,0,0)的旋转变换.

解 根据题意设旋转变换为

$$\varphi:\begin{cases}x'=a_{11}x+a_{12}y+a_{13}z,\\ y'=a_{21}x+a_{22}y+a_{23}z,\\ z'=a_{31}x+a_{32}y+a_{33}z,\end{cases}\quad \begin{vmatrix}a_{11}&a_{12}&a_{13}\\ a_{21}&a_{22}&a_{23}\\ a_{31}&a_{32}&a_{33}\end{vmatrix}=1.$$

即
$$\varphi:\begin{bmatrix}x'\\y'\\z'\end{bmatrix}=\begin{bmatrix}a_{11}&a_{12}&a_{13}\\a_{21}&a_{22}&a_{23}\\a_{31}&a_{32}&a_{33}\end{bmatrix}\begin{bmatrix}x\\y\\z\end{bmatrix}.$$

将(0,1,0),(0,0,1)代入得
$$a_{12}=0,a_{22}=0,a_{32}=1,a_{13}=1,a_{23}=0,a_{33}=0.$$

再由正交条件得
$$\begin{vmatrix}a_{11}&0&1\\a_{21}&0&0\\a_{31}&1&0\end{vmatrix}=a_{21}=1,a_{11}=0,a_{31}=0.$$

故旋转公式为
$$\varphi:\begin{cases}x'=z,\\y'=x,\\z'=y,\end{cases}\quad\begin{vmatrix}0&0&1\\1&0&0\\0&1&0\end{vmatrix}=1.$$

即
$$\varphi:\begin{bmatrix}x'\\y'\\z'\end{bmatrix}=\begin{bmatrix}0&0&1\\1&0&0\\0&1&0\end{bmatrix}\begin{bmatrix}x\\y\\z\end{bmatrix}.$$

5.2.4 刚体运动

定义 2 保持物体的大小与形状不变，对物体进行位移，称为**刚体运动**.

显然，这里刚体运动的含义只考虑刚体的初始位置和终点位置的关系，而不考虑运动过程中位置随时间的变化.

先看刚体的位置是怎样确定的. 一个刚体如果有两个点不动，那么它就只能绕着这两点的连线旋转. 如果在连线以外又有一点不动，那么刚体就不能动了. 三条腿凳子可以站住，就是这种情况. 所以，一个刚体的位置是由刚体上任意不共线三点的位置完全确定，不共线的三点也就是一个三角形. 因此，在讨论刚体运动时，我们完全可以用一个三角形来代表一个刚体的位置.

经过一个刚体运动，一个三角形 ABC 变成了一个与它全等的三角形 $A'B_1C_1$. 这样，一个刚体运动就由顶点互相对应的两个全等的三角形完全确定. 可以先作一个平移把 A 变成 A'，这时如果 ABC 变成了 $A'B_1C_1$，那么要完成从 ABC 到 $A'B'C'$ 的刚体运动，再作一个保持点 A' 不动，从 $A'B_1C_1$ 到 $A'B'C'$ 的刚体运动就可以了. 下面来证明这一定是一个旋转. 由此可以看出，一个刚体运动可以分解为一个平移与一个旋转的乘积.

假设刚体运动 τ 保持一点 O 不动，要证明 τ 是一个旋转，只需证明它还保持另外一个点不动即可. 任取一点 $P\neq O$，如果 $\tau(P)=P$，则问题就解决了. 假设 τ

$(P)=P'\neq P$,命 $\tau(P')=P''$. 这样,τ 就是把三角形 OPP' 变成三角形 $OP'P''$ 的刚体运动. 如果 $P''=P$,那么显然 PP' 的中点(不妨假设它不为 O)不动,问题也就解决了. 假设 $P''\neq P$. 因为 $\overline{OP}=\overline{OP'}=\overline{OP''}$,所以 P,P',P'' 不共线. 因此,平分 PP' 的平面与平分 $P'P''$ 的平面交于一条直线 l. 显然 l 经过点 O. 设 σ 是绕着 l 把 P 变成 P' 的旋转. 于是 σ 把 P' 变成 P'',把 OPP' 变成 $OP'P''$. 因此 $\tau=\sigma$. 这就证明了 τ 是一个旋转.

所以,一般的刚体运动是一个平移 α 与一个旋转 σ 的乘积,这样就得到**刚体运动的坐标表示**.

平移 α:

$$\begin{cases} x=x'-a_1, \\ y=y'-a_2, \\ z=z'-a_3. \end{cases}$$

旋转 σ:

$$\begin{cases} x=x'\cos\alpha_1+y'\cos\alpha_2+z'\cos\alpha_3, \\ y=x'\cos\beta_1+y'\cos\beta_2+z'\cos\beta_3, \\ z=x'\cos\gamma_1+y'\cos\gamma_2+z'\cos\gamma_3. \end{cases}$$

刚体运动 $\alpha\sigma$:

$$\begin{cases} x=x'\cos\alpha_1+y'\cos\alpha_2+z'\cos\alpha_3-a_1, \\ y=x'\cos\beta_1+y'\cos\beta_2+z'\cos\beta_3-a_2, \\ z=x'\cos\gamma_1+y'\cos\gamma_2+z'\cos\gamma_3-a_3, \end{cases}\quad \begin{vmatrix} \cos\alpha_1 & \cos\alpha_2 & \cos\alpha_3 \\ \cos\beta_1 & \cos\beta_2 & \cos\beta_3 \\ \cos\gamma_1 & \cos\gamma_2 & \cos\gamma_3 \end{vmatrix}=1 \tag{5.2-3}$$

即
$$\begin{bmatrix} x \\ y \\ z \end{bmatrix}=\begin{bmatrix} \cos\alpha_1 & \cos\alpha_2 & \cos\alpha_3 \\ \cos\beta_1 & \cos\beta_2 & \cos\beta_3 \\ \cos\gamma_1 & \cos\gamma_2 & \cos\gamma_3 \end{bmatrix}\begin{bmatrix} x' \\ y' \\ z' \end{bmatrix}-\begin{bmatrix} a_1 \\ a_2 \\ a_3 \end{bmatrix}.$$

或者

$$\begin{cases} x'=x\cos\alpha_1+y\cos\beta_1+z\cos\gamma_1+a_1, \\ y'=x\cos\alpha_2+y\cos\beta_2+z\cos\gamma_2+a_2, \\ z'=x\cos\alpha_3+y\cos\beta_3+z\cos\gamma_3+a_3, \end{cases}\quad \begin{vmatrix} \cos\alpha_1 & \cos\beta_1 & \cos\gamma_1 \\ \cos\alpha_2 & \cos\beta_2 & \cos\gamma_2 \\ \cos\alpha_3 & \cos\beta_3 & \cos\gamma_3 \end{vmatrix}=1.$$

即
$$\begin{bmatrix} x' \\ y' \\ z' \end{bmatrix}=\begin{bmatrix} \cos\alpha_1 & \cos\beta_1 & \cos\gamma_1 \\ \cos\alpha_2 & \cos\beta_2 & \cos\gamma_2 \\ \cos\alpha_3 & \cos\beta_3 & \cos\gamma_3 \end{bmatrix}\begin{bmatrix} x \\ y \\ z \end{bmatrix}+\begin{bmatrix} a_1 \\ a_2 \\ a_3 \end{bmatrix}.$$

显然,空间中的**刚体运动公式**(5.2-3)与它的直角坐标变换公式(5.1-8)是类似的,且其一次项系数满足正交条件. 不难证明空间的一个刚体运动由不共面的四对对应点唯一确定.

5.2.5 正交变换

刚体运动的一个特点是保持距离不变，那么保持距离不变的变换是不是一定是刚体运动呢?

把空间中的各点变成对于某个平面 π 的对称点，这样的变换称为对平面 π 的**反射**. 例如对 xy 平面的反射就是下列公式表示的变换

$$\begin{cases} x'=x, \\ y'=y, \\ z'=-z. \end{cases}$$

显然，反射保持距离不变，并且把一个右手系变成左手系. 但是刚体运动总是把右手系变成右手系，这就是反射与刚体运动的主要区别. 因此反射虽然保持距离不变，但不是刚体运动.

定义 3 空间中保持任意两点之间距离不变的点变换称为**正交变换**.

显然刚体运动与反射都是正交变换，刚体运动与反射的乘积也是正交变换，下面证明，任一正交变换一定是刚体运动或刚体运动与反射的乘积.

设 τ 是一个正交变换，但不是刚体运动. 即要证明 τ 是一个刚体运动与一个反射的乘积. 由于 τ 保持距离不变，τ 一定把一个三角形 ABC 变成与它全等的三角形 $A'B'C'$. 设 σ 是把 ABC 变成 $A'B'C'$ 的刚体运动，令 $\alpha=\tau\sigma^{-1}$. 显然 α 是一个保持 $A'B'C'$ 不变的正交变换. 对于任意一点 P，恒有

$$(\alpha\sigma)(P)=\alpha[\sigma(P)]=(\tau\sigma^{-1})\sigma(P)=\tau\{\sigma^{-1}[\sigma(P)]\}=\tau(P).$$

这就是说，$\alpha\sigma=\tau$. 若能够证明 α 是个反射那就好了，因为这就说明 τ 是刚体运动 σ 与反射 α 的乘积.

现在来证明，保持三角形 $A'B'C'$ 不变的正交变换 α 是一个反射. 因为 τ 不是刚体运动，所以 α 也不能是刚体运动. 因此，α 不会保持所有的点都不动. 设点 P 经过 α 变成 P'，而 $P'\neq P$. 因为 α 保持距离不变，故 α 的不动点都与 P 和 P' 等距离，因而都在线段 PP' 的平分面 π 上. 因此 α 的不动点都在 π 上，α 的动点 P 都变成 π 的对称点 P'. 所以，α 是对于 π 的反射.

这样就证明了一个正交变换或者是刚体运动，或者是刚体运动与一个反射的乘积. 由此可见，刚体运动就是把右手系仍变成右手系的正交变换，也称为**第一类正交变换**，而称反射为**第二类正交变换**.

下面给出正交变换的坐标表示. 设给定一个正交变换 τ，任取一个坐标系 $O\text{-}xyz$，设点经过 τ 变成点 $P'(x',y',z')$，坐标都是对于 $O\text{-}xyz$ 而言. 问题是求出 (x,y,z) 与 (x',y',z') 之间的关系.

根据正交变换与刚体运动和反射的关系，由刚体运动公式和反射公式不难得到**点的正交变换公式**为

$$\begin{cases} x'=x\cos\alpha_1+y\cos\beta_1+z\cos\gamma_1+a_1,\\ y'=x\cos\alpha_2+y\cos\beta_2+z\cos\gamma_2+a_2,\\ z'=x\cos\alpha_3+y\cos\beta_3+z\cos\gamma_3+a_3,\end{cases}\quad \begin{vmatrix}\cos\alpha_1 & \cos\beta_1 & \cos\gamma_1\\ \cos\alpha_2 & \cos\beta_2 & \cos\gamma_2\\ \cos\alpha_3 & \cos\beta_3 & \cos\gamma_3\end{vmatrix}=\pm 1. \tag{5.2-4}$$

这就是正交变换 τ 的公式，其中的一次项系数要满足正交条件，一次项系数所成的行列式等于 ± 1，并且当坐标系改变了左右手系时才等于 -1.

点的正交变换的矩阵形式为

$$\begin{bmatrix}x'\\ y'\\ z'\end{bmatrix}=\begin{bmatrix}\cos\alpha_1 & \cos\beta_1 & \cos\gamma_1\\ \cos\alpha_2 & \cos\beta_2 & \cos\gamma_2\\ \cos\alpha_3 & \cos\beta_3 & \cos\gamma_3\end{bmatrix}\begin{bmatrix}x\\ y\\ z\end{bmatrix}+\begin{bmatrix}a_1\\ a_2\\ a_3\end{bmatrix}.$$

验证点变换是否为正交变换，主要验证其一次项系数矩阵是否满足正交条件，即：1°各列向量是单位向量；2°不同列向量相互正交；3°矩阵行列式的值等于 ± 1.

正交变换的公式，在形式上与直角坐标变换的公式完全一样的，但是它们的意义是完全不同的.

空间中的一个正交变换由不共面的四对对应点唯一确定.

例 1 验证变换

$$\varphi:\begin{cases} x=\dfrac{2}{3}x'-\dfrac{1}{3}y'+\dfrac{2}{3}z'+1,\\ y=\dfrac{2}{3}x'+\dfrac{2}{3}y'-\dfrac{1}{3}z'-1,\\ z=-\dfrac{1}{3}x'+\dfrac{2}{3}y'+\dfrac{2}{3}z'+2,\end{cases}$$

为正交变换，并求点(1,0,0)，(0,1,0)，(0,0,1)在变换下的像点.

解 变换的一次项系数矩阵

$$\mathbf{A}=\begin{bmatrix}\dfrac{2}{3} & -\dfrac{1}{3} & \dfrac{2}{3}\\ \dfrac{2}{3} & \dfrac{2}{3} & -\dfrac{1}{3}\\ -\dfrac{1}{3} & \dfrac{2}{3} & \dfrac{2}{3}\end{bmatrix}$$

满足正交条件，故该变换为正交变换.

将变换公式反解得

$$\begin{bmatrix}x'\\y'\\z'\end{bmatrix}=\begin{bmatrix}\frac{2}{3} & \frac{2}{3} & -\frac{1}{3}\\ -\frac{1}{3} & \frac{2}{3} & \frac{2}{3}\\ \frac{2}{3} & -\frac{1}{3} & \frac{2}{3}\end{bmatrix}\begin{bmatrix}x-1\\y+1\\z-2\end{bmatrix}.$$

将(1, 0, 0), (0, 1, 0), (0, 0, 1)代入得其像点为$\left(\frac{4}{3},-\frac{2}{3},-\frac{5}{3}\right)$, $\left(\frac{4}{3},\frac{1}{3},-\frac{8}{3}\right)$, $\left(\frac{1}{3},\frac{1}{3},-\frac{5}{3}\right)$.

下面不加证明地给出正交变换的性质.

性质 1　恒等变换是正交变换.

性质 2　正交变换的乘积是正交变换.

性质 3　正交变换是双射,正交变换的逆变换是正交变换.

由以上三个性质知,空间中正交变换的全体组成的集合是空间的一个变换群,称为空间的**正交变换群**,简称为**正交群**.

性质 4　正交变换保持向量的内积不变,保持向量的线性关系不变.

由性质 4 很容易得到以下结论.

性质 5　正交变换把直线变成直线,并保持共线三点的简比(也称线段的分比)不变.

性质 6　正交变换将平面变成平面,将相交平面变成相交平面,将平行平面变成平行平面.

5.2.6 仿射变换

定义 4　在空间中,由一次方程

$$\begin{cases}x'=a_{11}x+a_{12}y+a_{13}z+a_1,\\ y'=a_{21}x+a_{22}y+a_{23}z+a_2,\\ z'=a_{31}x+a_{32}y+a_{33}z+a_3,\end{cases}\quad \begin{vmatrix}a_{11} & a_{12} & a_{13}\\ a_{21} & a_{22} & a_{23}\\ a_{31} & a_{32} & a_{33}\end{vmatrix}=k\neq 0 \qquad (5.2\text{-}5)$$

所确定的变换称为**仿射变换**. 当 $k=\pm 1$ 时,即为正交变换;当 $k\neq\pm 1$ 时称为**压缩变换**,k 称为压缩系数. 显然,正交变换和压缩变换都是仿射变换.

仿射变换的矩阵形式为

$$\begin{bmatrix}x'\\y'\\z'\end{bmatrix}=\begin{bmatrix}a_{11} & a_{12} & a_{13}\\ a_{21} & a_{22} & a_{23}\\ a_{31} & a_{32} & a_{33}\end{bmatrix}\begin{bmatrix}x\\y\\z\end{bmatrix}+\begin{bmatrix}a_1\\a_2\\a_3\end{bmatrix}.$$

由线性代数的知识可知,仿射变换是系数行列式不等于零的满秩线性变换.

空间中的一个仿射变换由不共面的四对对应点唯一确定.

由一次方程组的解法,例如消元法,可以知道 x,y,z 也是 x',y',z' 的一次多项式.这就是说,仿射变换的逆变换也是仿射变换.容易看出,仿射变换的乘积也是仿射变换.

现在来看仿射变换的基本性质,先看最简单的图形——平面变成什么图形.因为一个仿射变换和它的逆变换的方程都是一次的,所以满足一个一次方程的点,经过一个仿射变换仍然满足一个一次方程,所以,仿射变换把平面变成平面.

仿射变换自然把点变成点,现在又知道它把平面变成平面,因此,相交的平面一定变成相交的平面,不相交的平面一定变成不相交的平面.这就是说,仿射变换把直线变成直线,把平行的平面变成平行的平面,因此也把平行的直线变成平行直线.上面讨论的性质分别称为仿射变换的**同素性**、**结合性**和**平行性**.

正交变换保持距离(长度)不变,而仿射变换就没有这个性质了.那么仿射变换保持什么样的度量不变呢?这就是线段的分比.

从压缩的例子我们知道,经过仿射变换,长度不但要改变,而且不同方向上的长度可以按不同的比例改变.那么,线段的分比怎样呢?我们来证明,**仿射变换保持线段的分比不变.**

设 τ 是一个仿射变换,P_1,P_2,P_3 是一条直线 L 上互不相同的三个点.这三个点经过 τ 依次变成一条直线 L' 上互不相同的三个点 P_1',P_2',P_3'.令

$$\overrightarrow{P_1P_2}=\lambda\overrightarrow{P_2P_3},\ \overrightarrow{P_1'P_2'}=\lambda'\overrightarrow{P_2'P_3'}.$$

下面要证明 $\lambda=\lambda'$.

取一个刚体运动 σ_1 把 L 变成 x 轴,设 P_1,P_2,P_3 依次变成 $Q_1(x_1,0,0)$,$Q_2(x_2,0,0)$,$Q_3(x_3,0,0)$.再取一个刚体运动 σ_2 把 L' 变成 x 轴,设 P_1',P_2',P_3' 依次变成 $Q_1'(x_1',0,0)$,$Q_2'(x_2',0,0)$,$Q_3'(x_3',0,0)$.于是

$$\overrightarrow{Q_1Q_2}=\lambda\overrightarrow{Q_2Q_3},\quad \overrightarrow{Q_1'Q_2'}=\lambda'\overrightarrow{Q_2'Q_2'};$$

因此

$$\lambda=\frac{x_1-x_2}{x_2-x_3},\lambda'=\frac{x_1'-x_2'}{x_2'-x_3'}.$$

显然,仿射变换 $\sigma_2(\tau\sigma_1^{-1})$ 把 Q_1,Q_2,Q_3 依次变成 Q_1',Q_2',Q_3'.设 $\sigma_2(\tau\sigma_1^{-1})$ 的第一个方程为 $x'=a_1+a_{11}x+a_{12}y+a_{13}z$.

把 Q_1,Q_2,Q_3 的坐标代入,得

$$x_1'=a_1+a_{11}x_1,x_2'=a_1+a_{11}x_2,x_3'=a_1+a_{11}x_3,$$

于是

$$x_1'-x_2'=a_{11}(x_1-x_2),x_2'-x_3'=a_{11}(x_2-x_3),$$

因此

$$\frac{x_1'-x_2'}{x_2'-x_3'}=\frac{x_1-x_2}{x_2-x_3}.$$

所以
$$\lambda=\lambda'.$$

这样就证明了仿射变换保持线段的分比(也称简比)不变.

根据克莱因的爱尔兰根纲领,一种变换群对应一种几何学.因此,正交变换群对应的就是欧氏几何学,仿射变换群对应的就是仿射几何学.这样,就把我们对几何学的认识,提升到一个新的高度.

*5.3　坐标变换的应用示例

——空间直角坐标变换在东平大桥中的应用

东平大桥位于佛山市禅城区南部,跨越东平河,是佛山市中心组团新城区的重要桥梁,是连接东平河两岸的重要交通枢纽,是中心城区向南拓展的重要通道,同时也是佛山市中心组团南北连接将来文化、体育中心的重要通道.全桥长 1 427.2 m,其中主桥为 578 m.

东平大桥主桥采用了低支架卧拼竖转再平转合龙的先进工艺.即先在两岸的低支架上按照设计图将半跨拱拼装成整体,然后采用液压同步提升技术将卧拼拱肋竖转提升至设计位置,使结构形成一个三角自平衡体系,然后牵引整个结构平转至设计桥轴线合龙.东平大桥的拱形钢结构合拢是目前国内同类桥梁难度最大的工程,其中两岸拱肋竖转角度均为 25°,禅城岸拱肋平转角度 104.6°,顺德岸拱肋平转角度 180°.

5.3.1　坐标变换构思

东平大桥竖转加平转的施工方法决定了施工过程中要经历多次体系转换,由于竖转为单点提升,加上平转为自平衡体系,可调整手段少,这就需要对中间状态进行严格的线形控制,否则误差将累积叠加,使平转到位后的线形难以达到设计线形.设计图纸中提供的为局部坐标系中的理论坐标,必须转化为实际可操作的大地坐标才能用于施工中的线形控制.由于成桥线形为正南北方向,此时的大地坐标最容易得出,因此以平转到位工况下的三维坐标作为转换基础,采用倒推法,即首先计算出平转到位下拱肋线形的三维坐标(通过各测点的大地坐标来表示),然后反向平转到竖转到位工况下线形的三维坐标,最后推算到各竖转角度下以及低支架卧拼工况线形的三维坐标.

5.3.2　平转体系

1) 平转独立坐标系的建立

平转体系是以平转独立坐标系与大地坐标系通过坐标变换的体系.大地坐标系为 XYZ;两岸平转独立坐标系 UVW 是以平转转轴中心并且高程为零作为独立坐标系原点(即主 3#墩、主 4#墩分别以(42629.338　9310.000　0)、(42330.862　9310.000　0)作为独立坐标系原点),沿主跨拱肋轴线方向为 U 轴正向,垂直拱肋轴线并且沿 U 轴正向的右手方向为 V 轴正向,竖直向上为 W 轴正向.

2) 平转坐标变换

(1) 先通过 XYZ 坐标系的平移,形成 $X'Y'Z'$ 坐标系(如图 5-3 所示),则对任意点 P 在两坐标系的坐标关系式为

$$\begin{cases} X=X'+A_0, \\ Y=Y'+B_0, \\ Z=Z'+C_0. \end{cases}$$

写成矩阵形式为

$$\begin{bmatrix} X \\ Y \\ Z \end{bmatrix}=\begin{bmatrix} X' \\ Y' \\ Z' \end{bmatrix}+\begin{bmatrix} A_0 \\ B_0 \\ C_0 \end{bmatrix}. \tag{5.3-1}$$

注 $X'Y'Z'$ 坐标系是相对坐标系与大地坐标系转换的中间过程,它的坐标轴是与大地坐标轴平行并且方向相同.

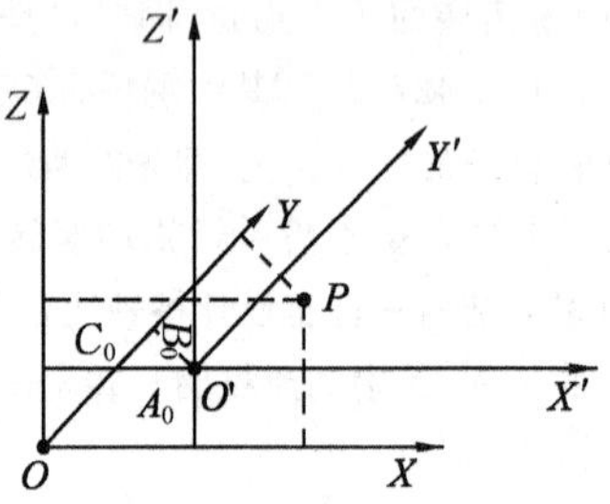

图 5-3

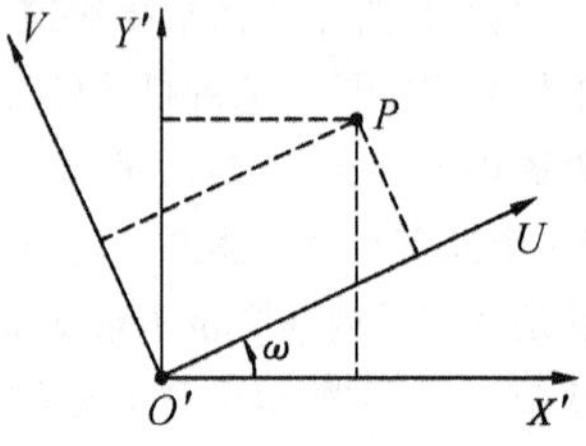

图 5-4

(2) 再绕 Z' 轴旋转 ω 角形成与平转独立坐标系重合的 UVW 坐标系(如图 5-4 所示),因为 W 轴与 Z' 轴重合,所以任何点的 Z 坐标不变.则对任意一点 P 在两坐标系中的坐标关系式为

$$\begin{cases} X'=U\cos\omega-V\sin\omega, \\ Y'=U\sin\omega+V\cos\omega, \\ Z'=W, \end{cases}$$

写成矩阵形式为

$$\begin{bmatrix} X' \\ Y' \\ Z' \end{bmatrix}=\begin{bmatrix} \cos\omega & -\sin\omega & 0 \\ \sin\omega & \cos\omega & 0 \\ 0 & 0 & 1 \end{bmatrix}\begin{bmatrix} U \\ V \\ W \end{bmatrix}. \tag{5.3-2}$$

由式(5.3-1),(5.3-2)得

$$\begin{bmatrix} X \\ Y \\ Z \end{bmatrix}=\begin{bmatrix} \cos\omega & -\sin\omega & 0 \\ \sin\omega & \cos\omega & 0 \\ 0 & 0 & 1 \end{bmatrix}\begin{bmatrix} U \\ V \\ W \end{bmatrix}+\begin{bmatrix} A_0 \\ B_0 \\ C_0 \end{bmatrix}, \tag{5.3-3}$$

(5.3-3)式即为平转体系坐标计算公式.

主 3#、主 4#墩根据平转独立坐标系的建立和平转的角度不同，对于主 3#、主 4#墩平转任意角度时的坐标计算公式分别如下：

$$\begin{bmatrix} X \\ Y \\ Z \end{bmatrix} = \begin{bmatrix} \cos(255.4+\alpha) & -\sin(255.4+\alpha) & 0 \\ \sin(255.4+\alpha) & \cos(255.4+\alpha) & 0 \\ 0 & 0 & 1 \end{bmatrix} \begin{bmatrix} U \\ V \\ W \end{bmatrix} + \begin{bmatrix} 42\,629.338 \\ 9\,310.000 \\ 0 \end{bmatrix}, \quad (5.3\text{-}4)$$

$$\begin{bmatrix} X \\ Y \\ Z \end{bmatrix} = \begin{bmatrix} \cos(0-\alpha) & -\sin(0-\alpha) & 0 \\ \sin(0-\alpha) & \cos(0-\alpha) & 0 \\ 0 & 0 & 1 \end{bmatrix} \begin{bmatrix} U \\ V \\ W \end{bmatrix} + \begin{bmatrix} 42\,330.862 \\ 9\,310.000 \\ 0 \end{bmatrix}, \quad (5.3\text{-}5)$$

式中 α 为平转角度.

5.3.3 竖转体系

1) 竖转独立坐标系的建立

竖转体系是以竖转独立坐标系与大地坐标系通过坐标变换的体系. 大地坐标系为 XYZ；两岸竖转独立坐标系 UVW 是以竖转转轴中心作为竖转独立坐标系原点，沿主跨拱肋轴线方向为 U 轴正向，垂直拱肋轴线并且沿 U 轴正向的右手方向为 V 轴正向，竖直向上为 W 轴正向.

2) 竖转坐标变换

(1) 先通过 XYZ 坐标系的平移，形成 $X'Y'Z'$ 坐标系(如图 5-5 所示)，则对任意点 P 在两坐标系的坐标关系式为

$$\begin{cases} X = X' + A_0, \\ Y = Y' + B_0, \\ Z = Z' + C_0, \end{cases}$$

写成矩阵形式为

$$\begin{bmatrix} X \\ Y \\ Z \end{bmatrix} = \begin{bmatrix} X' \\ Y' \\ Z' \end{bmatrix} + \begin{bmatrix} A_0 \\ B_0 \\ C_0 \end{bmatrix}. \quad (5.3\text{-}6)$$

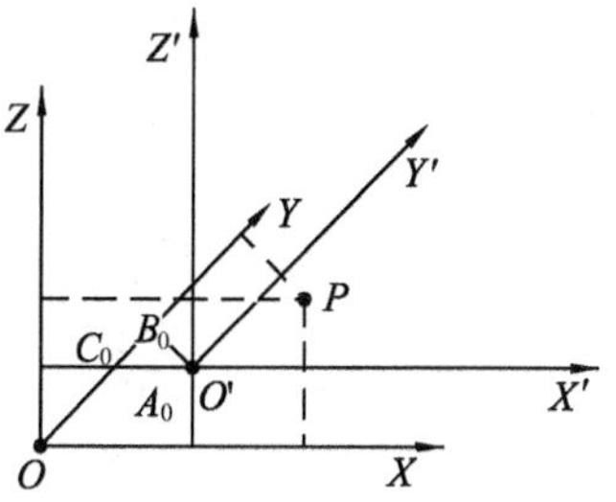

图 5-5

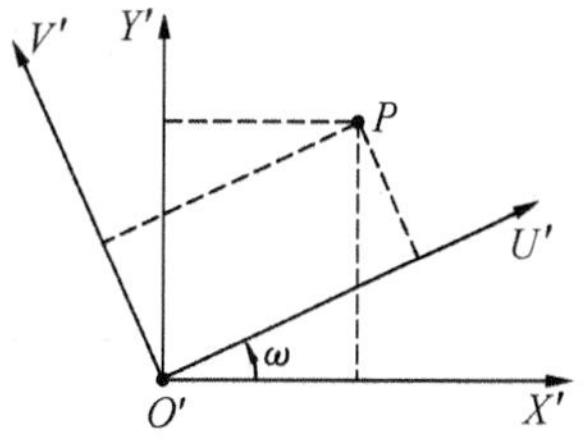

图 5-6

注 $X'Y'Z'$ 坐标系是相对坐标系与大地坐标系转换的中间过程，它的坐标轴与大地坐标轴平行并且方向相同.

(2) 再绕 Z' 轴旋转 ω 角形成 $U'V'W'$ 坐标系(如图 5-6 所示),因 W' 轴与 Z' 轴重合,所以任何点的 Z 坐标不变. 则对任意一点 P 在两坐标系中的坐标关系式为

$$\begin{cases} X' = U'\cos\omega - V'\sin\omega, \\ Y' = U'\sin\omega + V'\cos\omega, \\ Z' = W', \end{cases}$$

写成矩阵形式为

$$\begin{bmatrix} X' \\ Y' \\ Z' \end{bmatrix} = \begin{bmatrix} \cos\omega & -\sin\omega & 0 \\ \sin\omega & \cos\omega & 0 \\ 0 & 0 & 1 \end{bmatrix} \begin{bmatrix} U' \\ V' \\ W' \end{bmatrix}. \tag{5.3-7}$$

(3) 最后绕 V' 轴旋转 φ 角,形成与竖转独立坐标系重合的 UVW 坐标系(如图 5-7 所示),因 V 轴与 V' 轴重合,所以任何点的 Y 坐标不变. 则对任意一点 P 在两坐标系中的坐标关系式为

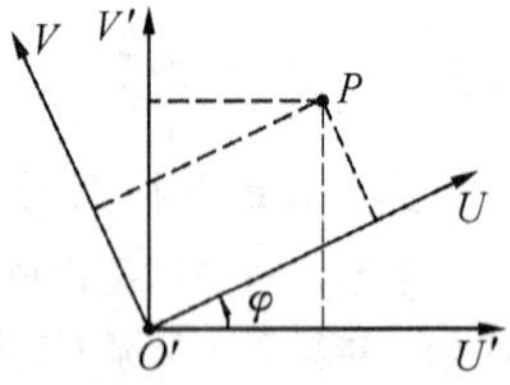

图 5-7

$$\begin{cases} U' = U\cos\varphi - W\sin\varphi, \\ V' = V, \\ W' = U\sin\varphi + W\cos\varphi, \end{cases}$$

写成矩阵形式为

$$\begin{bmatrix} U' \\ V' \\ W' \end{bmatrix} = \begin{bmatrix} \cos\varphi & 0 & -\sin\varphi \\ 0 & 1 & 0 \\ \sin\varphi & 0 & \cos\varphi \end{bmatrix} \begin{bmatrix} U \\ V \\ W \end{bmatrix}, \tag{5.3-8}$$

得

$$\begin{bmatrix} X \\ Y \\ Z \end{bmatrix} = \begin{bmatrix} \cos\omega & -\sin\omega & 0 \\ \sin\omega & \cos\omega & 0 \\ 0 & 0 & 1 \end{bmatrix} \begin{bmatrix} \cos\varphi & 0 & -\sin\varphi \\ 0 & 1 & 0 \\ \sin\varphi & 0 & \cos\varphi \end{bmatrix} \begin{bmatrix} U \\ V \\ W \end{bmatrix} + \begin{bmatrix} A_0 \\ B_0 \\ C_0 \end{bmatrix}, \tag{5.3-9}$$

式(5.3-9)即为竖转体系坐标计算公式.

通过平转体系公式对主 3#、主 4#墩在卧拼低支架状态下竖转铰轴的理论大地坐标根据竖转独立坐标系的建立,对于主 3#、主 4#墩竖转任意角度时的坐标计算公式分别如下:

$$\begin{bmatrix} X \\ Y \\ Z \end{bmatrix} = \begin{bmatrix} \cos 255.4 & -\sin 255.4 & 0 \\ \sin 255.4 & \cos 255.4 & 0 \\ 0 & 0 & 1 \end{bmatrix} \begin{bmatrix} \cos(25-\beta) & 0 & -\sin(25-\beta) \\ 0 & 1 & 0 \\ \sin(25-\beta) & 0 & \cos(25-\beta) \end{bmatrix} \begin{bmatrix} U \\ V \\ W \end{bmatrix} + \begin{bmatrix} 42\,631.259 \\ 9\,317.376 \\ 12.008 \end{bmatrix}, \tag{5.3-10}$$

$$\begin{bmatrix} X \\ Y \\ Z \end{bmatrix} = \begin{bmatrix} \cos 180 & -\sin 180 & 0 \\ \sin 180 & \cos 180 & 0 \\ 0 & 0 & 1 \end{bmatrix} \begin{bmatrix} \cos(25-\beta) & 0 & -\sin(25-\beta) \\ 0 & 1 & 0 \\ \sin(25-\beta) & 0 & \cos(25-\beta) \end{bmatrix} \begin{bmatrix} U \\ V \\ W \end{bmatrix} + \begin{bmatrix} 42\,323.240 \\ 9\,310.000 \\ 12.008 \end{bmatrix}, \tag{5.3-11}$$

式中 β 为竖转角度.

5.3.4 坐标变换实施的结果

通过对独立坐标系与大地坐标系的空间坐标变换,东平大桥在整个转体施工过程中,均

以大地三维坐标对各个工况进行测量控制，使得整个转体施工测量控制实现统一性和一致性. 在现场施工测量中，不仅减少了点位放样的复杂性和繁琐性，而且提高了点位放样的准确性和精度，更加有利于在拱肋卧拼、竖转提升、平转过程中空间位置的控制，使得整个转体施工的测量精度得到了有效的保证.

数学史话 5:克莱因与爱尔兰根纲领

1) 追求几何理论统一性的数学家——克莱因

克莱因(Christian Felix Klein, 1849—1925)，德国数学家，生于莱茵河畔的杜塞尔多夫. 1857 年进入天主教文科中学，1865 年进入波恩大学，1868 年获数学博士学位，1872 年任爱尔兰根大学教授，1875 年至 1886 年先后任慕尼黑工业大学和莱比锡大学教授，1886 年起任格丁根大学教授，直至 1913 年退休，1925 年在格丁根逝世.

克莱因在非欧几何、连续群论、代数方程论、自守函数论等方面，都取得了杰出的成就. 1885 年被选为英国皇家学会会员，1897 年被选为法国科学院院士，1913 年被选为普鲁士科学院通讯院士.

主要论著有:《论所谓非欧几何学》(1871 年)、《新近几何学研究的比较考察》(1872 年)、《二十面体及五次方程解讲义》(1884 年)、《椭圆模函数论讲义》(1890 年、1892 年)、《自守函数论讲义》(1897 年、1912 年)、《高观点看初等数学》(1908 年、1909 年)等.

19 世纪上半叶，几何学的发展经历了它的黄金时代. 在这期间，古典的欧几里得几何学不再是几何学的唯一对象，射影几何学正式成为一门新学科. 1822 年法国数学家彭色列用传统的综合方法建立了射影几何学的理论体系，德国数学家梅比乌斯和普吕克又以代数为工具建立了射影几何学的理论体系. 射影几何的诞生诱发于透视理论，一个射影平面就是由欧几里得平面添加所谓无穷远直线而得到的. 不久，德国数学家高斯、俄国数学家罗巴切夫斯基和匈牙利数学家博耶建立了非欧几何学. 非欧几何学的诞生说明欧几里得几何学不再是现实空间的唯一刻画，除此之外还存在着刻画现实空间的其他几何学. 与此同时德国数学家高斯和黎曼又建立了微分几何学. 这些新几何学的诞生不仅打破了古典欧几里得几何学的垄断地位，而且也从“现实的”三维空间以及其中的点、线、面作了两方面的扩张：一是高维几何学的出现，人们开始研究四维及四维以上的空间(亦称之为“流形”)；二是空间元素不再局限为点，而可以是线、圆、曲面等.

1865 年当克莱因步入波恩大学攻读数学时，上述新几何学已经诞生. 进大学后的第二年，克莱因有幸成为著名几何学家普吕克的助手. 普吕克使他对数学产生了兴趣，当时普吕克正在撰写《新空间几何学》一书，克莱因积极协助他进行这项工作，并在此工作中逐步充实自己有关射影几何学的知识.在普吕克的指导下,克莱因还完成了"线坐标的一般二次方程到典则形式的变换"的博士论文.1868年5月普吕克去世,其《新空间几何学》只完成了第1卷,第2卷只好由格丁根大学数学家克莱布什整理.1869年初克莱因离开波恩来到格丁根大学,协助克莱布什整理普吕克的遗著.在格丁根克莱因从克莱布什那里学到了代数"不变式论",并完成了他的一篇重要论文,发现了一阶和二阶线性复形与库默尔曲面有关.由于当时德国的数学中心在柏林,于是克莱因于1869年8月底到达柏林.在这里他结识了从挪威来的代数学家李,两人成为终生密友.他还结识了从奥地利来的数学家施托尔茨,从他那里知道了非欧几何学.

在波恩大学学习期间,克莱因就在普吕克的指导下读过英国数学家凯莱的著作.凯莱从代数的观点研究几何.他对代数形式(齐次多项式型)的几何解释特别有兴趣.于是他用代数形式给出了一种关于几何图形度量性质的新意义,即对于二维情形可以用一个二次曲线代替虚圆点.在三维时他则引入二次曲面,并将这些图形称为"绝对形".由于绝对形具有齐次多项式的代数形式,故它具有"射影关系"的意义.然后他证明了可以用包含绝对形的代数表达式来定义欧几里得几何学中关于距离与角度的公式.于是他指出,任一欧氏几何度量性质的解析表达式包含着该性质与绝对形的关系式,度量性质不是图形本身的性质,而是图形相关于绝对形的性质.由于凯莱的绝对形具有"射影关系"的意义,于是他认为一般的射影关系决定几何图形的度量性质.也就是说,射影关系更为基本,欧几里得度量几何只不过是射影几何的一部分,是其特例.

克莱因采纳了凯莱的思想,并将它推广到非欧几何学,沟通了非欧几何与射影几何的联系,使得在射影几何的框架内也能研究非欧几何.他把凯莱的绝对形二次曲面的性质具体化,当充当绝对形二次曲面是实椭球面,或实椭圆抛物面,或实双叶双曲面时,便得到罗巴切夫斯基非欧几何;而当绝对形二次曲面是虚的时,便得到狭义黎曼非欧几何(正的常曲率);如果绝对形是球面虚圆,其齐次坐标方程为 $x^2+y^2+z^2=0, t=0$,便得到通常的欧几里得几何.于是欧几里得几何、罗巴切夫斯基非欧几何和狭义黎曼非欧几何等几种度量几何都被统一于射影几何而成为其特例.在此背景下克莱因还把上述几何学予以重新命名.他把罗巴切夫斯基几何称为双曲几何,正的常曲率曲面上的黎曼几何称为椭圆几何,而把欧几里得几何称为抛物几何.克莱因对3种几何学的重新命名同样体现了他追求几何理论统一性的思想.他在1871年8月的一篇"论所谓非欧几何学"论文中将这种思想清楚地表述出来.

克莱因对于几何学理论的统一性有着执著的追求,他在成功地把几种度量几何统一于射影几何之后,就立即在更深层次上寻求统一各种几何学理论的基础.

19世纪数学史上的重大突破之一,是法国数学家伽罗瓦创造性地提出了"群"的概念和理论.其成果是在1846年公开发表的.所谓"群"是指一种"代数结构",即一个集合,在其抽象的元素之间赋予若干抽象的代数运算(如乘法运算),而且这些运算满足若干定律(如结合律、同一律等),这样这个集合就被称为"群".1870年法国数学家若尔当发表了《置换群》的著作,系统地发展了伽罗瓦的群论.

在19世纪,人们开始把几何中图形的一些性质看作是一种"变换"运动的结果.如正方形的"中心对称性",就是将正方形绕其两条对角线的交点 O "旋转"180°后仍重合的结果.正方形的“轴对称性”,就是将正方形绕过O点的水平轴“反射”(即翻转)180°后仍重合的结果.这里的“旋转”、“反射”就可以分别被看作是一种“变换”.更为重要的是,数学家们进一步发现,这个正方形上的所有旋转、反射、平移等变换所构成的集合,满足群的条件,因而构成一个“变换群”.另外,人们还看到,在欧几里得几何中,图形在作旋转、反射、平移等变换的过程中,该图形中线段的长短、角的大小是保持不变的.于是人们就称“长度”、“角度”是这种变换中的不变量.这就导致了对几何中“不变量”理论的研究,并将它与群论结合起来.

1870年4月,克莱因和李结伴来到法国巴黎.他们在巴黎拜会了代数学家若尔当,向他讨教群论的知识.若尔当的《置换群》一书对克莱因产生了巨大影响.在巴黎期间克莱因和李合作撰写论文,其中就涉及群的观点和集合在某些变换下不变的性质.该文在巴黎科学院院刊上发表.在这些知识积累的基础上,克莱因在1871年至1872年进一步把群论、变换理论、不变量理论与几何学联结起来,做起了用“变换群”的观点在更深层次上将各种几何学理论统一起来的研究工作.

2) 爱尔兰根纲领

在老师克莱布什的推荐下,1872年10月克莱因被聘为爱尔兰根大学教授.在当年的大学评议会上,克莱因作了著名的“新近几何研究的比较考察”的演讲,介绍了他用变换群的观点内在地统一各种几何学理论的思想.这篇演讲稿公开发表后,被人称为克莱因的“爱尔兰根纲领”.

他首先指出:“几何学尽管本质上是一个整体,可是,由于最近期间所取得的飞速发展,却被分割成为许多几乎互不相干的分科,其中每一分科几乎都是独立地、继续地发展着.于是,公开发表旨在建立几何学的这样一种内在联系的各种考虑,就显得更加必要了.”

接着,他实质性地指出:“存在通常空间的这样的变换,使得空间图形的几何性质保持不变.事实上,几何性质本身不依赖于所考虑对象的位置、绝对大小及定向.空间图形的性质在空间中的运动、相似变换、反射以及它们所生成的一切变换之下都保持不变.所有这些变换的总体,称为空间变换的主群;几何性质在主群中的变换之下保持不变.这也可以改写为:几何性质由在主群中的变换之下保持不变的事实来刻画.”

于是,克莱因认为,每种几何学理论都由变换群所刻画,每种几何学理论所要研究的就是几何图形在其变换群下的不变量(即不变性质);而一门几何学的子几何学理论就是研究原来变换群的子群下的不变量.例如,在欧几里得几何学中,图形的旋转、反射和平移等变换构成了一个欧几里得变换群.在这种变换群下图形的不变量是长度、角度以及图形的大小和形状.又例如,在二维射影几何中,射影变换是指在一个平面上从一点到自身的变换,用射影坐标来表示,系数行列式不等于零.这就是前面所讲述的代数齐次多项式形式.这些变换组成射影变换群.射影变换群下的不变量有线性、共线性、交比、调和集以及保持为圆锥曲线不变等.在此基础上,克莱因论证了欧几里得变换群是射影变换群的子群.所以,欧几里得几何学是射影几何学的子几何学.

与此相类似,克莱因进一步刻画双曲度量几何,也就是在所研究的射影平面上使一个任意的、实的、非退化的二次曲线保持不变的所有变换所构成的子群下的不变量,这个子群称为双曲度量群,相应的几何学称为双曲几何学,即罗巴切夫斯基非欧几何学,其中的不变量是与合同有关的那些量.所以双曲几何学也是射影几何学的子几何学.同样,单纯椭圆几何学所研究的变换是使射影平面上一个虚椭圆保持不变,其变换群也是射影变换群的子群.所以单纯椭圆几何学也是射影几何学的子几何学.二重椭圆几何学与此类似,也是如此.

克莱因还把上述思想进一步推广到 n 维流形(即 n 维空间)之上.他认为,只要给出一个流形和这个流形的一个变换群,我们就可以通过这个变换群变换之下其性质保持不变的观点去研究这个流形的实体.在此广义的意义下,克莱因不仅考虑通常以点为基础的几何学,而且考虑以任何一种点集,特别是一条曲线或一个曲面为基础的几何学,例如线几何学和球几何学.但是只要取同一变换群为几何学研究的基础,那么这种几何学的内容就不会改变,所以像流形的维数只是作为某种次要的东西而出现.从这种观点出发,他不仅把圆几何学及球几何学也看成研究某些射影变换群的某些子群的不变性质,而且还进一步扩大了他的纲领的应用范围:代数几何学研究双有理变换下的不变性,拓扑学研究连续变换下的不变性.

克莱因的几何学群论思想,以简单明了的方式把相当多的几何学统一了起来.他给已有的多种几何学提供了一个系统的分类方法,并提示了许多可供研究的问题.它引导以后的几何学家的研究工作达50年之久,对几何学的发展产生了深刻的影响.克莱因对统一性的孜孜追求,对整个数学的发展也产生了深刻的影响.德国数学家希尔伯特于20世纪初发起了公理化运动,提出以"公理系统"作为统一各门数学的基础;20世纪30年代,美国数学家伯克霍夫提出用"格"来统一代数系统的理论;其后,法国的布尔巴基学派继承公理化运动,提出"数学结构"的思想,把数学的核心部分统一在结构概念之下,使之成为一个有机整体.这些都是统一性思想和方法在数学领域获得的成功.

第5章小结

1) 空间直角坐标变换

移轴变换:
$$\begin{cases}x=x'+x_0,\\ y=y'+y_0,\\ z=z'+z_0.\end{cases}$$

转轴变换:
$$\begin{cases}x=x'\cos\alpha_1+y'\cos\alpha_2+z'\cos\alpha_3,\\ y=x'\cos\beta_1+y'\cos\beta_2+z'\cos\beta_3,\\ z=x'\cos\gamma_1+y'\cos\gamma_2+z'\cos\gamma_3,\end{cases}\quad \begin{vmatrix}\cos\alpha_1 & \cos\alpha_2 & \cos\alpha_3\\ \cos\beta_1 & \cos\beta_2 & \cos\beta_3\\ \cos\gamma_1 & \cos\gamma_2 & \cos\gamma_3\end{vmatrix}=1.$$

一般坐标变换:
$$\begin{cases}x=x'\cos\alpha_1+y'\cos\alpha_2+z'\cos\alpha_3+x_0,\\ y=x'\cos\beta_1+y'\cos\beta_2+z'\cos\beta_3+y_0,\\ z=x'\cos\gamma_1+y'\cos\gamma_2+z'\cos\gamma_3+z_0,\end{cases}\quad \begin{vmatrix}\cos\alpha_1 & \cos\alpha_2 & \cos\alpha_3\\ \cos\beta_1 & \cos\beta_2 & \cos\beta_3\\ \cos\gamma_1 & \cos\gamma_2 & \cos\gamma_3\end{vmatrix}=1.$$

向量的坐标变换:

$$\begin{cases} u = u'\cos\alpha_1 + v'\cos\alpha_2 + w'\cos\alpha_3, \\ v = u'\cos\beta_1 + v'\cos\beta_2 + w'\cos\beta_3, \\ w = u'\cos\gamma_1 + v'\cos\gamma_2 + w'\cos\gamma_3, \end{cases} \quad \begin{vmatrix} \cos\alpha_1 & \cos\alpha_2 & \cos\alpha_3 \\ \cos\beta_1 & \cos\beta_2 & \cos\beta_3 \\ \cos\gamma_1 & \cos\gamma_2 & \cos\gamma_3 \end{vmatrix} = 1.$$

空间直角坐标变换的一次项系数满足正交条件.

2）点变换

点变换的观点与直角坐标变换不同. 在直角坐标变换下，图形不变，坐标系在变；而在点变换下，坐标系不变，图形在变.

点的平移：
$$\begin{cases} x' = x + a_1, \\ y' = y + a_2, \\ z' = z + a_3. \end{cases}$$

点的旋转：
$$\begin{cases} x' = x\cos\alpha_1 + y\cos\beta_1 + z\cos\gamma_1, \\ y' = x\cos\alpha_2 + y\cos\beta_2 + z\cos\gamma_2, \\ z' = x\cos\alpha_3 + y\cos\beta_3 + z\cos\gamma_3, \end{cases} \quad \begin{vmatrix} \cos\alpha_1 & \cos\beta_1 & \cos\gamma_1 \\ \cos\alpha_2 & \cos\beta_2 & \cos\gamma_2 \\ \cos\alpha_3 & \cos\beta_3 & \cos\gamma_3 \end{vmatrix} = 1.$$

刚体运动：
$$\begin{cases} x' = x\cos\alpha_1 + y\cos\beta_1 + z\cos\gamma_1 + a_1, \\ y' = x\cos\alpha_2 + y\cos\beta_2 + z\cos\gamma_2 + a_2, \\ z' = x\cos\alpha_3 + y\cos\beta_3 + z\cos\gamma_3 + a_3, \end{cases} \quad \begin{vmatrix} \cos\alpha_1 & \cos\beta_1 & \cos\gamma_1 \\ \cos\alpha_2 & \cos\beta_2 & \cos\gamma_2 \\ \cos\alpha_3 & \cos\beta_3 & \cos\gamma_3 \end{vmatrix} = 1.$$

正交变换：
$$\begin{cases} x' = x\cos\alpha_1 + y\cos\beta_1 + z\cos\gamma_1 + a_1, \\ y' = x\cos\alpha_2 + y\cos\beta_2 + z\cos\gamma_2 + a_2, \\ z' = x\cos\alpha_3 + y\cos\beta_3 + z\cos\gamma_3 + a_3, \end{cases} \quad \begin{vmatrix} \cos\alpha_1 & \cos\beta_1 & \cos\gamma_1 \\ \cos\alpha_2 & \cos\beta_2 & \cos\gamma_2 \\ \cos\alpha_3 & \cos\beta_3 & \cos\gamma_3 \end{vmatrix} = \pm 1.$$

仿射变换：
$$\begin{cases} x' = a_{11}x + a_{12}y + a_{13}z + a_1, \\ y' = a_{21}x + a_{22}y + a_{23}z + a_2, \\ z' = a_{31}x + a_{32}y + a_{33}z + a_3, \end{cases} \quad \begin{vmatrix} a_{11} & a_{12} & a_{13} \\ a_{21} & a_{22} & a_{23} \\ a_{31} & a_{32} & a_{33} \end{vmatrix} = k \neq 0.$$

习题 5

1. 用平移的坐标变换化简下列方程：

(1) $x^2 + y^2 + 2z^2 + 4y - 4z + 5 = 0$；

(2) $x^2 + y^2 - z^2 + 2z - 2 = 0$；

(3) $x^2 - 2y^2 - z^2 + 8y - 12 = 0$；

(4) $x^2 + 2y^2 - 4z + 2 = 0$；

(5) $x^2 - 3y^2 + 2z - 1 = 0$；

(6) $x^2 - 2z^2 + 3y - \dfrac{9}{8} = 0$.

2. 已知点 M 在旧、新坐标系下的坐标分别是 $M(2,3,1)$ 和 $M'(0,1,2)$，试求坐标平移变换公式.

3. 试用坐标系的旋转变换消去方程 $x^2-y^2-z^2+2yz+2x-8z=0$ 中的 yz 项.

4. 将坐标系绕 z 轴旋转$\frac{\pi}{4}$,变换方程 $x^2+3xy+y^2+2z^2-8x=0$.

5. 验证空间直角坐标系中点变换

$$\begin{cases} x'=\frac{11}{15}x+\frac{2}{15}y+\frac{2}{3}z+2, \\ y'=\frac{2}{15}x+\frac{14}{15}y-\frac{1}{3}z-2, \\ z'=-\frac{2}{3}x+\frac{1}{3}y+\frac{2}{3}z \end{cases}$$

是正交变换,并求点 $O(0,0,0)$,$A(1,2,0)$,$B(2,-1,1)$的像点.

6. 若已知在旋转变换下,x 轴的方向变为平行于向量 $\boldsymbol{v}_1=(1,2,2)$,y 轴的方向变为平行于向量 $\boldsymbol{v}_2=(2,1,-2)$. 求旋转变换的公式.

7. 验证点变换公式

$$\begin{cases} x'=\frac{1}{\sqrt{2}}x+\frac{1}{\sqrt{6}}y+\frac{1}{\sqrt{3}}z+1, \\ y'=-\frac{1}{\sqrt{2}}x+\frac{1}{\sqrt{6}}y+\frac{1}{\sqrt{3}}z-1, \\ z'=\frac{2}{\sqrt{6}}y-\frac{1}{\sqrt{3}}z \end{cases}$$

是正交变换,它是否为刚体运动? 并求它的逆变换公式.

8. 设 φ 是使原点 O 不动的非恒等的第一类正交变换(刚体运动),

$$\varphi:\begin{cases} x'=a_{11}x+a_{12}y+a_{13}z, \\ y'=a_{21}x+a_{22}y+a_{23}z, \\ z'=a_{31}x+a_{32}y+a_{33}z, \end{cases} \quad \begin{vmatrix} a_{11} & a_{12} & a_{13} \\ a_{21} & a_{22} & a_{23} \\ a_{31} & a_{32} & a_{33} \end{vmatrix}=1.$$

试证明存在唯一一条通过点 O 的直线 L,在变换 φ 下,直线 L 上每一点都是不动点,即 φ 是以 L 为转轴的一个旋转变换.

9. 设 φ 是使原点 O 不动的非恒等的第一类正交变换. 它可以视为绕轴 L 的一个旋转. 证明:其旋转角 θ 由 $\cos\theta=\frac{1}{2}(a_{11}+a_{22}+a_{33}-1)$确定.

10. 求仿射变换$\begin{cases} x'=2x+y+z-1, \\ y'=x+z-1, \\ z'=-z-1 \end{cases}$的不动点.

11. 求使三个坐标轴为不动线的所有仿射变换.

12. 求使 z 轴每一点不动的所有仿射变换.

13. 已知新旧坐标变换公式为

$$\begin{cases} x=-2x'-y'-z'-1, \\ y=-y'-z', \\ z=x'+3y'+z'+1. \end{cases}$$

(1) 求用 x,y,z 表示 x',y',z' 的变换公式.

(2) 求点 O' 与向量 $\boldsymbol{i}',\boldsymbol{j}',\boldsymbol{k}'$ 的旧坐标.

(3) 求点 O 与向量 $\boldsymbol{i},\boldsymbol{j},\boldsymbol{k}$ 的新坐标.

14. 如果两组旧、新基向量 $\boldsymbol{e}_1,\boldsymbol{e}_2,\boldsymbol{e}_3$ 与 $\boldsymbol{e}_1',\boldsymbol{e}_2',\boldsymbol{e}_3'$ 满足

$$\boldsymbol{e}_i\boldsymbol{e}_j'=\delta_{ij}\,(i,j=1,2,3)$$

若已知向量 $\boldsymbol{a}$ 的旧坐标为 x,y,z，求它的新坐标 x',y',z'.

15. 证明：在仿射变换下，两个不动点的连线上的每个点都不动.

16. 证明：相似变换 $\begin{cases}x'=kx,\\y'=ky,\\z'=kz\end{cases}$ $(k\neq0)$ 保持角度不变.

17. 证明：分别对于两个平行平面的两个反射的乘积是一个平移.

18. 求出对于平面 $Ax+By+Cz+D=0$ 的反射的公式.

自我测验题 5

一、判断题(正确打"√"，错误打"×"，每小题 2 分，共 16 分)

1. 点变换和坐标变换的形式一样，表达的含义也是一样的. ( )

2. 空间直角坐标变换的一般坐标变换，先移轴再转轴和先转轴再移轴得到的结果是一样的. ( )

3. 空间中点的平移可以由一个向量 $\boldsymbol{a}$ 确定. ( )

4. 点的变换的合成满足交换律. ( )

5. 一个正交变换不是刚体运动，就是刚体运动与反射的乘积，没有其他的情况了. ( )

6. 正交变换保持距离(长度)不变，又因为正交变换也是仿射变换，所以仿射变换也保持距离(长度)不变. ( )

7. 保持距离不变的变换一定是正交变换. ( )

8. 刚体运动和反射都是保持距离不变，所以它们是一样的. ( )

二、填空题(每小题 2 分，共 12 分)

1. 移轴变换中，坐标向量不变，________变了.

2. 一般坐标变换包括________和________.

3. 刚体运动公式的一次项系数行列式的值等于________.

4. 正交变换包括________和________.

5. 仿射变换保持线段的________不变.

6. 仿射变换包括________和________.

三、计算、证明题(每小题 9 分，共 72 分)

1. 先将坐标系绕 z 轴旋转 ϕ 角，再将所得的坐标系绕新的 y' 轴右旋 φ 角，求点的坐标变换公式.

2. 已知两个直角坐标系 $O\text{-}xyz$ 与 $O'\text{-}x'y'z'$，x'轴的正向指向旧坐标系的第一卦限，而且与 x,y 的夹角均为$\frac{\pi}{3}$，y'轴在 xy 平面上，且 y,y'的正向夹角均为锐角，设两坐标系是同旋的，求点的坐标变换公式.

3. 已知三个平面 $\pi_1:x+2y-2z+3=0$，$\pi_2:2x+y+2z-1=0$，$\pi_3:2x-2y-z-3=0$. 分别取为 $x'y'$，$y'z'$，$z'x'$ 平面，求直角坐标变换公式，并写出新原点的旧坐标与旧原点的新坐标.

4. 已知点 $A(-1,2,3)$在平移后新坐标系的 $x'y'$平面上，点 $B(3,1,2)$在 $y'z'$平面上，点 $C(4,0,1)$在 $z'x'$平面上，试求满足此条件的坐标平移公式.

5. 已知相互垂直的三条直线 $p_1:x=y=z$；$p_2:x=\frac{y}{-2}=z$；$p_3:x=-z,y=0$. 试求以此三条直线为新坐标轴的坐标变换公式.

6. 已知三角形的顶点 $A(-10,5,4)$，$B(5,-3,4)$，$C(-9,9,1)$，试确定一坐标变换，使三角形 ABC 在 $x'y'$平面上，A 点为新的坐标原点，B 点在 x'轴的正向上，C 点的纵坐标 $y'>0$.

7. 试证明在平移变换下，恒有

$$\sqrt{(x_2-x_1)^2+(y_2-y_1)^2+(z_2-z_1)^2}=\sqrt{(x_2'-x_1')^2+(y_2'-y_1')^2+(z_2'-z_1')^2}.$$

8. 已知旋转后的新坐标的三个单位向量为

$$\boldsymbol{i}'=\left\{-\frac{1}{3},\frac{2}{3},\frac{2}{3}\right\},\boldsymbol{j}'=\left\{\frac{2}{3},-\frac{1}{3},\frac{2}{3}\right\},\boldsymbol{k}'=\left\{\frac{2}{3},\frac{2}{3},-\frac{1}{3}\right\},$$

试求坐标变换公式和点 $P(-1,1,0)$在新坐标系中的坐标.

*6 二次曲面的一般理论

前几章讨论了平面和直线的一些问题，介绍了球面、柱面、锥面、旋转曲面和椭圆面、双曲面、抛物面等几种比较常见的二次曲面. 这一章将在第 3 章讨论常见二次曲面的标准方程的基础上，进一步讨论二次曲面的一般理论.

6.1 二次曲面方程系数在直角坐标变换下的变化规律

6.1.1 定义和记号

在空间中，二次曲面的一般方程为三元二次方程

$$F(x,y,z)=a_{11}x^2+a_{22}y^2+a_{33}z^2+2a_{12}xy+2a_{13}xz+2a_{23}yz+2a_{14}x+2a_{24}y+2a_{34}z+a_{44}=0, \tag{6.1-1}$$

其中二次项系数 $a_{11},a_{22},a_{33},a_{12},a_{13},a_{23}$ 不全为 0.

首先引入下面几个记号

$$\begin{aligned}F_1(x,y,z)&=a_{11}x+a_{12}y+a_{13}z+a_{14},\\F_2(x,y,z)&=a_{12}x+a_{22}y+a_{23}z+a_{24},\\F_3(x,y,z)&=a_{13}x+a_{23}y+a_{33}z+a_{34},\\F_4(x,y,z)&=a_{14}x+a_{24}y+a_{34}z+a_{44}.\end{aligned}$$

可验证下面的恒等式成立

$$F(x,y,z)=xF_1(x,y,z)+yF_2(x,y,z)+zF_3(x,y,z)+F_4(x,y,z). \tag{6.1-2}$$

记 $F(x,y,z)$ 的二次项部分为

$$\Phi(x,y,z)=a_{11}x^2+a_{22}y^2+a_{33}z^2+2a_{12}xy+2a_{13}xz+2a_{23}yz, \tag{6.1-3}$$

$F(x,y,z)$ 和 $\Phi(x,y,z)$ 的系数所组成的矩阵

$$\mathbf{A}=\begin{pmatrix}a_{11}&a_{12}&a_{13}&a_{14}\\a_{12}&a_{22}&a_{23}&a_{24}\\a_{13}&a_{23}&a_{33}&a_{34}\\a_{14}&a_{24}&a_{34}&a_{44}\end{pmatrix},\quad \overline{\mathbf{A}}=\begin{pmatrix}a_{11}&a_{12}&a_{13}\\a_{12}&a_{22}&a_{23}\\a_{13}&a_{23}&a_{33}\end{pmatrix}$$

分别称为二次曲面(6.1-1)和二次项(6.1-3)的**系数矩阵**，它们都是实对称矩阵.

显然,二次曲面(6.1-1)的系数矩阵 $\mathbf{A}$ 的各行元素,分别是 $F_1(x,y,z)$, $F_2(x,y,z)$, $F_3(x,y,z)$, $F_4(x,y,z)$的系数.

记 $\boldsymbol{\delta}^{\mathrm{T}}=(a_{14}\ a_{24}\ a_{34})$, $\boldsymbol{\alpha}^{\mathrm{T}}=(x\ y\ z)$,则 $\mathbf{A}$ 可以分块写成

$$\mathbf{A}=\begin{pmatrix}\overline{\mathbf{A}} & \boldsymbol{\delta}\\ \boldsymbol{\delta}^{\mathrm{T}} & a_{44}\end{pmatrix}.$$

二次曲面的方程可表示成 $F(x,y,z)=(\boldsymbol{\alpha}^{\mathrm{T}}\ 1)\begin{pmatrix}\overline{\mathbf{A}} & \boldsymbol{\delta}\\ \boldsymbol{\delta}^{\mathrm{T}} & a_{44}\end{pmatrix}\begin{pmatrix}\boldsymbol{\alpha}\\ 1\end{pmatrix}=0$,$\Phi(x,y,z)$可以表示成 $\Phi(x,y,z)=\boldsymbol{\alpha}^{\mathrm{T}}\overline{\mathbf{A}}\boldsymbol{\alpha}$. 记

$$\Phi_1(x,y,z)=a_{11}x+a_{12}y+a_{13}z,$$
$$\Phi_2(x,y,z)=a_{12}x+a_{22}y+a_{23}z,$$
$$\Phi_3(x,y,z)=a_{13}x+a_{23}y+a_{33}z,$$

则有
$$\Phi(x,y,z)=x\Phi_1(x,y,z)+y\Phi_2(x,y,z)+z\Phi_3(x,y,z).$$

再引入如下几个记号:

$$I_1=a_{11}+a_{22}+a_{33},$$

$$I_2=\begin{vmatrix}a_{11} & a_{12}\\ a_{12} & a_{22}\end{vmatrix}+\begin{vmatrix}a_{11} & a_{13}\\ a_{13} & a_{33}\end{vmatrix}+\begin{vmatrix}a_{22} & a_{23}\\ a_{23} & a_{33}\end{vmatrix},$$

$$I_3=\begin{vmatrix}a_{11} & a_{12} & a_{13}\\ a_{12} & a_{22} & a_{23}\\ a_{13} & a_{23} & a_{33}\end{vmatrix},$$

$$I_4=\begin{vmatrix}a_{11} & a_{12} & a_{13} & a_{14}\\ a_{12} & a_{22} & a_{23} & a_{24}\\ a_{13} & a_{23} & a_{33} & a_{34}\\ a_{14} & a_{24} & a_{34} & a_{44}\end{vmatrix},$$

$$K_1=\begin{vmatrix}a_{11} & a_{14}\\ a_{14} & a_{44}\end{vmatrix}+\begin{vmatrix}a_{22} & a_{24}\\ a_{24} & a_{44}\end{vmatrix}+\begin{vmatrix}a_{33} & a_{34}\\ a_{34} & a_{44}\end{vmatrix},$$

$$K_2=\begin{vmatrix}a_{11} & a_{12} & a_{14}\\ a_{12} & a_{22} & a_{24}\\ a_{14} & a_{24} & a_{44}\end{vmatrix}+\begin{vmatrix}a_{11} & a_{13} & a_{14}\\ a_{13} & a_{33} & a_{34}\\ a_{14} & a_{34} & a_{44}\end{vmatrix}+\begin{vmatrix}a_{22} & a_{23} & a_{24}\\ a_{23} & a_{33} & a_{34}\\ a_{24} & a_{34} & a_{44}\end{vmatrix}.$$

注 I_1 是矩阵 $\overline{\mathbf{A}}$ 的主对角线上元素之和,I_2 是矩阵 $\overline{\mathbf{A}}$ 的二阶主子式之和,I_3 是矩阵 $\overline{\mathbf{A}}$ 的行列式,I_4 是矩阵 $\mathbf{A}$ 的行列式,K_1 的三项是 I_1 的三项加上两条“边”而成的三个二阶行列式,K_2 的三项是 I_2 的三个二阶行列式加上两条“边”而成的三个三阶行列式. 以上添加的两条“边”的元素是矩阵 $\mathbf{A}$ 中的第四行与第四列的对应元素.

例 1 已给二次曲面方程 $2xy+2xz+2yz+9=0$,写出它的系数矩阵 $\mathbf{A}$,$\overline{\mathbf{A}}$ 以及 $F_1,F_2,F_3,F_4,I_1,I_2,I_3,I_4,K_1,K_2$.

解
$$\mathbf{A}=\begin{pmatrix}0 & 1 & 1 & 0\\ 1 & 0 & 1 & 0\\ 1 & 1 & 0 & 0\\ 0 & 0 & 0 & 9\end{pmatrix},\quad \overline{\mathbf{A}}=\begin{pmatrix}0 & 1 & 1\\ 1 & 0 & 1\\ 1 & 1 & 0\end{pmatrix},$$

$F_1=y+z,\ F_2=x+z,$

$F_3=x+y,\ F_4=9.$

$$I_1=0,\ I_2=\begin{vmatrix}0&1\\1&0\end{vmatrix}+\begin{vmatrix}0&1\\1&0\end{vmatrix}+\begin{vmatrix}0&1\\1&0\end{vmatrix}=-3,$$

$$I_3=\begin{vmatrix}0&1&1\\1&0&1\\1&1&0\end{vmatrix}=2,\quad I_4=|\mathbf{A}|=18.$$

$$K_1=\begin{vmatrix}0&0\\0&9\end{vmatrix}+\begin{vmatrix}0&0\\0&9\end{vmatrix}+\begin{vmatrix}0&0\\0&9\end{vmatrix}=0,$$

$$K_2=\begin{vmatrix}0&1&0\\1&0&0\\0&0&9\end{vmatrix}+\begin{vmatrix}0&1&0\\1&0&0\\0&0&9\end{vmatrix}+\begin{vmatrix}0&1&0\\1&0&0\\0&0&9\end{vmatrix}=-18.$$

6.1.2 一般二次曲面方程系数在直角坐标变换下的变化规律

设在空间给出了两个坐标系 $O\text{-}xyz$ 与 $O'\text{-}x'y'z'$ 决定的右手直角坐标系，现讨论二次曲面方程(6.1-1)的系数在直角坐标变换下的变化情况，由于空间直角坐标变换是由移轴和转轴组成，下面分别讨论移轴和转轴对方程系数的影响.

1) 移轴变换下二次曲面方程系数的变化规律

设 P 为空间任意一点，它在 $O\text{-}xyz$ 与 $O'\text{-}x'y'z'$ 下的坐标分别是 (x,y,z) 与 (x',y',z')，移轴公式为

$$\begin{cases}x=x'+x_0,\\ y=y'+y_0,\\ z=z'+z_0,\end{cases}$$

代入一般二次曲面方程(6.1-1)中，比较新、旧方程的系数关系可以得出，二次曲面方程系数的变化规律为：

(1) 二次项系数不变；

(2) 一次项系数变为 $F_1(x_0,y_0,z_0)$，$F_2(x_0,y_0,z_0)$，$F_3(x_0,y_0,z_0)$；

(3) 常数项变为 $F(x_0,y_0,z_0)$.

从而若取新坐标系的坐标原点 $O'(x_0,y_0,z_0)$，满足方程：

$$\begin{cases}F_1(x_0,y_0,z_0)=a_{11}x_0+a_{12}y_0+a_{13}z_0+a_{14}=0,\\ F_2(x_0,y_0,z_0)=a_{12}x_0+a_{22}y_0+a_{23}z_0+a_{24}=0,\\ F_3(x_0,y_0,z_0)=a_{13}x_0+a_{23}y_0+a_{33}z_0+a_{34}=0,\end{cases}\tag{6.1-4}$$

则在新坐标系中，方程中将无一次项. 方程没有一次项时，曲面对称于原点，因此当(6.1-4)有解 (x_0,y_0,z_0) 时，点 (x_0,y_0,z_0) 就是曲面的对称中心，如果对称中心是唯一的，即简称为曲面的中心. 曲面称为中心二次曲面，方程(6.1-4)称为**中心方程组**.

显然，当 $I_3\neq 0$ 时，方程(6.1-4)就有唯一解，这时曲面称为**中心型二次曲面**或**有心二次曲面**；当 $I_3=0$ 时，方程(6.1-4)就没有解或有无穷多解，这时曲面称为**非中心型二次曲面**或

无心二次曲面.

例 2 利用移轴化简曲面方程 $9x^2+2y^2-3z^2-36x-4y+20=0$,从而判别这个方程代表的曲面.

解法 1 将方程左边配方得

$$\begin{aligned}&9(x^2-4x+4)+2(y^2-2y+1)-3z^2-18\\=&9(x-2)^2+2(y-1)^2-3z^2-18,\end{aligned}$$

化简方程,得

$$\frac{(x-2)^2}{2}+\frac{(y-1)^2}{9}-\frac{z^2}{6}=1,$$

作移轴

$$\begin{cases}x'=x-2,\\y'=y-1,\\z'=z,\end{cases}$$

即将坐标原点移到点 $O'(2,1,0)$,在新坐标系中,曲面方程为

$$\frac{x'^2}{2}+\frac{y'^2}{9}-\frac{z'^2}{6}=1,$$

可见它是单叶双曲面.

解法 2 中心方程组为

$$\begin{cases}F_1(x,y,z)=9x-18=0\\F_2(x,y,z)=2y-2=0\\F_3(x,y,z)=-3z=0\end{cases}$$

解之得中心为(2,1,0),以下同解法 1.

例 3 求二次曲面 $x^2+y^2+z^2-4xy-4xz-4yz-3=0$ 的中心.

解 中心方程组为

$$\begin{cases}F_1(x,y,z)=x-2y-4z=0,\\F_2(x,y,z)=-2x+y-2z=0,\\F_3(x,y,z)=-4x-2y+z=0.\end{cases}$$

解之得中心为(0,0,0).

2) 转轴变换下二次曲面方程系数的变化规律

设空间任意一点 P,它在旧坐标系中的坐标为(x,y,z),在新坐标系中的坐标为(x',y',z'),那么有空间转轴变换公式:

$$\begin{cases}x=x'\cos\alpha_1+y'\cos\alpha_2+z'\cos\alpha_3,\\y=x'\cos\beta_1+y'\cos\beta_2+z'\cos\beta_3,\\z=x'\cos\gamma_1+y'\cos\gamma_2+z'\cos\gamma_3.\end{cases}$$

代入一般二次曲面方程(6.1-1),化简整理,比较新、旧方程系数的关系,可以得到二次曲面方程的系数的变化规律为:

(1) 二次项系数一般要改变,但只与原方程的二次项系数及转角有关,而与一次项系数及常数项无关.

(2) 一次项系数一般要改变,但只与原方程的一次项系数及转角有关,而与二次项系数

及常数项无关.

(3) 常数项不变.

转轴公式类似于代数中的正交变换,通过转轴变换可以将二次曲面方程中的交叉项消去.

例 4 利用转轴变换来判别方程 $z=xy$ 所表示的曲面.

解 由题意可知直角坐标系绕 z 轴旋转 α 角得到新的坐标变换公式为

$$\begin{cases} x=x'\cos\alpha-y'\sin\alpha, \\ y=x'\sin\alpha+y'\cos\alpha, \\ z=z'. \end{cases}$$

将其代入 $z=xy$,得

$$\begin{aligned} z' &= \cos\alpha\sin\alpha(x'^2-y'^2)+(\cos^2\alpha-\sin^2\alpha)x'y' \\ &= \frac{1}{2}\sin 2\alpha(x'^2-y'^2)+\cos 2\alpha x'y'. \end{aligned}$$

若消去 $x'y'$项,取 $\alpha=\frac{\pi}{4}$,作绕 z 轴旋转

$$\begin{cases} x=\frac{1}{\sqrt{2}}(x'-y'), \\ y=\frac{1}{\sqrt{2}}(x'+y'), \\ z=z'. \end{cases}$$

这时原方程变为 $z'=\frac{x'^2}{2}-\frac{y'^2}{2}$,它表示双曲抛物面.

6.2 一般二次曲面的化简与分类

通过 6.1 节的学习,知道一个较为复杂的二次曲面方程,有望通过直角坐标变换将其化简,从而可剖析其所对应曲面的标准方程及其分类.

本节将在直角坐标系中讨论一般二次曲面方程的一般理论,包括二次曲面的判别、化简与分类.

6.2.1 代数理论

由代数知识知道,实对称矩阵可用正交矩阵对角化,即对实对称矩阵 $\overline{\boldsymbol{A}}$,存在正交矩阵 $\boldsymbol{T}$,使 $\boldsymbol{T}^{\mathrm{T}}\overline{\boldsymbol{A}}\boldsymbol{T}$ 为对角矩阵,且对角线上的元素为 $\overline{\boldsymbol{A}}$ 的特征值(特征根)$\lambda_1,\lambda_2,\lambda_3$,即方程 $\det(\overline{\boldsymbol{A}}-\lambda\boldsymbol{E})=0$ 的根,它们全为实数,因而有

$$\boldsymbol{T}^{\mathrm{T}}\overline{\boldsymbol{A}}\boldsymbol{T}=\begin{pmatrix} \lambda_1 & & \\ & \lambda_2 & \\ & & \lambda_3 \end{pmatrix}=\boldsymbol{\Lambda}.$$

对二次曲面的方程(6.1-1),作如下的直角坐标变换,保持原点不动,设从旧坐标系 $O\text{-}xyz$ 到新坐标系 $O'\text{-}x'y'z'$ 的过渡矩阵 $\boldsymbol{T}$(即存在转轴变换),利用上一节 6.1.1 中引入的记

号,则有

$$\boldsymbol{\alpha}=\boldsymbol{T}\boldsymbol{\alpha}', \tag{6.2-1}$$

$$\begin{pmatrix}\boldsymbol{\alpha}\\1\end{pmatrix}=\begin{pmatrix}\boldsymbol{T}&0\\0&1\end{pmatrix}\begin{pmatrix}\boldsymbol{\alpha}'\\1\end{pmatrix}. \tag{6.2-2}$$

将(6.2-2)代入二次曲面的方程(6.1-1)中得

$$\begin{aligned}(\boldsymbol{\alpha}^{\mathrm{T}}\ 1)\begin{pmatrix}\bar{\boldsymbol{A}}&\boldsymbol{\delta}\\\boldsymbol{\delta}^{\mathrm{T}}&a_{44}\end{pmatrix}\begin{pmatrix}\boldsymbol{\alpha}\\1\end{pmatrix}&=(\boldsymbol{\alpha}'^{\mathrm{T}}\ 1)\begin{pmatrix}\boldsymbol{T}^{\mathrm{T}}&0\\0&1\end{pmatrix}\begin{pmatrix}\bar{\boldsymbol{A}}&\boldsymbol{\delta}\\\boldsymbol{\delta}^{\mathrm{T}}&a_{44}\end{pmatrix}\begin{pmatrix}\boldsymbol{T}&0\\0&1\end{pmatrix}\begin{pmatrix}\boldsymbol{\alpha}'\\1\end{pmatrix}\\&=(\boldsymbol{\alpha}'^{\mathrm{T}}\ 1)\begin{pmatrix}\boldsymbol{T}^{\mathrm{T}}\bar{\boldsymbol{A}}\boldsymbol{T}&\boldsymbol{T}^{\mathrm{T}}\boldsymbol{\delta}\\\boldsymbol{\delta}^{\mathrm{T}}\boldsymbol{T}&a_{44}\end{pmatrix}\begin{pmatrix}\boldsymbol{\alpha}'\\1\end{pmatrix}\\&=(\boldsymbol{\alpha}'^{\mathrm{T}}\ 1)\begin{pmatrix}\boldsymbol{\Lambda}&\boldsymbol{T}^{\mathrm{T}}\boldsymbol{\delta}\\\boldsymbol{\delta}^{\mathrm{T}}\boldsymbol{T}&a_{44}\end{pmatrix}\begin{pmatrix}\boldsymbol{\alpha}'\\1\end{pmatrix}.\end{aligned}$$

记 $\boldsymbol{\delta}^{\mathrm{T}}\boldsymbol{T}=(a'_{14}\ a'_{24}\ a'_{34})$,则经过直角坐标变换(转轴变换),曲面方程变为

$$F'(x',y',z')=\lambda_1x'^2+\lambda_2y'^2+\lambda_3z'^2+2a'_{14}x'+2a'_{24}y'+2a'_{34}z'+a_{44}=0. \tag{6.2-3}$$

由以上知道,总能找到适当的右手直角坐标系(转轴变换)使二次曲面的方程具有(6.2-3)的形式,因而为简洁起见不妨设二次曲面的方程就是(6.2-3)的形式.

注 二次曲面(6.1-1)的特征方程为

$$|\bar{\boldsymbol{A}}-\lambda\boldsymbol{E}|=0,$$

解特征方程,得到特征根(特征值).

6.2.2 二次曲面的化简与分类

在方程(6.2-3)的基础之上,通过配方,再作移轴,就可将方程(6.2-3)进一步化简,并了解所对应的曲面.

1) 情形1:$\lambda_1,\lambda_2,\lambda_3$ 都不为0.

此时,有 $I_3\neq0$,即曲面为中心型二次曲面.作移轴

$$\begin{cases}x'=x+\dfrac{a_{14}}{\lambda_1},\\[2ex] y'=y+\dfrac{a_{24}}{\lambda_2},\\[2ex] z'=z+\dfrac{a_{34}}{\lambda_3},\end{cases}$$

则有

$$F(x,y,z)=\lambda_1\left(x+\frac{a_{14}}{\lambda_1}\right)^2+\lambda_2\left(y+\frac{a_{24}}{\lambda_2}\right)^2+\lambda_3\left(z+\frac{a_{34}}{\lambda_3}\right)^2-\frac{a_{14}^2}{\lambda_1}-\frac{a_{24}^2}{\lambda_2}-\frac{a_{34}^2}{\lambda_3}+a_{44}=0.$$

令常数项 $a'_{44}=-\dfrac{a_{14}^2}{\lambda_1}-\dfrac{a_{24}^2}{\lambda_2}-\dfrac{a_{34}^2}{\lambda_3}+a_{44}$,得

$$\lambda_1x'^2+\lambda_2y'^2+\lambda_3z'^2+a'_{44}=0. \tag{6.2-4}$$

(1) $\lambda_1\lambda_2\lambda_3a'_{44}>0$.

1° $\lambda_1,\lambda_2,\lambda_3$ 同号,标准方程可化为$\dfrac{x^2}{a^2}+\dfrac{y^2}{b^2}+\dfrac{z^2}{c^2}+1=0$.(虚椭球面)

2° $\lambda_1,\lambda_2,\lambda_3$ 异号,标准方程可化为$\frac{x^2}{a^2}+\frac{y^2}{b^2}-\frac{z^2}{c^2}-1=0$.(单叶双曲面)

(2) $\lambda_1\lambda_2\lambda_3 a'_{44}<0$.

3° $\lambda_1,\lambda_2,\lambda_3$ 同号,标准方程可化为$\frac{x^2}{a^2}+\frac{y^2}{b^2}+\frac{z^2}{c^2}-1=0$.(椭球面)

4° $\lambda_1,\lambda_2,\lambda_3$ 异号,标准方程可化为$\frac{x^2}{a^2}+\frac{y^2}{b^2}-\frac{z^2}{c^2}+1=0$.(双叶双曲面)

(3) $a'_{44}=0$.

5° $\lambda_1,\lambda_2,\lambda_3$ 同号,标准方程可化为$\frac{x^2}{a^2}+\frac{y^2}{b^2}+\frac{z^2}{c^2}=0$.(一点)

6° $\lambda_1,\lambda_2,\lambda_3$ 异号,标准方程可化为$\frac{x^2}{a^2}+\frac{y^2}{b^2}-\frac{z^2}{c^2}=0$.(二次锥面)

2) 情形 2:$\lambda_1,\lambda_2,\lambda_3$ 中只有一个为 0.

此时,有 $I_3=0,I_4\neq0$,即曲面为非中心型二次曲面.

不妨设 $\lambda_3=0$,作移轴

$$\begin{cases}x'=x+\dfrac{a_{14}}{\lambda_1},\\ y'=y+\dfrac{a_{24}}{\lambda_2},\\ z'=z.\end{cases}$$

则有

$$\lambda_1 x'^2+\lambda_2 y'^2+2a_{34}z'+a'_{44}=0. \tag{6.2-5}$$

(1) $a_{34}\neq0$,再作移轴

$$\begin{cases}x''=x',\\ y''=y',\\ z''=z'+\dfrac{a'_{44}}{2a_{34}},\end{cases}$$

那么(6.2-5)化简为

$$\lambda_1 x''^2+\lambda_2 y''^2+2a_{34}z''=0. \tag{6.2-6}$$

7° $\lambda_1\lambda_2>0$,标准方程可化为$\frac{x^2}{a^2}+\frac{y^2}{b^2}=2z$.(椭圆抛物面)

8° $\lambda_1\lambda_2<0$,标准方程可化为$\frac{x^2}{a^2}-\frac{y^2}{b^2}=2z$.(双曲抛物面)

(2) $a_{34}=0,a'_{44}\neq0$,则(6.2-5)变为

$$\lambda_1 x'^2+\lambda_2 y'^2+a'_{44}=0. \tag{6.2-7}$$

9° λ_1,λ_2 同号但与 a'_{44} 异号,标准方程可化为$\frac{x^2}{a^2}+\frac{y^2}{b^2}-1=0$.(椭圆柱面)

10° $\lambda_1,\lambda_2,a'_{44}$同号,标准方程可化为$\frac{x^2}{a^2}+\frac{y^2}{b^2}+1=0$.(虚椭圆柱面)

11° $\lambda_1\lambda_2<0$,标准方程可化为$\frac{x^2}{a^2}-\frac{y^2}{b^2}-1=0$.(双曲柱面)

(3) $a_{34}=a'_{44}=0$.

12° $\lambda_1\lambda_2>0$,标准方程可化为$\frac{x^2}{a^2}+\frac{y^2}{b^2}=0$.(一对相交于一条实直线的共轭虚平面)

13° $\lambda_1\lambda_2<0$,标准方程可化为$\frac{x^2}{a^2}-\frac{y^2}{b^2}=0$.(一对相交平面)

3) 情形 3: $\lambda_1,\lambda_2,\lambda_3$ 中有两个为 0.

此时,有 $I_3=0,I_4=0$,不妨设 $\lambda_1\neq 0$,作移轴

$$\begin{cases}x'=x+\dfrac{a_{14}}{\lambda_1},\\ y'=y,\\ z'=z,\end{cases}$$

则有

$$\lambda_1 x'^2+2a_{24}y'+2a_{34}z'+a'_{44}=0. \qquad (6.2\text{-}8)$$

(1) a_{24},a_{34} 中至少有一个不为 0,作变换

$$\begin{cases}x''=x',\\ y''=\dfrac{2a_{24}y'+2a_{34}z'+a'_{44}}{2\sqrt{a_{24}^2+a_{34}^2}},\\ z''=\dfrac{-a_{34}y'+a_{24}z'}{\sqrt{a_{24}^2+a_{34}^2}}.\end{cases}$$

通过此变换,(6.2-8)可化简成如下形式:

14° $x^2=2py$.(抛物柱面)

(2) $a_{24}=a_{34}=0$.

15° λ_1 与 a'_{44} 异号,标准方程可化为 $x^2-a^2=0$.(一对平行平面)

16° λ_1 与 a'_{44} 同号,标准方程可化为 $x^2+a^2=0$.(一对平行的共轭虚平面)

17° $a'_{44}=0$,标准方程可化为 $x^2=0$.(一对重合平面)

综合以上结论,有如下定理.

定理 选取适当的坐标系,二次曲面方程(6.1-1)总可以化简为以下五类简化方程中的一个:

(Ⅰ) $a_{11}x^2+a_{22}y^2+a_{33}z^2+a_{44}=0$, $a_{11}a_{22}a_{33}\neq 0$;

(Ⅱ) $a_{11}x^2+a_{22}y^2+2a_{34}z=0$, $a_{11}a_{22}a_{34}\neq 0$;

(Ⅲ) $a_{11}x^2+a_{22}y^2+a_{44}=0$, $a_{11}a_{22}\neq 0$;

(Ⅳ) $a_{11}x^2+2a_{24}y=0$, $a_{11}a_{24}\neq 0$;

(Ⅴ) $a_{11}x^2+a_{44}=0$, $a_{11}\neq 0$.

并且可以写成下面 17 种标准方程的一种形式:

(1) $\frac{x^2}{a^2}+\frac{y^2}{b^2}+\frac{z^2}{c^2}=1$ (椭球面);

(2) $\frac{x^2}{a^2}+\frac{y^2}{b^2}+\frac{z^2}{c^2}=-1$(虚椭球面);

(3) $\frac{x^2}{a^2}+\frac{y^2}{b^2}+\frac{z^2}{c^2}=0$(点或虚母线二次锥面)；

(4) $\frac{x^2}{a^2}+\frac{y^2}{b^2}-\frac{z^2}{c^2}=1$(单叶双曲面)；

(5) $\frac{x^2}{a^2}+\frac{y^2}{b^2}-\frac{z^2}{c^2}=-1$(双叶双曲面)；

(6) $\frac{x^2}{a^2}+\frac{y^2}{b^2}-\frac{z^2}{c^2}=0$(二次锥面)；

(7) $\frac{x^2}{a^2}+\frac{y^2}{b^2}=2z$(椭圆抛物面)；

(8) $\frac{x^2}{a^2}-\frac{y^2}{b^2}=2z$(双曲抛物面)；

(9) $\frac{x^2}{a^2}+\frac{y^2}{b^2}=1$(椭圆柱面)；

(10) $\frac{x^2}{a^2}+\frac{y^2}{b^2}=-1$(虚椭圆柱面)；

(11) $\frac{x^2}{a^2}+\frac{y^2}{b^2}=0$(相交于一条实直线的一对共轭虚平面)；

(12) $\frac{x^2}{a^2}-\frac{y^2}{b^2}=1$(双曲柱面)；

(13) $\frac{x^2}{a^2}-\frac{y^2}{b^2}=0$(一对相交平面)；

(14) $x^2=2py$(抛物柱面)；

(15) $x^2=a^2$(一对平行平面)；

(16) $x^2=-a^2$(一对平行的共轭虚平面)；

(17) $x^2=0$(一对重合平面).

6.3 利用不变量化简二次曲面方程

前面研究了用直角坐标变换的方法将一般二次曲面方程化成标准方程.虽然方程的形式发生了变化,但是决定曲面特征的内蕴性不会变化.这种反映曲面的某种几何性质的表达式一定是经过坐标变换后不变的,这就是曲面的不变量.

在这一节中,将应用二次曲面(6.1-1)在直角坐标变换下的不变量来化简它的方程.

6.3.1 二次曲面的不变量与半不变量

由(6.1-1)式左端 $F(x,y,z)$的系数组成的一个非常数函数 f,如果经过直角坐标变换,$F(x,y,z)$变为 $F'(x',y',z')$时,有

$$f(a_{11},a_{12},\cdots,a_{44})=f(a'_{11},a'_{12},\cdots,a'_{44}),$$

那么这个函数 f 就称为**二次曲面在直角坐标变换下的不变量**.如果这个函数 f 只是经过转轴变换不变,那么这个函数称为**二次曲面在直角坐标变换下的半不变量**.

关于二次曲面的不变量与半不变量,有下面的定理,这里将略去它的证明而直接应用.

定理 1 二次曲面(6.1-1)在空间直角坐标变换下,有四个不变量 I_1,I_2,I_3,I_4 与两个半不变量 K_1,K_2.

这里,还要介绍一个关于 λ 的方程,

$$|\bar{\boldsymbol{A}}-\lambda\boldsymbol{E}|=\begin{vmatrix} a_{11}-\lambda & a_{12} & a_{13} \\ a_{21} & a_{22}-\lambda & a_{23} \\ a_{31} & a_{32} & a_{33}-\lambda \end{vmatrix}=0$$

称为二次曲面(6.1-1)的特征方程,它是关于 λ 的一元三次方程,即

$$\lambda^3-I_1\lambda^2+I_2\lambda-I_3=0,$$

从特征方程中可以解出三个特征值 $\lambda_1,\lambda_2,\lambda_3$.

二次曲面的特征值有以下的性质:

(1) $\lambda_1,\lambda_2,\lambda_3$ 不全为零;

(2) $\lambda_1,\lambda_2,\lambda_3$ 都是实数;

(3) $\lambda_1+\lambda_2+\lambda_3=I_1=a_{11}+a_{22}+a_{33}$;

(4) $\lambda_1\lambda_2\lambda_3=I_3=\begin{vmatrix} a_{11} & a_{12} & a_{13} \\ a_{21} & a_{22} & a_{23} \\ a_{31} & a_{32} & a_{33} \end{vmatrix}$.

推论 1 在直角坐标变换下,二次曲面(6.1-1)的特征方程不变,从而特征根也不变.

推论 2 K_1 是上一节 6.2.2 定理 1 中第(Ⅴ)类二次曲面在直角坐标变换下的不变量,而 K_2 是第Ⅲ,Ⅳ,Ⅴ类二次曲面在直角坐标变换下的不变量.

6.3.2 二次曲面五种类型的判别

由上一节 6.2.2 定理 1 可知,二次曲面通过坐标变换总可以化成下面的五类简化方程中的一个:

(Ⅰ) $a'_{11}x^2+a'_{22}y^2+a'_{33}z^2+a'_{44}=0,a'_{11}a'_{22}a'_{33}\neq0$;

(Ⅱ) $a'_{11}x^2+a'_{22}y^2+2a'_{34}z=0,a'_{11}a'_{22}a'_{34}\neq0$;

(Ⅲ) $a'_{11}x^2+a'_{22}y^2+a'_{44}=0,a'_{11}a'_{22}\neq0$;

(Ⅳ) $a'_{11}x^2+2a'_{24}y=0,a'_{11}a'_{24}\neq0$;

(Ⅴ) $a'_{11}x^2+a'_{44}=0,a'_{11}\neq0$.

也就是说,任何一个二次曲面,它一定属于这五类曲面中的一类. 现在介绍如何应用二次曲面的不变量来判别二次曲面的类型. 容易知道:

(1) 当二次曲面(6.1-1)是第Ⅰ类曲面时,那么有

$$I_3=I'_3=\begin{vmatrix} a'_{11} & 0 & 0 \\ 0 & a'_{22} & 0 \\ 0 & 0 & a'_{33} \end{vmatrix}=a'_{11}a'_{22}a'_{33}\neq0;$$

(2) 当二次曲面(6.1-1)是第Ⅱ类曲面时,那么有

$$I_3=I'_3=\begin{vmatrix} a'_{11} & 0 & 0 \\ 0 & a'_{22} & 0 \\ 0 & 0 & 0 \end{vmatrix}=0,$$

$$I_4=I'_4=\begin{vmatrix} a'_{11} & 0 & 0 & 0 \\ 0 & a'_{22} & 0 & 0 \\ 0 & 0 & 0 & a'_{34} \\ 0 & 0 & a'_{34} & 0 \end{vmatrix}=-a'_{11}a'_{22}a'^2_{34}\neq 0;$$

(3) 当二次曲面(6.1-1)是第Ⅲ类曲面时,那么有 $I_3=I'_3=0, I_4=I'_4=0$,

$$I_2=I'_2=\begin{vmatrix} a'_{11} & 0 \\ 0 & a'_{22} \end{vmatrix}+\begin{vmatrix} a'_{11} & 0 \\ 0 & 0 \end{vmatrix}+\begin{vmatrix} a'_{22} & 0 \\ 0 & 0 \end{vmatrix}=a'_{11}a'_{22}\neq 0;$$

(4) 当二次曲面(6.1-1)是第Ⅳ类曲面时,那么有

$$I_3=I'_3=0, I_4=I'_4=0, I_2=I'_2=0,$$

$$K_2=K'_2=\begin{vmatrix} a'_{11} & 0 & 0 \\ 0 & 0 & a'_{24} \\ 0 & a'_{24} & 0 \end{vmatrix}+\begin{vmatrix} a'_{11} & 0 & 0 \\ 0 & 0 & 0 \\ 0 & 0 & 0 \end{vmatrix}+\begin{vmatrix} 0 & 0 & a'_{24} \\ 0 & 0 & 0 \\ a'_{24} & 0 & 0 \end{vmatrix}=-a'_{11}a'^2_{24}\neq 0;$$

(5) 当二次曲面(6.1-1)是第Ⅴ类曲面时,那么有

$$I_3=I'_3=0, I_4=I'_4=0, I_2=I'_2=0, K_2=K'_2=0.$$

以上这些区别五类二次曲面的必要条件,包括了所有可能而且互相排斥的各种情况,所以它们不仅是必要的而且也是充分的,因此有

定理 2 已给二次曲面(6.1-1),则用不变量来判别曲面为何种类型的充要条件是:

第Ⅰ类曲面:$I_3\neq 0$;

第Ⅱ类曲面:$I_3=0, I_4\neq 0$;

第Ⅲ类曲面:$I_3=0, I_4=0, I_2\neq 0$;

第Ⅳ类曲面:$I_3=0, I_4=0, I_2=0, K_2\neq 0$;

第Ⅴ类曲面:$I_3=0, I_4=0, I_2=0, K_2=0$.

6.3.3 利用不变量化简二次曲面的方程

这里利用二次曲面的四个不变量 I_1, I_2, I_3, I_4 与两个半不变量 K_1, K_2 化简二次曲面的方程.

定理 3 二次曲面(6.1-1)当且仅当

(1) 是第Ⅰ类曲面时,$I_3\neq 0$,方程化简为

$$\lambda_1 x'^2+\lambda_2 y'^2+\lambda_3 z'^2+\frac{I_4}{I_3}=0;$$

(2) 是第Ⅱ类曲面时,$I_3=0, I_4\neq 0$,方程化简为

$$\lambda_1 x'^2+\lambda_2 y'^2\pm 2\sqrt{-\frac{I_4}{I_2}}z'=0;$$

(3) 是第Ⅲ类曲面时,$I_3=I_4=0, I_2\neq 0$,方程化简为

$$\lambda_1 x'^2+\lambda_2 y'^2+\frac{K_2}{I_2}=0;$$

(4) 是第Ⅳ类曲面时,$I_3=I_4=I_2=0, K_2\neq 0$,方程化简为

$$I_1x'^2 \pm 2\sqrt{-\frac{K_2}{I_1}}y' = 0;$$

(5) 是第Ⅴ类曲面时，$I_2 = I_3 = I_4 = K_2 = 0$ 方程化简为

$$I_1x'^2 + \frac{K_1}{I_1} = 0,$$

其中 $\lambda_1,\lambda_2,\lambda_3$ 分别为二次曲面的非零特征根.

证明 (1) 当二次曲面(6.1-1)是第Ⅰ类曲面时，那么有

$$I_3 = I_3' = \begin{vmatrix} a_{11}' & 0 & 0 \\ 0 & a_{22}' & 0 \\ 0 & 0 & a_{33}' \end{vmatrix} = a_{11}'a_{22}'a_{33}' \neq 0,$$

从而有
$$I_1 = I_1' = a_{11}' + a_{22}' + a_{33}',$$

$$I_2 = I_2' = \begin{vmatrix} a_{11}' & 0 \\ 0 & a_{22}' \end{vmatrix} + \begin{vmatrix} a_{11}' & 0 \\ 0 & a_{33}' \end{vmatrix} + \begin{vmatrix} a_{22}' & 0 \\ 0 & a_{33}' \end{vmatrix} = a_{11}'a_{22}' + a_{11}'a_{33}' + a_{22}'a_{33}'.$$

因为二次曲面的特征方程是

$$\lambda^3 - I_1\lambda^2 + I_2\lambda - I_3 = 0,$$

所以根据根与系数的关系知道二次曲面的三个特征根为

$$\lambda_1 = a_{11}',\ \lambda_2 = a_{22}',\ \lambda_3 = a_{33}'.$$

又
$$I_4 = I_4' = \begin{vmatrix} a_{11}' & 0 & 0 & 0 \\ 0 & a_{22}' & 0 & 0 \\ 0 & 0 & a_{33}' & 0 \\ 0 & 0 & 0 & a_{44}' \end{vmatrix} = a_{11}'a_{22}'a_{33}'a_{44}' = I_3a_{44}',$$

所以
$$a_{44}' = \frac{I_4}{I_3}.$$

因此第Ⅰ类曲面的化简方程可以写成 $\lambda_1x'^2 + \lambda_2y'^2 + \lambda_3z'^2 + \frac{I_4}{I_3} = 0$，其中 $\lambda_1,\lambda_2,\lambda_3$ 分别为二次曲面的特征根.

(2) 当二次曲面(6.1-1)是第Ⅱ类曲面时，那么有

$$I_3 = I_3' = \begin{vmatrix} a_{11}' & 0 & 0 \\ 0 & a_{22}' & 0 \\ 0 & 0 & 0 \end{vmatrix} = 0,$$

而
$$I_4 = I_4' = \begin{vmatrix} a_{11}' & 0 & 0 & 0 \\ 0 & a_{22}' & 0 & 0 \\ 0 & 0 & 0 & a_{34}' \\ 0 & 0 & a_{34}' & 0 \end{vmatrix} = -a_{11}'a_{22}'a_{34}'^2 \neq 0.$$

又
$$I_1 = I_1' = a_{11}' + a_{22}',$$

$$I_2 = I_2' = \begin{vmatrix} a_{11}' & 0 \\ 0 & a_{22}' \end{vmatrix} + \begin{vmatrix} a_{11}' & 0 \\ 0 & 0 \end{vmatrix} + \begin{vmatrix} a_{22}' & 0 \\ 0 & 0 \end{vmatrix} = a_{11}'a_{22}' \neq 0.$$

这时二次曲面(6.1-1)的特征方程是 $\lambda^3 - I_1\lambda^2 + I_2\lambda = 0$.

所以 $$\lambda=0 \text{ 或 } \lambda^2-I_1\lambda+I_2=0.$$

从而知二次曲面(6.1-1)的三个特征根为

$$\lambda_1=a'_{11},\lambda_2=a'_{22},\lambda_3=0.$$

此外 $$I_4=I'_4=-a'_{11}a'_{22}a'^2_{34}=-I_2a'^2_{34},$$

所以 $$a'_{34}=\pm\sqrt{-\frac{I_4}{I_2}}.$$

因此第Ⅱ类曲面的化简方程可以写成

$$\lambda_1x'^2+\lambda_2y'^2\pm2\sqrt{-\frac{I_4}{I_2}}z'=0,$$

其中 λ_1,λ_2 为二次曲面(6.1-1)的两个不为零的特征根.

(3) 当二次曲面(6.1-1)是第Ⅲ类曲面时,那么有 $I_3=I'_3=0,I_4=I'_4=0$,

$$I_2=I'_2=\begin{vmatrix}a'_{11}&0\\0&a'_{22}\end{vmatrix}+\begin{vmatrix}a'_{11}&0\\0&0\end{vmatrix}+\begin{vmatrix}a'_{22}&0\\0&0\end{vmatrix}=a'_{11}a'_{22}\neq0.$$

同上述(2),这里 a'_{11},a'_{22} 分别是二次曲面的两个非零特征根 λ_1 与 λ_2,并且

$$K_2=a'_{11}a'_{22}a'_{44}=I_2a'_{44},$$

所以 $$a'_{44}=\frac{K_2}{I_2}.$$

因此第Ⅲ类曲面化简方程可以写成

$$\lambda_1x'^2+\lambda_2y'^2+\frac{K_2}{I_2}=0,$$

其中,λ_1,λ_2 为二次曲面(6.1-1)的两个不为零的特征根.

(4) 当二次曲面(6.1-1)是第Ⅳ类曲面时,那么有

$$I_3=I'_3=0,I_4=I'_4=0,I_2=I'_2=0,$$

$$K_2=K'_2=\begin{vmatrix}a'_{11}&0&0\\0&0&a'_{24}\\0&a'_{24}&0\end{vmatrix}+\begin{vmatrix}a'_{11}&0&0\\0&0&0\\0&0&0\end{vmatrix}+\begin{vmatrix}0&0&a'_{24}\\0&0&0\\a'_{24}&0&0\end{vmatrix}=-a'_{11}a'^2_{24}\neq0.$$

而 $$I_1=a'_{11},$$

又特征方程为 $$\lambda^3-I_1\lambda^2=0,$$

所以特征根为 $$\lambda_1=I_1=a'_{11},\lambda_2=\lambda_3=0.$$

又因为 $$K_2=K'_2=-a'_{11}a'^2_{24}=-I_1a'^2_{24},$$

所以 $$a'_{24}=\pm\sqrt{-\frac{K_2}{I_1}},$$

因此第Ⅳ类曲面化简方程可以写成

$$I_1x'^2\pm2\sqrt{-\frac{K_2}{I_1}}y'=0.$$

(5) 当二次曲面(6.1-1)是第Ⅴ类曲面时,那么有

$$I_3=I'_3=0,I_4=I'_4=0,I_2=I'_2=0,K_2=K'_2=0.$$

同上述(4),这时二次曲面(6.1-1)有唯一的非零特征根 $\lambda_1=a'_{11}=I_1$,并且又因为

$$K_1=\begin{vmatrix} a'_{11} & 0 \\ 0 & a'_{44} \end{vmatrix}+\begin{vmatrix} 0 & 0 \\ 0 & a'_{44} \end{vmatrix}+\begin{vmatrix} 0 & 0 \\ 0 & a'_{44} \end{vmatrix}=a'_{11}a'_{44}=I_1a'_{44},$$

于是

$$a'_{44}=\frac{K_1}{I_1},$$

所以第Ⅴ类曲面化简方程可以写成 $I_1x'^2+\frac{K_1}{I_1}=0$.

由此还可以得到如下定理.

定理 4 已给二次曲面(6.1-1),则用它的不变量来判断已知曲面为何种曲面的条件是

(1) 椭球面:$I_2>0,I_1I_3>0,I_4<0$;

(2) 虚椭球面:$I_2>0,I_1I_3>0,I_4>0$;

(3) 点(或称虚母线二次锥面):$I_2>0,I_1I_3>0,I_4=0$;

(4) 单叶双曲面:$I_3\neq0,I_2\leqslant0$(或 $I_1I_3\leqslant0$),$I_4>0$;

(5) 双叶双曲面:$I_3\neq0,I_2\leqslant0$(或 $I_1I_3\leqslant0$),$I_4<0$;

(6) 二次锥面:$I_3\neq0,I_2\leqslant0$(或 $I_1I_3\leqslant0$),$I_4=0$;

(7) 椭圆抛物面:$I_3=0,I_4<0$;

(8) 双曲抛物面:$I_3=0,I_4>0$;

(9) 椭圆柱面:$I_3=I_4=0,I_2>0,I_1K_2<0$;

(10) 虚椭圆柱面:$I_3=I_4=0,I_2>0,I_1K_2>0$;

(11) 相交于一条实直线的一对共轭虚平面:$I_3=I_4=K_2=0,I_2>0$;

(12) 双曲柱面:$I_3=I_4=0,I_2<0,K_2\neq0$;

(13) 一对相交平面:$I_3=I_4=K_2=0,I_2<0$;

(14) 抛物柱面:$I_3=I_4=I_2=0,K_2\neq0$;

(15) 一对平行平面:$I_3=I_4=I_2=K_2=0,K_1<0$;

(16) 一对平行的共轭虚平面:$I_3=I_4=I_2=K_2=0,K_1>0$;

(17) 一对重合平面:$I_3=I_4=I_2=K_2=K_1=0$.

6.4 利用主径面化简二次曲面方程

6.4.1 二次曲面的主径面方程

定义 1 二次曲面(6.1-1)的一族平行弦的中点轨迹是一个平面,称为**共轭于平行弦的径面**,而平行弦称为这个径面的**共轭弦**,平行弦的方向称为这个径面的**共轭方向**.

若方向(X,Y,Z)满足$\Phi(X,Y,Z)=0$,则(X,Y,Z)称为二次曲面的渐近方向,否则称为非渐近方向.不难验证,二次曲面(6.1-1)的对应于方向(X,Y,Z)的**径面方程**为

$$XF_1(x,y,z)+YF_2(x,y,z)+ZF_3(x,y,z)=0. \tag{6.4-1}$$

证明略.

如果二次曲面有中心,那么它一定在任何一个径面上,所以有以下结论.

定理 1 二次曲面的任何径面一定通过它的中心(如果曲面的中心存在).

定义 2 如果二次曲面的径面垂直于它所共轭的方向,那么这个径面就称为**二次曲面的主径面**.

定义 3 二次曲面主径面的共轭方向(即垂直于主径面的方向),或者二次曲面的奇向,称为**二次曲面的主方向**.

设二次曲面方程为(6.1-1),方向(X,Y,Z)如果是(6.1-1)的渐近方向,那么它成为(6.1-1)的主方向的条件是

$$\begin{cases}a_{11}X+a_{12}Y+a_{13}Z=0,\\ a_{12}X+a_{22}Y+a_{23}Z=0,\\ a_{13}X+a_{23}Y+a_{33}Z=0\end{cases}$$

成立,这时称(X,Y,Z)是(6.1-1)的奇向.

如果(X,Y,Z)是(6.1-1)的非渐近方向,那么它成为(6.1-1)的主方向的条件是与它的共轭径面

$$(a_{11}X+a_{12}Y+a_{13}Z)x+(a_{12}X+a_{22}Y+a_{23}Z)y+(a_{13}X+a_{23}Y+a_{33}Z)z+(a_{14}X+a_{24}Y+a_{34}Z)=0$$

垂直,所以有

$$(a_{11}X+a_{12}Y+a_{13}Z):(a_{12}X+a_{22}Y+a_{23}Z):(a_{13}X+a_{23}Y+a_{33}Z)=X:Y:Z,$$

从而得

$$\begin{cases}a_{11}X+a_{12}Y+a_{13}Z=\lambda X,\\ a_{12}X+a_{22}Y+a_{23}Z=\lambda Y,\\ a_{13}X+a_{23}Y+a_{33}Z=\lambda Z.\end{cases}$$

因此方向(X,Y,Z)成为二次曲面(6.1-1)的主方向的充要条件是存在λ使得上式成立,把上式改写成

$$\begin{cases}(a_{11}-\lambda)X+a_{12}Y+a_{13}Z=0,\\ a_{12}X+(a_{22}-\lambda)Y+a_{23}Z=0,\\ a_{13}X+a_{23}Y+(a_{33}-\lambda)Z=0.\end{cases}\tag{6.4-2}$$

这是一个关于X,Y,Z的齐次线性方程组,由于X,Y,Z不能全为零.

因此,有

$$\begin{vmatrix}a_{11}-\lambda & a_{12} & a_{13}\\ a_{12} & a_{22}-\lambda & a_{23}\\ a_{13} & a_{23} & a_{33}-\lambda\end{vmatrix}=0,$$

即

$$\lambda^3-I_1\lambda^2+I_2\lambda-I_3=0.\tag{6.4-3}$$

定义 4 方程(6.4-3)称为**二次曲面(6.1-1)的特征方程**,特征方程的根称为**二次曲面(6.1-1)的特征根**.

显然,这里的特征方程与6.3节中的特征方程是完全相同的.从特征方程(6.4-3)求得特征根λ,代入(6.4-2),就可以求出相应的主方向(X,Y,Z).当$\lambda=0$时,与它相应的主方向为二次曲面的奇向;当$\lambda\neq0$时,与它相应的主方向为非奇主方向,将非奇主方向(X,Y,Z)代入(6.4-1),就得共轭于这个非奇主方向的主径面.

例 1 求二次曲面$3x^2+y^2+3z^2-2xy-2xz-2yz+4x+14y+4z-23=0$的主方向与主径面.

解 二次曲面的矩阵是$\begin{pmatrix} 3 & -1 & -1 & 2 \\ -1 & 1 & -1 & 7 \\ -1 & -1 & 3 & 2 \\ 2 & 7 & 2 & -23 \end{pmatrix}$，则 $I_1=3+1+3=7$，

$$I_2=\begin{vmatrix} 3 & -1 \\ -1 & 1 \end{vmatrix}+\begin{vmatrix} 3 & -1 \\ -1 & 3 \end{vmatrix}+\begin{vmatrix} 1 & -1 \\ -1 & 3 \end{vmatrix}=12,I_3=\begin{vmatrix} 3 & -1 & -1 \\ -1 & 1 & -1 \\ -1 & -1 & 3 \end{vmatrix}=0.$$

二次曲面的特征方程为 $\lambda^3-7\lambda^2+12\lambda=0$，特征根为 $\lambda=4,3,0$.

将 $\lambda=4$ 代入(6.4-2)，得$\begin{cases} -X-Y-Z=0, \\ -X-3Y-Z=0, \\ -X-Y-Z=0. \end{cases}$

解该方程组，得对应于特征根 $\lambda=4$ 的主方向为 $(X,Y,Z)=(1,0,-1)$，将其代入(6.4-1)，即有

$$(3x-y-z+2)-(-x-y+3z+2)=0,$$

化简得，共轭于这个主方向的主径面为：

$$x-z=0.$$

将 $\lambda=3$ 代入(6.4-2)，得

$$\begin{cases} -Y-Z=0, \\ -X-2Y-Z=0, \\ -X-Y=0, \end{cases}$$

解该方程组，得对应于特征根 $\lambda=3$ 的主方向为 $(X,Y,Z)=(1,-1,1)$，将其代入(6.4-1)并化简得共轭于这个主方向的主径面为：

$$x-y+z-1=0.$$

将 $\lambda=0$ 代入(6.4-2)，得

$$\begin{cases} 3X-Y-Z=0, \\ -X+Y-Z=0, \\ -X-Y+3Z=0, \end{cases}$$

解该方程组，得对应于特征根 $\lambda=0$ 的主方向为 $(X,Y,Z)=(1,2,1)$，这一主方向为二次曲面的奇向.(注意：奇向没有对应的主径面)

二次曲面特征根的性质如下(证明从略).

定理 2 二次曲面的特征根都是实数.

定理 3 特征方程的三个根至少有一个不为零，因而二次曲面总有一个非奇主方向.

推论 二次曲面至少有一个主径面.

6.4.2 利用主径面化简二次曲面方程

由二次曲面的主径面、主方向、特征根的一些性质可以得出，化简二次曲面方程(6.1-1)的一般步骤如下：

(1) 先求解二次曲面(6.1-1)的特征方程 $\lambda^3-I_1\lambda^2+I_2\lambda-I_3=0$,求出特征根 λ_i;

(2) 根据不同的特征根求出主方向(X,Y,Z);

(3) 根据主方向求出主径面

$$XF_1(x,y,z)+YF_2(x,y,z)+ZF_3(x,y,z)=0;$$

(4) 取不同特征根下的主径面为新坐标平面作坐标变换,得到曲面的简化方程.

例 2 化简二次曲面方程 $x^2+y^2+5z^2-6xy-2xz+2yz-6x+6y-6z+10=0$.

解 二次曲面的矩阵为 $\begin{pmatrix} 1 & -3 & -1 & -3 \\ -3 & 1 & 1 & 3 \\ -1 & 1 & 5 & -3 \\ -3 & 3 & -3 & 10 \end{pmatrix}$, $I_1=7, I_2=10, I_3=-36$.

所以曲面的特征方程为 $\lambda^3-7\lambda^2+36=0$,解得二次曲面的三个特征根为 $\lambda=6,3,-2$.

与特征根 $\lambda=6$ 对应的主方向(X,Y,Z)由方程组

$$\begin{cases} -5X-3Y-Z=0, \\ -3X-5Y+Z=0, \\ -X+Y-Z=0 \end{cases}$$

决定,解之得对应于特征根 $\lambda=6$ 的主方向为

$$(X,Y,Z)=(-8,8,16)=8(-1,1,2),$$

与它共轭的主径面为 $-x+y+2z=0$.

与特征根 $\lambda=3$ 对应的主方向(X,Y,Z)由方程组

$$\begin{cases} -2X-3Y-Z=0, \\ -3X-2Y+Z=0, \\ -X+Y+2Z=0 \end{cases}$$

决定,所以对应于特征根 $\lambda=3$ 的主方向为

$$(X,Y,Z)=(-5,5,-5)=-5(1,-1,1),$$

与它共轭的主径面为

$$x-y+z-3=0.$$

与特征根 $\lambda=-2$ 对应的主方向(X,Y,Z)由方程组

$$\begin{cases} 3X-3Y-Z=0, \\ -3X+3Y+Z=0, \\ -X+Y+7Z=0 \end{cases}$$

决定,所以对应于特征根 $\lambda=-2$ 的主方向为

$$(X,Y,Z)=(20,20,0)=20(1,1,0),$$

与它共轭的主径面为

$$x+y=0.$$

取这三个主径面为新坐标平面作坐标变换

$$\begin{cases} x'=\dfrac{-x+y+2z}{\sqrt{6}}, \\ y'=\dfrac{x-y+z-3}{\sqrt{3}}, \\ z'=\dfrac{x+y}{\sqrt{2}}, \end{cases}$$

解出 x,y,z,代入原方程得到曲面的化简方程为 $6x'^2+3y'^2-2z'^2+1=0$.

显然,这是一个双叶双曲面.

6.5 一般二次曲面的应用示例

本章主要介绍了一般二次曲面的一般理论,通过化简二次曲面的方程,总可以写成 17 种不同的二次曲面方程.由于曲面自身形状的特殊性和独到的结构特性,这些曲面在我们的日常生活中有着极为广泛的应用.下面以直纹曲面、双曲抛物面、单叶双曲面为例来简单介绍二次曲面在生活中的广泛应用.

直纹曲面可以由一族或几族直线构成,易于构建,且其形状特殊,集美观与实用于一体,因此,直纹曲面在工农业生产中有着广泛的应用.柱面、锥面的应用广泛性不胜枚举,从日常生活到航空航天,从微观世界到浩瀚太空,到处可见柱面和锥面的身影.

双曲抛物面型的建筑还有一个显著的优点:具有非常好的抗震能力,这使得这种独特形状的建筑越来越受到人们的青睐.如天津大学体育场有一座颇有名气的椭圆形健身房,椭圆平面 24 m×36 m,形如悬空中吊着一个大元宝,中间没有支柱,却抗过了 1976 年以唐山为中心的大地震,至今仍完好无恙.这座新颖别致的健身房,就是我国著名钢结构及空间网架专家、天津大学博士生导师刘锡良教授 1962 年在国内第一个研究成功的马鞍形双曲抛物面悬索屋盖建筑.刘锡良教授的这一空间结构设计成果,被有关单位所吸取.浙江工业建筑设计院来人参观取经,随后建筑了相同式样的(60 m×80 m)浙江体育馆.

高层建筑物为防止雨水和空气中的灰尘通常会建造一个顶,就可以选为双曲抛物面,即美观又可防尘防雨.由于单叶双曲面和双曲抛物面是直纹曲面,在建筑时,根据直纹曲面有且仅有两族直母线并且同一族的直母线互不相交的性质,可将编织钢筋网的钢筋取为直材,并配以纬圆,两者的疏密程度可根据强度的要求而确定.

在建筑住宅和办公楼时,也常常采用直纹曲面结构.住宅结构主要有以下两种:① 薄壳结构.薄壳结构为曲面的薄壁结构,按曲面生成的形式分为筒壳、圆顶薄壳、双曲扁壳和双曲抛物面壳等,材料大多采用钢筋混凝土.壳体能充分利用材料强度,同时又能将承重与围护两种功能融合为一.其中双曲抛物面壳:一竖向抛物线(母线)沿另一凸向与之相反的抛物线(导线)平行移动所形成的曲面.此种曲面与水平面截交的曲线为双曲线,故称为双曲抛物面壳.工程中常见的各种扭壳也为其中一种类型,因其容易制作,稳定性好,容易适应建筑功能和造型需要,故应用较广泛.② 网壳结构.常见型式有圆柱面网壳、圆球网壳和双曲抛物面网壳.网壳的受力性能好,刚度大,自重小,用钢量省,是适用于中、大跨度建筑屋盖的一种较好的结构形式.其中双曲抛物面网壳:将一直线的两端沿两根在空间倾斜的固定导线(直线或曲线)上平行移动而构成.单层网壳常用直梁作杆件,双层网壳采用直线衍架,两向正交而成双曲抛物面网壳.这种网壳大都用于不对称建筑平面,建筑新颖轻巧.

广州著名的星海音乐厅(如图 6-1),既体现了古典音乐庄严辉煌之气势,又反映出建筑艺术之创新精神,有如一只展翅欲飞的天鹅.这座音乐厅的屋盖的曲面形式就是双曲抛物面.

图 6-1

而作为 2000 年奥运会主办城市的悉尼,理所当然地需要建设一座大型体育场,其设计规模为 8 万人,奥运会期间可扩充到 11 万人.结构布置类似香港体育场,也是沿长向设置两铰落地拱,跨度达 290 m,但看台屋盖则是采用了两片新月形的双曲抛物面网壳,这样的几何造型更美观,同时双曲面也能发挥其空间作用.钢拱为三角形截面的格构式桁架,最大高度 12 m,每个网壳覆盖了大约 220 m×70 m 的面积,为双层铰接,最大厚度 4.5 m,网格尺寸为 10 m,网壳上覆盖以半透明的聚碳酸脂屋面板.

图 6-2

由于双曲抛物面网格结构具有造型美观、形式多变、结构轻盈、整体性好、施工方便等突出优点,不仅可以增大覆盖面积,而且节省钢材,降低造价,特别适用于大、中型体育场看台顶蓬和其他环形建筑,具有非常广阔的应用前景.如 1992 年在美国建造了世界上最大的索穹顶体育馆——乔治亚穹顶(Georgia Dome)(如图 6-2 所示).椭圆形平面:240.790 m×192.020 m,它是目前世界上最大的双曲抛物型准张拉整体体系(Tensegrity System).该体系由美国 M-Levy 开发的一种稳定性好的三角形划分网格穹顶,受力特点是:“连续拉、间断压”,材料强度得到了最充分的发挥.它是 1996 年亚特兰大奥运会的主体育馆,平面为椭圆形(193 m×240 m),这种双曲抛物面型张拉整体索穹顶的耗钢量少得令人难以置信,还不到 30 kg/m^2.

在天文领域对天体进行观测时一个必不可少的工具就是天文望远镜,望远镜的物镜是反射镜,为了消除像差,一般制成抛物面镜或抛物面镜加双曲面镜组成卡塞格林系统.在这种系统中,天体的光线只受到反射.目前反射望远镜在天文观测中的应用已十分广泛,由于镜面材料在光学性能上没有特殊的要求,且没有色差问题,因此,它与折射系统相比,可以使用大口径材料,也可以使用多镜面拼镶技术等;磨好的反射镜一般在表面镀一层铝膜,铝膜 2000—9000 埃波段范围的反射率都大于 80%,因而除光学波段外,反射望远镜还适于对近红外和近紫外波段进行研究;因此较适合于进行恒星物理方面的工作(恒星的测光与分光),目前设计和建造的大口径望远镜都是采用的反射系统，遗憾的是反射望远镜的反射镜面需要定期镀膜，故它在科普望远镜中的应用受到了限制.

水利工程中常用的扭面也是双曲抛物面的一部分，而且常处于非标准的位置.灌溉渠道一般是梯形剖面，闸门则为矩形剖面，为使水流平顺，减少水头损失，闸门进出口与渠道的连接处，通常做成此种曲面.

除了在水利和建筑上的应用，单叶双曲面和双曲抛物面凭借其良好的观赏性和可操作性，在生活用品的造型上也显示出独有的优势.目前流行的一种集实用价值和观赏价值于一体的新组合式塑料花篮，其结构是花篮体同花篮盆相连接.花篮盆和花篮体连接部接口端为凸、凹接口或凹、凸接口；互相接插而使花篮盆和花篮体成为一体.其整体结构断面为单叶或双叶双曲面、双曲抛物面等结构形状断面.这种实用新型具有结构新颖、变换灵活、使用方便、适用面广、色彩鲜艳、可重复使用等特点.可广泛适用于家庭、宾馆、开业大典所用花篮及礼品篮.另外，在家电产品的造型上也有一定的艺术效果和实用性(如电扇的造型).这是一个比较新的领域.在雕刻业中，直纹曲面刨削也是前景可观.

数学史话 6:数学的"老三高"和"新三高"

代数学、几何学、分析学是数学的三大基础学科，数学的各个分支的产生和发展，基本上都是围绕着这三大学科进行的.

1) 数学的"老三高"

17 世纪由于工业革命的需要，诞生了一大批近代数学学科，包括今天大学理工科的高等数学.如果把近代数学比作一栋大楼的话，这座大厦是由三根支柱支撑的，那就是高等代数、高等微积分和高等几何，被称为大学数学的"老三高".

(1) 高等代数

高等代数是代数学发展到高级阶段的总称，它包括许多分支.现在大学里开设的高等代数，一般包括两部分：线性代数和多项式代数.

高等代数在初等代数的基础上研究对象进一步的扩充，引进了许多新的概念以及与通常很不相同的量，比如最基本的有集合、向量和向量空间等.这些量具有和数相类似的运算的特点，不过研究的方法和运算的方法都更加繁复.

集合是具有某种属性的事物的全体；向量是除了具有数值还同时具有方向的量；向量空间也称为线性空间，是由许多向量组成的并且符合某些特定运算规则的集合.向量空间中的运算对象已经不只是数，而是向量了，其运算性质也有很大的不同了.

随着时间的推移，伽罗华的研究成果的重要意义愈来愈为人们所认识.伽罗华虽然十分年轻，但是他在数学史上做出的贡献，不仅是解决了几个世纪以来一直没有解决的高次方程的代数解的问题，更重要的是他在解决这个问题中提出了"群"的概念，并由此发展了一整套关于群和域的理论，开辟了代数学的一个崭新的天地，直接影响了代数学研究方法的变革.从此，代数学不再以方程理论为中心内容，而转向对代数结构性质的研究，促进了代数学的进一步的发展.在数学大师们的经典著作中,伽罗华的论文是最薄的,但他的数学思想却是光辉夺目的.

代数学从高等代数总的问题出发,又发展成为包括许多独立分支的一个大的数学科目,比如:多项式代数、线性代数等.代数学研究的对象,也已不仅是数,还有矩阵、向量、向量空间的变换等,对于这些对象,都可以进行运算.虽然也称为加法或乘法,但是关于数的基本运算定律,有时不再保持有效.因此代数学的内容可以概括为研究带有运算的一些集合,在数学中把这样的一些集合称为代数系统,比如群、环、域等.

多项式是一类最常见、最简单的函数,它的应用非常广泛.多项式理论是以代数方程的根的计算和分布作为中心问题的,也称为方程论.研究多项式理论,主要在于探讨代数方程的性质,从而寻找简易的解方程的方法.

多项式代数所研究的内容,包括整除性理论、最大公因式、重因式等.这些大体上和中学代数里的内容相同.多项式的整除性质对于解代数方程是很有用的.解代数方程无非就是求对应多项式的零点,零点不存在的时候,所对应的代数方程就没有解.

我们知道一次方程称为线性方程,讨论线性方程的代数就称为线性代数.在线性代数中最重要的内容就是行列式和矩阵.

行列式的概念最早是由17世纪日本数学家关孝和提出来的,他在1683年写了一部称为《解伏题之法》的著作,标题的意思是“解行列式问题的方法”,书里对行列式的概念和它的展开已经有了清楚的叙述.欧洲第一个提出行列式概念的是德国的数学家莱布尼茨.德国数学家雅可比于1841年总结并提出了行列式的系统理论.

行列式有一定的计算规则,利用行列式可以把一个线性方程组的解表示成公式,因此行列式是解线性方程组的工具.行列式可以把一个线性方程组的解表示成公式,也就是说行列式代表着一个数.

因为行列式要求行数等于列数,排成的表总是正方形的,通过对它的研究又发现了矩阵的理论.矩阵也是由数排成行和列的数表,行数和列数可以相等也可以不等.

矩阵和行列式是两个完全不同的概念,行列式代表着一个数,而矩阵仅仅是一些数的有顺序的摆法.利用矩阵这个工具,可以把线性方程组中的系数组成向量空间中的向量;这样对于一个多元线性方程组的解的情况,以及不同解之间的关系等等一系列理论上的问题,就都可以得到彻底的解决.矩阵的应用是多方面的,不仅在数学领域里,而且在力学、物理、科技等方面都有十分广泛的应用.

(2) 高等微积分

微积分在17世纪成为一门学科.但是,微分和积分的思想在古代就已经产生了.

公元前3世纪,古希腊的阿基米德在研究解决抛物弓形的面积、球和球冠面积、螺线下面积和旋转双曲体的体积问题中,就隐含着近代积分学的思想.作为微分学基础的极限理论来说,早在古代已有比较清楚的论述.比如我国的庄周所著的《庄子》一书的“天下篇”中,记有“一尺之棰,日取其半,万世不竭”.三国时期的刘徽在他的割圆术中提到“割之弥细,所失弥小,割之又割,以至于不可割,则与圆周和体而无所失矣.”这些都是朴素的、也是很典型的极限概念.

到了17世纪，有许多科学问题需要解决，这些问题也就成了促使微积分产生的因素．归结起来，大约有四种主要类型的问题：第一类是研究运动的时候直接出现的，也就是求即时速度的问题．第二类问题是求曲线的切线的问题．第三类问题是求函数的最大值和最小值问题．第四类问题是求曲线长、曲线围成的面积、曲面围成的体积、物体的重心、一个体积相当大的物体作用于另一物体上的引力．

17世纪的许多著名的数学家、天文学家、物理学家都为解决上述几类问题作了大量的研究工作，如法国的费马、笛卡尔、罗伯瓦、笛沙格，英国的巴罗、瓦里士，德国的开普勒，意大利的卡瓦列利等人都提出许多很有建树的理论，为微积分的创立做出了贡献．

17世纪下半叶，在前人工作的基础上，英国大科学家牛顿和德国数学家莱布尼茨分别在自己的国度里独自研究和完成了微积分的创立工作，虽然这只是十分初步的工作．他们的最大功绩是把两个貌似毫不相关的问题联系在一起，一个是切线问题（微分学的中心问题），一个是求积问题（积分学的中心问题）．

牛顿和莱布尼茨建立微积分的出发点是直观的无穷小量，因此这门学科早期也称为无穷小分析，这正是现在数学中分析学这一大分支名称的来源．牛顿研究微积分着重于从运动学来考虑，莱布尼茨却是侧重于几何学来考虑的．

牛顿在1671年写了《流数法和无穷级数》，这本书直到1736年才出版，它在这本书里指出，变量是由点、线、面的连续运动产生的，否定了以前自己认为的变量是无穷小元素的静止集合．他把连续变量称为流动量，把这些流动量的导数称为流数．牛顿在流数术中所提出的中心问题是：已知连续运动的路径，求给定时刻的速度（微分法）；已知运动的速度求给定时间内经过的路程（积分法）．

德国的莱布尼茨是一个博才多学的学者，1684年，他发表了现在世界上认为是最早的微积分文献，这篇文章有一个很长而且很古怪的名字《一种求极大极小和切线的新方法，它也适用于分式和无理量，以及这种新方法的奇妙类型的计算》，就是这样一篇说理也颇含糊的文章，却有划时代的意义．它已含有现代的微分符号和基本微分法则．1686年，莱布尼茨发表了第一篇积分学的文献．他是历史上最伟大的符号学者之一，他所创设的微积分符号，远远优于牛顿的符号，这对微积分的发展有极大的影响．现在我们使用的微积分通用符号就是当时莱布尼茨精心选用的．

微积分学的创立，极大地推动了数学的发展，过去很多初等数学束手无策的问题，运用微积分，往往迎刃而解，显示出微积分学的非凡威力．

前面已经提到，一门科学的创立决不是某一个人的业绩，他必定是经过多少人的努力后，在积累了大量成果的基础上，最后由某个人或几个人总结完成的．微积分也是这样．

其实，牛顿和莱布尼茨分别是自己独立研究，在大体上相近的时间里先后完成的．比较特殊的是牛顿创立微积分要比莱布尼茨早10年左右，但是正式公开发表微积分这一理论，莱布尼茨却要比牛顿发表早三年．他们的研究各有长处，也都各有短处．那时候，由于民族偏见，关于发明优先权的争论竟从1699年始延续了一百多年．

应该指出，这是和历史上任何一项重大理论的完成都要经历一段时间一样，牛顿和莱布尼茨的工作也都是很不完善的．他们在无穷和无穷小量这个问题上，其说不一，十分含糊．牛顿的无穷小量，有时候是零，有时候不是零而是有限的小量；莱布尼茨的也不能自圆其说．这些基础方面的缺陷，最终导致了第二次数学危机的产生．

直到19世纪初，法国科学学院的科学家，以柯西为首，对微积分的理论进行了认真研究，建立了极限理论，后来又经过德国数学家维尔斯特拉斯进一步的严格化，使极限理论成为微积分的坚定基础，才使微积分进一步的发展开来．

我国的数学泰斗陈省身先生所研究的微分几何领域，便是利用微积分的理论来研究几何，这门学科对人类认识时间和空间的性质发挥了巨大的作用．并且这门学科至今仍然很活跃．前不久由俄罗斯数学家佩雷尔曼完成的庞加莱猜想便属于这一领域．

微积分的发展历史表明了人的认识是从生动的直观开始，进而达到抽象思维，也就是从感性认识到理性认识的过程．人类对客观世界的规律性的认识具有相对性，受到时代的局限．随着人类认识的深入，认识将一步一步地由低级到高级、由不全面到比较全面地发展．人类对自然的探索永远不会有终点．

(3) 高等几何

高等几何学发展物质根源始于人类社会的生活需要．远在两千多年前，人们生活与生存的许多问题就已要求他们建立最简单的几何概念与规律，这些概念与规律发生在周围世界并且经过抽象的过程逐渐地形成了一门独立的学科——几何学．

随着历史的推进，人们对周围世界的对象研究的结果使人们能够建立各种性质的几何规律，特别是与对几何物体测量有关的规律或度量规律，以及与物体周围及它们的元素相互排列有关的"位置"规律．这样的规律最后就慢慢地形成了几何学的分支如位置几何学、解析几何学、射影几何学等等．

作为描绘客体的点与它在平面上或曲面上的像点之间对应的几何理论，其最初的萌芽与观念可追溯到远古时代．古代描画逐渐地发展，所发现的法则是构成射影方法的起源，这种方法的迹象在许多希腊数学中已经可以看到．希腊几何学者最卓越的成就之一是他们所研究的圆锥曲线的初等理论．由于其研究大大超前于当时人类发展的需要，以致于后来几乎被人们遗忘．直到16世纪天文学的迅速发展，使圆锥曲线有了重要的应用，圆锥曲线终于发挥出其闪亮的光芒．阿波罗尼(Appolonius，公元前250—190年)已经知道了射影几何中十分重要的定理——完全四角形的调和性；巴卜斯(Pappus，公元3世纪)证明了射影几何中的重要定理巴斯加(Pascal，1623—1662年)定理的当圆锥曲线退化为相交直线时的特例(后人称之为巴卜斯定理)，而且在他的著作中已经有了对合概念的最初萌芽，特别是有了到很晚才被笛沙格(Desagues，1593—1662年)发现的三对点的对合关系．关于三角形截线的梅奈劳斯(menelaus，公元1世纪)定理至今还被列在初等几何、解析几何和射影几何中．

透视问题是推广到射影几何的根源并且奠定了射影几何的基础．在1636年笛沙格写了一本标题为"用透视表示对象的一般方法"的小书(公元1636年巴黎出版)．在此著作中，为了构成透视测尺他第一次采用了坐标法．笛沙格的另一本著作是研究圆锥与平面相交问题的(1639年，曾失传，1845年法国几何学者及数学史学者查理(Chasles)偶然在巴黎的一个旧书店里得到了带有这个重要著作原稿的抄本)．在那里笛沙格第一次把圆锥截线看作是圆的透视形．由此所有关于圆锥截线的研究采用了特别简洁的形式，三种曲线(椭圆、抛物线和双曲线)都包括在一种方法之中.在利用透视作为研究的一般方法时,笛沙格不得不研究所谓空间无限远元素的问题.他认为所有平行线都相交于所谓无限远点.由此笛沙格奠定了空间射影概念的基础(完全的射影空间),并且使研究射影变换成为可能.笛沙格的工作打下了射影几何的科学基础,正确地说应当把他看作是这个学科的创始者.

另一个著名的法国几何学家巴斯加(Pascal)的著作发表为广告的形式.巴斯加把他的第一个实验称为“圆锥截线研究的实验”(公元 1649 年,巴黎,16 岁时写的).在这个著作中,他已经作出关于圆锥截线内接六边形的巴斯加定理,这个定理对圆锥截线的理论有很大的价值,因为它确定了圆锥截线上六点的射影相关性.这个定理可看作是圆锥截线方程的一种“射影等值性”.

自从费马(Fermat,1590—1663 年)和笛卡尔(1596—1650 年)创建解析几何学,数学家的注意力曾一度被吸引到研究几何问题的新方法上.使几何学在射影综合方面的发展迟缓.直到笛沙格和巴斯加死后 150 年,在射影几何的领域才又开始了新的创造时期.

彭斯来(1788—1867 年)的主要著作是“论图形的射影性质,供研究画法几何的应用和地面几何测量者的用书”(1822 年),在这个著作里,彭斯来依笛沙格和巴斯加那样,利用中心射影法或圆锥射影法研究图形几何性质;彭斯来从投射法和截断法出发研究图形保持不变的性质即射影性质;彭斯来还研究过关于点和直线配极对应的理论,并且用它研究图形的性质.

配极的发现和这个术语的引用,吉尔刚(Gergoune)也和彭斯来一样作出了重要贡献.吉尔刚在他的研究中应用过对偶原理,这个原理是新几何学的一个最有效的方法.正是由于这个方法布利安桑(1906 年)才得到了他的关于二次曲线外切六边形的定理,它是巴斯加定理的对偶定理.

卡尔诺(Carnot)在他的“位置几何”(1803 年)一书中引进了完全四边形的概念.

经过几代几何学家的不懈努力,终于奠定了成为独立学科即射影几何的基础.根据克莱因的爱尔兰根纲领,解析几何、仿射几何都是射影几何学的一部分.

2) 数学的“新三高”

现代科学发展日新月异,大学的基础课程也在不断更新.20 世纪后半叶,人们认为数学的“老三高”已经不够用了,应该发展“新三高”,这就是抽象代数、泛函分析和拓扑学.由 20 世纪开始的现代数学理论是由这三根支柱支撑的,它反映了 20 世纪数学的特征.

(1) 抽象代数

抽象代数即近世代数.抽象代数对于全部现代数学和一些其他科学领域都有重要的影响.抽象代数学随着数学中各分支理论的发展和应用需要而得到不断的发展.经过伯克霍夫、冯诺伊曼、坎托罗维奇和斯通等人在 1933—1938 年所做的工作,格论确定了在代数学的地位.而自 20 世纪 40 年代中叶起,作为线性代数的推广的模论得到进一步的发展并产生深刻的影响.泛代数、同调代数、范畴等新领域也被建立和发展起来.

抽象代数在上一个世纪已经有了良好的开端,伽罗瓦在方程求根中就蕴蓄了群的概念,被称为抽象代数的奠基人之一.后来凯利对群作了抽象定义(Cayley,1821—1895 年).他在 1849 年的一项工作里提出抽象群的概念,可惜没有引起反响.“过早的抽象落到了聋子的耳朵里”.直到 1878 年,凯利又写了抽象群的四篇文章才引起注意.1874 年,挪威数学家索甫斯·李(Sophus Lie，1842—1899 年)在研究微分方程时，发现某些微分方程解对一些连续变换群是不变的，一下子接触到连续群．1882 年，英国的冯戴克(Von Dyck，1856—1934 年)把群论的三个主要来源——方程式论，数论和无限变换群——纳入统一的概念之中，并提出“生成元”概念．20 世纪初给出了群的抽象公理系统．

群论的研究在 20 世纪沿着各个不同方向展开．例如，找出给定阶的有限群的全体．群分解为单群、可解群等问题一直被研究着．有限单群的分类问题在 20 世纪七、八十年代才获得可能是最终的解决．伯恩赛德(Burnside，1852—1927 年)曾提出过许多问题和猜想．如 1902 年的一个问题：若一个群 G 是有限生成且每个元素都是有限阶，G 是不是有限群？并猜想每一个非交换的单群是偶数阶的．前者至今尚未解决，后者于 1963 年得到解决．

舒尔(Schur，1875—1941 年)于 1901 年提出有限群表示的问题．群特征标的研究由弗罗贝尼乌斯首先提出．庞加莱对群论抱有特殊的热情，他说：“群论就是那摒弃其内容而化为纯粹形式的整个数学．”这当然是过分夸大了．

抽象代数的另一部分是域论．1910 年施泰尼茨(Steinitz，1871—1928 年)发表了《域的代数理论》，成为抽象代数的重要里程碑．他提出素域的概念，定义了特征数为 P 的域，证明了每个域可由其素域经添加而得．

环论是抽象代数中较晚成熟的．尽管环和理想的构造在 19 世纪就可以找到，但抽象理论却完全是 20 世纪的产物．韦德伯恩(Wedderburn，1882—1948 年)在《论超复数》一文中，研究了线性结合代数，这种代数实际上就是环．环和理想的系统理论由诺特给出的．她开始工作时，环和理想的许多结果都已经有了，但当她将这些结果给予适当的确切表述时，就得到了抽象理论．诺特把多项式环的理想论包括在一般理想论之中，为代数整数的理想论和代数整函数的理想论建立了共同的基础．诺特对环和理想作了十分深刻的研究．人们认为这一总结性的工作在 1926 年臻于完成，因此，可以认为抽象代数形成的时间为 1926 年．范德瓦尔登根据诺特和阿廷的讲稿，写成《近世代数学》一书，(1955 年第四版时改名为《代数学》)，其研究对象从研究代数方程根的计算与分布进而到研究数字、文字和更一般元素的代数运算规律和各种代数结构．这就发生了质变．由于抽象代数的一般性，它的方法和结果带有基本的性质，因而渗入到各个不同的数学分支中．范德瓦尔登的《代数学》至今仍是学习代数的好书．人们从抽象代数奠基人——诺特、阿廷等人灿烂的成果中吸取到了营养，从那以后，代数研究有了长足进展．

(2) 泛函分析

泛函分析是 20 世纪 30 年代形成的数学分科．是从变分问题，积分方程和理论物理的研究中发展起来的．它综合运用函数论、几何学、现代数学的观点来研究无限维向量空间上的函数、算子和极限理论．它可以看作无限维向量空间的解析几何及数学分析．主要内容有拓扑线性空间等．泛函分析在数学物理方程、概率论、计算数学等分科中都有应用，也是研究具有无限个自由度的物理系统的数学工具．泛函分析是研究拓扑线性空间到拓扑线性空间之间满足各种拓扑和代数条件的映射的分支学科．

泛函分析(Functional Analysis)是现代数学的一个分支，隶属于分析学，其研究的主要对象是函数构成的空间．泛函分析是由对变换(如傅立叶变换等)的性质的研究和对微分方程以及积分方程的研究发展而来的.使用泛函作为表述源自变分法,代表作用于函数的函数.巴拿赫(Stefan Banach)是泛函分析理论的主要奠基人之一,而数学家兼物理学家伏尔泰拉(Vito Volterra)对泛函分析的广泛应用有重要贡献.

泛函分析的特点是它不但把古典分析的基本概念和方法一般化了,而且还把这些概念和方法几何化了.比如,不同类型的函数可以看作是“函数空间”的点或矢量,这样最后得到了“抽象空间”这个一般的概念.它既包含了以前讨论过的几何对象,也包括了不同的函数空间.

泛函分析对于研究现代物理学是一个有力的工具.n 维空间可以用来描述具有 n 个自由度的力学系统的运动,实际上需要有新的数学工具来描述具有无穷多自由度的力学系统.比如梁的震动问题就是无穷多自由度力学系统的例子.一般来说,从质点力学过渡到连续介质力学,就要由有穷自由度系统过渡到无穷自由度系统.现代物理学中的量子场理论就属于无穷自由度系统.

正如研究有穷自由度系统要求以 n 维空间的几何学和微积分学作为工具一样,研究无穷自由度的系统需要无穷维空间的几何学和分析学,这正是泛函分析的基本内容.因此,泛函分析也可以通俗地称为无穷维空间的几何学和微积分学.古典分析中的基本方法,也就是用线性的对象去逼近非线性的对象,完全可以运用到泛函分析这门学科中.

泛函分析是分析数学中最“年轻”的分支,它是古典分析观点的推广,它综合函数论、几何和代数的观点研究无穷维向量空间上的函数、算子和极限理论.他在 20 世纪 40 到 50 年代就已经成为一门理论完备、内容丰富的数学学科了.

半个多世纪来,泛函分析一方面以其他众多学科所提供的素材来提取自己研究的对象和某些研究手段,并形成了自己的许多重要分支,例如算子谱理论、巴拿赫代数、拓扑线性空间理论、广义函数论等等;另一方面,它也强有力地推动着其他不少分析学科的发展.它在微分方程、概率论、函数论、连续介质力学、量子物理、计算数学、控制论、最优化理论等学科中都有重要的应用,它还是建立群上调和分析理论的基本工具,也是研究无限个自由度物理系统的重要而自然的工具之一.今天,它的观点和方法已经渗入到不少工程技术性的学科之中,已成为近代分析的基础之一.

泛函分析在数学物理方程、概率论、计算数学、连续介质力学、量子物理学等学科中有着广泛的应用.近十几年来,泛函分析在工程技术方面又获得更为有效的应用.它还渗透到数学内部的各个分支中去,起着重要的作用.

(3) 拓扑学

拓扑学是近代发展起来的一个研究连续性现象的数学分支,中文名称起源于希腊语 Τοπολογ 的音译.Topology 原意为地貌,于 19 世纪中期由科学家引入,当时主要研究的是出于数学分析的需要而产生的一些几何问题.发展至今,拓扑学主要研究拓扑空间在拓扑变换下的不变性质和不变量,拓扑学是数学中一个重要的、基础的分支.起初它是几何学的一支,研究几何图形在连续变形下保持不变的性质(所谓连续变形,形象地说就是允许伸缩和扭曲等变形,但不许割断和粘合);现在已发展成为研究连续性现象的数学分支.

由于连续性在数学中的表现方式与研究方法的多样性,拓扑学又分成研究对象与方法各异的若干分支.19 世纪末,在拓扑学的孕育阶段,就已出现点集拓扑学与组合拓扑学两个方向.现在,前者演化为一般拓扑学,后者则成为代数拓扑学.后来,又相继出现了微分拓扑学、几何拓扑学等分支.

拓扑学也是数学的一个分支,研究几何图形在连续改变形状时还能保持不变的一些特性,它只考虑物体间的位置关系而不考虑它们的距离和大小.

举例来说,在通常的平面几何里,把平面上的一个图形搬到另一个图形上,如果完全重合,那么这两个图形称为全等形.但是,在拓扑学里所研究的图形,在运动中无论它的大小或者形状都发生变化.在拓扑学里没有不能弯曲的元素,每一个图形的大小、形状都可以改变.例如,欧拉在解决哥尼斯堡七桥问题的时候,他画的图形就不考虑它的大小、形状,仅考虑点和线的个数.这些就是拓扑学思考问题的出发点.

简单地说,拓扑就是研究有形的物体在连续变换下,如何能够保持性质不变.

拓扑学建立后,由于其他数学学科的发展需要,它也得到了迅速的发展.特别是黎曼创立黎曼几何以后,他把拓扑学概念作为分析函数论的基础,更加促进了拓扑学的进展.

20世纪以来,集合论被引进了拓扑学,为拓扑学开拓了新的面貌.拓扑学的研究就变成了关于任意点集的对应的概念.拓扑学中一些需要精确化描述的问题都可以应用集合来论述.

因为大量自然现象具有连续性,所以拓扑学具有广泛联系各种实际事物的可能性.通过拓扑学的研究,可以阐明空间的集合结构,从而掌握空间之间的函数关系.上世纪30年代以后,数学家对拓扑学的研究更加深入,提出了许多全新的概念.比如,一致性结构概念、抽象距概念和近似空间概念等等.有一门数学分支称为微分几何,是用微分工具来研究曲线、曲面等在一点附近的弯曲情况,而拓扑学是研究曲面的全局联系的情况,因此,这两门学科应该存在某种本质的联系.1945年,美籍华人数学家陈省身建立了代数拓扑和微分几何的联系,并推进了整体几何学的发展.

拓扑学发展到今天,在理论上已经十分明显分成了两个分支.一个分支是偏重于用分析的方法来研究的,称为点集拓扑学,或者称为分析拓扑学.另一个分支是偏重于用代数方法来研究的,称为代数拓扑学.现在,这两个分支又有统一的趋势.

拓扑学在泛函分析、实分析、群论、微分几何、微分方程等其他许多数学分支中都有广泛的应用.

第6章小结

这一章所介绍的内容与方法,与第4章的基本上类似,它告诉我们如何从二维空间(即平面)关于一般二次曲线方程的讨论推广到三维空间的一般二次曲面方程的情形.

1) 二次曲面方程系数在直角坐标变化下的变化规律

在空间中,由三元二次方程

$$F(x,y,z)=a_{11}x^2+a_{22}y^2+a_{33}z^2+2a_{12}xy+2a_{13}xz+2a_{23}yz+2a_{14}x+2a_{24}y+2a_{34}z+a_{44}=0$$

所确定的曲面称为二次曲面.

(1) 在平移变换下,二次曲面方程系数的变化规律:

① 二次项系数不变；

② 一次项系数变为 $F_1(x_0,y_0,z_0)$，$F_2(x_0,y_0,z_0)$，$F_3(x_0,y_0,z_0)$；

③ 常数项变为 $F(x_0,y_0,z_0)$.

(2) 在旋转变换下，二次曲面方程系数的变化规律：

① 二次项系数一般要改变，但只与原方程的二次项系数及转角有关，而与一次项系数及常数项无关；

② 一次项系数一般要改变，但只与原方程的一次项系数及转角有关，而与二次项系数及常数项无关；

③ 常数项不变.

2) 二次曲面的化简与分类

在直角坐标变换下，二次曲面的简化方程为

(Ⅰ) $a'_{11}x^2+a'_{22}y^2+a'_{33}z^2+a'_{44}=0$，$a'_{11}a'_{22}a'_{33}\neq 0$；

(Ⅱ) $a'_{11}x^2+a'_{22}y^2+2a'_{34}z=0$，$a'_{11}a'_{22}a'_{34}\neq 0$；

(Ⅲ) $a'_{11}x^2+a'_{22}y^2+a'_{44}=0$，$a'_{11}a'_{22}\neq 0$；

(Ⅳ) $a'_{11}x^2+2a'_{24}y=0$，$a'_{11}a'_{24}\neq 0$；

(Ⅴ) $a'_{11}x^2+a'_{44}=0$，$a'_{11}\neq 0$.

并且按标准方程可分为 17 种曲面.

3) 利用不变量化简二次曲面方程

在空间直角坐标变换下，二次曲面有四个不变量 I_1,I_2,I_3,I_4 和两个半不变量 K_1,K_2.

曲面是第Ⅰ类曲面：$I_3\neq 0$；

曲面是第Ⅱ类曲面：$I_3=0,I_4\neq 0$；

曲面是第Ⅲ类曲面：$I_3=0,I_4=0,I_2\neq 0$；

曲面是第Ⅳ类曲面：$I_3=0,I_4=0,I_2=0,K_2\neq 0$；

曲面是第Ⅴ类曲面：$I_3=0,I_4=0,I_2=0,K_2=0$.

4) 利用主径面化简二次曲面方程

(1) 先求解二次曲面的特征方程 $\lambda^3-I_1\lambda^2+I_2\lambda-I_3=0$，求出特征根 λ_i；

(2) 根据不同的特征根，求出主方向 (X,Y,Z)；

(3) 根据主方向求出主径面

$$XF_1(x,y,z)+YF_2(x,y,z)+ZF_3(x,y,z)=0;$$

(4) 取不同特征根下的主径面为新坐标平面，作坐标变换，得出曲面的简化方程.

习题 6

1. 用平移的坐标变换化简下列方程.

(1) $x^2+y^2+2z^2+2x+4y-4z+6=0$；

(2) $x^2+y^2-z^2+2z-2=0$；

(3) $x^2+y^2+z^2-6x+8y+10z+1=0$；

(4) $x^2+y^2+2z^2+4x-6y-8z+21=0$.

2. 写出直角坐标系绕 z 轴右旋角 θ 的空间坐标变换公式.

3. 设二次曲面方程为 $36x^2+9y^2+4z^2+36xy+24xz+12yz-49=0$，写出它的系数矩阵 $\boldsymbol{A}$ 及 I_1,I_2,I_3,I_4,K_1,K_2.

4. 求二次曲面 $x^2+y^2+z^2+2xy+6xz-2yz+2x-6y-2z=0$ 的中心.

5. 如果椭球面方程为 $F(x,y,z)=0$，则方程 $F(x,y,z)-\dfrac{I_4}{I_3}=0$ 表示什么点？

6. 作直角坐标变换，化简下列二次曲面的方程.

(1) $x^2+y^2+5z^2-6xy+2xz-2yz-4x+8y-12z+14=0$；

(2) $5x^2+7y^2+6z^2-4yz-4xz-6x-10y-4z+7=0$；

(3) $x^2+4y^2+4z^2-4xy+4xz-8yz+6x+6z-5=0$；

(4) $4x^2+y^2+4z^2-4xy+8xz-4yz-12x-12y+6z=0$；

(5) $5x^2-16y^2+5z^2+8xy-14xz+8yz+4x+20y+4z-24=0$.

7. 求二次曲面 $7y^2-7z^2-8xy+8xz=0$ 的特征根.

8. 利用不变量判断下列二次曲面为何种曲面，并求出它的标准方程：

(1) $xy+yz+xz-a^2=0$；

(2) $7y^2-7z^2-8xy+8xz=0$；

(3) $x^2+y^2+z^2+4xy-4xz-4yz-3=0$；

(4) $x^2-2y^2+z^2+4xy-8xz-4yz-14x-4y+14z+16=0$；

(5) $2x^2+2y^2-4z^2-5xy-2xz-2yz-2x-2y+z=0$；

9. 求 a,b 的值，使二次曲面 $x^2+y^2-z^2+2axz+2byz-2x-4y+2z=0$ 表示二次锥面.

10. 讨论方程 $x^2+(2m^2+1)(y^2+z^2)-2xy-2yz-2zx-2m^2+3m-1=0$ 在范围 $-\infty<m<+\infty$ 内，m 取不同值时各表示什么曲面？

11. 导出一般二次曲面方程分别表示下列曲面的条件：

(1) 圆柱面；(2) 圆锥面；(3) 球面.

12. 求下列二次曲面的主方向与主径面.

(1) $2x^2+2y^2-5z^2+2xy-2x-4y-4z+2=0$；

(2) $x^2+y^2-2xy+2x-4y-2z+3=0$.

13. 利用主径面化简二次曲面方程 $2y^2-2xy+2xz-2yz+2x+y-3z-5=0$.

14. 证明二次曲面的两个不同特征根决定的主方向一定相互垂直.

15. 已知二次曲面的 3 个主径面为 $x+y+z=0$，$2x-y-z=0$，$y-z+1=0$，以及曲面上 3 个点 $O(0,0,0)$，$A(1,1,-1)$，$B(0,0,1)$，求曲面的方程.

自我测验题 6

一、填空题(每小题 3 分，共 15 分)

1. 二次曲面在移轴变换下，常数项变为________________.

2. 要消去二次曲面的交叉项，需作的变换是________________.

3. 二次曲面的标准方程可以分________类________种.

4. 二次曲面的特征方程为________________.

5. 二次曲面对应于方向(X,Y,Z)的径面方程为________________.

二、判断题(正确打“√”，错误打“×”. 每小题 3 分，共 15 分)

1. 二次曲面在转轴变换下，常数项不变.(   )

2. $I_3 \neq 0$ 的二次曲面是中心型二次曲面.(   )

3. 二次曲面的特征根全不为 0.(   )

4. 二次曲面方程表示椭圆柱面的条件是 $I_3=0, I_4 \neq 0$.(   )

5. 二次曲面总有三个主径面.(   )

三、计算题(每小题 10 分，共 50 分)

1. 用平移坐标变换化简下列方程：

(1) $x^2+2y^2-4z+2=0$；

(2) $x^2-2z^2+3y-\dfrac{9}{8}=0$.

2. 将坐标系绕 y 轴右旋 φ 角，求坐标变换公式.

3. 利用不变量求下列曲面的简化方程：

(1) $4x^2+5y^2+6z^2-4xy+4yz+4x+6y+4z-27=0$；

(2) $2x^2+5y^2+2z^2-2xy-4xz+2yz+2x-10y-2z-1=0$.

4. 研究曲面 $z=axy$ 的形状.

5. 求曲面 $3x^2+y^2+3z^2-2yz-2zx-2xy+4x+14y+4z-23=0$ 的主径面.

四、证明题(每小题 10 分，共 20 分)

1. 证明：I_1 是二次曲面的不变量.

2. 证明：二次曲面为圆柱面的条件为 $I_3=0, I_1^2=4I_2, I_4=0$.

附录　行列式和矩阵

1）行列式

在向量乘法的坐标运算、求解线性方程组以及其他应用的需要，都要用到行列式的性质及计算.这里主要介绍二阶、三阶行列式的性质及计算，对于更高阶的行列式的相关性质和运算，在线性代数课程中将有详细介绍.

（1）二阶行列式

$$D_2=\begin{vmatrix} a_{11} & a_{12} \\ a_{21} & a_{22} \end{vmatrix}=a_{11}a_{22}-a_{12}a_{21},$$

其中 a_{ij} 称为行列式的元素，i 和 j 分别表示元素所在的行和列，如 a_{12} 表示位于第 1 行第 2 列的元素.

例 1
$$D_2=\begin{vmatrix} 2 & -1 \\ 7 & -3 \end{vmatrix}=2\times(-3)-7\times(-1)=1.$$

（2）三阶行列式

$$\begin{aligned} D_3 &= \begin{vmatrix} a_{11} & a_{12} & a_{13} \\ a_{21} & a_{22} & a_{23} \\ a_{31} & a_{32} & a_{33} \end{vmatrix} \\ &= a_{11}a_{22}a_{33}+a_{12}a_{23}a_{31}+a_{13}a_{21}a_{32}-a_{13}a_{22}a_{31}-a_{12}a_{21}a_{33}-a_{11}a_{23}a_{32}. \end{aligned}$$

例 2
$$\begin{aligned} D_3 &= \begin{vmatrix} 1 & 2 & -4 \\ -2 & 2 & 1 \\ -3 & 4 & -2 \end{vmatrix} \\ &= 1\times2\times(-2)+2\times1\times(-3)+(-4)\times(-2)\times4-(-4)\times2\times(-3)-2\times \\ &\quad (-2)\times(-2)-1\times1\times4 \\ &= -14. \end{aligned}$$

三阶行列式还有一种更有效的计算方法，即行列式的按行（列）降阶展开法：行列式的值等于任一行（列）的每一个元素与其代数余子式的乘积之和.如三阶行列式按照第一行降阶展开，就有：

$$D_3=\begin{vmatrix} a_{11} & a_{12} & a_{13} \\ a_{21} & a_{22} & a_{23} \\ a_{31} & a_{32} & a_{33} \end{vmatrix}=a_{11}\begin{vmatrix} a_{22} & a_{23} \\ a_{32} & a_{33} \end{vmatrix}-a_{12}\begin{vmatrix} a_{21} & a_{23} \\ a_{31} & a_{33} \end{vmatrix}+a_{13}\begin{vmatrix} a_{21} & a_{22} \\ a_{31} & a_{32} \end{vmatrix}.$$

例 3

$$D_3=\begin{vmatrix}3&0&-1\\2&-4&3\\-1&-2&2\end{vmatrix}$$

$$=3\begin{vmatrix}-4&3\\-2&2\end{vmatrix}-0\begin{vmatrix}2&3\\-1&2\end{vmatrix}-\begin{vmatrix}2&-4\\-1&-2\end{vmatrix}$$

$$=3\times(-2)-(-8)=2.$$

(3) 行列式的性质

在行列式的计算中，经常要应用行列式的性质.这里主要介绍三阶行列式的性质，这些性质不难推广到 n 阶行列式.

性质 1 行列式与它的转置行列式相等(行列互换，其值不变).

这里的转置行列式是把原行列式的相应行换成相应列，同时，相应列变成相应行.

例 4

$$\begin{vmatrix}2&1&4\\3&-1&2\\1&2&3\end{vmatrix}=\begin{vmatrix}2&3&1\\1&-1&2\\4&2&3\end{vmatrix}.$$

性质 2 互换行列式的两行(列)，行列式变号(对调两行，其值变号).

推论 如果行列式有两行(列)完全相同，则此行列式为零(两行相同，其值为零).

性质 3 行列式的某一行(列)中的所有元素都乘以同一数 k，等于用数 k 乘此行列式(某行乘 k，其值乘 k).

推论 1 行列式中某行(列)的公因子可以提到行列式的外面(行有因子，可以提出).

推论 2 行列式中如果有两行(列)元素对应成比例，则此行列式的值为零(两行成比例，其值为零).

性质 4 如果行列式的某一行(列)都是两数之和，则可拆成两个行列式的和(某行有和，可以拆开).

性质 5 行列式的某一行(列)的各元素乘以同一数，然后加到另一行(列)的对应元素上去，行列式不变(倍某加它，其值不变).

性质 6 行列式的值等于它的任一行(列)的各元素与其对应的代数余子式乘积之和.

元素 a_{ij} 的代数余子式为

$$A_{ij}=(-1)^{i+j}M_{ij},$$

其中 M_{ij} 是划去 a_{ij} 所在的行和列后，余下的 $n-1$ 阶行列式，称为元素 a_{ij} 的余子式.

推论 如果行列式第 i 行(列)除元素 a_{ij} 外都为零，那么行列式的值等于它与其代数余子式的乘积：$D=a_{ij}A_{ij}$.

(4) 行列式在解线性方程组中的应用

定理 1(克莱姆规则) 三元线性方程组

$$\begin{cases}a_{11}x_1+a_{12}x_2+a_{13}x_3=b_1,\\a_{21}x_1+a_{22}x_2+a_{23}x_3=b_2,\\a_{31}x_1+a_{32}x_2+a_{33}x_3=b_3.\end{cases}\tag{1}$$

若其系数行列式不为零，即

$$D=\begin{vmatrix} a_{11} & a_{12} & a_{13} \\ a_{21} & a_{22} & a_{23} \\ a_{31} & a_{32} & a_{33} \end{vmatrix}\neq 0,$$

则此方程组存在唯一解为

$$x_1=\frac{D_1}{D},\ x_2=\frac{D_2}{D},\ x_3=\frac{D_3}{D},$$

其中 $D_i(i=1,2,3)$是把 D 中的第 i 列换成常数列所得的行列式.

当定理 1 中方程组(1)右端的常数列 b_1,b_2,b_3 全为 0 时，即

$$\begin{cases} a_{11}x_1+a_{12}x_2+a_{13}x_3=0, \\ a_{21}x_1+a_{22}x_2+a_{23}x_3=0, \\ a_{31}x_1+a_{32}x_2+a_{33}x_3=0, \end{cases} \tag{2}$$

则方程组(2)称为齐次线性方程组.

齐次线性方程组的解 x_1,x_2,x_3 全为零的解称为零解，否则称为非零解. 显然，齐次线性方程组恒有零解，下面的定理给出有非零解的条件.

定理 2　齐次线性方程组(2)有非零解的充要条件是其系数行列式 $D=0$.

2) 矩阵

(1) 矩阵的概念及运算

由 m 行 n 列个数 a_{ij} 所排成的矩形数字阵表

$$\boldsymbol{A}=\begin{bmatrix} a_{11} & a_{12} & \cdots & a_{1n} \\ a_{21} & a_{22} & \cdots & a_{2n} \\ \vdots & \vdots & & \vdots \\ a_{m1} & a_{m2} & \cdots & a_{mn} \end{bmatrix}$$

称为 $m\times n$ 矩阵，记作 $\boldsymbol{A}_{m\times n}$或$(a_{ij})_{m\times n}$，$a_{ij}$ 称为矩阵的元素.

若 $m=n$，$\boldsymbol{A}$ 称为 n 阶方阵. 方阵 $\boldsymbol{A}$ 中如果不在对角线上的元素都是 0，则 $\boldsymbol{A}$ 称为对角矩阵. 对角矩阵的对角线上元素都是 1 的矩阵称为单位矩阵，记作 $\boldsymbol{E}$. 方阵 $\boldsymbol{A}$ 可以取行列式$|\boldsymbol{A}|$，而且有$|\boldsymbol{AB}|=|\boldsymbol{A}|\cdot|\boldsymbol{B}|$.

两个矩阵如果行数相等，列数也相等，则称为同型矩阵. 把矩阵 $\boldsymbol{A}$ 的行换成相应列得到的矩阵，称为矩阵的转置矩阵，记作 $\boldsymbol{A}^{\mathrm{T}}$.

对于 n 阶方阵 $\boldsymbol{A}$，如果存在 n 阶方阵 $\boldsymbol{B}$，使得 $\boldsymbol{AB}=\boldsymbol{BA}=\boldsymbol{E}$，则称方阵 $\boldsymbol{A}$ 可逆，称 $\boldsymbol{B}$ 为 $\boldsymbol{A}$ 的逆矩阵，记作 $\boldsymbol{B}=\boldsymbol{A}^{-1}$. 方阵 $\boldsymbol{A}$ 可逆的充要条件是$|\boldsymbol{A}|\neq 0$.

如果 n 阶方阵 P 的元素满足正交条件，称为正交矩阵. 对正交矩阵有 $\boldsymbol{P}^{-1}=\boldsymbol{P}^{\mathrm{T}}$，且 $\boldsymbol{P}\boldsymbol{P}^{\mathrm{T}}=\boldsymbol{E}$.

两个同型的矩阵 $\boldsymbol{A}$ 和 $\boldsymbol{B}$ 相加减，等于对应元素相加减.

数 λ 与矩阵 $\boldsymbol{A}$ 相乘记作 $\lambda\boldsymbol{A}$，等于用 λ 乘以 $\boldsymbol{A}$ 的各个元素.

$\boldsymbol{A}_{m\times k}$ 与 $\boldsymbol{B}_{k\times n}$ 的乘积是一个 $m\times n$ 矩阵 $\boldsymbol{C}_{m\times n}$，记作 $\boldsymbol{C}=\boldsymbol{AB}$，其中

$$\boldsymbol{C}_{ij}=\sum_{i=1}^{k}a_{is}b_{sj}\ .$$

(2) 方阵的特征值和特征向量

设 $\boldsymbol{A}$ 是 n 阶方阵，如果存在数 λ 和非零向量 x 使得

$$\boldsymbol{A}x=\lambda x,$$

则 λ 称为方阵 $\boldsymbol{A}$ 的特征值(特征根)，非零向量 x 称为 $\boldsymbol{A}$ 的对应特征值 λ 的特征向量.

设 $\boldsymbol{A}$ 是 n 阶方阵，由

$$|\boldsymbol{A}-\lambda\boldsymbol{E}|=0$$

得到以 λ 为未知数的一元 n 次方程，称为 $\boldsymbol{A}$ 的特征方程. 解这个特征方程，就得到方阵 $\boldsymbol{A}$ 的特征值 λ，n 阶方阵有 n 个复特征根.

设 $\lambda=\lambda_i$ 为方阵 $\boldsymbol{A}$ 的一个特征值，则由方程

$$(\boldsymbol{A}-\lambda_i\boldsymbol{E})x=0$$

可求得非零解 $x=\xi_i$，称为 $\boldsymbol{A}$ 对应于特征值 λ_i 的特征向量.

(3) 实对称矩阵的对角化

设 $\boldsymbol{A}$ 是 n 阶方阵，如果 $\boldsymbol{A}$ 和它的转置矩阵 $\boldsymbol{A}^{\mathrm{T}}$ 相等，即 $\boldsymbol{A}=\boldsymbol{A}^{\mathrm{T}}$，则 $\boldsymbol{A}$ 称为对称矩阵. 平面上一般二次曲线方程和空间中一般二次曲面方程的系数矩阵都是实对称矩阵. 对于实对称矩阵，有下面的结论：

定理 3 实对称矩阵 $\boldsymbol{A}$ 的特征值 λ 为实数.

定理 4 设 $\boldsymbol{A}$ 为 n 阶实对称矩阵，则必存在正交矩阵 $\boldsymbol{P}$，使得

$$\boldsymbol{P}^{-1}\boldsymbol{A}\boldsymbol{P}=\boldsymbol{P}^{\mathrm{T}}\boldsymbol{A}\boldsymbol{P}=\boldsymbol{\Lambda},$$

其中 $\boldsymbol{\Lambda}$ 是以 $\boldsymbol{A}$ 的 n 个特征值为对角元素的对角矩阵.

参考答案与提示

习题 1

1. (1) 有两个分量为零；(2) 有一个分量为零；(3) y 坐标为± 3；(4) z 坐标为± 5.

2. A 位于 xz 面上；B 位于 yz 面上；C 位于 z 轴上；D 位于 y 轴上.

3. A 在Ⅳ卦限；B 在Ⅴ卦限；C 在Ⅷ卦限；D 在Ⅲ卦限.

4. 点 P：(1) $(2,-3,1)$，$(-2,-3,-1)$，$(2,3,-1)$；

   (2) $(2,3,1)$，$(-2,-3,1)$，$(-2,3,-1)$；

   (3) $(-2,3,1)$；

点 M：(1) $(a, b, -c)$，$(-a, b, c)$，$(a, -b, c)$；

   (2) $(a, -b, -c)$，$(-a, b, -c)$，$(-a, -b, c)$；

   (3) $(-a, -b, -c)$.

5. 提示：$|\overrightarrow{CA}|=|\overrightarrow{CB}|=\sqrt{6}$.　　6. $(0,1,-2)$.

7. $4\boldsymbol{e}_1+\boldsymbol{e}_3$；$-2\boldsymbol{e}_1+4\boldsymbol{e}_2-3\boldsymbol{e}_3$；$-3\boldsymbol{e}_1+10\boldsymbol{e}_2-7\boldsymbol{e}_3$.

8. 提示：$\overrightarrow{AD}=\overrightarrow{AB}+\overrightarrow{BC}+\overrightarrow{CD}=2\boldsymbol{a}+10\boldsymbol{b}=2\overrightarrow{AB}$. 所以$\overrightarrow{AD}/\!/\overrightarrow{AB}$，且有公共点 A.

9. $B(-2,4,-3)$.

10. $\overrightarrow{P_1P_2}=(-2,-2,-2)$；$5\overrightarrow{P_1P_2}=(-10,-10,-10)$.

11. $|\boldsymbol{a}|=\sqrt{3}$，$|\boldsymbol{b}|=\sqrt{38}$，$|\boldsymbol{c}|=3$；$\boldsymbol{a}^{\circ}=\left(\frac{\sqrt{3}}{3},\frac{\sqrt{3}}{3},\frac{\sqrt{3}}{3}\right)$，$\boldsymbol{b}^{\circ}=\left(\frac{2\sqrt{38}}{38},\frac{-3\sqrt{38}}{38},\frac{5\sqrt{38}}{38}\right)$，$\boldsymbol{c}^{\circ}=\left(-\frac{2}{3},-\frac{1}{3},\frac{2}{3}\right)$；$\boldsymbol{a}=\sqrt{3}\boldsymbol{a}^{\circ}$，$\boldsymbol{b}=\sqrt{38}\boldsymbol{b}^{\circ}$，$\boldsymbol{c}=3\boldsymbol{c}^{\circ}$.

12. $\overrightarrow{AB}=\frac{1}{2}(\boldsymbol{a}-\boldsymbol{b})$，$\overrightarrow{BC}=\frac{1}{2}(\boldsymbol{a}+\boldsymbol{b})$，$\overrightarrow{CD}=\frac{1}{2}(\boldsymbol{b}-\boldsymbol{a})$，$\overrightarrow{DA}=-\frac{1}{2}(\boldsymbol{a}+\boldsymbol{b})$.

13. $\begin{cases}\overrightarrow{CD}=\frac{2}{3}\boldsymbol{l}-\frac{4}{3}\boldsymbol{k},\\ \overrightarrow{BC}=\frac{4}{3}\boldsymbol{l}-\frac{2}{3}\boldsymbol{k}.\end{cases}$

14. 提示：方法 1：$\overrightarrow{OM}=\overrightarrow{OA}+\overrightarrow{AM}$.

方法 2：延长 OM 至 N，使$\overrightarrow{ON}=2\overrightarrow{OM}$.

15. 提示：(方法 1) $\overrightarrow{OM}=\frac{1}{3}(\overrightarrow{OA}+\overrightarrow{OB}+\overrightarrow{OC})+\frac{1}{3}(\overrightarrow{AM}+\overrightarrow{BM}+\overrightarrow{CM})$.

(方法 2) 坐标法.

16. 提示：$\overrightarrow{OM}=\overrightarrow{OA}+\overrightarrow{AM}$，$\overrightarrow{OM}=\overrightarrow{OB}+\overrightarrow{BM}$，$\overrightarrow{OM}=\overrightarrow{OC}+\overrightarrow{CM}$，$\overrightarrow{OM}=\overrightarrow{OD}+\overrightarrow{DM}$.

17. 提示：取 AC 的中点 O，则 OM，ON 分别为$\triangle ABC$ 和$\triangle ACD$ 的中位线.

18. (1) $\overrightarrow{AD}=\frac{1}{2}(\overrightarrow{AB}+\overrightarrow{AC})$，$\overrightarrow{BE}=\frac{1}{2}\overrightarrow{AC}-\overrightarrow{AB}$，$\overrightarrow{CF}=\frac{1}{2}\overrightarrow{AB}-\overrightarrow{AC}$；

(2) $\overrightarrow{AD}+\overrightarrow{BE}+\overrightarrow{CF}=\mathbf{0}$.

19. 提示：$\overrightarrow{OP_{i-1}}+\overrightarrow{OP_{i+1}}=\lambda\overrightarrow{OP_i}$(其中$|\lambda|<2$).

20. 提示：A,B,C 三点共线转化为两个向量共线.

21. 提示：A,B,C,D 四点共面转化为三个向量共面.

22. $\overrightarrow{ED}=\frac{2}{3}(\boldsymbol{r}_1+\boldsymbol{r}_2+\boldsymbol{r}_3)$.

23. 提示：取三边向量为基本向量，设$\overrightarrow{AO}=\lambda\overrightarrow{AL}$，$\overrightarrow{BO}=\lambda\overrightarrow{BM}$，利用$\overrightarrow{AB}=\overrightarrow{OB}-\overrightarrow{OA}$求出 λ.

24. 提示：取三边向量为基本向量，三中线的 3∶2 点分别为 P_1,P_2,P_3，证 P_1,P_2,P_3 重合.

25. (1) $3\boldsymbol{a}-2\boldsymbol{b}+\boldsymbol{c}=(3,22,-3)$；(2) $5\boldsymbol{a}+6\boldsymbol{b}+\boldsymbol{c}=(37,36,33)$.

26. $\overrightarrow{AB}=(-1,-3,3)$.

27. $\overrightarrow{AD}=(3,4,-3)$，$\overrightarrow{BE}=(0,-5,3)$，$\overrightarrow{CF}(-3,1,0)$.

28. $A(-1,2,4)$；$B(8,-4,-2)$.

29. (1) 3，$5\boldsymbol{i}+\boldsymbol{j}+7\boldsymbol{k}$；(2) -18，$10\boldsymbol{i}+2\boldsymbol{j}+14\boldsymbol{k}$；

(3) $\cos\angle(\boldsymbol{a},\boldsymbol{b})=\frac{3}{2\sqrt{21}}$；$\sin\angle(\boldsymbol{a},\boldsymbol{b})=\frac{5}{2\sqrt{7}}$；$\tan\angle(\boldsymbol{a},\boldsymbol{b})=\frac{5\sqrt{3}}{3}$.

30. (1) $l=10$；　(2) $l=-2$.

31. (1) $5\boldsymbol{i}-13\boldsymbol{j}-9\boldsymbol{k}$；　(2) $-\boldsymbol{i}-\boldsymbol{j}$；　(3) 2.

32. (1) $3\sqrt{6}$；　(2) $\frac{3\sqrt{21}}{7}$，$\frac{3\sqrt{6}}{\sqrt{77}}$.　33. 1.

34. 提示：(1) $\boldsymbol{a}\cdot[(\boldsymbol{a}\cdot\boldsymbol{b})\boldsymbol{c}-(\boldsymbol{a}\cdot\boldsymbol{c})\cdot\boldsymbol{b}]=(\boldsymbol{a}\cdot\boldsymbol{b})(\boldsymbol{a}\cdot\boldsymbol{c})-(\boldsymbol{a}\cdot\boldsymbol{c})(\boldsymbol{a}\cdot\boldsymbol{b})$；

(2) 因为 $\boldsymbol{m}_1\nparallel\boldsymbol{m}_2$，又$(\boldsymbol{a}-\boldsymbol{b})\cdot\boldsymbol{m}_i=0$，故对该平面上任意向量 $\boldsymbol{c}=\lambda\boldsymbol{m}_1+\mu\boldsymbol{m}_2$，有$(\boldsymbol{a}-\boldsymbol{b})\cdot\boldsymbol{c}=0$，利用 $\boldsymbol{c}$ 的任意性；

(3) $\overrightarrow{BC}=\overrightarrow{AC}-\overrightarrow{AB}$，$\overrightarrow{AD}=\overrightarrow{CD}-\overrightarrow{CA}$.

35. (1) 5；(2) -3；(3) $-\frac{7}{2}$；(4) 11.

36. (1) $-\frac{3}{2}$；

(2) $|\boldsymbol{r}|=\sqrt{1^2+2^2+3^2}=\sqrt{14}$，$\boldsymbol{r}$ 与 $\boldsymbol{a},\boldsymbol{b},\boldsymbol{c}$ 的夹角分别为 $\arccos\frac{\sqrt{14}}{14}$，$\arccos\frac{\sqrt{14}}{7}$，$\arccos\frac{3\sqrt{14}}{14}$；

(3) $\cos\angle(\boldsymbol{a},\boldsymbol{b})=\frac{\pi}{3}$；　(4) $\lambda=40$.

37. (1) 向量 $\boldsymbol{a},\boldsymbol{b},\boldsymbol{c}$ 不共面，$\boldsymbol{c}$ 不能表示成 $\boldsymbol{a},\boldsymbol{b}$ 的线性组合；

(2) 向量 $\boldsymbol{a},\boldsymbol{b},\boldsymbol{c}$ 共面，$\boldsymbol{c}=\frac{1}{2}\boldsymbol{a}+\frac{2}{3}\boldsymbol{b}$；

(3) 向量 $\boldsymbol{a},\boldsymbol{b},\boldsymbol{c}$ 共面，$\boldsymbol{c}$ 不能表示成 $\boldsymbol{a},\boldsymbol{b}$ 的线性组合.

38. $B\left(10,0,\frac{13}{5}\right)$.

39. $|AB|=\sqrt{149}$，AB 边上的中线长：$\frac{\sqrt{461}}{2}$；

$|BC|=2\sqrt{29}$，BC 边上的中线长：$2\sqrt{35}$；

$|AC|=3\sqrt{21}$，AC 边上的中线长：$\frac{\sqrt{341}}{2}$.

40. (1) 20； (2) 11.

41. (1) $\boldsymbol{x}\cdot\boldsymbol{y}=354$，$|\boldsymbol{x}|=\sqrt{2\,310}$，$|\boldsymbol{y}|=\sqrt{105}$，$\angle(\boldsymbol{x},\boldsymbol{y})=\arccos\frac{354}{\sqrt{242\,550}}$；

(2) $\boldsymbol{x}\cdot\boldsymbol{y}=929$，$|\boldsymbol{x}|=\sqrt{2237}$，$|\boldsymbol{y}|=\sqrt{426}$，$\angle(\boldsymbol{x},\boldsymbol{y})=\arccos\frac{929}{\sqrt{952\,962}}$.

42. $14-33\sqrt{3}$.　　43. 略.

44. $|\overrightarrow{OL}|=\frac{\sqrt{10}}{2}$，$|\overrightarrow{OM}|=\frac{1}{3}\sqrt{15+2\sqrt{3}}$，$\angle(\overrightarrow{OL},\overrightarrow{OM})=\arccos\frac{3-\sqrt{3}}{6\sqrt{15-2\sqrt{3}}}$.

45. D 分 AB 的比为 1，T 分 AB 的比为$\frac{a}{b}$，H 分 AB 的比为$\frac{a^2-ab\cos\theta}{b^2-ab\cos\theta}$.

46. 提示：取三边向量为基本向量，将三中线向量用三边向量表示，也可用坐标表示.

47. 提示：设两边的中垂线交于点 P，取点 P 到三顶点的向量为基本向量，证 P 在第三边中垂线上.

48. (1) $\boldsymbol{a}\times\boldsymbol{b}=(6,-3,-3)$，$S=3\sqrt{6}$；

(2) $\boldsymbol{a}\times\boldsymbol{b}=(-12,-26,8)$，$S=2\sqrt{221}$；

(3) $\boldsymbol{a}\times\boldsymbol{b}=(72,24,0)$，$S=24\sqrt{10}$.

49. (0,8,0)或(0,−7,0).　50. 四面体的体积 $V=\frac{59}{6}$.　51. 提示：$(\boldsymbol{a},\boldsymbol{b},\boldsymbol{c})=0$.

52. (1) (−2,−1,−2)，(2,1,2)； (2) (16,4,16)；

(3) 2,2； (4) (3,4,5)，(−1, 2, 1).

53. 提示：利用二重外积的定理 1.

自我测验题 1

一、填空题

1. Ⅶ，(4,2,−6)，(4,−2,−6)，(8,−4,8).　2. 68，(−5,15,−7)，−34，$\frac{9}{\sqrt{299}}$.

3. 求面积、求垂直向量、证明平行问题.　4. $\boldsymbol{a}\cdot\boldsymbol{b}=0$，$(\boldsymbol{a},\boldsymbol{b},\boldsymbol{c})=0$.

5. 在三轴上的射影，1-1 对应.

二、判断题

1. ✓　2. ×　3. ✓　4. ×　5. ×

三、计算题

1. (1) $\boldsymbol{x}$ 与 $\boldsymbol{y}$ 共线或 $\boldsymbol{x}$ 与 $\boldsymbol{y}$ 中至少有一个为 $\boldsymbol{0}$；

(2) $\boldsymbol{x}$ 与 $\boldsymbol{y}$ 共线或 $\boldsymbol{x}$ 与 $\boldsymbol{y}$ 中至少有一个为 $\boldsymbol{0}$.

2. $3\boldsymbol{a}+3\boldsymbol{b}-5\boldsymbol{c}$.　　3. $\mathrm{Prj}_{\boldsymbol{c}}(\boldsymbol{a}+\boldsymbol{b})=-4$.

4. $3\sqrt{6}$, $2\sqrt{2}$.　　5. $V=19\dfrac{1}{3}$, $h=4\dfrac{1}{7}$.

四、证明题

1. 提示：证 $\overrightarrow{AD}$ 与 $\overrightarrow{AB}$ 共线.

2. 提示：$(\boldsymbol{a}\times\boldsymbol{b},\boldsymbol{b}\times\boldsymbol{c},\boldsymbol{c}\times\boldsymbol{a})=(\boldsymbol{a},\boldsymbol{b},\boldsymbol{c})^2$. 利用公式(1.3-7)或例 13.

习题 2

1. (1) $4x-11y-3z-7=0$；　　(2) $3x-7y+5z-4=0$；

(3) $5x+3z-7=0$；　　(4) $3x-y-z-6=0$；

(5) $10x+9y+5z-74=0$, $2x+y-3z-2=0$.

2. $(x_2-x_1)\left(x-\dfrac{x_1+x_2}{2}\right)+(y_2-y_1)\left(y-\dfrac{y_1+y_2}{2}\right)+(z_2-z_1)\left(z-\dfrac{z_1-z_2}{2}\right)=0$.

3. $\dfrac{x}{\frac{3}{4}}+\dfrac{y}{-3}+\dfrac{z}{\frac{3}{2}}=1$, $\begin{cases}x=\dfrac{1}{4}(u-2v+3),\\ y=u,\\ z=v.\end{cases}$

4. (1) $\dfrac{1}{\sqrt{30}}x-\dfrac{2}{\sqrt{30}}y+\dfrac{5}{\sqrt{30}}z-\dfrac{3}{\sqrt{30}}=0$；　　(2) $-x-2=0$；

(3) $-\dfrac{1}{\sqrt{14}}x+\dfrac{3}{\sqrt{14}}y-\dfrac{2}{\sqrt{14}}z-\dfrac{4}{\sqrt{14}}=0$；　　(4) $\dfrac{2}{3}x-\dfrac{2}{3}y+\dfrac{1}{3}z=0$.

5. (1) $\dfrac{x-2}{3}=\dfrac{y-5}{5}=\dfrac{z-8}{5}$；　　(2) $x=-y=z$；

(3) $\dfrac{x-2}{1}=\dfrac{y+8}{2}=\dfrac{z-3}{-3}$；　　(4) $\dfrac{x-1}{1}=\dfrac{y}{1}=\dfrac{z+2}{2}$.

6. $B=-6, D=-27$.　7. $\dfrac{x-\frac{11}{3}}{1}=\dfrac{y+\frac{7}{3}}{-1}=\dfrac{z}{-1}$.

8. $36y-11z+23=0$, $9x-z+7=0$, $11x-4y+6=0$, $\begin{cases}36y-11z+23=0,\\ 11x-4y+6=0.\end{cases}$

9. 提示：$\boldsymbol{v}\perp\boldsymbol{n}$.　10. 提示：利用公式 $\sin^2\alpha+\cos^2\alpha=1$.

11. (1) $\dfrac{1}{3}$；(2) 0；(3) $\dfrac{16}{\sqrt{14}}$.　12. (1) 同侧；(2) 异侧；(3) 不在；(4) 在.

13. $\left(0,-\frac{4}{3},0\right)$及$(0,-8,0)$. 14. (1) $\sqrt{5}$；(2) $\frac{1}{2}\sqrt{6}$.

15. (1) 相交；(2) 平行；(3) 重合. 16. (1) $\frac{\pi}{4}$；(2) $\arccos\frac{8}{21}$.

17. (1) $l-3m-9=0$；(2) $m=3,l=-4$. 18. $7x-2y-2z+1=0$.

19. $\frac{|D_2-D_1|}{\sqrt{A_2+B_2+C_2}}$. 20. (1) 异面；(2) 异面；(3) 相交；(4) 平行.

21. 两直线平行，它们所在的平面为 $4x+3y=0$； 22. (1) $2\sqrt{3}$；(2) $\frac{15}{\sqrt{41}}$；(3) 0.

23. $\arccos\frac{72}{77}$. 24. (1) $\begin{cases}45x-2y-17z-45=0,\\23x-20y+13z=0;\end{cases}$ (2) $\begin{cases}x+y+4z-1=0,\\x-2y-2z+3=0.\end{cases}$

25. 记 $P_0(a,b,c),P_1(a_1,b_1,c_1),P_2(a_2,b_2,c_2),\boldsymbol{v}_1=(l_1,m_1,n_1),\boldsymbol{v}_2=(l_2,m_2,n_2)$.

(1) $\begin{cases}(P-P_0,P_1-P_0,\boldsymbol{v}_1)=0,\\(P-P_0,P_2-P_0,\boldsymbol{v}_2)=0;\end{cases}$ (2) $P=P_0+t(\boldsymbol{v}_1\times\boldsymbol{v}_2)$.

26. 相交$\Leftrightarrow Am+Bn+C\neq0$；

平行$\Leftrightarrow Am+Bn+C=0,Aa+Bb+D\neq0$；

重合$\Leftrightarrow Am+Bn+C=0,Aa+Bb+D=0$.

27. $\arcsin\frac{3}{133}$. 28. $x-z+2=0$ 及 $x+20y+7z-6=0$. 29. $\frac{\pi}{6}$.

30. $|A|=|B|$以及$|A|=|B|=|C|$.

31. 提示：写出直线 AQ,BR,CP 的方程，共点的充要条件是它们的方程所组成的方程组有解.

32. 提示：由两直线相交得四元线性方程组 $A_ix+B_iy+C_iz+D_iw=0(i=1,2,3,4)$有非零解$(x_0,y_0,z_0,1)$，从而系数行列式等于零.

33. 提示：求出两异面直线的定点和方向向量.

34. 提示：与坐标面的交角和与三轴的交角(方向角)互余.

35. $\frac{1}{x^2}+\frac{1}{y^2}+\frac{1}{z^2}=\frac{1}{p^2}$.

自我测验题 2

一、选择题

1. D 2. A 3. A 4. A 5. D

二、填空题

1. $\frac{x-3}{1}=\frac{y-4}{\sqrt{2}}=\frac{z+4}{-1}$. 2. 平行.

3. 异面，$\arccos\frac{7}{18}\sqrt{6},\frac{\sqrt{5}}{5}$，公垂线方程$\begin{cases}2x+y+5z-2=0,\\4x+2y+5z+5=0.\end{cases}$

4. (1) $6x+3y+14z-7=0$； (2) $3y+10z-5=0$；

(3) $5x-y=0$； (4) $4x-11y-34z+17=0$.

三、解答题

1. $5x+y-13=0$.

2. $\frac{x+16}{-17}=\frac{y-11}{10}=\frac{z}{-1}$, $\begin{cases}x=-16-17t,\\ y=11+10t,\\ z=-t.\end{cases}$

3. $\frac{x}{0}=\frac{y}{2}=\frac{z+2}{1}$. 4. $-x+y+z+2=0$. 5. $d=1$. 6. $\theta=\arccos\frac{\sqrt{39}}{26}$.

7. $\cos\theta=|\cos\alpha_1\cos\alpha_2+\cos\beta_1\cos\beta_2+\cos\gamma_1\cos\gamma_2|$.

四、证明题

1. 提示：化为法式方程，求出 p.

2. 提示：方程组有非零解.

习题 3

1. M_1,M_2,M_4 在曲面上，M_3,M_5,M_6 不在曲面上，曲面是以原点为中心，半径为 7 的球面.

2. (1) $(1-m^2)(x^2+y^2+z^2)-2a(1+m^2)x+(1-m^2)a^2=0$.

提示:定点$(a,0,0)$,$(-a,0,0)$,距离之比的常数为 m.

(2) $\frac{x^2}{a^2}+\frac{y^2}{b^2}+\frac{z^2}{b^2}=1$, $(b^2=a^2-c^2)$.

提示:定点$(\pm c,0,0)$,定常数为 $2a$.

(3) $\frac{x^2}{a^2}-\frac{y^2}{b^2}-\frac{z^2}{b^2}=1$, $(b^2=c^2-a^2)$ $(c>|a|)$.

提示:定点$(\pm c,0,0)$,定常数为 $2a$.

(4) $x^2+y^2+(1-m^2)z^2-2cz+c^2=0$.

提示:定平面为 xy 面,定点为$(0,0,c)$,常数为 m.

3. (1) $(1,2,2)$与$(1,2,-2)$； (2) 在曲面上无这种点；

(3) $(2,1,2)$与$(2,-1,2)$； (4) 在曲面上无这种点.

4. (1) $x^2+y^2+z^2-\frac{7}{2}x-2y-\frac{3}{2}z=0$；

(2) $(x-3)^2+(y-3)^2+(z-3)^2=9$ 或$(x-5)^2+(y-5)^2+(z-5)^2=25$；

(3) $x^2+y^2+(z-4)^2=21$.

5. $x^2+y^2+z^2=9, y=0$.

6. (1) $x=x_0+tl, y=y_0+tm, z=z_0+tn$；

(2) $x=R\cos t, y=R\sin t, z=c$.

7. $\begin{cases}x=-t^4,\\ y=2t,\\ z=t^2.\end{cases}$

8. (1) $(0,0,0)$, $\begin{cases}x^2=16z,\\ y=0,\end{cases}$ $\begin{cases}9y^2=16z,\\ x=0;\end{cases}$

(2) $\begin{cases} x^2-4y^2=64, \\ z=0, \end{cases}$ $\begin{cases} x^2-16z^2=64, \\ y=0, \end{cases}$ 无交线.

9. (1) $z^2+y^2-3z+1=0$; $z-x-1=0$; $x^2+y^2-x-1=0$;

(2) $y-z-1=0$; $x^2-2z^2-2x+6z-3=0$; $x^2-2y^2-2x+2y+1=0$;

(3) $2y+7z-2=0$; $x-z-3=0$; $7x+2y-23=0$;

(4) $y+z-1=0$; $x^2+2z^2-2z=0$; $x^2+2y^2-2y=0$.

10. (1) $y^2+z^2-yz+6y-5z-\dfrac{3}{2}=0$;

(2) $x^2+y^2+3z^2-2xy-8x+8y-8z-26=0$.

11. $(x-y-1)^2+(x-z+1)^2+(y-z+2)^2=6$

或 $x^2+y^2+z^2-xy-xz-yz+3y-3z=0$.

12. $4x^2+25y^2+z^2+4xz-20x-10z=0$.

13. $18y^2+50z^2+75zx+225x-450=0$.

14. $3x^2+123y^2+23z^2-18xy-22xz+50yz+18x-54y-66z+17=0$.

15. $51x^2+51y^2+12z^2+104xy+52yz+52xz-518x-516y-252z+1\,279=0$.

16. $27[(x-1)^2+(y-2)^2+(z-3)^2]-4(2x+2y-z-3)^2=0$.

17. (1) 圆柱面：$5x^2+5y^2+2z^2+2xy+4yz-4xz+4x-4y-4z-6=0$;

(2) 圆锥面：$6(x-y+2z-2)^2=(3x-2y+4z-4)^2+(x+2z-2)^2+(x-y-1)^2$;

(3) 旋转单叶面：$9x^2+9y^2-10z^2-6z-9=0$;

(4) 旋转单叶面：$49(x^2+y^2+z^2)=19(2x+y-2z-2)^2-14(2x+y-2z)+77$;

(5) 部分圆柱面：$x^2+y^2=1(0\leqslant z\leqslant 1)$.

18. $x^2+y^2-\alpha^2z^2-\beta^2=0$. $\alpha=0,\beta\neq 0$ 时，圆柱面；$\alpha\neq 0,\beta=0$ 时，圆锥面；$\alpha,\beta=0$ 时，为 z 轴；$\alpha\neq 0,\beta\neq 0$ 时，单叶旋转双曲面.

19. $\dfrac{x^2}{9}+\dfrac{y^2}{16}+\dfrac{z^2}{4}=1$.　20. $\dfrac{x^2}{4}+\dfrac{y^2}{3}+\dfrac{z^2}{3}=1$.

21. 提示：$x=p\cos\alpha, y=p\cos\beta, z=p\cos\gamma$.　22. $16x\pm 13z=0$.

23. $y\pm\dfrac{b}{c}\sqrt{\dfrac{a^2-c^2}{b^2-a^2}}z$.

24. $\lambda>A$ 时，不表示任何实图形；$B<\lambda<A$ 时，双叶双曲面；$C<\lambda<B$ 时，单叶双曲面；$\lambda<C$时，椭球面.

25. $x=\pm 2$.　26. $x^2+20y^2-24x-116=0$, $\begin{cases} x^2+20y^2-24x-116=0, \\ z=0. \end{cases}$

27. $18x^2+3y^2=5z$.

28. (1) 椭球面；(2) 双曲柱面；(3) 圆锥面；(4) 椭圆抛物面；(5) 锥面；(6) 单叶双曲面；(7) 双曲抛物面；(8) 双叶双曲面.

29. 图略.　30. 图略. (1) $\begin{cases} x^2+y^2\geqslant 2z, \\ x^2+y^2\leqslant 4x, \\ 0\leqslant z\leqslant 8; \end{cases}$ (2) $\begin{cases} x^2+y^2\leqslant 1, \\ y^2+z^2\leqslant 1; \end{cases}$ (3) $\begin{cases} x^2+y^2\leqslant 4z, \\ x^2+y^2+z^2\leqslant 12, \\ 0\leqslant z\leqslant\sqrt{12}. \end{cases}$

31. 提示：消去参数 u,v，得一般方程.

*32. (1) $\begin{cases} w(x+z)=u(1+y), \\ u(x-z)=w(1-y) \end{cases}$ 与 $\begin{cases} t(x+z)=v(1-y), \\ v(x-z)=t(1+y); \end{cases}$ (2) $\begin{cases} z=xt, \\ ay=t \end{cases}$ 与 $\begin{cases} z=sy, \\ ax=s. \end{cases}$

*33. 提示：消去参数 λ. (1) $z^2=x+y$; (2) $\frac{x^2}{16}+\frac{y^2}{4}-z^2=1$.

*34. $\begin{cases} \frac{x}{4}+\frac{y}{2}=1, \\ \frac{x}{4}-\frac{y}{2}=z, \end{cases}$ 及 $\begin{cases} \frac{x}{4}-\frac{y}{2}=2, \\ \frac{x}{4}+\frac{y}{2}=\frac{z}{2}. \end{cases}$ *35. $\frac{x^2}{9}-\frac{y^2}{4}=4z$. *36. $x^2+y^2-z^2=1$.

自我测验题 3

一、判断题

1. × 2. × 3. × 4. √ 5. √

二、选择题

1. B 2. D 3. A 4. B 5. C 6. C 7. A 8. B

三、填空题

1. $x^2+z^2-4z=0$. 2. 0. 3. $\begin{cases} x=\sin\alpha\cos\beta, \\ y=\sin\alpha\sin\beta, \\ z=\cos\alpha. \end{cases}$ 4. $\frac{x^2}{a^2}+\frac{y^2}{b^2}+\frac{z^2}{a^2}=1$.

四、计算题

1. $(x-2)^2+(y-3)^2+(z+1)^2=9$ 或 $x^2+(y+1)^2+(z+5)^2=9$.

2. $x^2+y^2+z^2+2xz-1=0$.

3. $51(x-1)^2+51(y-2)^2+12(z-4)^2+104(x-1)(y-2)+52(x-1)(z-4)+52(y-2)(z-4)=0$.

4. $40(x-2)^2-9y^2-9z^2=0$. 5. $\frac{x^2}{21}+\frac{3y^2}{112}+\frac{z^2}{7}=1$. 6. $\begin{cases} \frac{x^2}{5}-\frac{z^2}{16}=1, \\ y=0. \end{cases}$

习题 4

1. $\begin{cases} x=x'+7, \\ y=y'-1, \end{cases}$ $A'(-4,3)$, $B'(-12,5)$, $C'(-11,0)$, $D'(-7,-1)$.

2. (1) $\begin{cases} x=x'-1, \\ y=y'+1; \end{cases}$ (2) $\begin{cases} x=x'+2, \\ y=y'+1. \end{cases}$

3. $\begin{cases} x=\frac{1}{2}x'+\frac{\sqrt{3}}{2}y', \\ y=-\frac{\sqrt{3}}{2}x'+\frac{1}{2}y', \end{cases}$

$A'\left(\frac{\sqrt{3}+1}{2},\frac{\sqrt{3}-1}{2}\right)$, $B'(1-2\sqrt{3},\sqrt{3}+2)$, $C'\left(\sqrt{3}-\frac{3}{2},-\frac{3\sqrt{3}}{2}-1\right)$, $D'\left(\frac{\sqrt{3}}{2},-\frac{1}{2}\right)$.

4. (1) $\begin{cases} x=\dfrac{\sqrt{2}}{2}x'-\dfrac{\sqrt{2}}{2}y', \\ y=\dfrac{\sqrt{2}}{2}x'+\dfrac{\sqrt{2}}{2}y', \end{cases}$ $9x'^2+25y'^2=225$；

(2) $\begin{cases} x=\dfrac{\sqrt{3}}{2}x'-\dfrac{1}{2}y', \\ y=\dfrac{1}{2}x'+\dfrac{\sqrt{3}}{2}y', \end{cases}$ $x'^2-3y'^2=24$.

5. (1) $\begin{cases} x=\dfrac{\sqrt{2}}{2}x'-\dfrac{\sqrt{2}}{2}y', \\ y=\dfrac{\sqrt{2}}{2}x'+\dfrac{\sqrt{2}}{2}y', \end{cases}$ $4y'^2-\sqrt{2}x'+\sqrt{2}y'-10=0$；

(2) $\begin{cases} x=\sqrt{\dfrac{2+\sqrt{2}}{4}}x'-\sqrt{\dfrac{2-\sqrt{2}}{4}}y', \\ y=\sqrt{\dfrac{2-\sqrt{2}}{4}}x'+\sqrt{\dfrac{2+\sqrt{2}}{4}}y', \end{cases}$ $\dfrac{3-\sqrt{2}}{2}x'^2+\dfrac{3+\sqrt{2}}{2}y'^2-4=0$.

6. $\begin{cases} x'=-\dfrac{1}{\sqrt{5}}(2x-y-3), \\ y'=-\dfrac{1}{\sqrt{5}}(x+2y+1). \end{cases}$

7. (1) $\dfrac{x''^2}{196}+\dfrac{y''^2}{14}=1$，$\begin{cases} x=\dfrac{1}{\sqrt{13}}(2x''-3y'')+3, \\ y=\dfrac{1}{\sqrt{13}}(3x''+2y'')-2; \end{cases}$

(2) $5x''^2=2y'$，$\begin{cases} x=\dfrac{1}{5}\left(3x''-4y''-\dfrac{6}{5}\right), \\ y=\dfrac{1}{5}\left(4x''+3y''+\dfrac{9}{10}\right); \end{cases}$

(3) $x''^2+2y''^2=0$，$\begin{cases} x=x''-2, \\ y=-x''+y''+1; \end{cases}$

(4) $9x''^2+y''^2-9=0$，$\begin{cases} x=\dfrac{\sqrt{2}}{2}(x''-y'')+1, \\ y=\dfrac{\sqrt{2}}{2}(x''+y'')+1; \end{cases}$

8. $\begin{cases} x=(x'+x_0)\cos\theta-(y'+y_0)\sin\theta, \\ y=(x'+x_0)\sin\theta+(y'+y_0)\cos\theta. \end{cases}$

9. (1) $(-1,2)$；(2) 曲线无对称中心.

10. (1) $I_1=8$，$I_2=0$，$I_3=-100\neq 0$ 抛物线；$8y^2\pm 5\sqrt{2}x=0$；

(2) $I_1=3$，$I_2=-4<0$，$I_3=-16\neq 0$ 双曲线；$\dfrac{x^2}{4}-y^2=1$；

(3) $I_1=29$，$I_2=0$，$I_3=-25\neq0$，抛物线；$29y^2\pm\frac{10}{\sqrt{29}}x=0$；

(4) $I_1=10$，$I_2=-200<0$，$I_3=4\,000\neq0$，双曲线；$\frac{x^2}{2}-y^2=1$.

11. (1) $a\neq9$；(2) $a=9$，$b\neq9$；(3) $a=9$，$b=9$.

12. (1) $xy-x-4=0$；(2) $2x^2-xy-3y^2-5x+7=0$.

13. $6x^2+3xy-y^2+2x-y=0$.

14. 提示：(1) 满足 $\lambda_1+\lambda_2=0$，故 $I_1=a_{11}+a_{22}=0$；

(2) 满足 $\lambda_1\lambda_2<0$ 且 $-\frac{\lambda_2}{\lambda_1}=1$，即 $\lambda_1+\lambda_2=0$，可得 $I_1=a_{11}+a_{22}=0$.

15. $I_1=2\lambda$，$I_2=\lambda^2-1$，$I_3=5\lambda^2-2\lambda-3$，$K_1=5(\lambda+\lambda)-(1+1)=10\lambda-2$.

(1) $\lambda>1$ 时，椭圆型曲线，无轨迹；

(2) $\lambda<-1$ 时，椭圆型曲线，椭圆；

(3) $\lambda=1$ 时，抛物型曲线，无轨迹；

(4) $\lambda=-1$ 时，抛物型曲线，抛物线；

(5) $-1<\lambda<-\frac{3}{5}$ 或 $-\frac{3}{5}<\lambda<1$ 时，双曲型曲线，双曲线；

(6) $\lambda=-\frac{3}{5}$ 时，双曲型曲线，两条相交直线.

16. 提示：由于 $I_2<0$，$I_3\neq0$，故它表示一条双曲线.

中心 $(x_0,y_0)=(0,0)$，渐近方向 $\Phi(X,Y)=ABX^2-(A^2-B^2)XY-ABY^2=0$，所以 $(X,Y)=(A,B)$ 或 $(X,Y)=(-B,A)$.

17. 提示：(x_0,y_0) 为曲线中心其满足方程 $\begin{cases}a_{11}x_0+a_{12}y_0+b_1=0,\\ a_{12}x_0+a_{22}y_0+b_2=0.\end{cases}$

18. 提示：反证法.

19. 提示：$I_2\neq0$，对称中心 $(x_0,y_0)=(0,0)$，实轴方向 $\tan\theta$ 满足 $a_{12}\tan^2\theta+(a_{11}-a_{22})\tan\theta-a_{12}=0$，对称轴为 $y=x\tan\theta$，消去 $\tan\theta$.

20. 提示：(1) $I_2=1>0$，$I_3=-1\neq0$，且 $I_1=A_1^2+A_2^2+B_1^2+B_2^2>0$ 与 I_3 异号；

(2) 令 $\begin{cases}x'=A_1x+B_1y+C_1,\\ y'=A_2x+B_2y+C_2,\end{cases}$ 方程化为标准形式：$x'^2+y'^2=1$.

21. 提示：$I_1^2=4I_2$，$I_1I_3<0$，有 $I_3\neq0$，$I_1\neq0$，$I_2>0$，原方程确定一个椭圆. 特征方程为 $\lambda^2-I_1\lambda+I_2=0$，$\Delta=I_1^2-4I_2=0$，所以特征方程有两个相等实根，即椭圆长轴长和短轴长相等.

充分性：方程 $a_{11}x^2+2a_{12}xy+a_{22}y^2+2b_1x+2b_2y+c=0$ 确定一个圆，首先它是一个椭圆，所以 $I_2>0$，$I_3\neq0$，$I_1I_3<0$，长半轴和短半轴相等，特征方程 $\lambda^2-I_1\lambda+I_2=0$ 有两个相等特征根，所以 $\Delta=I_1^2-4I_2=0$.

22. 提示：方程表示两条平行的直线所以 $I_2=0$，$I_3=0$，$K_1<0$，简化方程 $I_1y^2+\frac{K_1}{I_1}=0$，

两直线方程为 $y=\sqrt{\dfrac{-K_1}{I_1^2}}$ 与 $y=-\sqrt{\dfrac{-K_1}{I_1^2}}$.

23. $x^2+y^2+xy+2x+y-2=0$.　24. 提示 1：简化方程 $y'^2-\dfrac{468}{169}=0$.

提示 2：原方程表示两条平行直线 $2x-3y+11=0$，$2x-3y-1=0$.

*25. 直径方程为 $x+12y-8=0$；其共轭直径为 $12x-2y-23=0$.

*26. $4x^2-7xy+4y^2-7x+8y=0$.

*27. 提示：设 $\lambda_1\neq\lambda_2$，由它们确定的主方向分别为 (X_1,Y_1) 与 (X_2,Y_2)，那么有 $X_1X_2+Y_1Y_2=0$，所以两主方向 (X_1,Y_1) 与 (X_2,Y_2) 相互垂直.

自我测验题 4

一、填空题

1. 移轴变换，转轴变换.

2. $\lambda_1x^2+\lambda_2y^2+\dfrac{I_3}{I_2}=0$，$I_1y^2\pm2\sqrt{-\dfrac{I_3}{I_1}}x=0$，$I_1y^2+\dfrac{K_1}{I_1}=0$.

3. $I_2>0$，$I_2<0$，$I_2=0$.　4. $0\leqslant\theta\leqslant\pi$，$\cot 2\theta=\dfrac{a_{11}-a_{22}}{2a_{12}}$.

5. $I_1=a_{11}+a_{22}$，$I_2=\begin{vmatrix}a_{11}&a_{12}\\a_{12}&a_{22}\end{vmatrix}$，$I_3=\begin{vmatrix}a_{11}&a_{12}&a_{13}\\a_{12}&a_{22}&a_{23}\\a_{13}&a_{23}&a_{33}\end{vmatrix}$，

$K_1=\begin{vmatrix}a_{11}&a_{13}\\a_{13}&a_{33}\end{vmatrix}+\begin{vmatrix}a_{22}&a_{23}\\a_{23}&a_{33}\end{vmatrix}$.

6. $\begin{cases}F_1(x_0,y_0)=0,\\F_2(x_0,y_0)=0.\end{cases}$

二、判断题

1. ×　2. √　3. ×　4. ×　5. ×　6. √　7. √　8. ×　9. √　10. ×

三、计算题

1. $\dfrac{x''^2}{2}+\dfrac{y''^2}{12}=1$，坐标变换公式为 $\begin{cases}x=\dfrac{1}{\sqrt{10}}(3x''-y''),\\y=\dfrac{1}{\sqrt{10}}(x''+3y'')+2.\end{cases}$

2. $I_1=a_{11}+a_{22}=-1$，$I_2=a_{11}a_{22}-a_{12}{}^2<0$，$I_3=0$，方程的图形是两条相交直线，可以分解为 $(x-y-4)(x+2y-7)=0$. 因此方程的图形是两条相交的直线 $x-y-4=0$ 与 $x+2y-7=0$.

3. $\lambda=4$.　4. $5x^2+5y^2+6xy-6x-10y-3=0$.

四、证明题

1. 提示：方程表示二次曲线，a_{11}，a_{12}，a_{22} 至少有一个不为 0，又 $I_1=a_{11}+a_{22}=0$.

2. 提示：坐标变换公式 $\begin{cases}x=x'\cos\theta-y'\sin\theta,\\y=x'\sin\theta+y'\cos\theta;\end{cases}$

$a_{13}'^2+a_{23}'^2=(a_{13}\cos\theta+a_{23}\sin\theta)^2+(-a_{13}\sin\theta+a_{23}\cos\theta)^2=a_{13}^2+a_{23}^2$.

3. 提示：(1) 线心型曲线 $\Leftrightarrow\begin{cases}a_{11}x_0+a_{12}y_0+a_{13}=0,\\a_{12}x_0+a_{22}y_0+a_{23}=0\end{cases}$ 为同解方程 $\Leftrightarrow\dfrac{a_{11}}{a_{12}}=\dfrac{a_{12}}{a_{22}}=\dfrac{a_{13}}{a_{23}}$，$I_2=I_3=0$.

(2) 无心型曲线 $\Leftrightarrow$ 方程 $\begin{cases}a_{11}x_0+a_{12}y_0+a_{13}=0,\\a_{12}x_0+a_{22}y_0+a_{23}=0\end{cases}$ 无解 $\Leftrightarrow\dfrac{a_{11}}{a_{12}}=\dfrac{a_{12}}{a_{22}}\neq\dfrac{a_{13}}{a_{23}}\Leftrightarrow I_2=0,I_3\neq0$.

习题 5

1. (1) $x'^2+y'^2+2z'^2=1$； (2) $x'^2+y'^2-z'^2=1$；

(3) $\dfrac{x'^2}{4}-\dfrac{y'^2}{2}-\dfrac{z'^2}{4}=1$； (4) $\dfrac{x'^2}{4}+\dfrac{y'^2}{2}=z'$；

(5) $-\dfrac{x'^2}{2}+\dfrac{3}{2}y'^2=z'$； (6) $-\dfrac{x'^2}{3}+\dfrac{2}{3}z'^2=y'$.

2. $\begin{cases}x=x'+2,\\y=y'+2,\\z=z'-1.\end{cases}$

3. 变换 $\begin{cases}x'=x,\\y'=\dfrac{1}{\sqrt2}y-\dfrac{1}{\sqrt2}z,\\z'=\dfrac{1}{\sqrt2}y+\dfrac{1}{\sqrt2}z,\end{cases}$ $x'^2-\dfrac{1}{2}y'^2+2x'-4\sqrt2z'=0$.

4. 变换 $\begin{cases}x=\dfrac{\sqrt2}{2}x'-\dfrac{\sqrt2}{2}y',\\y=\dfrac{\sqrt2}{2}x'+\dfrac{\sqrt2}{2}y',\\z=z',\end{cases}$ $5x'^2-y'^2+4z'^2-8\sqrt2x'+8\sqrt2y'=0$.

5. $O'(2,-2,0)$，$A'(3,0,0)$，$B'(4,-3,-1)$.

6. $\begin{cases}x'=\dfrac{1}{3}(x+2y-2z),\\y'=\dfrac{1}{3}(2x+y+2z),\\z'=\dfrac{1}{3}(2x-2y-z).\end{cases}$

7. 由于 $|A|=-1$，是正交变换，不是刚体运动，逆变换 $\begin{cases}x'=\dfrac{1}{\sqrt2}(x-y)-\sqrt2,\\y'=\dfrac{1}{\sqrt6}(x+y+2z),\\z'=\dfrac{1}{\sqrt3}(x+y-z).\end{cases}$

8. 提示：只要证明存在一个非零向量 $\boldsymbol{v}=(l,m,n)\neq\boldsymbol{0}$，使 $\varphi(\boldsymbol{v})=\boldsymbol{v}$，则过点 O 以 $\boldsymbol{v}$ 为方向

向量的直线是 L.

9. 提示：利用上题，先求出与 $\boldsymbol{v}$ 正交的向量 $\boldsymbol{a}$，如 $\boldsymbol{a}=(a_{11}-1,a_{12},a_{13})$，再求出其像向量 $\varphi(\boldsymbol{a})$（利用正交条件），再计算 $\boldsymbol{a}$ 与 $\varphi(\boldsymbol{a})$ 之间的夹角，就是旋转角 φ，利用正交条件可得.

10. 不动点 $(2,0,-1)$. 11. $x'=a_{11}x,y'=a_{22}y,z'=a_{33}z$.

12. $x'=x+a_{13}z,y'=y+a_{23}z,z'=a_{33}z$.

13. (1) $x'=\frac{1}{2}(-x+y-1),y'=\frac{1}{4}(x+y+2z-1),z'=\frac{1}{4}(-x-5y-2z+1)$；

(2) $O'(1,0,-1),\boldsymbol{e}_1'(-2,0,1),\boldsymbol{e}_2'(-1,-1,3),\boldsymbol{e}_3'(-1,-1,1)$；

(3) $O\left(-\frac{1}{2},-\frac{1}{4},\frac{1}{4}\right),\boldsymbol{e}_1\left(-\frac{1}{2},\frac{1}{4},-\frac{1}{4}\right),\boldsymbol{e}_2\left(\frac{1}{2},\frac{1}{4},-\frac{5}{4}\right),\boldsymbol{e}_3\left(0,\frac{1}{2},-\frac{1}{2}\right)$.

14. $x'=\delta_{11}x+\delta_{21}y+\delta_{31}z,y'=\delta_{12}x+\delta_{22}y+\delta_{32}z,z'=\delta_{13}x+\delta_{23}y+\delta_{33}z$.

15. 提示：利用仿射变换的结合性及保分比性.

16. 提示：只需要证相似变换保持任意两个向量之间夹角不变.

17. 提示：取 xy 平面和 $z=c(c\neq0)$ 平面，代入反射公式.

18. 提示：设 $P(x,y,z)$ 关于平面的反射点为 $P'(x',y',z')$，由题意可得两个方程（中点在平面上，PP' 平行于平面法向量），解出 x',y',z' 即可.

自我检测题 5

一、判断题

1. × 2. √ 3. √ 4. × 5. √ 6. × 7. × 8. ×

二、填空题

1. 坐标原点. 2. 移轴，转轴. 3. 1. 4. 刚体运动，反射.

5. 分比. 6. 正交变换，压缩变换.

三、计算、证明题

1. $\begin{cases}x=x''\cos\phi\cos\phi-y''\sin\phi+z''\cos\phi\sin\varphi,\\ y=x''\sin\phi\cos\phi+y''\cos\varphi+z''\sin\varphi\sin\phi,\\ z=-x''\sin\varphi+z''\cos\varphi.\end{cases}$

2. $x=\frac{1}{2}(x'-\sqrt{2}y'-z')$, $y=\frac{1}{2}(x'+\sqrt{2}y'-z)'$, $z=\frac{\sqrt{2}}{2}(x'+z')$.

3. $\begin{cases}x=\frac{1}{3}\left(2x'+2y'+z'+\frac{5}{3}\right),\\ y=\frac{1}{3}\left(x'-2y'+2z'-\frac{11}{3}\right),\\ z=\frac{1}{3}\left(2x'-y'-2z'+\frac{5}{3}\right).\end{cases}$

$O'\left(\frac{5}{9},-\frac{11}{9},\frac{5}{9}\right)$（旧坐标），$O\left(-\frac{1}{3},-1,1\right)$（新坐标）.

4. $\begin{cases} x=x'+3, \\ y=y', \\ z=z'+3. \end{cases}$ 5. $\begin{cases} x=\dfrac{1}{\sqrt{3}}x'+\dfrac{1}{\sqrt{6}}y'+\dfrac{1}{\sqrt{2}}z', \\ y=\dfrac{1}{\sqrt{3}}x'-\dfrac{1}{\sqrt{6}}y', \\ z=\dfrac{1}{\sqrt{3}}x'+\dfrac{1}{\sqrt{6}}y'-\dfrac{1}{\sqrt{2}}z'. \end{cases}$

6. $\begin{cases} x=\dfrac{15}{17}x'+\dfrac{32}{85}y'+\dfrac{23}{85}z'-10, \\ y=-\dfrac{8}{17}x'+\dfrac{12}{17}z'+\dfrac{9}{17}z'+5, \\ z=-\dfrac{3}{5}x'+\dfrac{4}{5}y'+\dfrac{4}{5}z'+4. \end{cases}$ 7. 提示:代入平移变换公式即可.

8. $\begin{cases} x'=-\dfrac{1}{3}x+\dfrac{2}{3}y+\dfrac{2}{3}z, \\ y'=\dfrac{2}{3}x-\dfrac{1}{3}y+\dfrac{2}{3}z, \\ z'=\dfrac{2}{3}x+\dfrac{2}{3}y-\dfrac{1}{3}z. \end{cases}$ $(1,-1,0)$.

习题 6

1. (1) $x'^2+y'^2+2z'^2=1$; (2) $x'^2+y'^2-z'^2=1$;
(3) $x'^2+y'^2+z'^2=49$; (4) $x'^2+y'^2+2z'^2=0$.

2. $\begin{cases} x=x'\cos\theta-y'\sin\theta, \\ y=y'\sin\theta+y'\cos\theta, \\ z=z'. \end{cases}$

3. $\boldsymbol{A}=\begin{bmatrix} 36 & 18 & 12 & 0 \\ 18 & 9 & 6 & 0 \\ 12 & 6 & 4 & 0 \\ 0 & 0 & 0 & -49 \end{bmatrix}$, $I_1=49, I_2=I_3=I_4=K_2=0, K_1=-2\ 401$.

4. 中心为$(1,1,-1)$. 5. 椭球面的中心.

6. (1) $6x^2+3y^2-2z^2+6=0$; (2) $3x^2+2y^2+z^2-1=0$;
(3) $3x^2+2y^2=0$; (4) $x^2-2y=0$;
(5) $2x^2-3y^2+2z=0$.

7. $\lambda=9,-9,0$.

8. (1) $x^2+y^2-2z^2=2a^2$; (2) $x^2-y^2=0$;
(3) $5x^2-y^2-z^2-3=0$; (4) $6x^2-3y^2-3z^2=0$;
(5) $3x^2-3y^2-2z=0$.

9. $I_3\neq 0, I_4=0$. 所以 $I_4=4a^2+b^2-4ab-2a-4b+4=0$.

10. 当$-\infty<m<-1$时为椭球面;当$m=-1$时为圆柱面;当$-1<m<\dfrac{1}{2}$时为单叶双曲

面；当 $m=\frac{1}{2}$ 时为锥面；当 $\frac{1}{2}<m<1$ 时为双叶双曲面；当 $m>1$ 时为椭球面.

11. (1) $I_3=I_4=0, I_1^2=4I_2$；

(2) $I_4=0, I_1I_3$ 或 $I_2\leqslant 0$ 且有两个特征根相等；

(3) $I_4<0, 3I_2=I_1^2, 27I_3=I_2^2$.

12. (1) $(1,-1,0)$, $(1,1,0)$, $(0,0,1)$；$x-y+1=0$, $x+y-1=0$, $5z+2=0$；

(2) $(1,-1,0)$, $(1,1,-1)$, $(1,1,2)$；$2x-2y+3=0$.

13. $-x'^2+3y'^2=2$.

14. 提示：利用主方向方程组.

15. $4(x+y+z)^2-3(2x-y-z)^2+(y-z+1)^2=1$.

自我测验题 6

一、填空题

1. $F(x_0,y_0,z_0)$.　2. 转轴.　3. 5,17.　4. $\lambda^3-I_1\lambda^2+I_2\lambda-I_3=0$.

5. $XF_1(x,y,z)+YF_2(x,y,z)+ZF_3(x,y,z)=0$.

二、判断题

1. √　2. √　3. ×　4. ×　5. ×

三、计算题

1. (1) $\frac{x'^2}{4}+\frac{y'^2}{2}=z'$；　(2) $-\frac{x'^2}{3}+\frac{2}{3}z'^2=y'$.

2. $\begin{cases} x=x'\cos\varphi+z'\sin\varphi, \\ y=y', \\ z=-x'\sin\varphi+z'\cos\varphi. \end{cases}$

3. (1) $2x^2+5y^2+8z^2-32=0$；　(2) $3x^2+6y^2-6=0$.

4. $\begin{cases} x=\frac{1}{\sqrt{2}}(x'-y'), \\ y=\frac{1}{\sqrt{2}}(x'+y'), \\ z=z'. \end{cases}$ 曲面方程 $z'=\frac{a}{2}x'^2-\frac{a}{2}y'^2$，双曲抛物面.

5. 特征根 $\lambda_1=0, \lambda_2=3, \lambda_3=4$. λ_1 无对应的主径面；λ_2 对应于主径面 $x-y+z-1=0$；λ_3 对应于主径面 $x-z=0$.

四、证明题

1. 提示：在移轴和转轴下不变，利用 6.1 节例 4.

2. 提示：利用圆柱面的简化方程和特征方程 $\lambda^3-I_1\lambda^2+I_2\lambda=0$ 有两个相同的根.

主要参考文献

[1] 田立新.高等数学(上、下册).江苏大学出版社，2011.

[2] 吴光磊，田畴.解析几何简明教程.高等教育出版社，2010.

[3] 吕林根，许子道.解析几何.高等教育出版社，2010.

[4] 廖华奎，王宝富.解析几何教程.科学出版社，2010.

[5] 秦衍.解析几何.华东理工大学出版社，2010.

[6] 杨文茂.解析几何.武汉大学出版社，2010.

[8] 尤承业.解析几何.北京大学出版社，2010.

[9] 高孝忠，罗淼.解析几何.清华大学出版社，2011.

[10] 高给铸.空间解析几何.北京师范大学出版社，2010.

[11] 黄宣国.解析几何.复旦大学出版社，2011.

[12] 黄廷祝.线性代数与空间解析几何.高等教育出版社，2010.

[13] 陈东升.线性代数与空间解析几何及其应用.高等教育出版社，2010.

[14] 杨文茂.解析几何习题选集.武汉大学出版社，2003.

[15] 吕林根，张紫霞，孙存金.解析几何学习指导书.高等教育出版社，2006.

[16] 张炳汉，蔡国梁，张诚一.数学分析高等代数解析几何典型问题500例.河南大学出版社，1993.

[17] 蔡国梁.解析几何的教学探索.天中学刊，1998，(2)：43－45.

[18] 蔡国梁.曲面的几个重要性质之间的内蕴关系.扬州大学学报(自然科学版).2002，5(1)：14－17.

[19] 蔡国梁等.高校高等数学面临的问题及对策.江苏大学学报(高教版)，2003，25(5)：60－63.

[20] 蔡国梁等.直纹曲面的性质及其在工程中的应用.数学的实践与认识，2008，(8)：98－102.

[21] 苗宝军，梁庆利."解析几何"课程中的教学技巧分析与科研创新能力的培养.吉林省教育学院学报，2010，26(3)：153－154.

[22] 史雪荣. 对目前师范院校公共数学教学中存在问题的思考. 长春理工大学学报(综合版),2006,(4):101—103.

[23] 徐阳,赵景军. 解析几何教学改革的初步探索. 高等理科教育,2008,(3):32—34.

[24] 袁威威. 解析几何课程建设初探. 科技信息,2009,(29):34.

[25] 高德宝,李春雷.《空间解析几何》与空间思维能力的培养. 通化师范学院学报,2010,31(8):87—89.

[26] 赵亚男,牛言涛. MATLAB 在解析几何教学中的应用. 长春大学学报,2011,21(4):54—58.